高等职业教育精品工程规划教材

机械设计基础

李文正　王　超　主　编
李　亮　黄宝田　姜冰冰　副主编

電子工業出版社
Publishing House of Electronics Industry
北京 · BEIJING

内 容 简 介

本书结合最新的国家标准和近年来教学改革经验和成果进行编写。本书以机械传动装置和机械零件设计为主体，将工程力学、机械工程基础课程相关内容有机地融入其中，使各部分内容相互渗透、交叉，打破了原课程的界限和体系，避免了课程内容相互独立而造成的相关知识点重复和知识盲区，突出了机械设计与工程力学的紧密联系。

本书突出逆向工程应用型人才工程素质培养要求，系统性、实用性强。本书对相关领域的专业工程技术人员和研究人员也具有重要的参考价值。

图书在版编目（CIP）数据

机械设计基础 / 李文正，王超主编. —北京：电子工业出版社，2015.7

ISBN 978-7-121-25964-7

Ⅰ. ①机… Ⅱ. ①李… ②王… Ⅲ. ①机械设计—高等学校—教材 Ⅳ. ①TH122

中国版本图书馆 CIP 数据核字（2015）第 089295 号

策划编辑：郭乃明
责任编辑：郝黎明
印　　刷：北京中新伟业印刷有限公司
装　　订：三河市皇庄路通装订厂
出版发行：电子工业出版社
　　　　　北京市海淀区万寿路 173 信箱　邮编　100036
开　　本：787×1 092　1/16　印张：15.5　字数：396.8 千字
版　　次：2015 年 7 月第 1 版
印　　次：2015 年 7 月第 1 次印刷
印　　数：3 000 册　　定价：36.00 元

凡所购买电子工业出版社图书有缺损问题，请向购买书店调换。若书店售缺，请与本社发行部联系，联系及邮购电话：（010）88254888。

质量投诉请发邮件至 zlts@phei.com.cn，盗版侵权举报请发邮件至 dbqq@phei.com.cn。

服务热线：（010）88258888。

前　　言

本书按照教育部制定高职教育机械设计基础课程教学基本要求，采用最新的国家标准，对机械工程力学原理、机械原理等机械工程基础课程进行了合理整合和优化。本书主要适用于高职高专机械类和近机类各专业教材使用，本书具有以下特点。

1．遵循“应用为目的”、“必需、够用为度”和“少而精、浅而广”的原则，突出了教学内容的实用性，降低学生学习难度。逐步体现出高等职业教育“重在实践应用”这一基本特色。

2．结构清晰。本教材每章都编写了本章知识导读，让读者在学习本章前清楚学习的目的，知识要点，做到有的放矢。

3．以机械传动装置和机械零件设计为主体，将工程力学、机械工程基础课程相关内容有机地融入其中，突出了机械设计与工程力学紧密联系。

4．语言叙述简明扼要。本教材在内容处理上减少了理论推导和冗长的叙述性描述，多以图表形式阐明设计的流程及知识点的对比与区分。

5．知识体系完整。本教材注重相关教学内容的整合，简明、实用、新颖。本教材中增加了三维造型表达机构和构件，使其更为生动好学，在每一章的后面均安排了知识梳理与总结。

6．实用性突出。本教材机械零件部分的有关章节，突出了技术的实用性，对典型传动，重要零件都增加了维护、维修和保养的有关知识。

本教材共 11 章，分为数控车床的组成与工作原理、平面机构及自由度计算、平面连杆机构、凸轮机构、带传动与链传动、齿轮传动、蜗杆传动、轮系、螺纹连接、轴毂连接与轴间连接、轴、滚动轴承。

本书由辽宁机电职业技术学院李文正、王超担任主编，李亮、黄宝田、姜冰冰担任副主编。

李文正编写 1、6 章，王超编写第 5、8 章，李亮编写第 7、9 章，黄宝田编写第 10、11 章，姜冰冰编写第 2、3、4 章。

尽管我们在教材建设的特色上做出了许多努力，但由于编者的水平有限和时间仓促，书中的缺点和错误在所难免，恳请使用本书的教学单位和读者给予关注，并多提一些宝贵的意见和建议。

编　者

2015 年 3 月

目　　录

第 1 章　数控车床的组成与工作原理

本章知识导读

【知识目标】

- 了解本课程研究对象、内容及本课程在教学中的地位。
- 初步了解机械设计的基本要求和一般过程。
- 掌握机器的组成及机构、构件、零部件的准确概念。

【能力目标】

- 对本课程的研究对象及主要内容有一基本了解。
- 能正确描述机械、机器、机构、构件、零件的概念。
- 分析机械零件的失效形式。

【教学重点与难点】

- 机器与机构的特征。
- 机械零件的失效形式。

人类在长期的生产实践中创造了机器。随着人类社会的不断进步，机器经历了从杠杆、斜面、滑轮等简单机械到起重机、汽车、拖拉机、内燃机、洗衣机及机器人等复杂机器的不断发展过程。在现代生产和日常生活中，机器已成为代替或减轻人类劳动、提高劳动生产率的主要手段。机器的发展程度已成为衡量一个国家工业水平的重要标志之一。

1.1　机械设计基础认知

1.1.1　本课程的研究对象

机械设计基础课程是一门培养学生具有一定机械设计能力的技术基础课，是研究机械类产品的设计、开发、改造，以满足经济发展和社会需求的基础知识课程。其主要研究对象是机械。机械是机器和机构的统称。

机器可视为若干机构的组合体，是执行机械运动和信息转换的装置。人们在生产和生活中，广泛使用着各种各样的机器，以便减轻体力劳动和提高工作效率。

机构具有以下共同特征：

（1）都是各个实物（构件）的组合体；

（2）各个实物之间具有确定的相对运动。

机器具有以下共同特征：

（1）都是各个实物（构件）的组合体；

（2）各个实物之间具有确定的相对运动；

（3）能够实现能量的转换，代替或减轻人类完成有用的机械功。现代机器的内涵还应包括信息处理、影像处理等功能。

提示：

机器与机构的主要区别是能否实现能量转换，做有用功！

从机器实现功能的角度来看，一台完整的机器主要由动力部分、传动部分、控制部分和执行部分等组成，如图 1-1 所示。其具体组成及作用如表 1-1 所示。

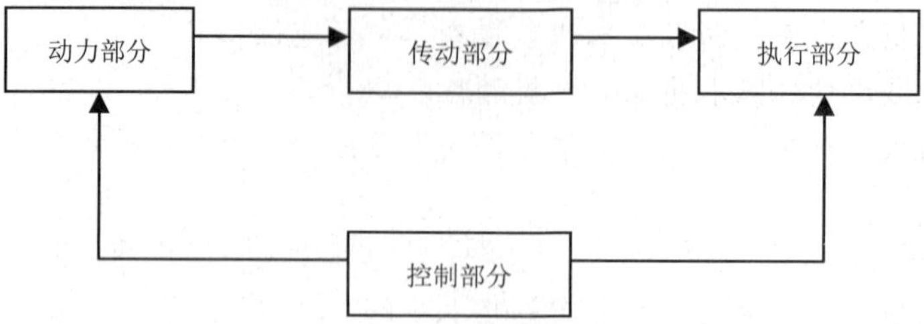

图 1-1　机器的组成

表 1-1　机器的组成及作用

名　称	组　成	作　用
动力部分	机器的动力来源	为机器提供动力，常用电动机、内燃机
执行部分	处于整个机械传动路线终端	是完成工作任务的部分
传动部分	介于动力部分与执行部分之间	把动力部分的运动或动力传递给执行部分
控制部分	各种控制机构（如内燃机中的凸轮机构）、控制离合器、制动器、电动机开关等	实现或终止各自预定的功能

动力部分是机器的动力源，如电动机、内燃机、液压马达等；传动部分是把动力机的动力和运动传递给执行系统的中间装置，如变速箱、离合器、传动轴等；控制部分是使动力部分、传动部分和执行部分彼此协调运行，并准确、可靠地完成整机功能的装置；执行部分是直接完成机器预期功能的装置。

从结构和运动的观点来看，机器和机构二者之间没有区别，习惯上用“机械”一词作为它们的总称。

组成机构的具有相对运动的实物称为构件，构件是机构运动的最小单元。机械制造中不可拆的最小单元称为零件，零件是组成构件的基本部分。一个构件可以只由一个零件组成，也可由多个零件组成。如图 1-2 所示，连杆由连杆体 1、连杆盖 3、螺栓 2 及螺母 4 共 4 个零件组成。为实现一定的运动转换或完成某一工作要求，把若干构件组装到一起的组合体称为部件。

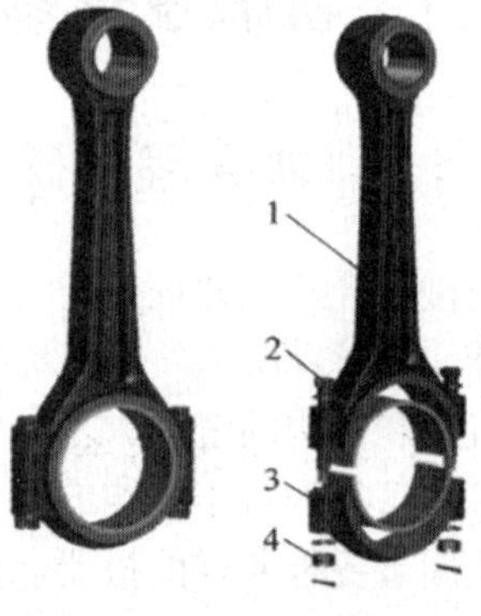

图 1-2　连杆

1—连杆体；2—螺栓；3—连杆盖；4—螺母

零件按作用分为两类：一类是通用零件，即各种机器中经常使用的零件，如螺栓、齿轮、轴承、弹簧、皮带等；另一类是专用零件，即只在一些特定的机器中使用的零件，如曲轴、阀、活塞、叶片、飞轮等。

1.1.2　本课程研究的主要内容

本课程研究的主要内容大体上可分为以下几部分。

（1）机构的运动简图和自由度计算。

（2）平面连杆机构、凸轮机构的组成原理、运动分析及轮廓设计。

（3）各种连接零件（如螺纹连接、键销连接等）的设计计算方法和标准选择。

（4）各种传动零件（如带传动、齿轮传动等）的设计计算和参数选择。

（5）轴系零件（如轴、轴承等）的设计计算及参数类型选择。

1.1.3　本课程的主要任务

（1）了解常用机构的工作原理、运动特性、结构特点。

（2）掌握零部件的受力分析和强度计算方法。

（3）具备正确分析、使用及维护机械的能力，掌握通用零件的设计原理和方法，具有运用机械设计手册、标准、规范等设计资料设计简单机械的能力。

1.1.4　本课程在教学中的地位和作用

现代生活已离不开机械，不仅是在机械部门工作的各类人员，其他从事石油、冶金、农林业、焊接、铸造、金属材料、环境、工业设计等领域工作的人员，同样也离不开各种机械，即使在日常生活中也是如此。因此，本课程是一门重要的技术基础课。其作用可归纳为以下几点。

（1）机械设计基础将为相关专业的学生学习专业机械设备课程提供必要的理论基础

（2）机械设计基础将使从事工艺、运行、管理的技术人员，在了解各种机械的传动原理、设备的正确使用、维护及设备的故障分析等方面获得必要的基本知识。

（3）通过本课程的学习和课程设计实践，可以培养学生初步具备运用手册设计简单机械传动装置的能力，为日后从事设计、技术改造工作创造条件。

机械设计基础的先修课程主要有机械制图、金工实习和工程力学等。除此之外，考虑到许多近代机械设备并非单纯地采用机械传动，各专业的工程技术人员还应当了解液压和气压传动、电力传动和电子技术等相关知识。

1.2　机械零件设计的基本准则及设计步骤

1.2.1　机械零件的失效及主要失效形式

机械零件由于某种原因而丧失正常工作能力称为失效。对于通用的机械零件，其强度、刚度、磨损失效是主要失效形式，对于高速传动的零件还应考虑振动问题。

所谓强度，是指构件在载荷作用下，抵抗破坏或塑性变形的能力。例如，齿轮的轮齿不能破损或折断，应使之有足够的强度以保证它们能正常工作。构件因强度不足而丧失正常功能的称为强度失效。

所谓刚度，是指构件在载荷作用下，抵抗变形或保持弹性变形不超过允许数值的能力。

如图 1-3 所示，电动机的转子和定子之间的空隙很小，其转轴除应满足强度要求外，还要限制其最大变形不能超过转子和定子间的间隙，以防止运转时转子与定子相碰；另外，转轴变形过大，还会导致轴承的不均匀磨损，使其传动精度降低。构件因刚度不足而丧失正常的工作能力，称为刚度失效。

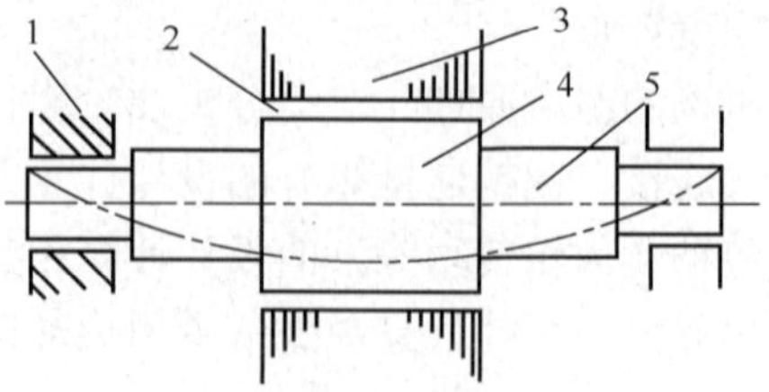

图 1-3　电动机轴

1—轴承；2—空隙；3—定子；4—转子；5—轴

在实际工作中，机械零件可能会同时发生几种失效形式，如图 1-4 所示。设计时应根据具体情况，确定避免同时发生失效的设计方案。

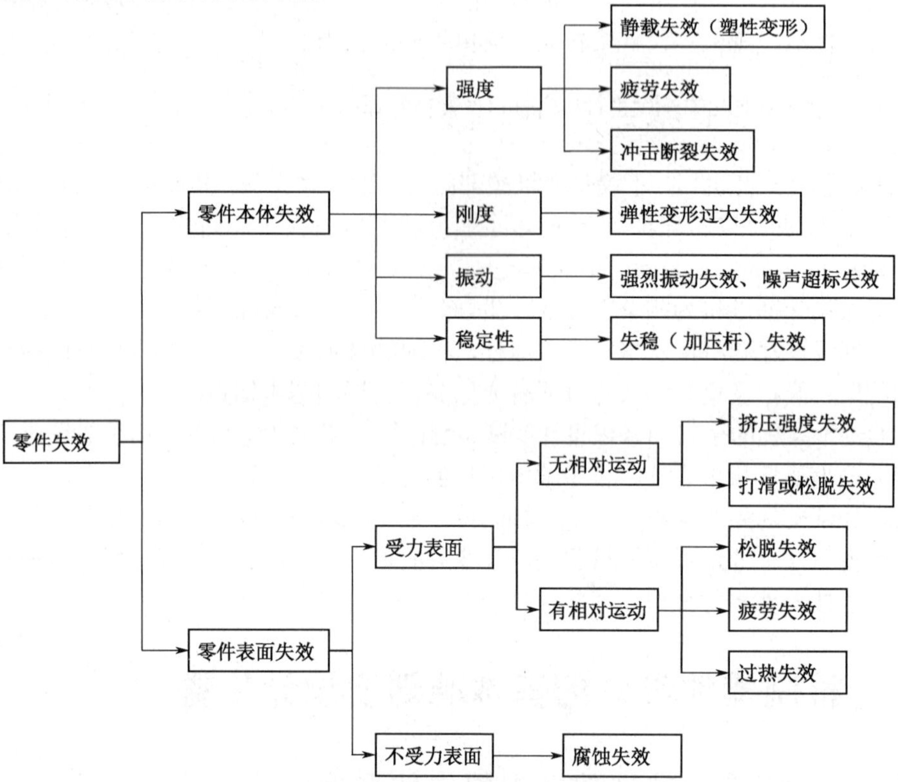

图 1-4　零件的主要失效形式

1.2.2　机械零件设计的一般步骤

机械零件的设计计算流程如图 1-5 所示。

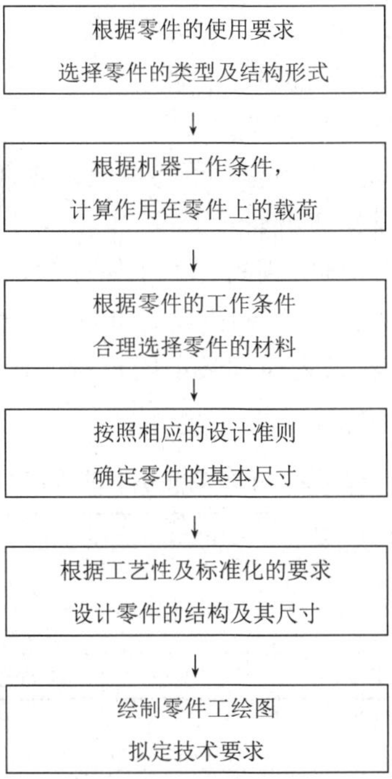

图 1-5　机械零件的设计计算流程

实训 1　分析单缸内燃机的机器与机构特征

图 1-6 所示为一台单缸四冲程内燃机，它由气缸体（1）、活塞（2）、进气阀（3）、排气阀（4）、连杆（5）、曲轴（6）、推杆（7）、凸轮（8）、齿轮（9 和 10）等组成。

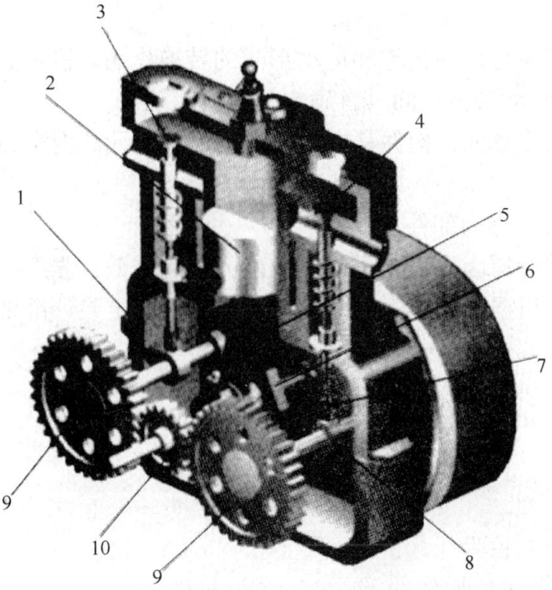

图 1-6　内燃机

1—气缸体；2—活塞；3—进气阀；4—排气阀；5—连杆；6—曲轴；7—推杆；8—凸轮；9、10—齿轮

单缸内燃机主要包括四个工作过程：

① 活塞下行，进气阀打开，可燃气被吸入气缸；

② 活塞上行，进气阀关闭，压缩可燃气；

③ 点火后气体燃烧膨胀，推动活塞下行，经连杆带动曲轴输出转动；

④ 活塞上行，排气阀打开，排出废气。

凸轮和推杆是用来启闭进气阀和排气阀的。为了保证曲轴每转两周进、排气阀各启闭一次，在曲轴和凸轮轴之间安装了齿数比为 1∶2 的齿轮。这样当燃气推动活塞运动时，进、排气阀有规律地启闭，就把燃气燃烧的热能转换为曲轴转动的机械能，从而使内燃机产生动力。

单缸内燃机中的机构如表 1-2 所示。

表 1-2 单缸内燃机中的机构

名　称	组　成	作　用
曲柄滑块机构	活塞 2、连杆 5、曲轴 6 和气缸体 1	将活塞的往复移动转换为曲柄的连续转动
齿轮机构	齿轮 9、10 和气缸体 1	改变转速的大小和转动的方向
凸轮机构	凸轮 8、推杆 7 和机架 1	将凸轮的连续转动转变为推杆的往复移动

知识梳理与总结

通过对本章的学习，我们学会了分析单缸内燃机的组成和工作原理，也学会了机械零件的设计准则和设计步骤。

（1）机械设计基础是一门重要的技术基础课，是研究机械类产品的设计、开发、改造，以满足经济发展和社会需求的基础知识课程。

（2）机器的三个特征：①人为的实物组合体；②各运动单元间具有确定的相对运动；③能代替人类做有用的机械功或进行能量转换，现代机器的内涵还应包括机器能进行信息处理、影像处理等功能。

（3）机构则仅仅是起着运动的传递和运动形式的转换作用。机构的主要特征是：①人为实体（构件）的组合；②各个运动实体之间具有确定的相对运动。

（4）零件是制造的最小单元，构件是机构运动的最小单元。为实现一定的运动转换或完成某一工作要求，把若干构

件组装到一起的组合体称为部件。

（5）机械零件由于某种原因而丧失正常工作能力称为失效。强度、刚度、磨损失效是通用机构零件的主要失效形式。根据零件产生失效的形式及原因制定设计准则，并以此作为防止失效和设计计算的依据。

自测题 1

1. 选择题

（1）机器中各运动单元称为（　　）。

A. 零件　　B. 构件　　C. 机件

（2）在机械中属于制造单元的是（　　）。

A. 机构　　B. 构件　　C. 零件　　D. 部件

（3）机构与机器相比，不具备下面（　　）特征。

A．人为的各个实体组合

B．各实体之间有确定的相对运动

C．做有用功或转换机械能

D．价格较高

（4）“构件”的定义的正确表述是（　　）。

A．构件是由机械零件组合而成的

B．构件是机器的制造单元

C．构件是机器的运动单元

D．构件是机器的装配单元

（5）在自行车车轮轴、电风扇叶片、起重机上的起重吊钩、台虎钳上的螺杆、柴油发动机上的曲轴和减速器的齿轮中，有（　　）种是通用零件。

A．2　　B．5　　C．4　　D．3

（6）只在一些特定的机器中使用的零件称为（　　）零件。

A．专用　　B．通用

（7）（　　）是通用零件。

A．轴承　　B．活塞　　C．曲轴　　D．叶片

（8）机器与机构的主要区别是（　　）。

A．机器的结构较复杂

B．机器的运动较复杂

C．机器能完成有用的机械功或实现能量转换

D．机器能变换运动形式

（9）构件因（　　）不足而丧失正常功能，称为失效。

A．刚度　　B．强度　　C．磨损

（10）（　　）设计准则要求零件在工作时不产生强度失效。

A．刚度　　B．强度　　C．耐磨性

2．判断题

（1）机器是构件之间具有确定的相对运动，并能完成有用的机械功或实现能量转换的构件的组合。（　　）

（2）机构能完成有用的机械功或实现能量转换。（　　）

（3）构件是机械中装配的单元体。（　　）

（4）减速器是机器。（　　）

（5）组成机械的各个相对运动的实物称为零件。（　　）

（6）机器都是由机构组成的。（　　）

（7）洗衣机中带传动所用的 V 带是专用零件。（　　）

（8）机器的传动部分都是机构。（　　）

（9）机构中的主动件和被动件都是构件。（　　）

（10）螺栓、齿轮和轴都是通用零件。（　　）

3．简答题

机器与机构的区别和联系分别是什么？

第2章　平面机构及自由度计算

本章知识导读

【知识目标】

- 掌握构件自由度概念，掌握运动副及其分类，熟悉构件与运动副的简化符号。
- 熟悉机构运动简图的意义，掌握机构自由度的概念及其意义。

【能力目标】

- 能绘制并识读简单平面机构的运动简图。
- 能计算简单平面机构的自由度。
- 分析机构是否具有确定的运动。

【教学重点与难点】

- 平面机构运动简图的绘制。
- 特殊结构自由度的计算。

组成机构的所有构件都在某一平面或相互平行的平面内运动的机构称为平面机构，否则称为空间机构。工程中常见的机构大多属于平面机构。

2.1　机构的组成

2.1.1　运动副

1. 运动副的概念

两构件之间直接接触并能产生一定相对运动的连接称为运动副，如活塞与缸筒、车轮与钢轨，以及一对轮齿啮合形成的连接。两构件只能在同一平面相对运动的运动副称为平面运动副。

2. 平面运动副的分类

按两构件间接触性质的不同，平面运动副通常可分为低副和高副。

（1）低副

两构件形成面与面接触的运动副称为低副，如图 2-1 所示。根据构成低副的两构件间的相对运动的特点，低副又可分为转动副和移动副。

转动副是两构件只能做相对转动的运动副。如图 2-1（a）所示，铰链连接组成转动副。

移动副是两构件只能沿某一轴线相对移动的运动副，如图 2-1（b）所示。

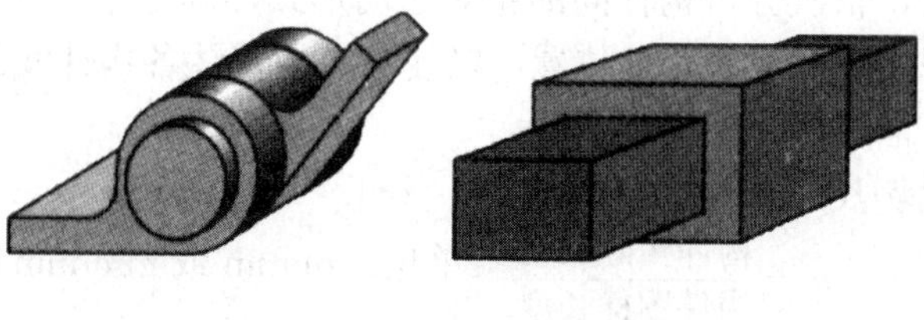

（a）转动副　（b）移动副

图 2-1　低副

由于低副是以面接触的，因此其接触部分的压强较低，便于润滑，磨损较轻。

（2）高副

两构件以点或线的形式相接触而组成的运动副称为高副。如图 2-2 所示，分别是滚动副、凸轮副和齿轮副构成的运动副都是高副。

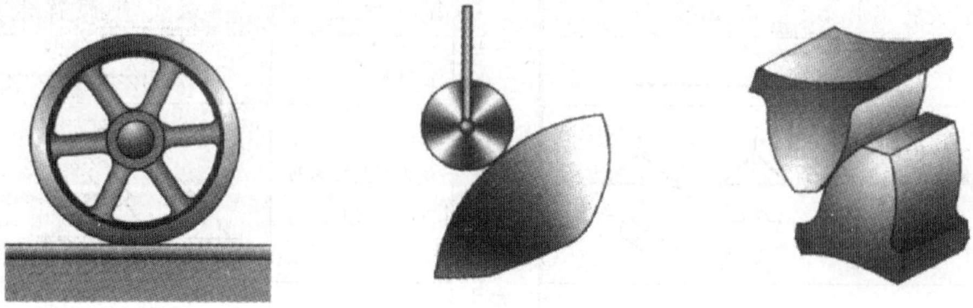

（a）滚动副　（b）凸轮副　（c）齿轮副

图 2-2　高副

由于高副是以点或线的形式相接触的，因此其接触部分的压强较高，易磨损。

2.1.2　构件

机构中的构件有三类，相对于地面固定不动的构件称为机架；按给定的运动规律独立运动的构件称为原动件；机构中的其他活动构件称为从动件。从动件的运动规律取决于原动件的运动规律及运动副的结构和构件尺寸。一个机构只能有一个机架，它可以是一个整体，也可以是多个零件的刚性组合。机构中的原动件一般与机架相连，可有一个或多个。

2.2　平面机构的运动简图与绘制步骤

1．机构运动简图的概念

表明机构的组成和各构件间运动关系的简单图形，称为机构运动简图。在机构运动简图中，通常不考虑构件的外形、截面尺寸及运动副的实际结构，而用规定的线条和符号表示构件和运动副，并按一定的比例确定运动副的相对位置及与运动有关的尺寸。

2．平面机构运动简图的绘制

绘制机构运动简图的步骤如下。

（1）分析机构的组成，确定机架、原动件和从动件。

（2）由原动件开始，依次分析构件间的相对运动形式，确定运动副的类型和数目。

（3）选择适当的视图平面和原动件位置，以便清楚地表达各构件间的运动关系。通常选择与构件运动平面平行的平面作为投影面。

（4）选择适当的比例尺：

$$\mu_l=\frac{\text{构件实际长度}}{\text{构件图样长度}}\text{（单位：m/mm 或 mm/mm）}$$

按照各运动副间的距离和相对位置，以规定的线条和符号绘图。

提示：

比例尺的表示方法与机械制图的不一样。

常用构件和运动副的简图符号如表 2-1 所示。

表 2-1　常用构件和运动副的简图符号（摘自 GB4460 — 1984）

名称		简图符号	名称		简图符号
构件	轴、杆		机架	机架	
	三副元素构件	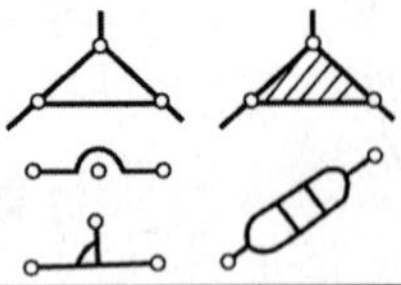		机架是转动副的一部分	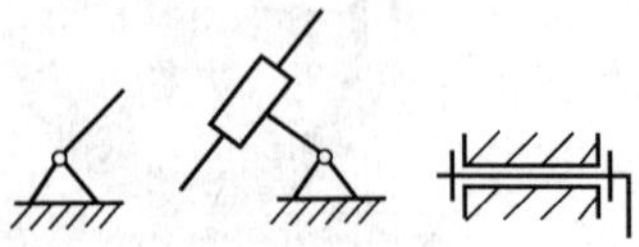
	构件的永久连接	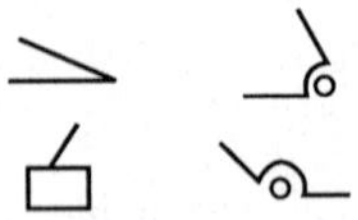		机架是移动副的一部分	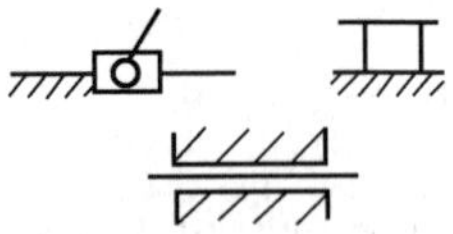
平面低副	转动副	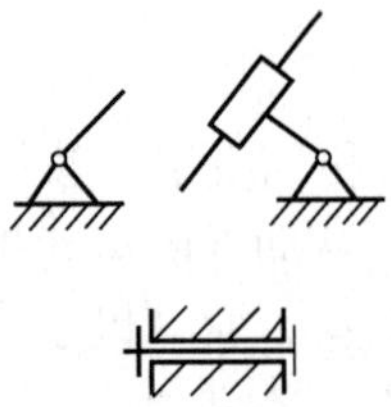	平面高副	齿轮副 外啮合	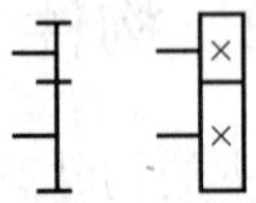
				齿轮副 内啮合	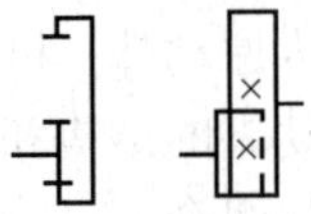
	移动副	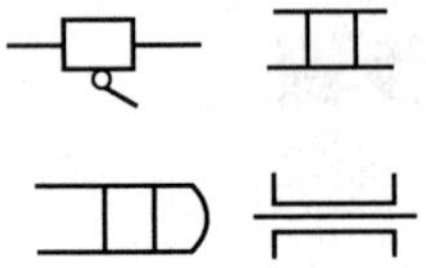		凸轮副	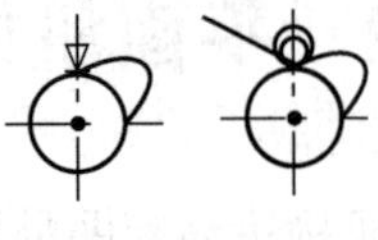

提示：

（1）一个构件具有多个转动副时，应在两条线交叉处涂黑，或在其内画上斜线。

（2）画高副时，凸轮、滚子在接触处画全部轮廓，齿轮只画节圆。

（3）不要忘了原动件画箭头表示运动方向，机架上画剖面线。

实训 2　绘制颚式破碎机主体机构的运动简图

颚式破碎机主体机构由机架 1、偏心轴 2、动颚 3、肘板 4 组成，如图 2-3 所示。

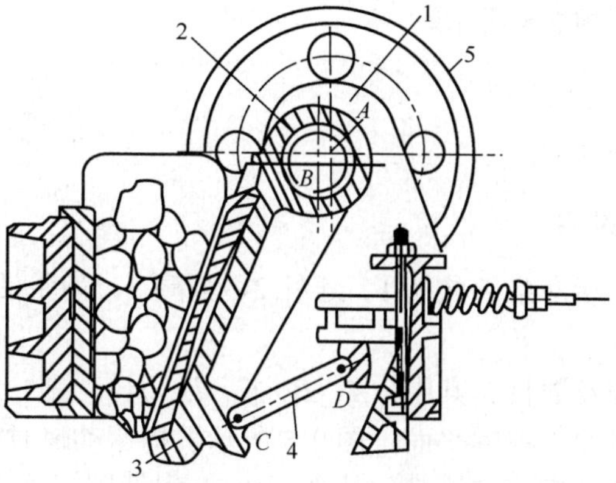

图 2-3　颚式破碎机

1—机架；2—偏心轴；3—动颚；4—肘板；5—带轮

机构运动由带轮 5 输入，而带轮 5 与偏心轴 2 固连成一体（属同一构件），绕 A 转动，动颚 3 通过肘板 4 与机架相连，并在偏心轴 2 的带动下作平面运动，将矿石打碎。

1. 设计要求与数据

颚式破碎机主体机构如图 2-3 所示。

2. 设计内容

绘制颚式破碎机主体机构的运动简图。

3. 设计步骤、结果及说明

（1）由图 2-3 可知，颚式破碎机主体机构由机架 1、偏心轴 2、动颚 3、肘板 4 组成。机构运动由带轮 5 输入，偏心轴 2 为原动件，动颚 3 和肘板 4 为从动件。

（2）偏心轴 2 与机架 1、偏心轴 2 与动颚 3、动颚 3 与肘板 4、肘板 4 与机架 1 均构成转动副，其转动中心分别为 *A*、*B*、*C*、*D*。

（3）选择构件的运动平面为视图平面，图 2-3 所示机构运动瞬时位置为原动件位置。

（4）根据实际机构尺寸及图样大小选定比例尺 μ_l。根据已知运动尺寸 L_{AB}、L_{DA}、L_{BC}、L_{CD} 依次确定各转动副 *A*、*B*、*D*、*C* 的位置，画上代表转动副的符号，并用线段连接 *A*、*B*、*C*、*D*。用数字标注构件号，并在构件 1 上标注表示原动件运动方向的箭头。

颚式破碎机主体机构的运动简图如图 2-4 所示。

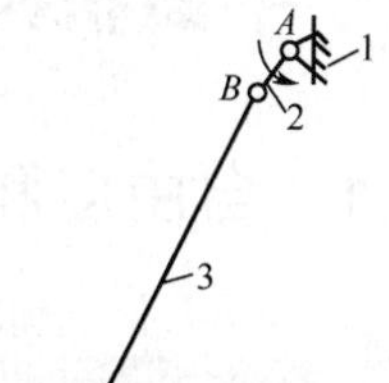

图 2-4　颚式破碎机主体机构的运动简图

实训 3　绘制活塞泵的机构运动简图

1．设计要求与数据

颚式破碎机主体机构如图 2-5 所示。

2．设计内容

绘制活塞泵的机构运动简图。

3．设计步骤、结果及说明

（1）分析机构的组成。活塞泵由曲柄 1、连杆 2、齿扇 3、齿条活塞 4 和机架 5 等构件组成。曲柄 1 是原动件。

（2）确定运动副的种类及数目。其中，A、B、C、D 为转动副；E 为高副；F 为移动副。

（3）选择构件的运动平面为视图平面，图 2-5 所示机构运动瞬时位置为原动件位置。

（4）根据实际机构尺寸及图样大小选定比例尺 μ_1。根据图 2-5（a）所示尺寸，用构件和运动副的规定符号绘制机构运动简图，并在原动件上标注箭头，如图 2-5（b）所示。

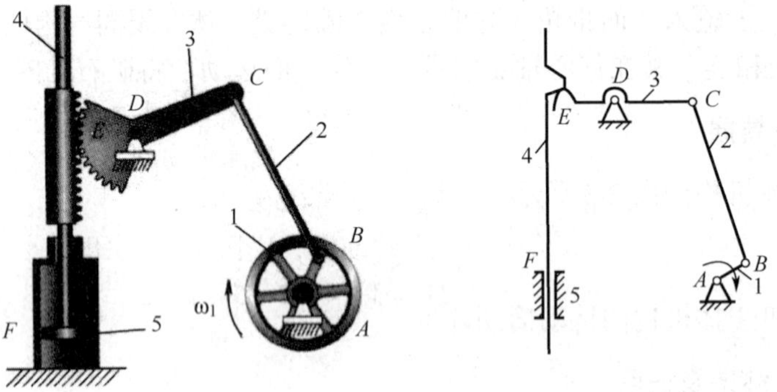

（a）机构组成　　（b）机构运动简图

图 2-5　活塞泵及其机构运动简图

2.3　平面机构的自由度

2.3.1　自由度和约束的概念

1．力

力是物体之间相互的机械作用。这种作用使物体的机械运动状态发生变化，物体的形状发生改变。前者称为力对物体的外效应，后者称为力对物体的内效应。静力学的研究对象是刚体，只研究力对物体的外效应。

力的三要素包括力的大小、方向和作用点。三要素中任何一个改变时，力的作用效应就不同。

在国际单位制中，力的单位用牛（N）或千牛（kN）表示。力是矢量，常用黑体字母 F 表示，也可用一条有向线段来表示。

2. 自由度

做平面运动的构件相对于定参考系所具有的独立运动的数目，称为构件的自由度。任一做平面运动的自由构件有三个独立的运动，如图 2-6 所示，xOy 坐标系中的构件可沿 x 轴和 y 轴移动，可绕垂直于 xOy 平面的轴线 A 转动，因此作平面运动的自由构件有三个自由度。

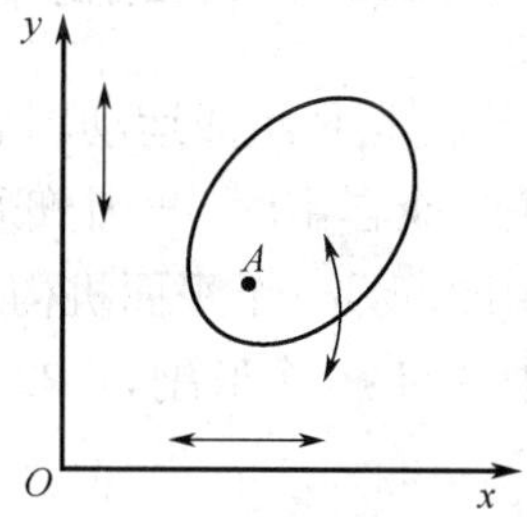

图 2-6　自由构件的自由度

3. 约束

构件是机构中具有相对运动的基本单元，一个构件在未与其他构件连接时，可以自由运动，是自由体。当构件组成机构时，每个构件都以一定的方式与其他构件相连接，这些连接就使构件某些方向的运动受到了限制，成为非自由体。对非自由体的运动起限制作用的物体称为约束。机械中的构件为了传递运动，实现所需要的动作，彼此间要形成各种各样的约束。

约束限制物体的运动，这种限制是通过力的作用来实现的。约束受到被约束物体的作用力；反之，约束也必然会给被约束物体一反作用力，即为约束反力。约束与约束反力的作用点相同，应在约束与被约束物体的接触点；约束反力的方向与约束所限制的运动方向相反。

约束的类型如表 2-2 所示。

表 2-2　约束的类型

约束名称	特　点	约束反力方向	工程实例	图　示
柔性约束	只承受拉力，不承受压力	总是沿着柔性体的中心线背离物体作用在接触点，用 F_T 表示	V 带动传	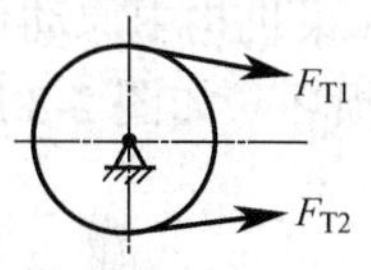
光滑面约束	只能限制物体沿接触处的法线方向且朝向支承面内的运动，不能限制物体离开支承处或沿其他方向的运动	总是沿着柔性体的中心线背离物体作用在接触点，用 F_N 表示	齿轮动传	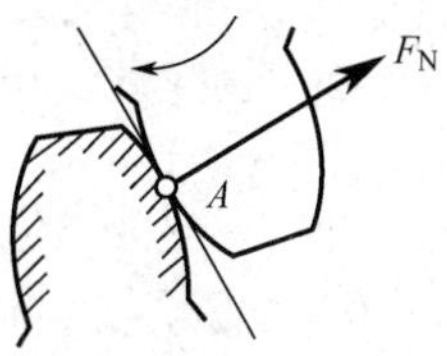
光滑圆柱铰链约束	限制被约束物体间的相对移动，但不限制物体绕销轴线的相对转动	作用线通过铰链中心，方向待定，通常用两个正交力 F_x、F_y 来表示	轴承	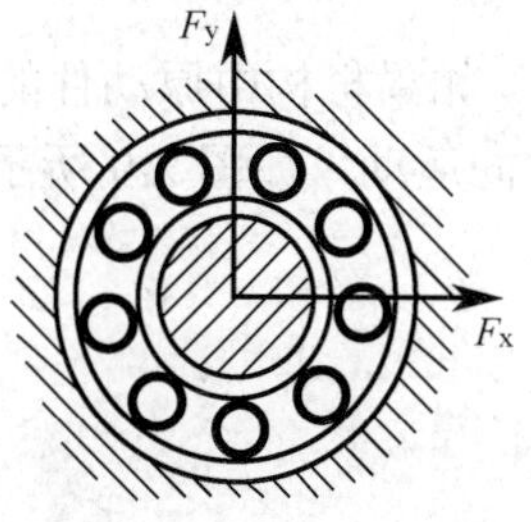
固定端约束	固定端约束限制物体在约束处沿任何方向的移动及在约束处的转动	一个约束力 F 和一个约束力偶 M_A	车床卡盘上的工件	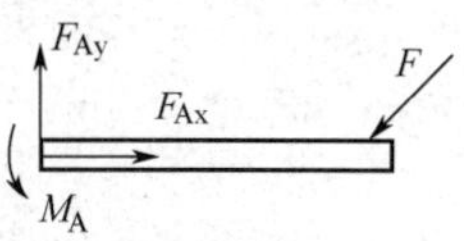

2.3.2　自由度的计算和机构具有确定运动的条件

当两构件组成运动副后，它们之间的某些相对运动受到限制，每加上一个约束，自由构件便失去一个自由度。一个低副加上两个约束，减少两个自由度；一个高副加上一个约束，减少一个自由度。设一个平面机构有 n 个活动构件，它们在未组成运动副之前，共有 3n 个自由度。若机构中共有 P_L 个低副，P_H 个高副，则平面机构的自由度的计算公式为

$$F=3n-2P_L-P_H$$

提示：

n 是活动构件的数量，不包括机架。

如果机构自由度等于零，则构件组合在一起形成刚性结构，各构件之间没有相对运动，故不能构成机构，如图 2-7 所示。

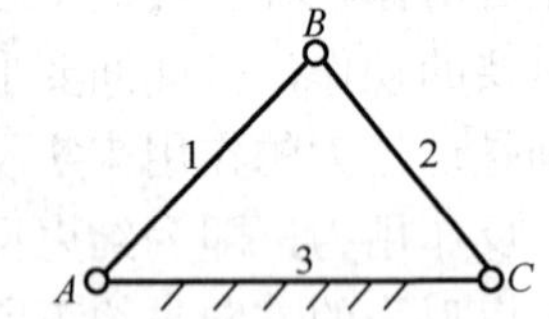

图 2-7　自由度等于零

提示：

试一试，证明三角形具有稳定性。

如果机构中原动件的数目多于机构的自由度数目，则将导致机构中最薄弱的构件或运动副可能被损坏，如图 2-8 所示。

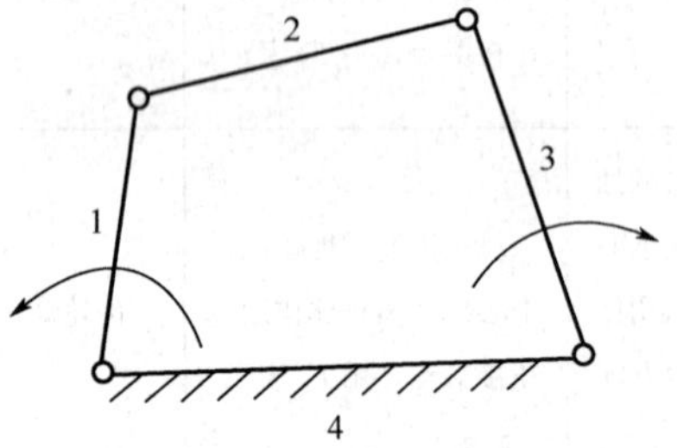

图 2-8　原动件数多于自由度数

如果机构中原动件的数目少于机构的自由度数目，则机构的运动不确定，首先沿阻力最小的方向运动，如图 2-9 所示。

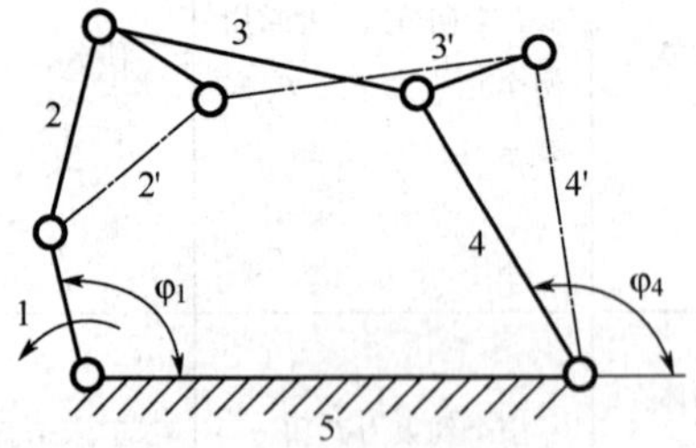

图 2-9　原动件数少于自由度数

如果原动件的数目和机构自由度的数目相等，则机构具有确定的运动。

2.3.3　平面机构中的特殊结构

1. 复合铰链

两个以上的构件在同一处以同轴线的转动副相连，称为复合铰链。

图 2-10 所示为三个构件在 *A* 点形成的复合铰链。从其左视图可见，这三个构件组成了轴线重合的两个转动副。一般地，*m* 个构件形成的复合铰链应具有（*m*-1）个转动副。

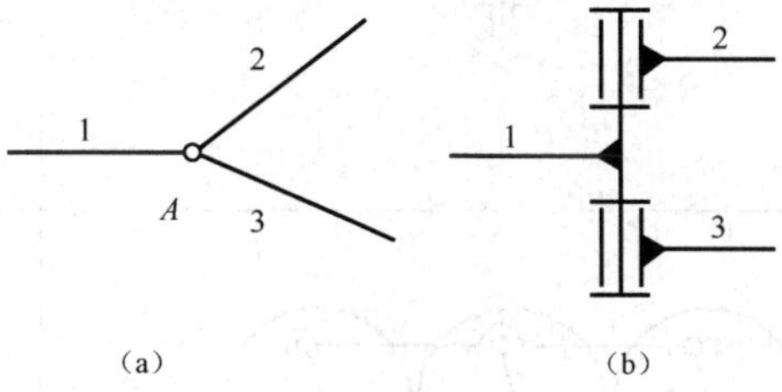

图 2-10　复合铰链

2. 局部自由度

如图 2-11（a）所示为凸轮机构，小滚子 2 绕自身轴的转动不影响机构 3 的运动，如图 2-11（b）所示。这种与机构原动件和从动件的运动传递无关的构件的独立自由度就是局部自由度。因此，该机构的自由度数为 $F=3n-2P_L-P_H=3\times2-2\times2-1=1$。在计算机构自由度时，局部自由度应去除不计。

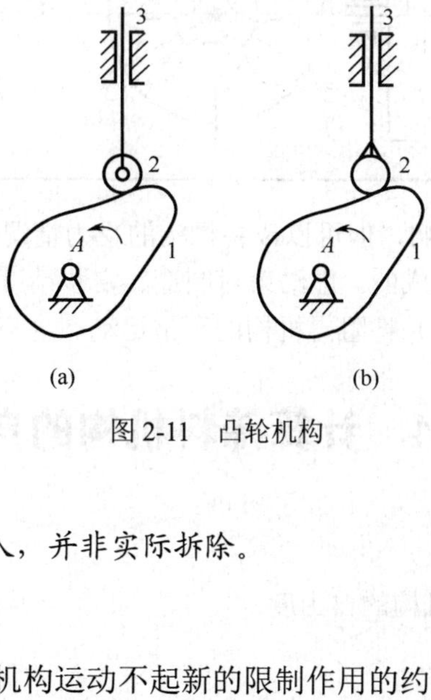

图 2-11　凸轮机构

提示：

“除去不计”指计算中不计入，并非实际拆除。

3. 虚约束

机构中与其他约束重复而对机构运动不起新的限制作用的约束，称为虚约束。计算机构自由度时，应将虚约束除去不计。虚约束常见场合，如表 2-3 所示。

表 2-3　虚约束常见场合

常见场合	图示	计算说明
两构件在同一轴线上组成多个转动副	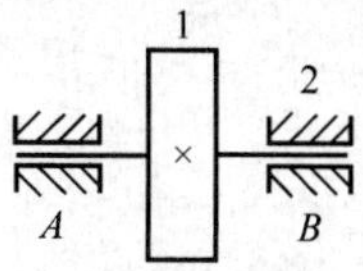	轮轴 1 与机架 2 在 *A*、*B* 两处组成了两个转动副，只有一个转动副起约束作用，计算机构自由度时应按一个转动副计算

续表

常见场合	图　示	计算说明
两构件组成多个导路平行或重合的移动副	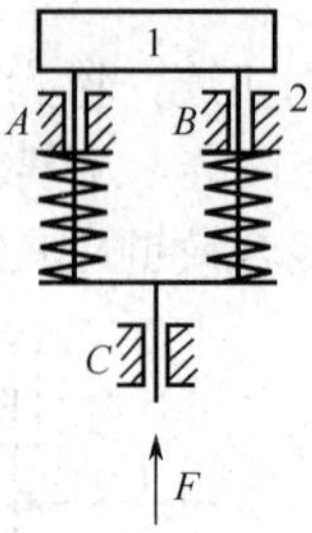	构件 1 与机架组成了 A、B、C 三个导路平行的移动副，计算自由度时应只算作一个移动副
两构件上连接点的运动轨迹互相重合	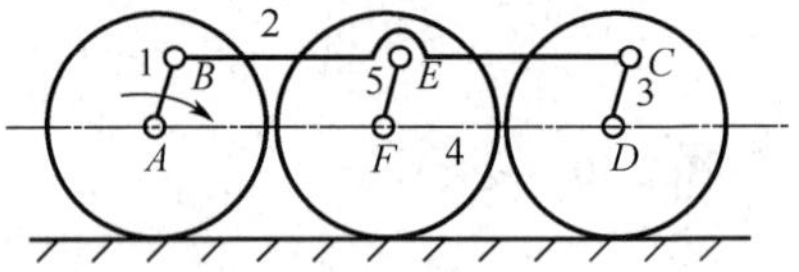	构件 5 和转动副 E、F 是否存在，对机构的运动都不发生影响。即机构 5 和转动副 E、F 引入的是虚约束，起重复限制运动的作用，在计算自由度时应除去不计
机构中具有对运动不起作用的对称部分	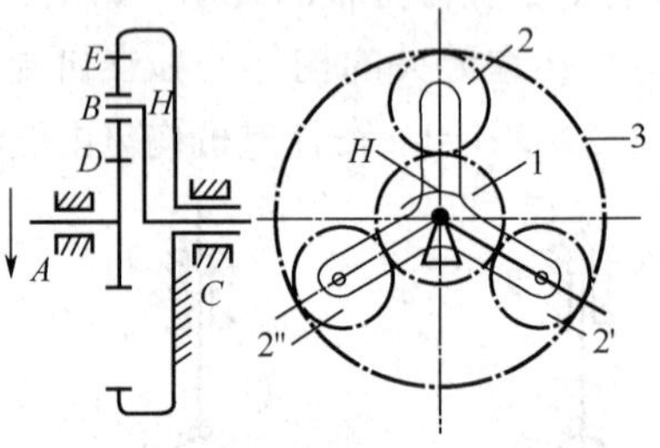	从运动关系看，只需一个行星轮 2 就能满足运动要求，其余行星轮及其所引入的高副均为虚约束，应除去不计（C 处为复合铰链）

虚约束虽对机构运动没有影响，但可以改善机构的受力情况、增加构件的刚度。应当指出，虚约束是在一定的几何条件下形成的。虚约束对制造、安装精度要求较高，当不能满足几何条件时，虚约束就会成为实际约束，并将阻碍机构的正常运动。

实训 4　计算筛料机构的自由度

1. 设计要求与数据

计算图 2-12（a）所示筛料机构的自由度。

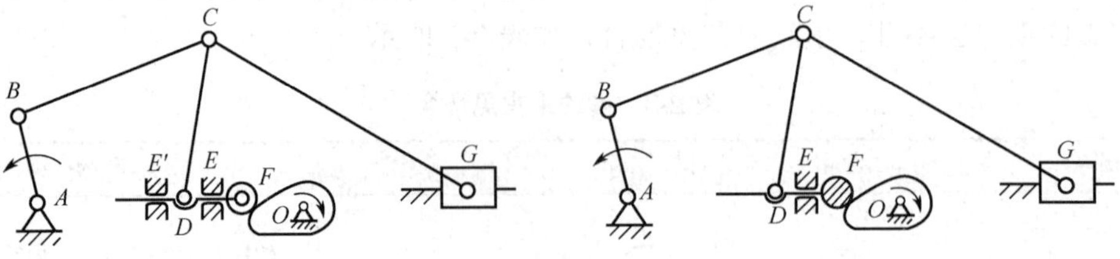

(a)　　(b)

图 2-12　筛料机构

2．设计内容

确定该机构中 n、P_{L}、P_{H} 的数量，判断机构是否具有确定运动。

3．设计步骤、结果及说明

（1）机构自由度分析

机构中滚子自转为局部自由度；顶杆 DF 与机架组成两导路重合的移动副 E、E，故其中之一为虚约束；C 处为复合铰链。去除局部自由度和虚约束。

（2）机构自由度计算

按如图 2-12（b）所示机构计算自由度，机构中 $n=7$，$P_{\mathrm{L}}=9P_{\mathrm{H}}=1$，其自由度为 $F=3n-2P_{\mathrm{L}}-P_{\mathrm{H}}=3\times7-2\times9-1=2$。原动件的数目与机构自由度的数目相等，因而筛料机构具有确定的运动。

知识梳理与总结

通过对本章的学习，我们学会了分析颚式破碎机的组成和工作原理，也学会了画平面机构的运动简图和如何计算机构的自由度。

（1）运动副是指构件与构件直接接触，并能产生一定的相对运动的连接。

（2）平面机构运动简图是用简单的线条和规定的符号，来表示机构类型、构件数目、运动副的类型和数目，以及运动尺寸等。

（3）平面运动中，自由运动的构件有三个独立的运动，每引入一个约束，构件的自由度就减少一个。平面高副限制构件一个自由度，平面低副限制构件两个自由度。

平面机构自由度计算公式：

$$F=3n-2P_{\mathrm{L}}-P_{\mathrm{H}}$$

计算机构的自由度时应注意三种特殊结构：复合铰链，局部自由度，虚约束。

（4）机构具有确定运动的条件：

原动件的数目和机构自由度的数目相等，因而机构具有确定的运动；

原动件的数目多于机构的自由度数目，将导致机构中最薄弱的构件损坏；

原动件的数目少于机构的自由度数目，则机构的运动不确定，首先沿阻力最小的方向运动。

自测题 2

1．选择题

（1）车轮在轨道上转动，车轮与轨道间构成（　　）。

A．转动副　　B．移动副　　C．高副

（2）下列正确的机构运动简图是（　　）。

A.

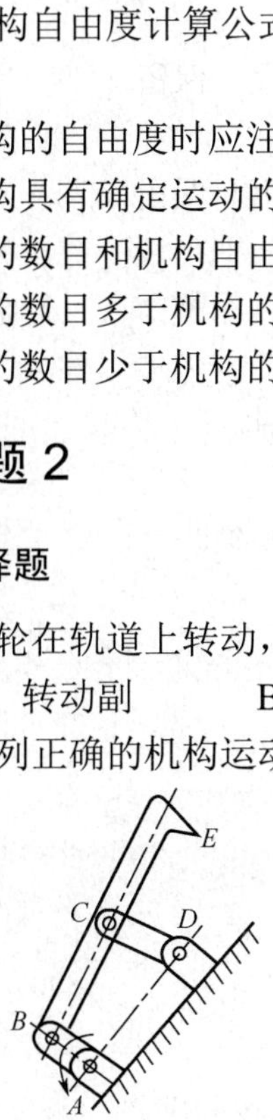

B.

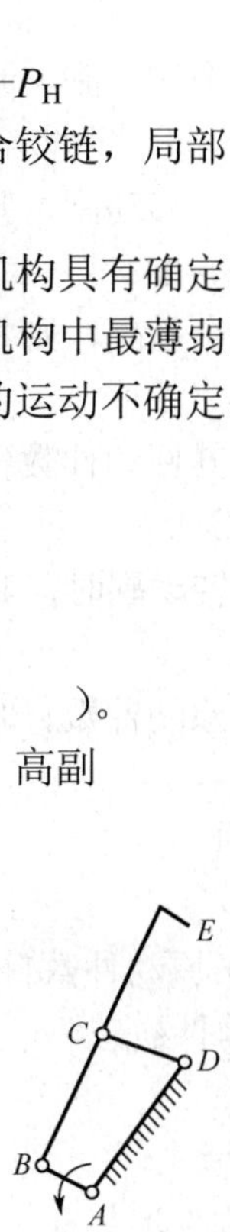

C.
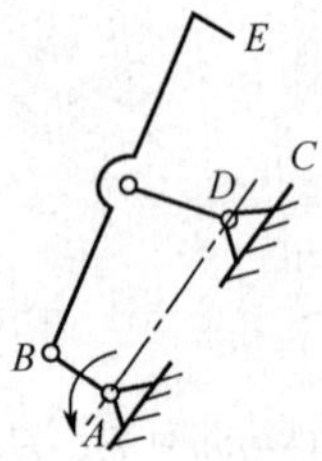

D.
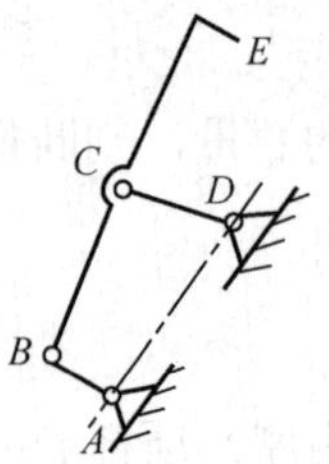

（3）下列正确的机构运动简图是（　　）。

A.
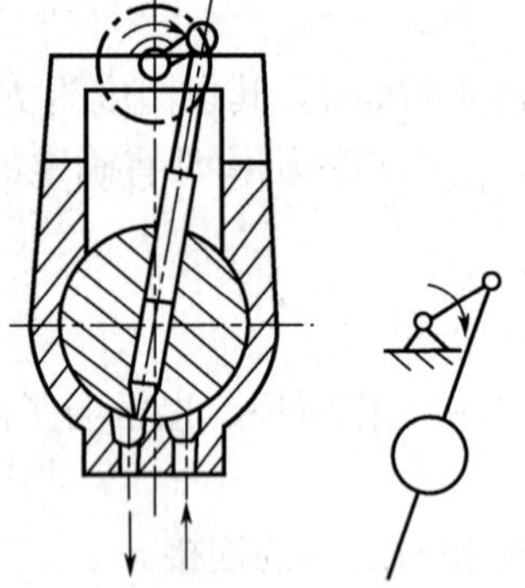

B.
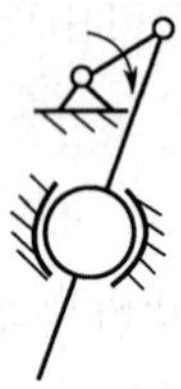

C.
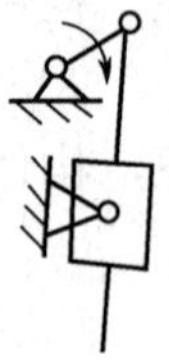

D.

（4）平面机构中，若引入一个转动副，则将带入（　　）个约束，保留（　　）个自由度。

A．1，2　　B．2，1　　C．1，1

（5）平面机构中，若引入一个移动副，则将带入（　　）个约束，保留（　　）个自由度。

A．2，1　　B．1，2　　C．1，1

（6）平面机构中，若引入一个高副，则将带入（　　）个约束，保留（　　）个自由度。

A．1，1　　B．1，2　　C．2，1

（7）具有确定运动的机构，其原动件数目应（　　）自由度数目。

A．小于　　B．等于　　C．大于

（8）当 k 个构件在一处组成转动副时，其转动副数目为（　　）个。

A．k　　B．k-1　　C．k+1

（9）当机构的自由度数大于原动件数目时，机构（　　）。

A．具有确定运动

B．运动不确定

C．构件被破坏

（10）当机构的自由度数小于原动件数目时，则（　　）。

A．机构中运动副及构件被破坏

B．机构运动确定

C．机构运动不确定

（11）若复合铰链处有 4 个构件汇集在一起，则应有（　　）个转动副。

A．4　　B．3　　C．2

（12）在机构运动简图中，（　　）机构组成原理有错误。

A.

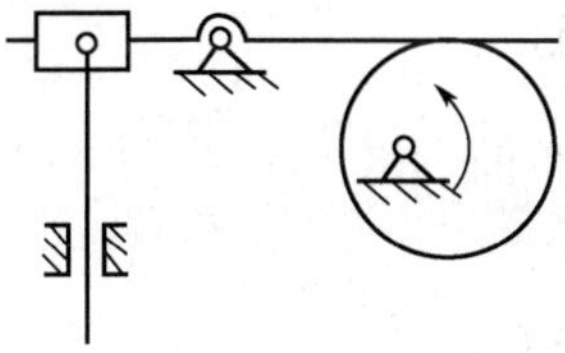

B.

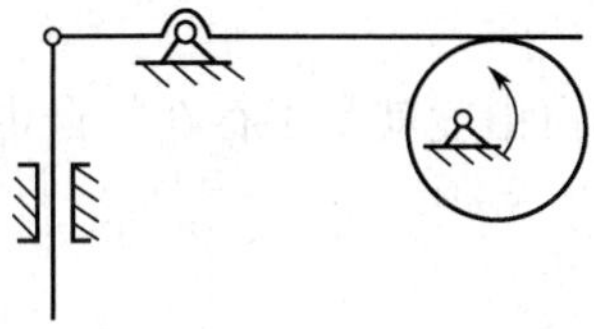

C.

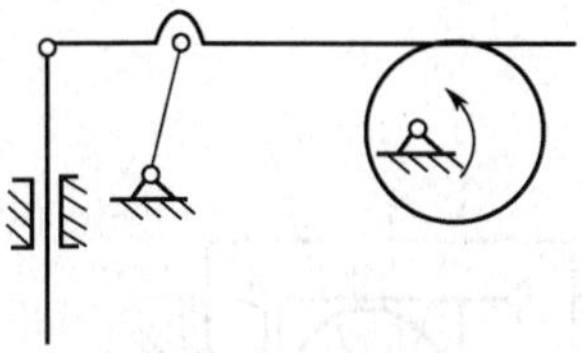

（13）在下列三种机构运动简图中，运动确定的是（　　）。

A.

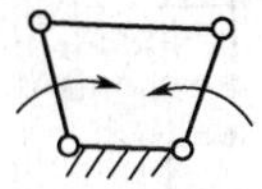

B.

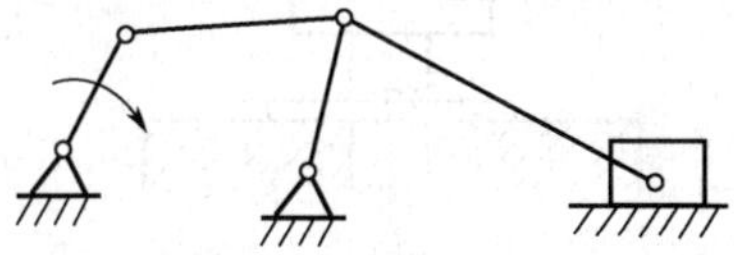

C.

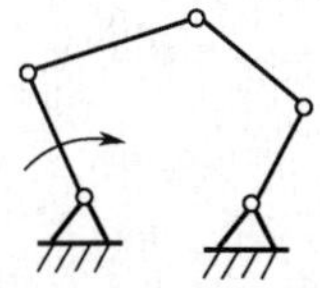

（14）若设计方案中，计算机构的自由度为 0，则可采用（　　），使机构具有确实运动。

A．增加一个构件带一个低副

B．增加一个构件带一个高副

C．减少一个构件带一个低副

（15）若在设计方案中，计算机构的自由度为 2，则可采用（　　），使机构具有确定运动。

A．增加一个原动件

B．减少一个原动件

C．增加一个带有 2 个低副的构件

2．判断题

（1）两构件间凡直接接触，而又相互连接的都称为运动副。（　　）

（2）运动副的作用，是用来限制或约束构件的自由运动的。（　　）

（3）运动副的主要特征是两个构件以点、线、面的形式相接触。（　　）

（4）一个做平面运动的构件有 2 个独立运动的自由度。（　　）

（5）运动副按运动形式不同分为高副和低副两类。（　　）

（6）平面低副机构中，每个转动副和移动副所引入的约束数目是相同的。（　　）

（7）齿轮机构组成转动副。（　　）

（8）机构具有确定运动的充分和必要条件是其自由度大于零。　（　　）

（9）两个以上构件在同一处组成的运动副即为复合铰链。　（　　）

（10）虚约束对运动不起独立限制作用。　（　　）

3．简答题

（1）什么是运动副？平面高副与平面低副各有什么特点？

（2）机构具有确定运动的条件是什么？

（3）有人说，虚约束就是实际上不存在的约束，局部自由度就是不存在的自由度。这种说法对吗，为什么？

4．设计题

（1）绘制如图 2-13 所示机构的运动简图。

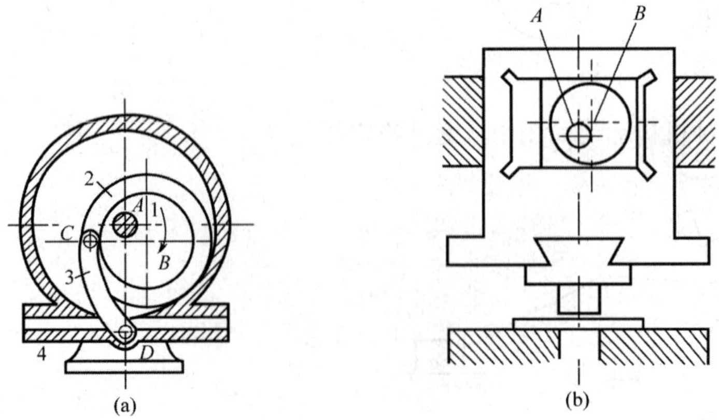

图 2-13　机构运动简图

（2）计算如图 2-14 所示各机构的自由度。

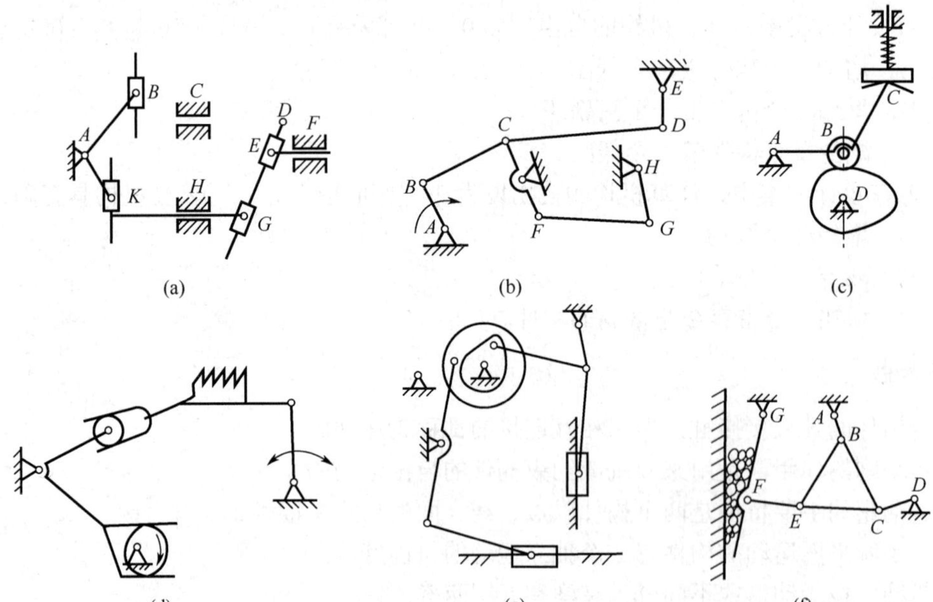

图 2-14　机构示意图

（3）试问如图 2-15 所示各机构在组成上是否合理？如不合理，请针对错误提出修改方案。

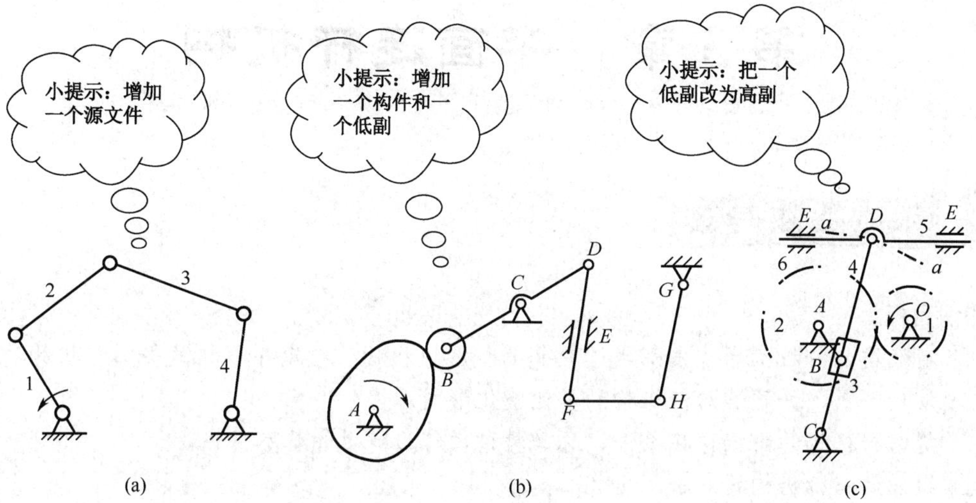

图 2-15　机构示意图

第 3 章　平面连杆机构

本章知识导读

【知识目标】

- 了解铰链四杆机构的基本形式，熟悉曲柄滑块机构、摆动导杆机构等四杆机构的主要演化形式，并了解四杆机构的其他演化形式。
- 掌握四杆机构的曲柄存在条件、急回特性、传力特性等基本特性。
- 掌握设计四杆机构的方法。

【能力目标】

- 能识别平面四杆机构的基本类型。
- 能对一般平面四杆机构的基本特性进行分析。
- 根据机构的工作要求设计平面四杆机构。

【教学重点与难点】

- 计算法判断平面四杆结构的基本形式。
- 图解法设计平面四杆机构。

机构中的全部构件用低副（转动副、移动副）连接而成的平面机构称为平面连杆机构，平面连杆机构又称为平面低副机构，其构件大多呈杆状。

平面连杆机构广泛应用于内燃机、火车轮、机械手爪、窗户支撑、公共汽车开关门、折叠伞、折叠床、自行车制动操作机构等方面。它在机械中用以传递动力和改变运动形式。

平面连杆机构中最常见的是平面四杆机构，当平面四杆机构中的运动副均为转动副时，称为铰链四杆机构。

缝纫机是一种家用缝衣机器，由曲柄 1、连杆 2、脚踏板 3、机架 4 组成，如图 3-1 所示。机构运动的动力由脚踏板 3 输入，踏动脚踏板 CD 使其往复摆动，通过连杆 BC 使曲柄 AB 做连续转动，通过圆带与带轮之间的摩擦力带动机头转动进行缝纫工作。缝纫机是平面连杆机构和带传动的应用实例。

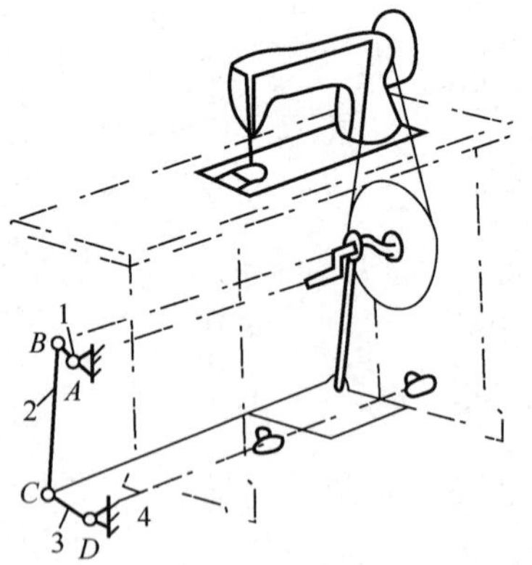

图 3-1　缝纫机

1—曲柄；2—连杆；3—脚踏板；4—机架

3.1　平面四杆机构的基本形式及其演化

平面四杆机构的基本形式有铰链四杆机构和滑块四杆机构。铰链四杆机构是平面四杆机构的基本形式，可演化为滑块四杆机构。

3.1.1　铰链四杆机构的基本形式

如图 3-2 所示的铰链四杆机构，机构中固定不动的构件 *AD* 称为机架；与机架相连的构件 *AB* 和 *DC* 称为连架杆；与两连架杆相连的构件 *BC* 称为连杆。如果连架杆能做整周转动，称为曲柄；如果连架杆仅能在小于 360°的某角度内往复摆动，则称为摇杆。

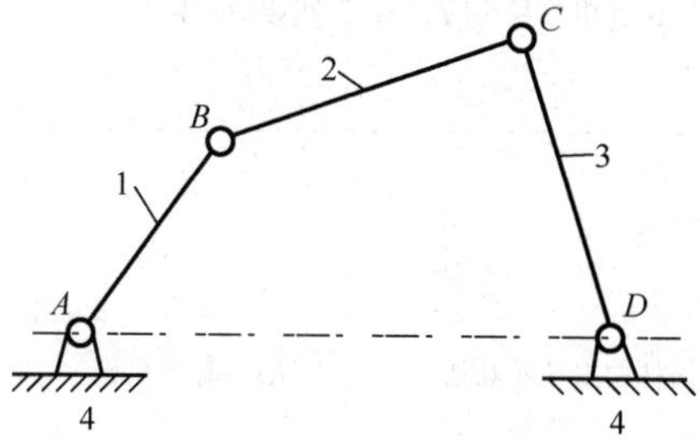

图 3-2　铰链四杆机构

根据连架杆运动形式的不同，铰链四杆机构可分为曲柄摇杆机构、双曲柄机构和双摇杆机构三种基本类型，如表 3-1 所示。

表 3-1　铰链四杆机构的基本形式

机构名称	组　成	运动特点	工程实例	图　示
曲柄摇杆机构	曲柄、连杆、摇杆、机架	曲柄为主动件时，将主动曲柄的等速连续转动转化为从动摇杆的往复摆动	雷达天线俯仰角调整机构	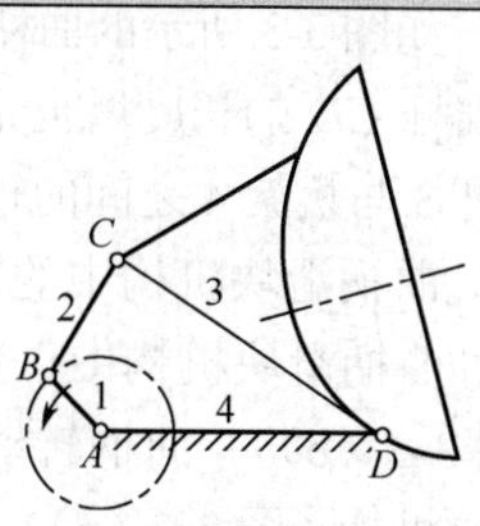
		摇杆为主动件时，将主动摇杆的往复摆动转化为从动曲柄的变速整周转动	脚踏砂轮机机构	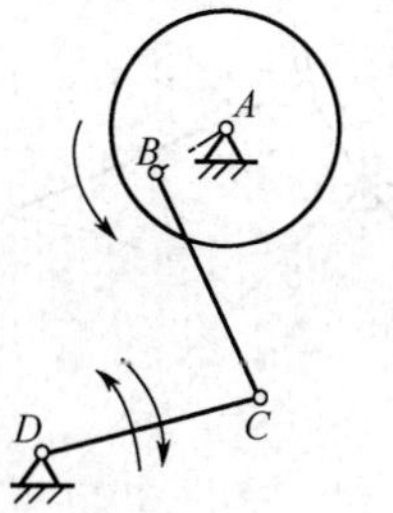

续表

机构名称	组　成	运动特点	工程实例	图　示
双曲柄机构	曲柄 1、连杆、曲柄 2、机架	连杆与机架的长度相等，两个曲柄长度相等且转向相同	天平机构（平行四边形机构）	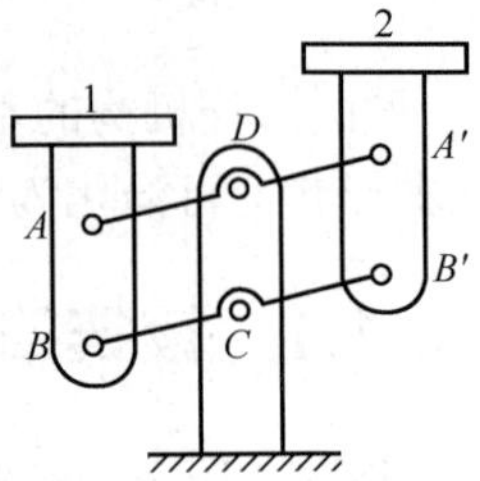
		连杆与机架长度相等，两个曲柄长度相等且转向相反	车门启闭机构（反平行四边形机构）	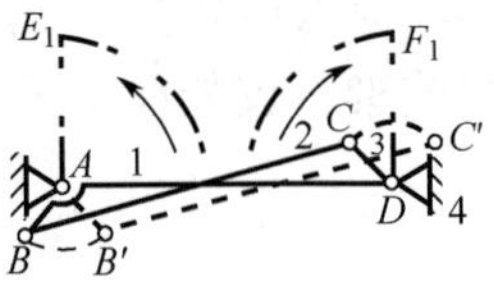
双摇杆机构	摇杆 1、连杆、摇杆 2、机架	两摇杆的摆角不相等	港口起重机构	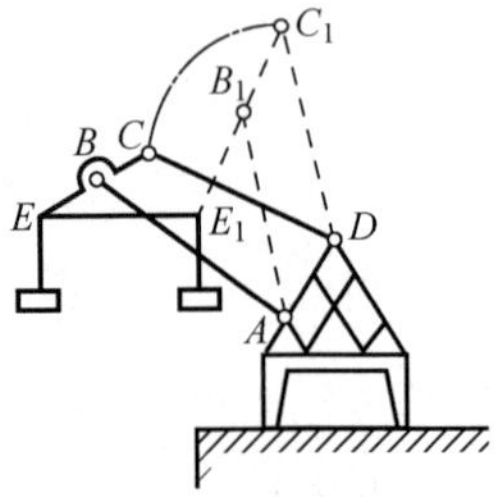

3.1.2 滑块四杆机构的基本形式

曲柄摇杆机构演化为曲柄滑块机构的过程如下。

如图 3-3 所示的曲柄摇杆机构，摇杆上 C 点的轨迹是以 D 为圆心，以 CD 为半径的圆弧 mn。若将摇杆 CD 的长度增至无穷大，转动副 D 将移至无穷远处，则转动副 C 的轨迹 mn 将变为一直线，摇杆 3 与机架 4 之间的转动副 D 将转化成移动副，该机构演化为曲柄滑块机构，如图 3-3（b）所示。

曲柄滑块机构中的曲柄作连续回转运动，滑块作往复移动，主动件可以是曲柄，也可以是滑块。曲柄滑块机构中，当 C 点的运动轨迹 mn 不通过曲柄转动中心 A 时，称为偏置曲柄滑块机构（图 3-3（b））。曲柄转动中心 A 到 C 点运动轨迹的垂直距离称为偏距。当 e=0 时则称为对心曲柄滑块机构（图 3-3（c））。曲柄滑块机构广泛应用于活塞式内燃机、空气压缩机、往复泵等机械中。

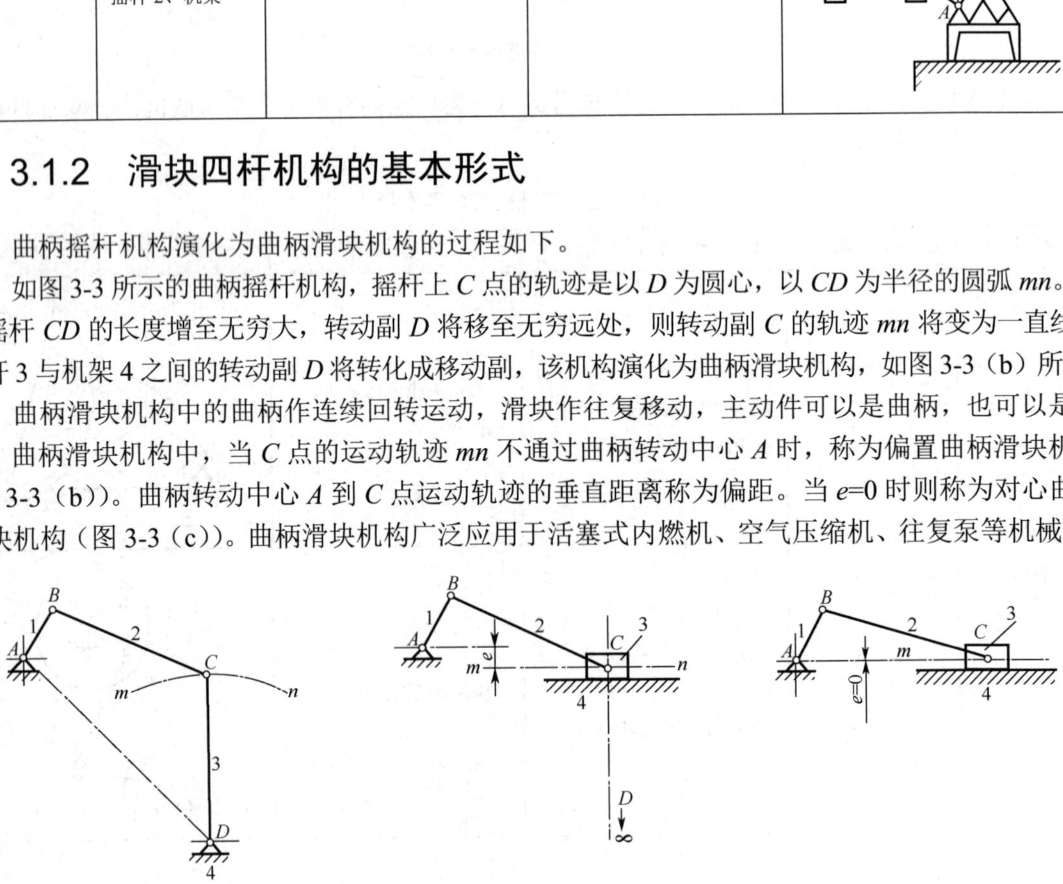

（a）曲柄摇杆机构　（b）偏置曲柄滑块机构　（c）对心曲柄滑块机构

图 3-3　曲柄摇杆机构的演化

3.1.3　滑块四杆机构的演化及工程应用

1．导杆机构

将图 3-4（a）所示曲柄滑块机构中的杆 1 改作机架，即得导杆机构（图 3-4（b）），杆 4 称为导杆。

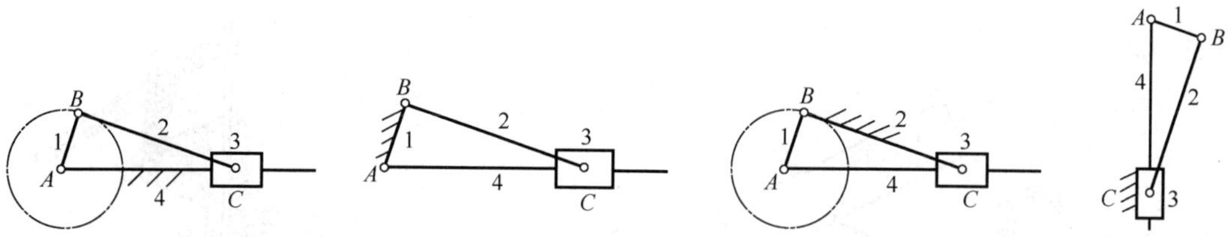

（a）曲柄滑块机构　（b）转动导杆机构　（c）摇块机构　（d）定块机构

图 3-4　曲柄滑块机构的演化

（1）转动导杆机构。当杆长 $L_1 \leqslant L_2$ 时，杆 2 和杆 4 均可整周回转，称为转动导杆机构（图 3-4（b））。图 3-5 所示的简易刨床导杆机构采用的就是此种机构。

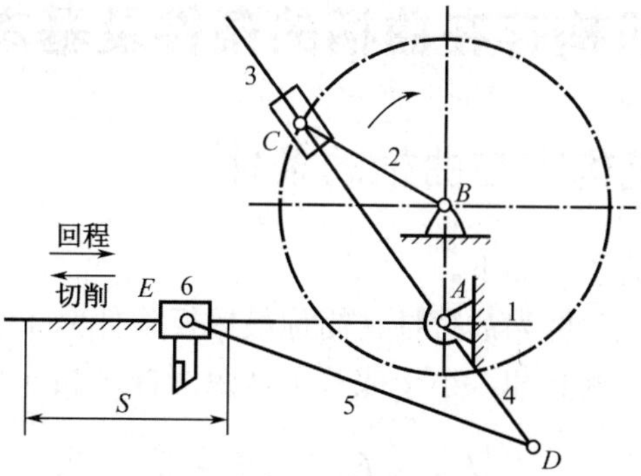

图 3-5　简易刨床导杆机构

（2）摆动导杆机构。当杆长 $L_1 > L_2$ 时，杆 2 整周回转，而杆 4 只能往复摆动，称为摆动导杆机构（图 3-6）。图 3-7 所示的牛头刨床导杆机构采用的就是此种机构。

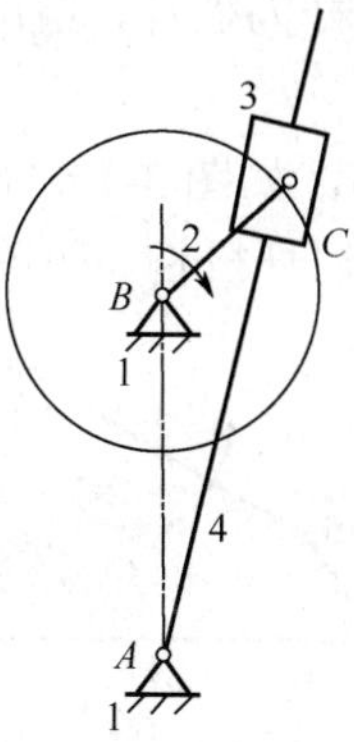

图 3-6　摆动导杆机构

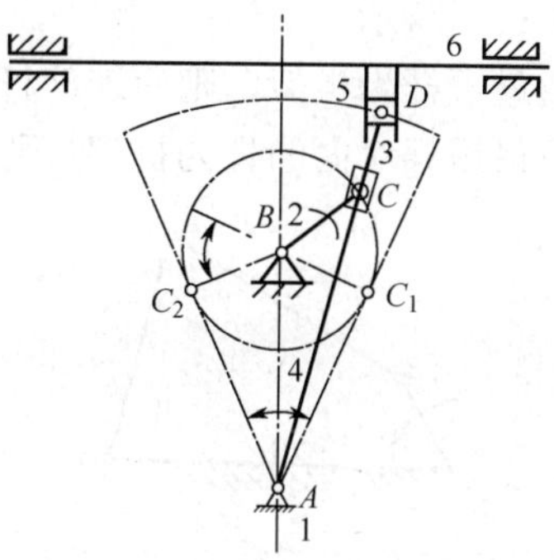

图 3-7　牛头刨床导杆机构

2．摇块机构

将图 3-4（a）所示的曲柄滑块机构中的杆 2 改作机架，即可得到摇块机构，如图 3-4（c）

所示。图 3-8 所示的货车车厢自动翻转卸料机构采用的就是此种机构。

3．定块机构

将图 3-4（a）所示的曲柄滑块机构中的滑块 3 改作机架，即可得定块机构，如图 3-4（d）所示。这种机构常用于手动压水机（图 3-9）和抽油泵中。

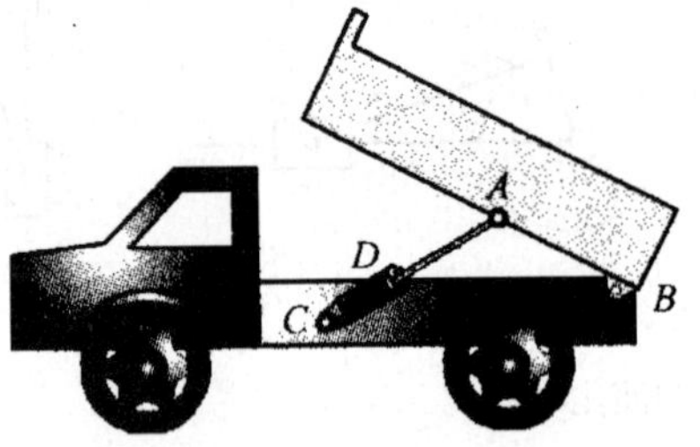

图 3-8　货车车厢自动翻转卸料机构

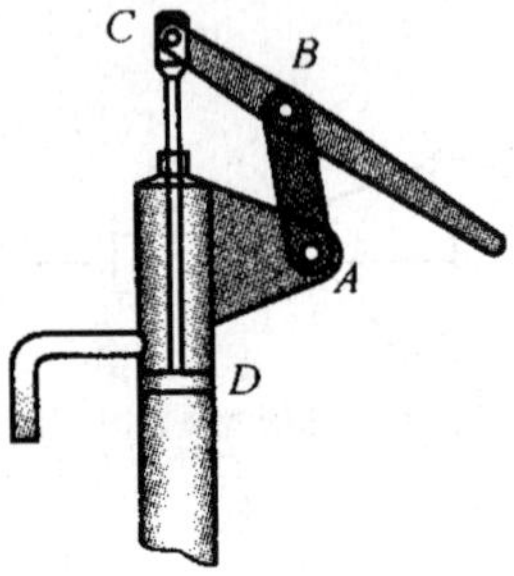

图 3-9　手动压水机

3.2　平面四杆机构存在曲柄的条件及基本特性

3.2.1　铰链四杆机构存在曲柄的条件

铰链四杆机构存在曲柄的条件如下。

（1）连架杆和机架中必有一杆为最短杆（简称最短杆条件）。

（2）最短杆与最长杆的长度之和，小于或等于其余两杆之和（简称长度和条件），即

$$L_{\min}+L_{\max}\leqslant L'+L''$$

通过分析可得如下结论：

（1）在铰链四杆机构中，如果最短杆与最长杆的长度之和，小于或等于其余两杆长度之和，则根据机架选取的不同，有下列三种情况：

① 取与最短杆相邻的杆为机架，则最短杆为曲柄，另一连架杆为摇杆，组成曲柄摇杆机构，如图 3-10（a）所示。

② 取最短杆为机架，则两连架杆均为曲柄，组成双曲柄机构，如图 3-10（b）所示。

③ 取最短杆对面的杆为机架，则两连架杆均为摇杆，组成双摇杆机构，如图 3-10（c）所示。

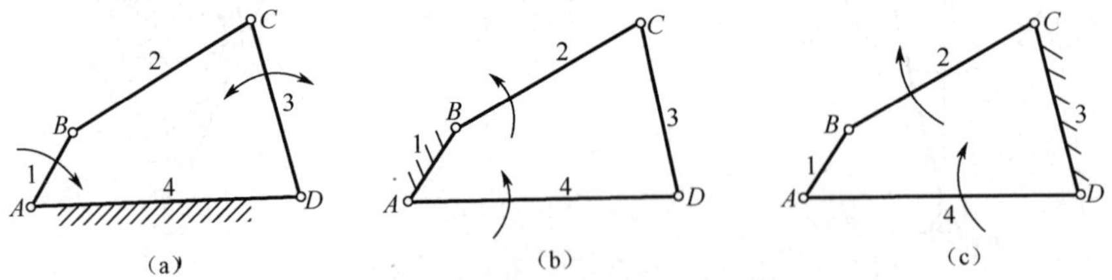

图 3-10　铰链四杆机构类型的判别

（2）在铰链四杆机构中，如果最短杆与最长杆的长度之和大于其余两杆长度之和，则不论取哪一杆为机架，都没有曲柄存在，均为双摇杆机构。

判别铰链四杆机构基本类型的方法，如图 3-11 所示。

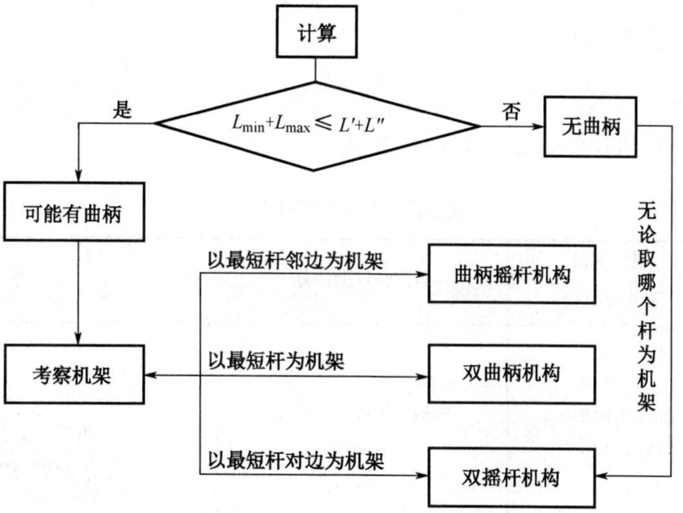

图 3-11　判别铰链四杆机构基本类型的方法

3.2.2　平面四杆机构的运动特性

当主动件等速转动时，做往复运动的从动件在返回行程中的平均速度大于工作行程的平均速度的特性，称为急回特性，如图 3-12 所示。图中，ψ 为摆角，即从动摇杆在两极限位置 C_1D 与 C_2D 之间往复摆动的角度。

急回特性的程度，用行程速比系数 K 来表示，即

$$K = \frac{(180° + \theta)}{(180° - \theta)} > 1$$

式中，θ 为极位夹角，即曲柄与连杆两次共线时，曲柄在两位置之间所夹的锐角。

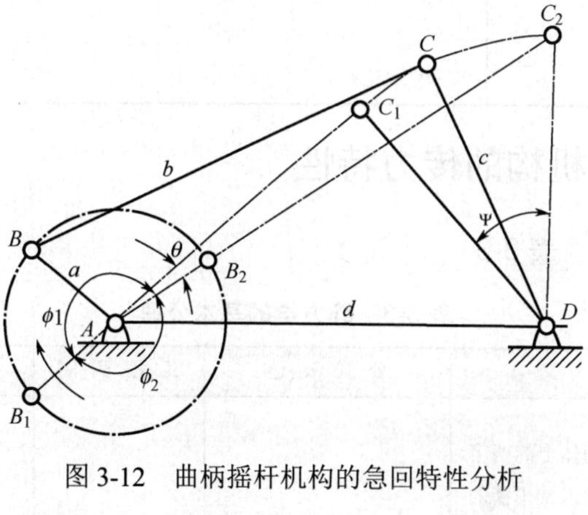

图 3-12　曲柄摇杆机构的急回特性分析

上式表明，机构的急回特性取决于极位夹角 θ 的大小。θ 越大，K 值越大，机构的急回特性越显著，但机构的传动平稳定性下降。当 θ=0 时，K=1，机构无急回特性，因此在设计时通常取 K=1.2～2.0。

机构极位夹角 θ 的计算公式为

$$\theta = 180^\circ \frac{K-1}{K+1}$$

机构的急回特性如表 3-2 所示。

提示：

看好谁是主动件和从动件，谁与谁两次共线。

表 3-2　机构的急回特性

机构名称	确定主动件和从动件	急回特性的位置	图示
曲柄摇杆机构	曲柄为主动件 摇杆为从动件	曲柄与连杆两次共线 $\theta \neq 0^\circ$	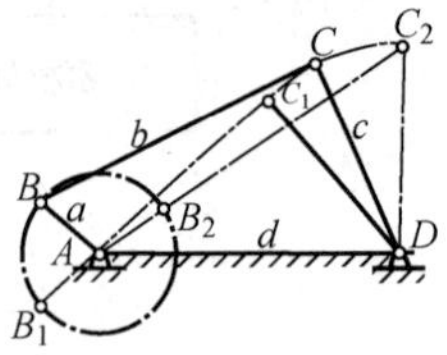
偏置曲柄滑块机构	曲柄为主动件 滑块为从动件	曲柄与连杆两次共线 $\theta \neq 0^\circ$	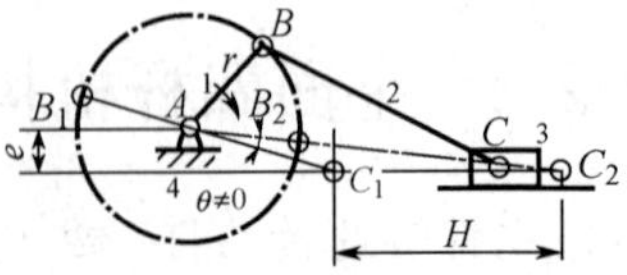
摆动导杆机构	曲柄为主动件 导杆为从动件	在导杆两极限位置 $\theta = \psi$	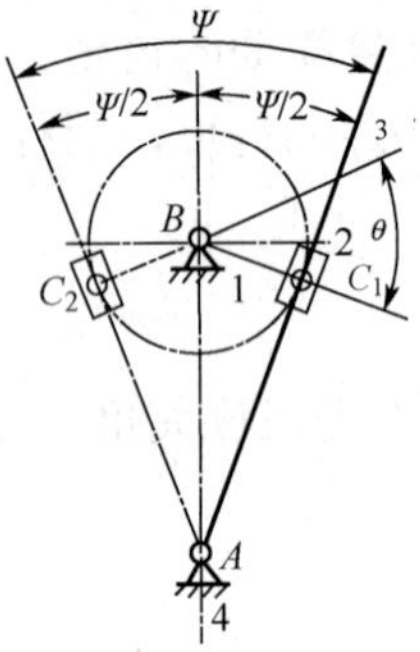

3.2.3　平面四杆机构的传力特性

1. 静力学的基本公理（表 3-3）

表 3-3　静力学的基本公理

公理名称	含　义	公式表达	工程实例	图　示
二力平衡公理	作用在刚体上的两个力，使刚体保持平衡的必要和充分条件是：这两个力大小相等，方向相反，且作用在同一直线上	$F_A = F_B$	托架	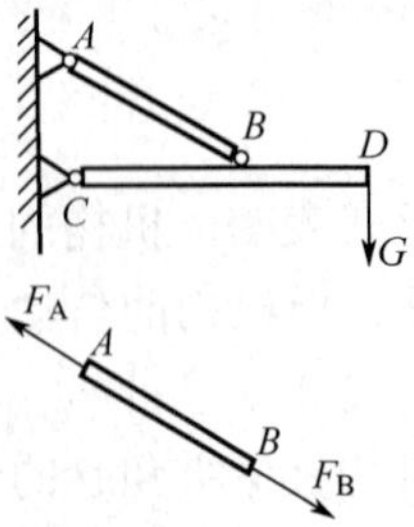

续表

公理名称	含　义	公式表达	工程实例	图　示
平衡力系公理	在已知力系上加上或减去任意平衡力系，不会改变原力系对刚体的作用效果	$F_A=F_BF_C=F_D$ $F_A\pm F_C=F_B\pm F_D$	推车	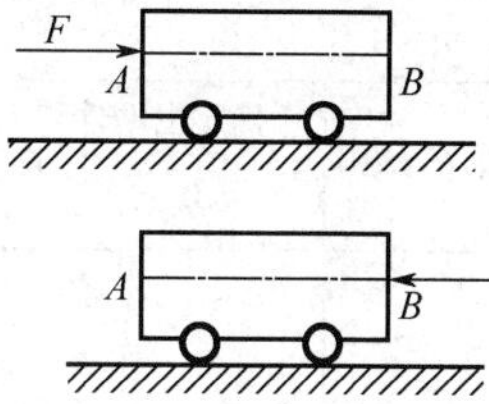
力的平行四边形公理	作用于物体上同一点的两个力，可合成为一合力，合力作用于该点，大小和方向由这两个力为邻边构成的平行四边形的对角线确定	$F_R=F_1+F_2$	吊装	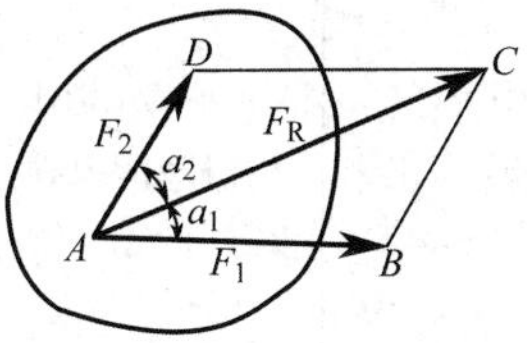
作用力与反作用力公理	两物体互相作用的力，必是等值、反向、共线，而且分别同时作用在两个互相作用的物体上	$F_A=-F_B$	车装	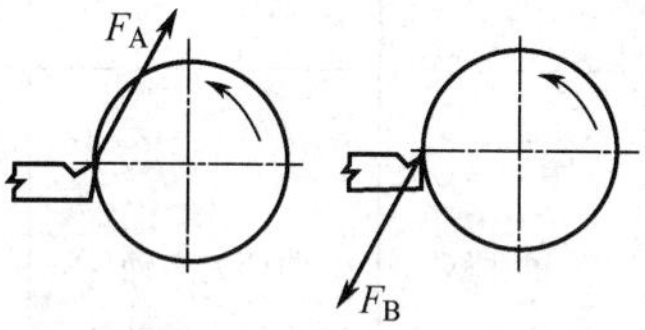

2. 压力角和传动角

在图 3-12 所示的曲柄摇杆机构中，若不计各杆质量和运动副中的摩擦，则连杆 BC 可视为二力杆，它作用于从动件摇杆 CD 上的力 F 是沿 BC 方向的。力 F 与其受力点 C 运动线速度 v_c 之间所夹的锐角 α，称为机构在该位置的压力角。压力角的余角 γ 称为传动角，$\gamma=90°-\alpha$。

将传动力沿从动件受力点速度方向和垂直于受力点速度方向分解为

$$F_t = F\cos\alpha$$

$$F_n = F\cos\alpha$$

式中，F_t 是使从动件转动的有效分力；F_n 是仅对转动副 C 产生附加径向压力的有害分力。显然，压力角越小或传动角越大，有效分力 F_t 越大，对机构的传动越有利；而压力角越大或传动角越小，会使转动副中的有害分力 F_n 增大，磨损加剧，降低机构传动效率。由此可见，压力角和传动角是反映机构传力性能的重要指标。为了保证机构的传力性能良好，规定工作行程中的最小传动角 $\gamma_{min}\geqslant 40°\sim 50°$。

确定最小传动角 γ_{min} 位置的方法，如表 3-4 所示。

提示：

（1）设曲柄摇杆机构中连杆与摇杆夹角为 δ，则

当 $\delta\leqslant 90°$ 时，$\gamma_{min}=\delta$；

当 $\delta>90°$ 时，$\gamma_{min}=180°-\delta$。

（2）看好谁是主动件和从动件，谁与谁两次共线。

3. 死点位置

在图 3-12 所示的曲柄摇杆机构中，若摇杆为主动件，则当摇杆处于两极限位置时，从动曲

柄与连杆共线，主动摇杆通过连杆传给从动曲柄的作用力通过曲柄的转动中心，此时曲柄的压力角 $\alpha=90°$，传动角 $\gamma=0°$，因此无法推动曲柄转动。机构的这个位置称为死点位置。

表 3-4　确定最小传动角 γ_{min} 位置

机 构 名 称	确定主动件和从动件	最小传动角 γ_{min} 位置	图　示
曲柄摇杆机构	曲柄为主动件 摇杆为从动件	曲柄与机架两次共线 连杆与摇杆之间所夹锐角	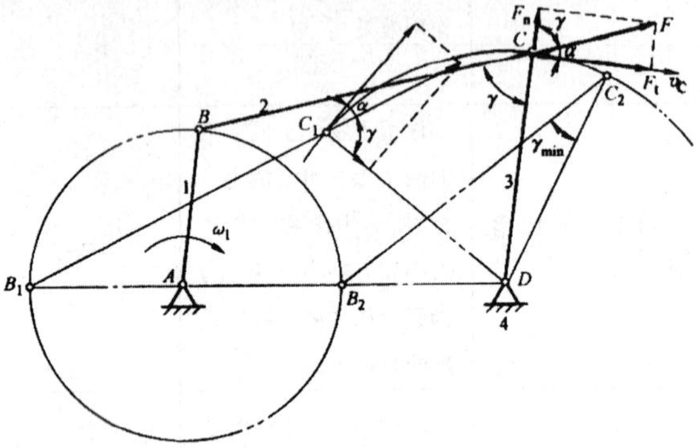
偏置曲柄滑块机构	曲柄为主动件 滑块为从动件	曲柄垂直于滑槽中心线位置 曲柄与连杆之间所夹的锐角	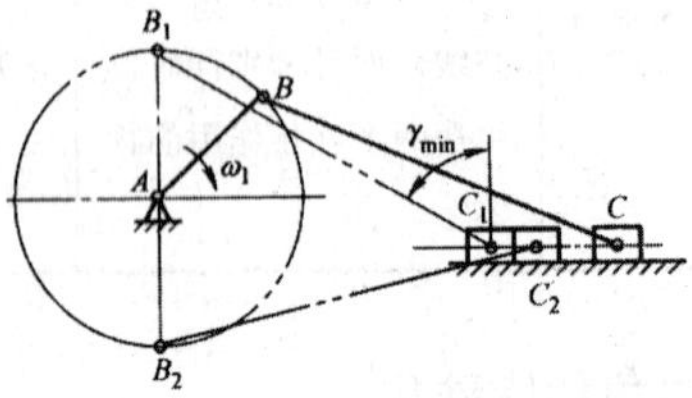
摆动导杆机构	曲柄为主动件 导杆为从动件	在导杆两极限位置 压力角 $\alpha=0°$ 传动角 $\gamma=90°$	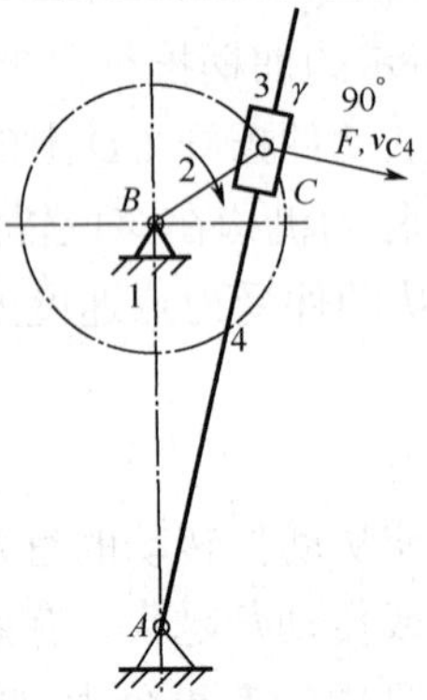

常见机构死点位置，如表 3-5 所示。

表 3-5　常见机构死点位置

机 构 名 称	确定主动件和从动件	死 点 位 置	图　示
曲柄摇杆机构	摇杆为主动件 曲柄为从动件	曲柄与连杆两次共线	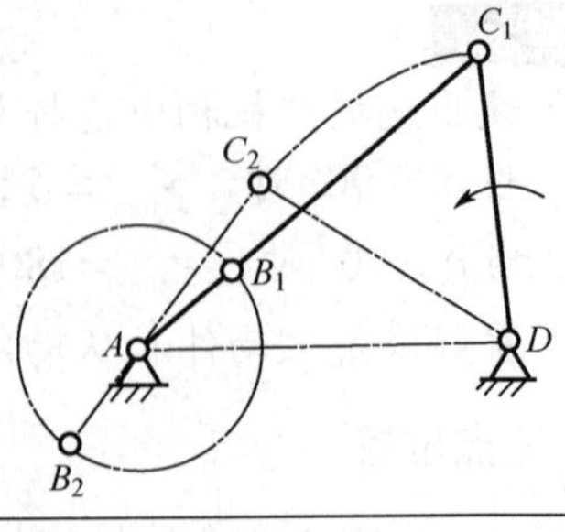

续表

机 构 名 称	确定主动件和从动件	死 点 位 置	图　　示
曲柄滑块机构	滑块为主动件 曲柄为从动件	曲柄与连杆两次共线	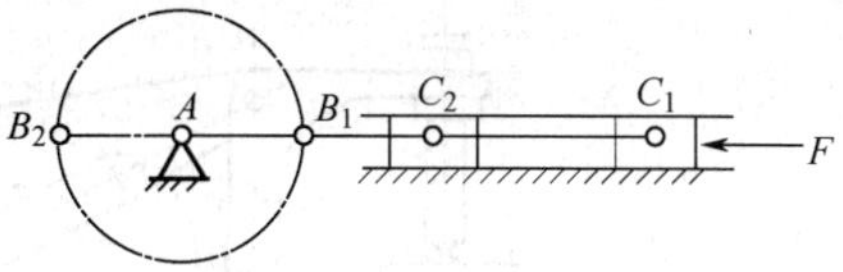
摆动导杆机构	曲柄为主动件 导杆为从动件	在导杆两极限位置 压力角α=0° 传动角γ=90°	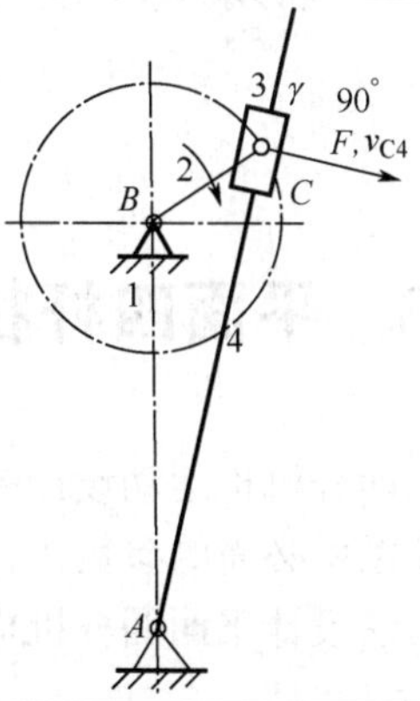

提示：

看好谁是主动件和从动件，谁与谁两次共线。

死点位置常使机构从动件无法运动或出现运动不确定的现象。例如，脚踏式缝纫机，有时出现踩不动或倒转现象，就是其踏板机构处于死点位置的缘故。

机构能顺利地通过死点位置的方法如下。

（1）在从动件轴上安装飞轮，利用飞轮的惯性通过死点位置，如缝纫机的大带轮即起了飞轮的作用，如图 3-1 所示。

（2）采用相同机构错位排列的方法，使左右两机构的死点位置互相错开来通过死点位置，如图 3-13 所示的错位排列的机车车轮联动机构。

在工程上，死点位置有如下应用：

（1）飞机起落架，当机轮放下时，*BC* 杆与 *CD* 杆共线，机构处在死点位置，地面对机轮的力不会使 *CD* 杆转动，使降落可靠，如图 3-14 所示。

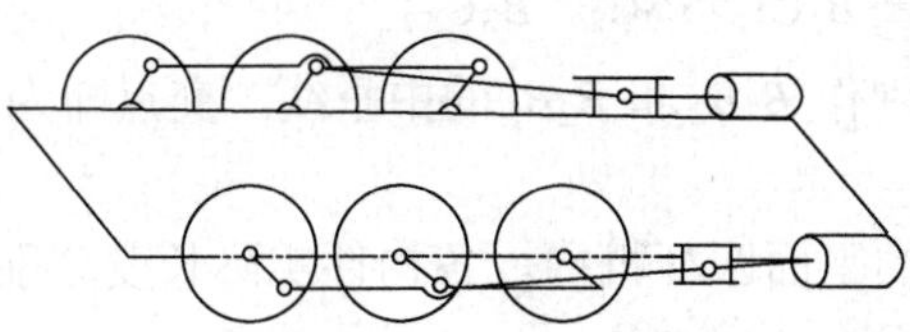

图 3-13　错位排列的机车车轮联动机构

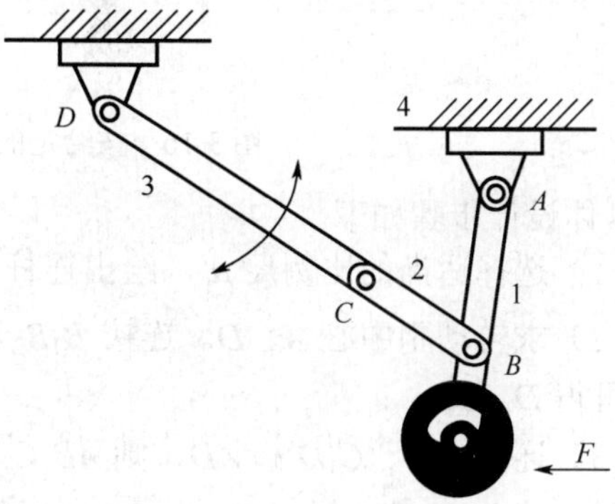

图 3-14　飞机起落架

（2）钻床夹具机构，工件夹紧后，*BCD* 成一条线，即使工件反力很大也不能使机构反转，因此夹紧牢固可靠，并保证在钻削加工时工件不会松脱，如图 3-15 所示。

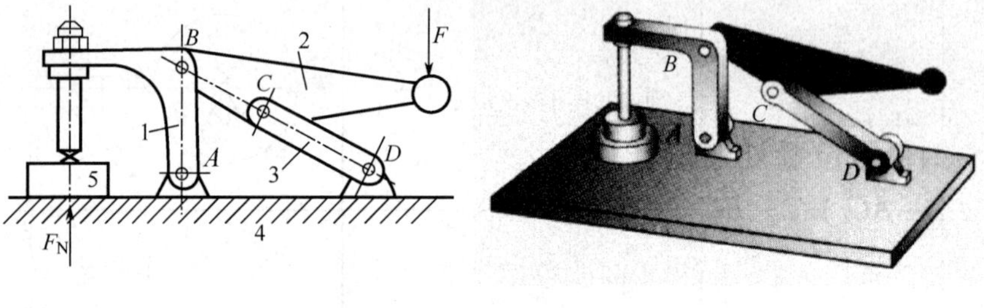

图 3-15　钻床夹具机构

3.3　平面四杆机构运动设计

平面四杆机构运动设计的基本问题是：根据机构工作要求，结合附加限定条件，确定绘制机构运动简图所必需的参数，包括各构件的长度尺寸及运动副之间相对位置。

图解法设计平面四杆机构，具有几何关系清晰的特点，但精度较低，可以满足一般设计要求。

3.3.1　按给定的连杆位置设计平面四杆机构

1. 按给定的连杆三个位置设计平面四杆机构

已知铰链四杆机构中连杆的长度及三个预定位置，要求确定四杆机构的其余构件的尺寸。

分析问题的关键是确定两连架杆与机架组成转动副的中心 *A*、*D*。

连杆在依次通过预定位置的过程中，*B*、*C* 点轨迹为圆弧，此圆弧的圆心即为连架杆与机架组成转动副的中心。由此可见，本设计的实质是已知圆弧上三点求圆心，如图 3-16 所示。

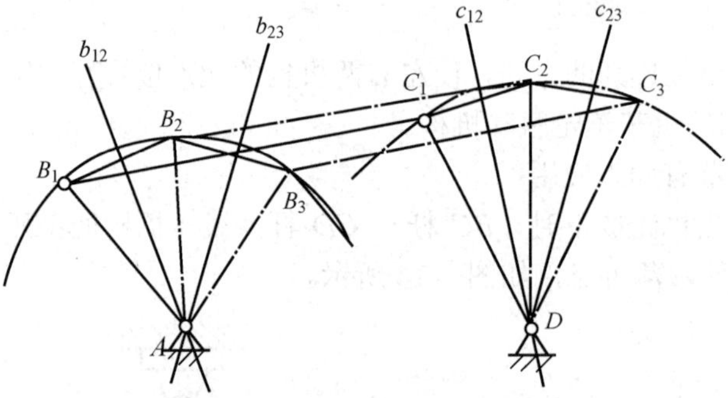

图 3-16　按给定的连杆三个位置设计平面四杆机构

具体设计步骤如下。

（1）选择适当的比例尺 μ_l，绘出连杆三个预定位置 B_1C_1、B_2C_2、B_3C_3。

（2）求转动副中心 *A*、*D*。连接 B_1B_2 和 B_2B_3，分别作 B_1B_2 和 B_2B_3 的中垂线，交点即为 *A*，同理可得 *D*。

（3）连接 AB_1、C_1D 和 *AD*，则 AB_1C_1D 即为所求的平面四杆机构。各构件实际长度分别为

$$l_{AB}=\mu_l AB_1\ l_{CD}=\mu_l C_1D\ l_{AD}=\mu_l AD$$

提示：

不要忘了按比例换算实际尺寸！

2. 按给定的连杆两个位置设计平面四杆机构

已知铰链四杆机构中连杆的长度及两个预定位置，两连架杆与机架组成转动副的中心 A、D 可分别在 B_1B_2 和 C_1C_2 的中垂线上任意选取，得到无穷多个解。结合附加限定条件，从无穷多个解中选取满足要求的解。

铸造车间造型机的翻台机构，如图 3-17 所示，要求翻台（连杆）在实线位置时填砂造型，翻台在双点画线位置时托台上升起模，即要求翻台能实现 B_1C_1、B_2C_2 两个位置。

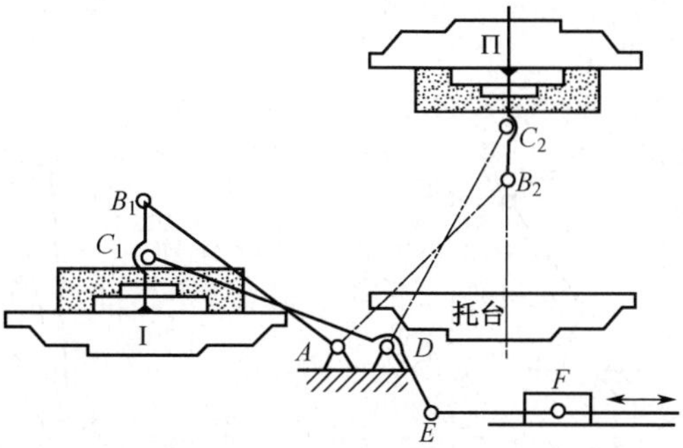

图 3-17　翻台机构

3.3.2　按给定的行程速比系数设计平面四杆机构

已知曲柄摇杆机构的行程速比系数 K、摇杆的长度 l_{CD} 及摆角 ψ，要求确定机构中其余构件的尺寸。

提示：

分析此问题的关键是确定曲柄与机架组成转动副的中心及位置。

假设该机构已设计出来。由于在曲柄摇杆机构中，当摇杆处于两极限位置时，曲柄与连杆两次共线，所以 C_1AC_2 即为其极限夹角 θ。只要过 C_1、C_2 及曲柄的转动中心 A 作一辅助圆 m，则 C_1C_2 为该圆的弦，其所对应的圆周角即为 θ。由此可见，曲柄与机架组成转动副的中心 A 应在弦 C_1C_2 所对应的圆周角为目的的辅助圆 m 上。求出 A 点后可根据摇杆处于极限位置时的尺寸关系求解，如图 3-18 所示。

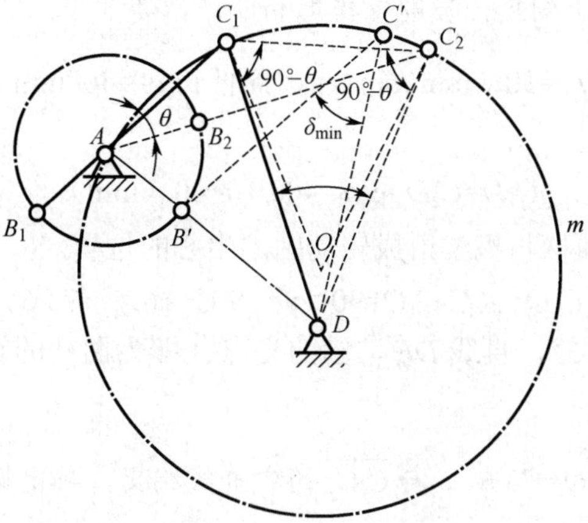

图 3-18　按行程速比系数设计平面四杆机构

实训 5　确定颚式破碎机中各构件长度

1. 设计要求与数据

如图 3-19 所示，为颚式破碎机中的曲柄摇杆机构。给定摇杆的长度 c=400mm，摆角 $\psi=30^{\circ}$ 行程速比系数 K=1.2，要求最小传动角 $\gamma_{\min}\geqslant 40^{\circ}$，铰链中心 A、D 间的连线与摇杆左极限位置的夹角为 75°。

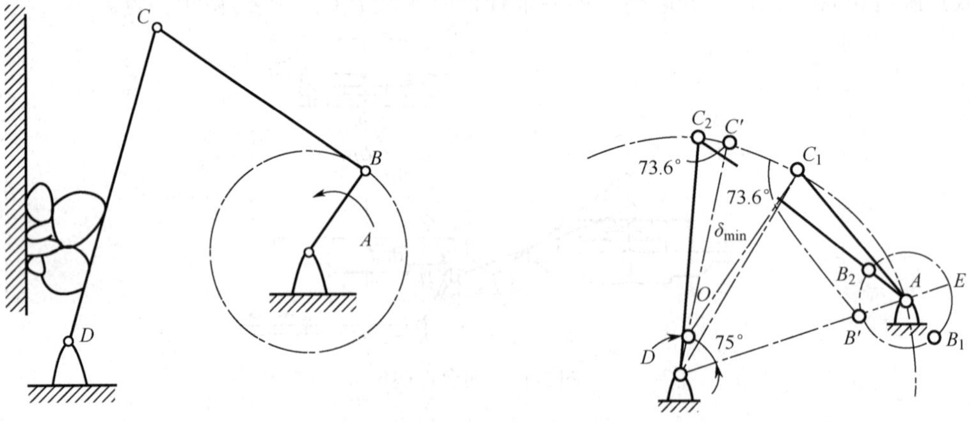

图 3-19　颚式破碎机曲柄连杆机构的设计

2. 设计内容

确定该机构中曲柄的长度 a、连杆的长度 b 及机架的长度 d。

3. 设计步骤、结果及说明

（1）计算极位夹角 θ：

$$\theta=180^{\circ}\frac{K-1}{K+1}=180^{\circ}\times\frac{1.2-1}{1.2+1}=16.4^{\circ}$$

（2）选择适当的比例尺 μ_1，绘出摇杆的两个极限位置。

提示：

一定要选择恰当的长度比例尺，否则直接影响设计精度。

选取适当的长度比例尺 μ_1=10（mm/mm），按摇杆长 c＝400mm 和摆角 ψ＝30°作出摇杆的两个极限位置 C_1D、C_2D。

$$C_1D=C_2D=c/\mu_1=400/10=40\text{（mm）}$$

（3）作辅助圆 m，确定曲柄与机架组成转动副的中心的位置。

连接 C_1、C_2，并作 $\angle C_1C_2O=\angle C_2C_1O=90^{\circ}-\theta=90^{\circ}-16.4^{\circ}=73.6^{\circ}$，以交点 O 为圆心，OC_1 为半径作一圆；再作 $\angle C_2DE=75^{\circ}$，直线 DE 与圆的交点 A 即为曲柄的转动中心。

提示：

也可以过 C_1 点作 $\angle C_1C_2O=73.6^{\circ}$，与 $\overline{C_1C_2}$ 的中垂线相交，确定圆心位置。

4．求出曲柄、连杆和机架的实际长度

从图 3-19 中量得

$$AC_1=30\text{mm} \qquad AC_2=47\text{mm} \qquad AD=38\text{mm}$$

故曲柄长：

$$a=\mu_l(AC_2-AC_1)/2=10(47-30)/2=85(\text{mm})$$

连杆长：

$$b=\mu_l(AC_2+AC_1)/2=10(47+30)/2=385(\text{mm})$$

机架长：

$$d=\mu_l AD=10\times 38=380(\text{mm})$$

5．校验最小传动角γ_{min}

作出曲柄 AB 与机架 AD 共线时的机构位置 $AB'C'D$，量得

$$\delta_{min}=43°$$

$$\gamma_{min}=\delta_{min}=43° > 40°$$

说明机构满足传动角要求，故传动性能良好。

知识梳理与总结

通过对本章的学习，我们学会了分析缝纫机的组成和工作原理，也学会了用绘图法设计平面四杆机构。

1．平面四杆机构的基本类型

按照两连架杆可否作整周回转，分为双曲柄机构、曲柄摇杆机构和双摇杆机构。

2．平面四杆机构存在曲柄的条件及其基本类型的判别

（1）最短杆条件。

（2）长度和条件。

3．平面四杆机构的运动特性和传力特性

急回特性和行程速比系数

$$K=\frac{(180°+\theta)}{(180°-\theta)}>1$$

极位夹角θ和行程速比系数K是反映机构运动性能的重要参数，机构有急回特性；若$\theta=0°$，则$K=1$，机构无急回特性。

4．平面四杆机构的传力特性

（1）静力学的基本公理。静力学的基本公理是静力学理论的基础，只适用于研究非自由刚体的平衡、受力分析、画受力图，是解决力学问题的关键。

（2）压力角和传动角。压力角和传动角互为余角，即 $\alpha+\gamma=90°$。

压力角和传动角是反映机构力学性能的重要参数，必须使$\alpha_{max}\leqslant[\alpha]$或$\gamma_{min}\geqslant[\gamma]$。

（3）机构的死点位置。机构的死点位置：$\alpha=90°$，$\gamma=0°$。机构处于死点位置时运动是不确定的。传动用的机构一般靠惯性和相同机构错位排列的方法使机构顺利通过死点位置。有时死点位置也可以被用来实现某些工作要求。

5．平面四杆机构的设计方法

（1）按给定的连杆位置设计平面四杆机构。

（2）按给定的行程速比系数设计平面四杆机构。

自测题 3

1．选择题

（1）在曲柄摇杆机构中，为提高机构的传力性能，应该（　　）。

A．增大传动角γ　　B．增大压力角 α

C．增大极位夹角 θ

（2）在铰链四杆机构中，有可能出现死点的机构是（　　）机构。

A．双曲柄　　B．双摇杆　　C．曲柄摇杆

（3）在平面四杆机构中，若存在急回运动特性，则其行程速比系数（　　）。

A．$K>1$　　B．$K=1$　　C．$K<1$　　D．$K=0$

（4）在平面四杆机构中，当传动角γ较大时，则（　　）。

A．机构的传力性能较好　　B．可以满足机构的自锁要求

C．机构的效率较低

（5）铰链四杆机构的最短杆与最长杆的长度之和大于其余两杆长度之和时，机构（　　）。

A．有曲柄存在　　B．不存在曲柄　　C．无法判断

（6）在平面四杆机构中，如果最短杆与最长杆的长度之和小于或等于其余两杆的长度之和，则最短杆为机架。这个机构称为（　　）。

A．曲柄摇杆机构　　B．双摇杆机构

C．双曲柄机构

（7）在平面四杆机构中，如果最短杆与最长杆的长度之和大于其余两杆的长度之和，则最短杆为机架。这个机构称为（　　）。

A．曲柄摇杆机构　　B．双摇杆机构

C．双曲柄机构

（8）在平面四杆机构中，如果最短杆与最长杆的长度之和小于或等于其余两杆的长度之和，则最短杆为连杆。这个机构称为（　　）。

A．曲柄摇杆机构　　B．双曲柄机构

C．双摇杆机构

（9）在平面四杆机构中，如果最短杆与最长杆的长度之和小于或等于其余两杆的长度之和，则最短杆为连架杆。这个机构称为（　　）。

A．曲柄摇杆机构　　B．双曲柄机构

C．双摇杆机构

（10）（　　）能把转动转换成往复直线运动，也可以把往复直线运动转换成转动。

A．曲柄摇杆机构　　B．曲柄滑块机构

C．双摇杆机构

（11）铰链四杆机构具有急回特性的条件是（　　）。

A．$\theta>0^\circ$　　B．$\theta=0^\circ$　　C．$K=1$

（12）曲柄摇杆机构中，当以（　　）为主动件时，机构会有死点位置出现。

A．曲柄　　B．摇杆　　C．连杆

（13）曲柄摇杆机构中，当（　　）处于共线位置时，机构会出现最小传动角位置。

A．曲柄与连杆　B．曲柄与机架　C．摇杆与机架

（14）当平面连杆机构在死点位置时，其压力角与传动角分别为（　　）。

A．90°、0°　B．0°、90°　C．90°、90°

（15）在摆动导杆机构中，当曲柄为主动件时，其导杆的传动角始终为（　　）。

A．90°　B．0°　C．45°

2．判断题

（1）平面连杆机构的基本形式是铰链四杆机构。（　　）

（2）在曲柄摇杆机构中，曲柄和连杆共线时，就是“死点”位置。（　　）

（3）在平面四杆机构中，只要以最短杆作机架，就能得到双曲柄机构。（　　）

（4）极位夹角越大，机构的急回特性越显著。（　　）

（5）曲柄滑块机构中，滑块在作往复直线运动时，不会出现急回特性。（　　）

（6）各种导杆机构中，导杆的往复运动有急回特性。（　　）

（7）曲柄滑块机构能把主动件的等速转动转变成从动件的直线往复运动。（　　）

（8）在实际生产中，机构的“死点”位置对工作都是不利的，处处都要考虑克服。（　　）

（9）在曲柄长度不相等的双曲柄机构中，主动曲柄和从动曲柄都作等速转动。（　　）

（10）极位夹角是从动件两极限位置之间的夹角。（　　）

3．简答题

（1）平面四杆机构的基本形式有哪些？试联系实际各举一应用实例。

（2）根据图 3-20 中所注明的尺寸，判别各铰链四杆机构属于哪一种基本形式。

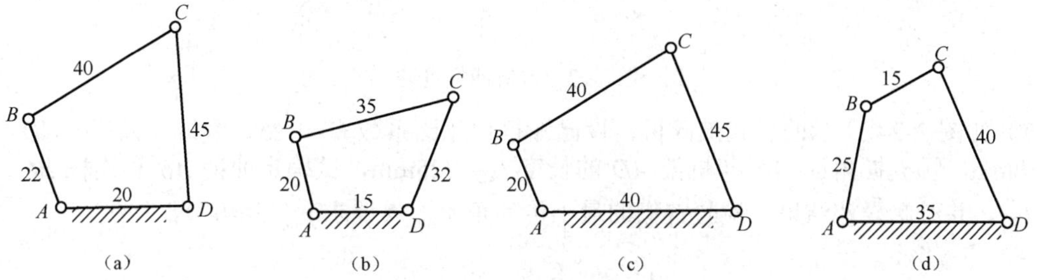

图 3-20　铰链四杆机构

（3）以曲柄摇杆机构为例，说明什么是机构的急回特性？该机构是否一定具有急回特性？

（4）以曲柄滑块机构为例，说明什么是机构的死点位置？并举例说明克服机构死点位置的方法。

4．设计题

（1）如图 3-21 所示的曲柄摇杆机构，各杆的长度分别为 a=150mm，b=300mm，c=250mm，d=350mm。AD 为机架，AB 为主动构件，选用长度比例尺 μ_l=10（mm/mm）试求：

① 摇杆的摆角 ψ；

② 行程速比系数 K；

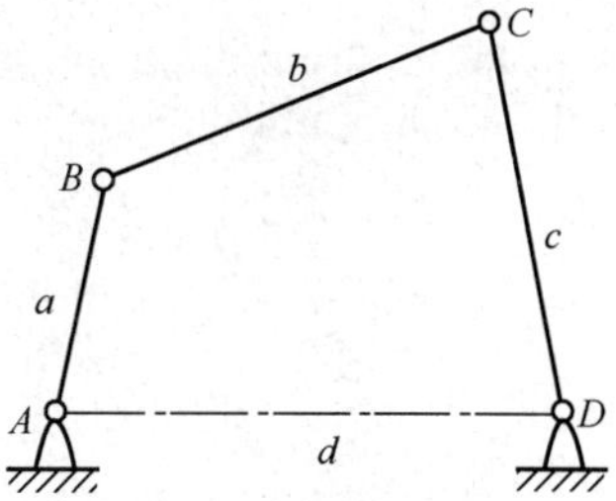

图 3-21　曲柄摇杆机构

③ 最小传动角γ_{min}。

（2）如图 3-22 所示的偏置曲柄滑块机构，偏距 e＝10cm，曲柄长 r=15cm，连杆长 l=40cm。试求（用图解法）：

① 滑块的行程 s；

② 行程速比系数 K；

③ 校验最小传动角γ_{min}（要求了γ_{min}>40°）

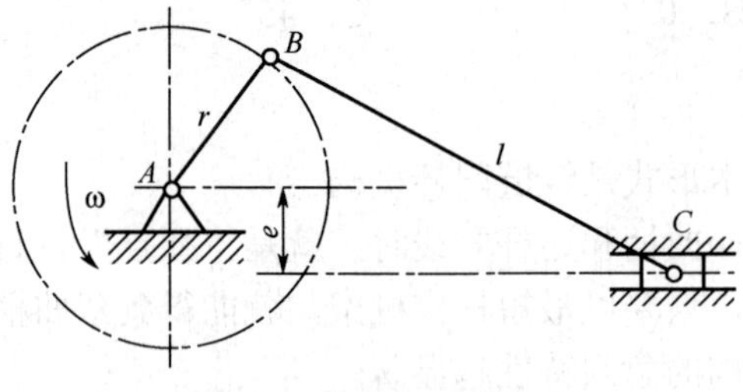

图 3-22　偏置曲柄滑块机构

（3）已知一偏置曲柄滑块机构，滑块的行程 s=60mm，偏距 e=20mm，行程速比系数 K =1.4，试用图解法确定曲柄 AB 和连杆 BC 的长度。

（4）已知一摆动导杆机构，机架 L_{AC}=300mm，行程速比系数 K =2，试用图解法确定曲柄 r 的值。

（5）如图 3-23 所示，已知连杆长度与 L_{BC}=100mm 及三个位置，试设计铰链四杆机构。

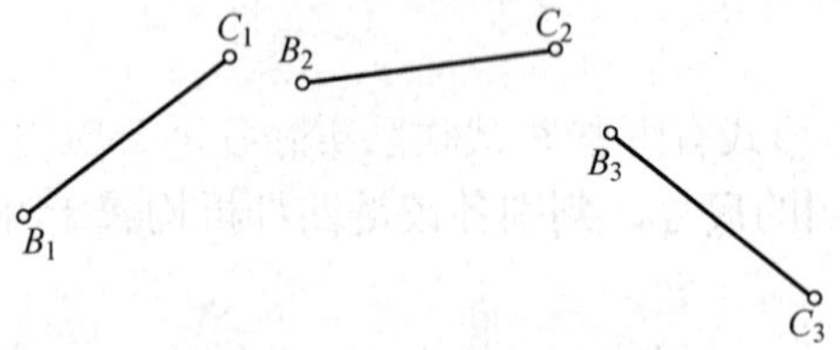

图 3-23　铰链四杆机构

（7）如图 3-24 所示的颚式破碎机，设已知行程速比系数 K =1.25，颗板（摇杆）CD 的长度 l_{CD}=250mm，颗板摆角ψ =40°若机架 AD 的长度 l_{AD}=225mm，试确定曲柄 AB 和连杆 BC 的长度 l_{AB} 和 l_{BC}，并对此设计结果，检验它们的最小传动角 γ_{min}（要求γ_{min} ≥40°）。

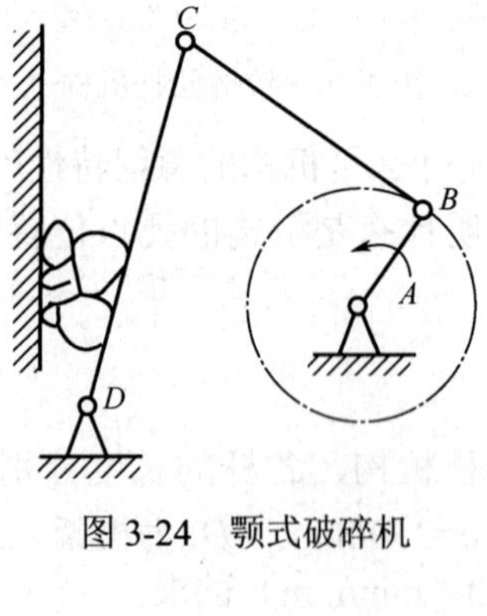

图 3-24　颚式破碎机

第4章 凸轮机构

本章知识导读

【知识目标】

- 了解凸轮的应用和分类。
- 掌握从动件一般运动规律的特点及应用。
- 掌握用图解法设计凸轮轮廓的方法。

【能力目标】

- 能正确识别常用凸轮机构的类型。
- 能根据已知的盘形凸轮轮廓，正确绘制其位移线图。
- 能根据从动件所需的运动规律及工作要求设计凸轮机构。

【教学重点与难点】

- 从动件常用运动规律。
- 反转法设计凸轮轮廓曲线。

凸轮机构是一种常用的高副机构，广泛应用于各种机械和自动控制装置中。

图4-1所示为内燃机配气机构。当机构工作时，凸轮1通常匀角速度转动，在凸轮轮廓的推动下，从动件2（顶杆）做往复移动，从而使阀门按预定的运动规律启闭。

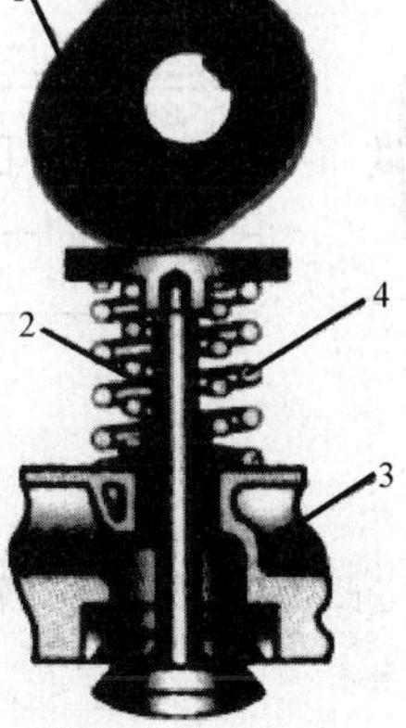

图4-1 内燃机配气凸轮机构

1—凸轮；2—顶杆；3—机架；4—弹簧

凸轮机构的主要优点是只需设计适当的凸轮轮廓，便可使从动件得到所需的运动规律，并且结构简单、紧凑，设计方便。它的缺点是凸轮轮廓与从动件间为高副接触，易磨损，常用于传力不大的控制机构。

4.1　凸轮机构的类型及应用

4.1.1　凸轮机构的组成与特点

凸轮机构主要由凸轮、从动件和机架等三部分组成。为保证从动件与凸轮轮廓接触，一般凸轮机构需设置锁紧装置（图 4-1）。其中，凸轮是一个具有控制从动件运动规律的曲线轮廓或凹槽的主动件，通常作连续等速转动（也有做往复移动的）；从动件则在凸轮轮廓驱动下按预定运动规律作往复直线运动或摆动。凸轮机构是高副机构，易于磨损，因此只适用于传递动力不大的场合。

4.1.2　凸轮机构的分类及应用

凸轮机构的分类方法如下。

1. 按凸轮形状分类

（1）盘形凸轮：如图 4-1 所示，盘形凸轮是一个绕固定轴线转动的具有变化矢径的盘形构件。盘形凸轮机构简单，应用广泛，但限于凸轮径向尺寸不能变化太大，故从动件的行程较短。

（2）移动凸轮：如图 4-2（a）所示，移动凸轮是具有曲线轮廓、做往复直线移动的构件，可看成是转动轴线位于无穷远处的盘形凸轮。

（3）圆柱凸轮：如图 4-2（b）所示，圆柱凸轮是一个在圆柱面上开有曲线凹槽的圆柱形构件，它可看做是将移动凸轮卷在圆柱体上形成的，利用它可使从动件得到较大的行程。

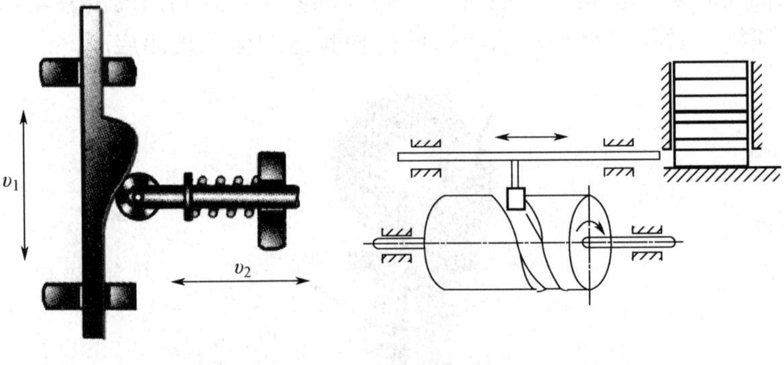

（a）移动凸轮机构　　（b）圆柱凸轮机构

图 4-2　凸轮形状不同的凸轮机构

2. 按从动件的端部结构形式分类

（1）尖顶从动件：尖顶从动件如图 4-3（a）所示，从动件的端部呈尖点，能与任何形状的凸轮轮廓上各点接触，结构简单，但尖顶易磨损，故只能用于轻载、低速的场合，如用于仪表等机构中。

（2）滚子从动件：如图 4-3（b）所示，从动件的端部装有滚子，滚子与凸轮轮廓之间为滚动摩擦，磨损较小，故可用来传递较大的动力，因而应用较广。

（3）平底从动件：如图 4-3（c）所示，从动件端部为一平底，凸轮对从动件的作用力始终垂直于平底，传力性能良好，凸轮与平底的接触面间易形成油膜，润滑较好，常用于高速传动中。其缺点是不能用于凸轮轮廓有内凹的情况。

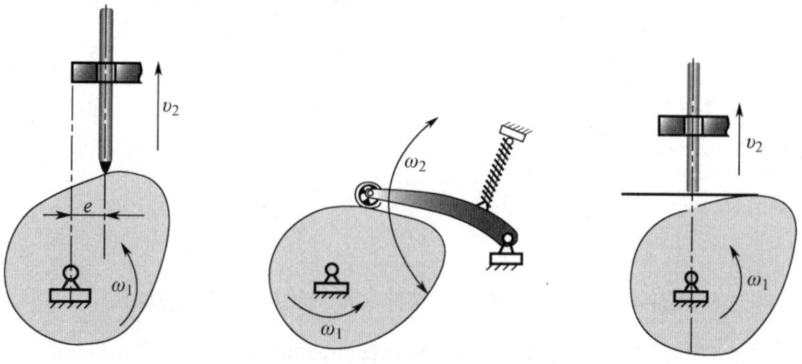

（a）尖顶从动件　（b）滚子从动件　（c）平顶从动件

图 4-3　从动件形状不同的凸轮机构

3．按从动件的运动形式分类

（1）直动从动件：在直动从动件中，若尖底或滚子中心的轨迹通过凸轮的转动中心，称为对心直动从动件，否则称为偏置直动从动件，图 4-3（a）中 e 为偏距。

（2）摆动从动件：从动件做往复摆动（图 4-3（b））。

4．按锁合形式分类

使从动件与凸轮轮廓始终保持接触的特性称为锁合。

（1）力锁合：利用重力、弹簧力或其他力锁合。

（2）形锁合：利用凸轮和从动件的特殊的几何形状锁合。

4.2　凸轮机构的从动件常用运动规律

4.2.1　凸轮机构的运动分析

在凸轮机构中，凸轮轮廓曲线的形状决定了从动件的运动规律。凸轮机构的运动分析是根据凸轮轮廓分析其从动件的位移、速度和加速度的规律。

对心尖顶移动从动件盘形凸轮机构的运动过程，如图 4-4 所示。

以凸轮轮廓上最小半径 r_0 为半径所做的圆称为凸轮的基圆，r_0 称为基圆半径。点 A 为凸轮轮廓曲线的起点，也是从动件所处的最低位置点。当凸轮以等角速度 ω_1 顺时针转动时，其从动件的运动过程如表 4-1 所示。

提示：

运动过程符号记忆方法：o—open，s—stop，h—hui，j—jin。

凸轮连续转动，从动件便重复上述升—停—降—停的运动过程。因此，设计凸轮轮廓曲线时，首先应根据工作要求选定从动件的运动规律，然后按从动件的位移曲线设计出相应的凸轮轮廓曲线。

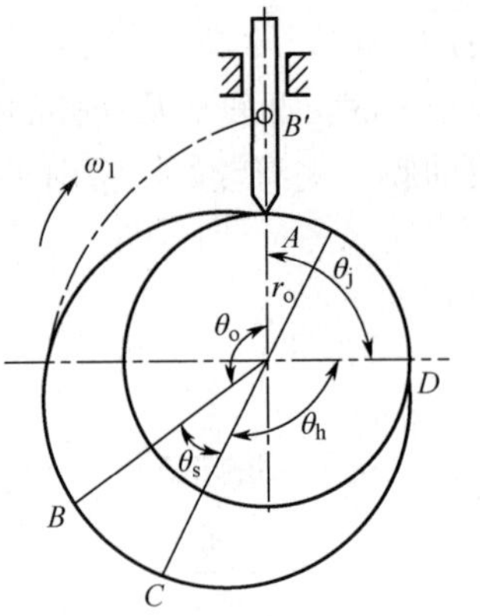

(a)

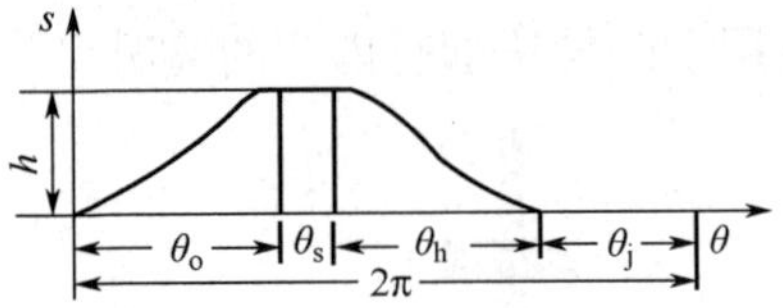

(b)

图 4-4　对心尖顶移动从动件盘形凸轮机构的运动过程

表 4-1　凸轮从动件的运动过程

运动过程	运动角	运动轨迹	从运件运动方式	说明
推程	推程运动角θ_o	弧 AB 段	上升	从动件由最低位置上升到最高位置的位移称为行程
远休止过程	远休止角θ_s	弧 BC 段	静止	
回程	回程运动角θ_h	弧 CD 段	下降	
近休止过程	近休止角θ_j	弧 DA 段	静止	

4.2.2　从动件的常用运动定律

1．等速运动规律

当凸轮以等角速度ω转动，从动件在推程或回程中的速度v为常数时的运动规律，称为等速运动规律。

图 4-5 所示为从动件作等速运动时推程的位移线图、速度线图和加速度线图。由加速度运动线图可看出，这种运动规律在其从动件推程的始末两点处，因速度有突变，从动件瞬时加速度理论上为无穷大，此时将导致从动件产生非常大的惯性力，这种惯性力产生的冲击称为刚性冲击，会对机构造成严重危害。因此，等速运动规律仅用于低速、轻载、从动件质量较小的场合。

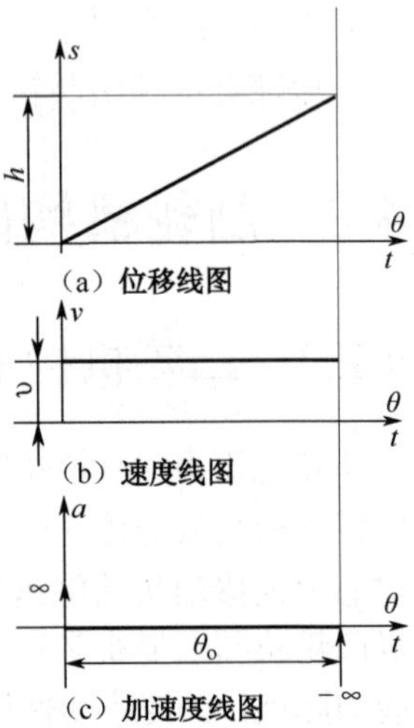

图 4-5　等速运动规律推程运动线图

2．等加等减速运动规律

等加速等减速运动规律就是当凸轮以等角速度ω转动时，从动件在一个行程的前半阶段做等加速运动，后半阶段做等减速运动的运动规律，且通常加速和减速时的加速度的绝对值相等。

图 4-6 所示为从动件按等加速等减速运动规律运动时的推程位移线图、速度线图和加速度线图。由加速度线图可知，在 O、B、C 点处的加速度发生有限值突变，由于加速度的突变为一有限值，将使从动件与凸轮轮廓的接触处产生有限惯性力的冲击，这种冲击称为柔性冲击，因此等加速等减速运动规律适用于中速、轻载的场合。

由图 4-6（a）可知，按等加速等减速运动规律运动的推程位移线图由两段开口方向相反的抛物线组成，其位移线图可用绘图法绘制，具体绘图步骤如下。

（1）选取角度比例尺（°/mm）和长度比例尺（mm/mm），在横坐标上取 $O4=\theta_o/2$，过点 4 作横坐标的垂线，并在该垂线上取 $44'=h/2$（先作推程前半段的位移线图）。

（2）将 $O4$ 和 $44'$ 等分成相同的若干等份，得各等分点（图中均为 4 等份）1、2、3、4 和 1′、2′、3′、4′。

（3）将坐标原点 O 分别与点 1′、2′、3′、4′相连，得连线 $O1'$、$O2'$、$O3'$、$O4'$。

（4）过横坐标上的等分点 1、2、3、4 分别作横坐标的铅垂线，它们分别与连线 $O1'$、$O2'$、$O3'$、$O4'$ 相交于 1″、2″、3″、4″。

（5）将点 O、1″、2″、3″、4″连成光滑的曲线，即为前半段等加速运动的位移曲线。后半段等减速运动的位移曲线的绘图方法与上述类似，只是弯曲方向反过来，如图 4-6（a）所示。

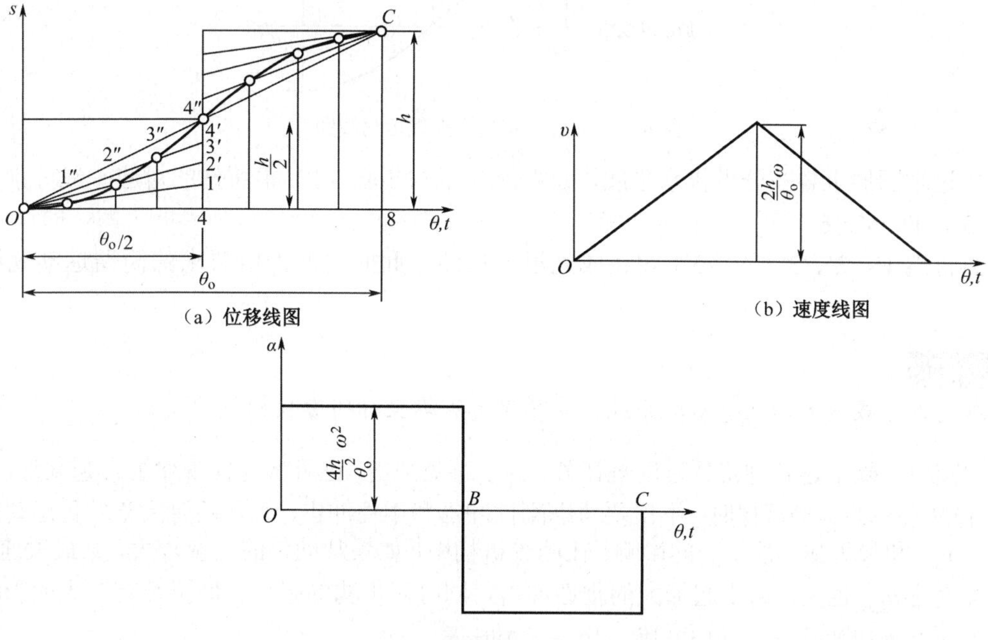

（a）位移线图

（b）速度线图

（c）加速度线图

图 4-6　等加速等减速运动规律推程运动线图

3. 简谐运动规律

点在圆周上匀速运动时，它在这个圆的直径上的投影所构成的运动称为简谐运动。从动件做简谐运动时，其加速度按余弦规律变化，故这种运动规律也称为余弦加速度运动规律。

图 4-7 所示为从动件按简谐运动规律运动时的位移线图、速度线图和加速度线图。由加速度运动线图可以看出，这种运动规律的从动件在行程的始点和终点有柔性冲击，因此一般情况下，也只适合用于中速、中载场合。当从动件在推程和回程中都采用这种运动规律，并且做连续不断的运动循环时，则可获得包括始末点的全程光滑连续的加速度曲线，在这种情况下不会产生冲击，故可用于高速凸轮。推程位移线图的具体绘图步骤如下（图 4-7（a））：

（1）选取角度比例尺，在横坐标上截取 $O6$ 等于推程运动角 θ_o。并将它分成若干等份（图中为 6 等份），过各等分点作铅垂线。

（2）选取长度比例尺，在纵坐标轴上截取 $O6$ 等于从动件行程 h。以 $O6$ 为直径作一半圆，将半圆周分成与 θ_o 相同的等份。

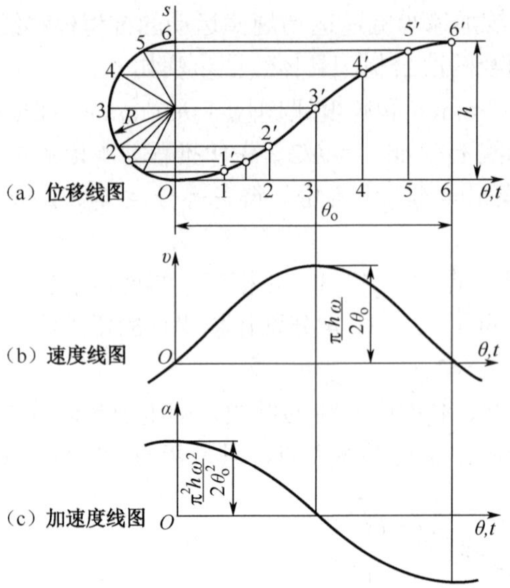

图 4-7　简谐运动规律推程运动线图

（3）过半圆周上各等分点作水平线，这些水平线与步骤（1）中所作的对应垂线分别交于点 1′、2′、3′、4′、5′、6′。

（4）将点 1′、2′、3′、4′、5′、6′连成光滑的曲线，此曲线即为所要求的简谐运动规律位移曲线。

提示：

等加速、等减速运动规律 s-θ 曲线，其横坐标和纵坐标的份数相等。

在工程上，除上述几种常见运动规律外，为了避免冲击，还可将几种规律组合起来加以应用。

选择从动件的运动规律时，不仅要考虑刚性冲击和柔性冲击，而且还要注意各种运动规律的最大速度 v_{max} 和最大加速度 a_{max} 的影响。在凸轮机构中，如果从动件的质量较大，则最大速度 v_{max} 和最大加速度 a_{max} 也大，将引起很大的刚性冲击，同时对机构的强度、磨损都有较大的影响。常用从动件运动规律的特点和适用范围，如表 4-2 所示。

表 4-2　从动件运动规律的比较

运动规律	最大速度 v_{max}	最大加速度 a_{max}	冲击性质	适用范围（推荐）
等速运动	$1.00\times\dfrac{h}{\theta_0}\omega$	∞	刚性冲击	低速、轻载
等加速等减速运动	$2.00\times\dfrac{h}{\theta_0}\omega$	$4.00\times\dfrac{h}{\theta_0^2}\omega^2$	柔性冲击	中速、轻载
简谐运动	$1.57\times\dfrac{h}{\theta_0}\omega$	$4.93\times\dfrac{h}{\theta_0^2}\omega^2$	柔性冲击	中低速、中载或轻载

4.3　反转法绘制盘形凸轮轮廓曲线

1. 反转法原理

图解绘制具有简便易行、直观的特点，但精度较低，可用于设计一般的凸轮机构。

绘制凸轮轮廓曲线是利用相对运动原理完成的。凸轮机构工作时，主动凸轮以等角速度ω_1转动。设计盘形凸轮轮廓曲线时，给整个凸轮机构加上一个公共的角速度（$-\omega_1$），根据相对运动原理可知，凸轮静止不动。从动件一方面随导路（即机架）以角速度（$-\omega_1$）绕轴O转动，另一方面又在导路中按预期的运动规律作往复移动。此时，凸轮机构中各构件间的相对运动并没有改变。由于从动件尖顶始终与凸轮轮廓相接触，因此在这种复合运动中，从动件尖顶的运动轨迹即是凸轮轮廓曲线。这种利用与凸轮转向相反的方向逐点按位移曲线绘制出凸轮轮廓曲线的方法称为反转法，如图 4-8 所示。

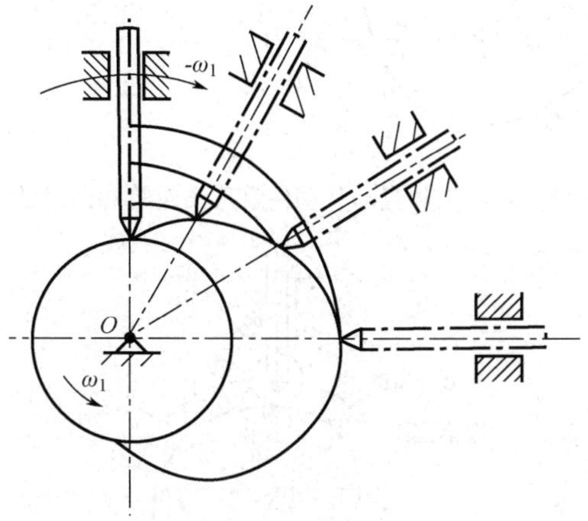

图 4-8　反转法原理

提示：

别忘了反转方向一定要与凸轮转向相反。

2. 对心尖顶直动从动件盘形凸轮轮廓曲线的画法

对心尖顶直动从动件盘形凸轮轮廓曲线的设计流程图如图 4-9 所示，其画法如图 4-10 所示。

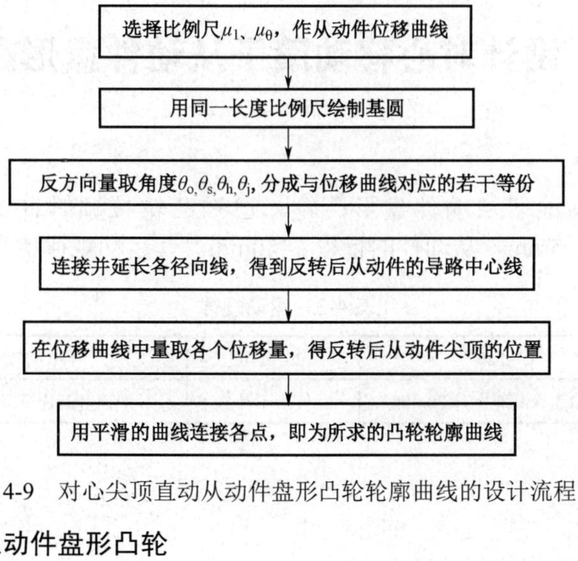

图 4-9　对心尖顶直动从动件盘形凸轮轮廓曲线的设计流程图

3. 对心滚子直动从动件盘形凸轮

对心滚子直动从动件盘形凸轮轮廓曲线的画法，如图 4-11 所示。

1）将滚子的中心看做是尖顶从动件的尖顶，绘制尖顶从动件凸轮轮廓曲线，即凸轮的理论轮廓曲线。

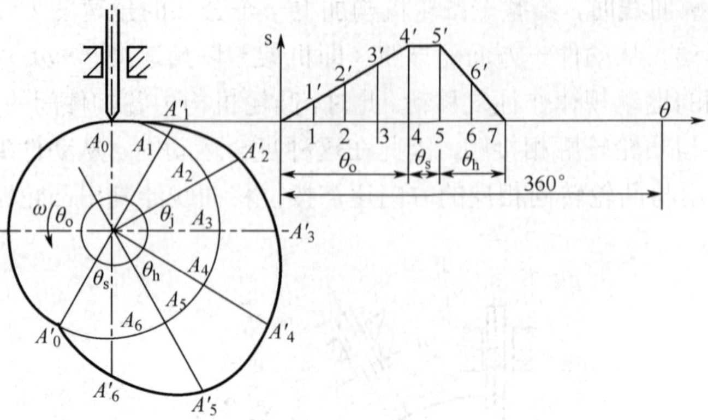

图 4-10　对心尖顶直动从动件盘形凸轮轮廓曲线的画法

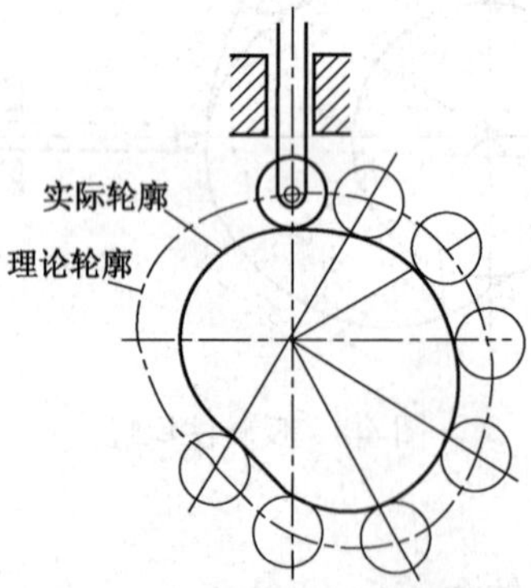

图 4-11　对心滚子直动从动件盘形凸轮轮廓曲线的画法

2）以理论轮廓曲线上各点为圆心，以滚子半径 r_T 为半径，作一系列的滚子圆，滚子圆的内包络线即凸轮的实际轮廓曲线，也为所求的滚子从动件的凸轮轮廓曲线。

实训 6　设计对心移动滚子从动件盘形凸轮机构

1. 设计要求与数据

试设计一对心移动滚子从动件盘形凸轮。已知凸轮按顺时针方向转动，其基圆半径 r_o =100mm，滚子半径 r_T =5mm。从动件的行程 h=50mm。其运动规律如表 4-3 所示。

表 4-3　运动规律

凸轮转角 θ	0°~120°	120°~180°	180°~270°	270°~360°
从动件运动规律	等加速等减速上升 50mm	停止不动	等加速等减速下降至原位置	停止不动

2. 设计内容

绘制凸轮轮廓曲线。

3. 设计步骤、结果及说明

（1）选取适合的比例尺 μ_l、μ_θ 作从动件位移曲线。

取长度比例尺 μ_l=2mm/mm、角度比例尺 μ_θ=6°/mm 作从动件的位移曲线的推程、回程并将从动件的位移曲线分成相同等份，如图 4-7（a）所示。

（2）用反转法绘制凸轮理论轮廓曲线。

① 以 O 为圆心、以 OA_0 为半径作基圆，确定滚子从动件上滚子中心的最低位置 A_0。过 A_0 作滚子中心的运动导路 x-x。

② 利用反转法将基圆圆周分成与从动件位移曲线中横坐标轴对应的等份，得 A_1、A_2、A_3、…、A_{11}。连接 OA'_1、OA'_2、OA'_3、…、OA'_{11}，代表机构反转时各相应位置的导路线。

（3）绘制凸轮实际轮廓曲线。

以凸轮理论轮廓曲线上的各点为圆心，以滚子半径画一系列滚子圆，作该系列滚子圆的内包络线，即为滚子从动件凸轮的实际轮廓曲线，如图 4-12（b）所示。

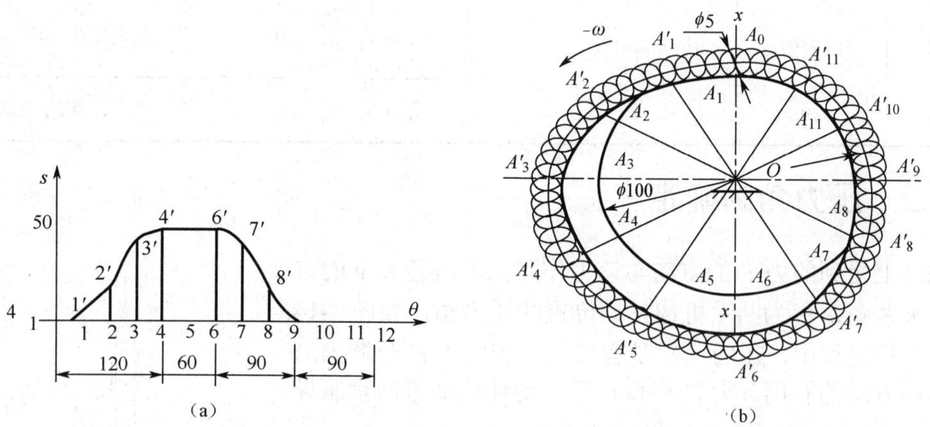

图 4-12　对心移动滚子从动件盘形凸轮轮廓曲线的绘制

4.4　凸轮机构基本尺寸的确定

4.4.1　滚子半径的确定

凸轮轮廓曲线由直线、内凹曲线和外凹曲线所组成，如图 4-13 所示，细实线表示理论轮廓曲线，粗实线表示实际轮廓曲线。设理论轮廓曲线上最小曲率半径为ρ_{min}，滚子半径为 r_T，对应的实际轮廓曲线的曲率半径为ρ_a，凸轮机构滚子半径的确定如表 4-4 所示。

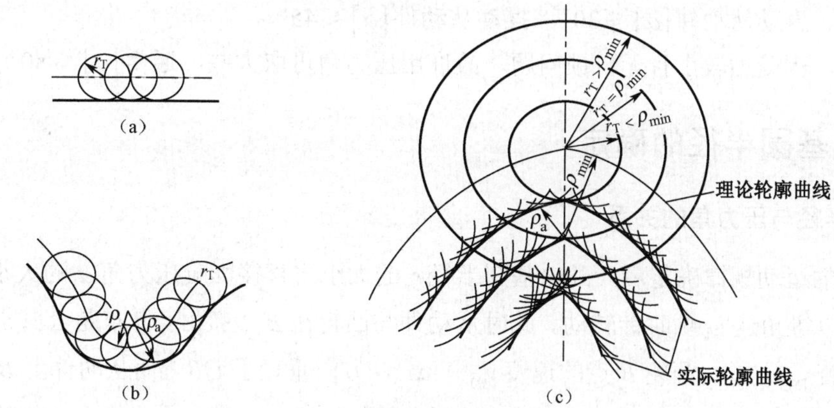

图 4-13　凸轮轮廓曲线

滚子半径 r_T 不宜过大，否则产生运动失真；但滚子半径也不宜过小，否则凸轮与滚子接触应力过大且难以装在销轴上。可按照经验公式 $r_T = (0.1\sim0.5)r_o$ 初步确定滚子半径。

表 4-4　凸轮机构滚子半径的确定

凸轮理论轮廓曲线	凸轮实际轮廓曲线	两者关系	滚子半径	特点
直线部分	直线部分	$\rho_a = \rho_{min} + r_T$	任意值	正常
内凹部分	内凹部分	$\rho_a = \rho_{min} + r_T$	任意值	正常
外凸部分	外凸部分	$\rho_a = \rho_{min} - r_T$	$\rho_a > r_T, \rho_a > 0$	正常
			$\rho_a = r_T, \rho_a = 0$	出现尖点，影响寿命
			$\rho_a < r_T, \rho_a < 0$	尖点、相交，运动失真

4.4.2　压力角的确定

从动件上受到的力 F 的方向与该力作用点的线速度 v 的方向之间所夹锐角 α 称为凸轮机构在该位置的压力角，如图 4-14 所示。在工作过程中，压力角 α 是变化的。若将力 F 分解为沿从动件运动方向的有用分力 F_t 和垂直于从动件运动方向紧压导路的有害分力 F_n，由图可知 F_t 和 F_n 的大小分别为

$$F_t = F\cos\alpha\ ,\quad F_n = F\sin\alpha$$

显然，α 越大，有害分力 F_n 也越大，凸轮机构传动效率越低。当 α 大到一定程度时，以至于 F_n 所引起的摩擦力大于有用分力 F_t 时，无论凸轮对从动件的作用力有多大，从动件都不能运动，这种现象称为凸轮机构自锁。

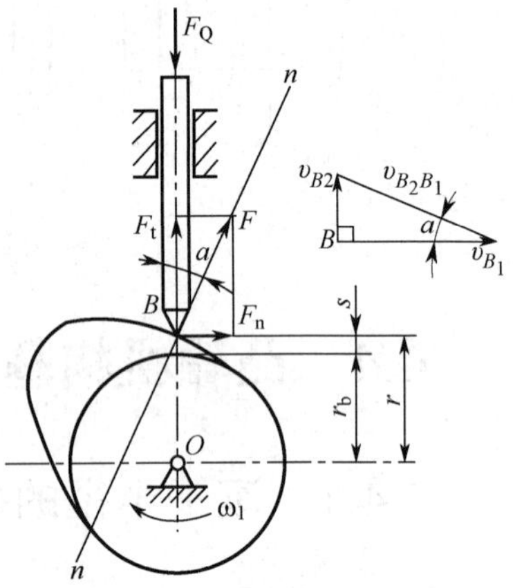

图 4-14　凸轮机构的压力角

显然，压力角 α 越小越好。但压力角越小，凸轮的尺寸越大。因此，设计凸轮机构时，应对压力角的最大值加以限制。根据经验，应有一定的许用值，用 $[\alpha]$ 表示，且应使 $\alpha \leqslant [\alpha]$ 一般规定压力角的许用值如下：

- 推程时，直动从动件 $[\alpha] \leqslant 30°$；摆动从动件 $[\alpha] \leqslant 45°$。
- 回程时，因受力较小且无自锁问题，故许用压力角可取大些，通常 $[\alpha] \leqslant 80°$。

4.4.3　基圆半径的确定

1．基圆半径与压力角的关系

当从动件的运动规律确定后，凸轮基圆半径 r_o 的大小将直接影响压力角 α 的大小。如图 4-9 所示，设凸轮以等角速 ω_1 顺时针转动。此时从动件与凸轮在 B 点接触，B 点是公共点。从动件上 B 点的移动速度 $v_{B2} = v_2$。凸轮 B 点的速度 $v_{B1} = \omega_1 r$，方向垂直于 OB。而从动件上 B 点相对速度 v_{B2B1} 的方向与凸轮过 B 点的切线方向重合。根据点的复合运动速度合成定理，可做出 B 点的速度

三角形。所以由速度多边形可知

$$v_2 = v_1 \tan\alpha = r\omega\tan\alpha = (r_o + s)\omega\tan\alpha$$

$$r_o = \frac{v_2}{\omega\tan\alpha} - s$$

由上式可知，在给定凸轮角速度和从动件运动规律（位移规律、速度规律和加速度规律）之后，凸轮机构的压力角越大，则凸轮的基圆半径越小，反之则增大。在凸轮机构中，最大的压力角一般存在于运动过程的起始点、终止点或速度最大的点，若测量结果超过许用值，则应考虑重新设计。通常可用加大凸轮基圆半径的方法减小压力角 α 。

2．基圆半径的确定

基圆半径一般可根据经验公式选择，即

$$r_o \geqslant 0.9d_s + (7\sim9)\text{mm}$$

式中，d_s 为凸轮轴的直径。

依据选定的 r_o 设计出凸轮轮廓后，应进行压力角的检验，若发现 $\alpha_{min} > [\alpha]$ 则应重新设计。

知识梳理与总结

通过对本章的学习，我们学会了凸轮机构的分类方法，也学会了利用反转法设计凸轮轮廓曲线。

（1）依据凸轮机构从动件的运动规律，可以方便地设计出相应的凸轮轮廓曲线；凸轮副为高副，易磨损，只适用于传力不大的场合。

（2）从动件运动规律中，等速运动规律存在刚性冲击，等加速、等减速运动规律和简谐运动规律存在柔性冲击。

（3）凸轮轮廓曲线设计的基本原理是“反转法”，即从动件应按与凸轮转向相反的方向绕凸轮转动。

（4）凸轮机构的压力角指其从动件受力方向与运动方向之间的夹角。压力角越大，传力性能越差。可采用增大基圆半径或适当偏置从动件等措施减小压力角。

（5）为避免滚子从动件凸轮机构的“运动失真”，可增大基圆半径或减小滚子半径。

自测题 4

1．选择题

（1）凸轮轮廓与从动件之间的可动连接是（　　）。

A．移动副　　B．转动副　　C．高副

（2）与平面机构相比，凸轮机构的突出优点是（　　）。

A．能严格地实现给定的从动件运动规律

B．能实现间歇运动

C．能实现多种运动形式的转换

D．传力性能好

（3）（　　）从动件对于较复杂的凸轮轮廓曲线，能准确地获得所需要的运动规律。

A．滚子　　B．尖顶　　C．平底

（4）（　　）决定从动件预定的运动规律。

A．凸轮转速　　B．凸轮轮廓曲线　　C．凸轮形状

（5）凸轮机构从动件作等速规律运动时会产生（　　）冲击。

A. 刚性　　B. 柔性　　C. 刚性和柔性

（6）在从动件运动规律不变的情况下，若缩小凸轮基圆半径，则压力角（　　）。

A. 减小　　B. 不变　　C. 增大

（7）设计盘形凸轮轮廓时，从动件应按（　　）的方向转动，以绘制其相对于凸轮转动时的移动导路中心线的位置。

A. 与凸轮转向相同

B. 与凸轮转向相反

C. 两者都可以

（8）凸轮机构按（　　）运动时会产生刚性冲击。

A. 等速运动规律

B. 等加速等减速运动规律

C. 简谐运动规律

（9）压力角是指凸轮轮廓曲线上某点的（　　）之间所夹的锐角。

A. 切线与从动件速度方向

B. 速度方向与从动件速度方向

C. 受力方向与从动件速度方向

（10）对于滚子式从动件的凸轮机构，为了在工作中不使运动“失真”，其理论轮廓外凸部分的最小曲率半径必须（　　）滚子半径。

A. 大于　　B. 等于　　C. 小于

2. 判断题

（1）由于凸轮机构是高副机构，因此与连杆机构相比，它更适用于重载场合。（　　）

（2）凸轮机构从动件的运动规律与凸轮转向无关。（　　）

（3）凸轮转速的高低，影响从动件的运动规律。（　　）

（4）从动件的运动规律就是凸轮机构的工作目的。（　　）

（5）盘形凸轮的结构尺寸与基圆半径成反比。（　　）

（6）凸轮轮廓曲线上各点的压力角是不变的。（　　）

（7）凸轮机构也能很好地完成从动件的间歇运动。（　　）

（8）凸轮的基圆半径越大，推动从动件的有效分力也越大。（　　）

（9）当凸轮机构的压力角增大到一定值时，就会产生自锁现象。（　　）

（10）滚子半径的大小对滚子从动件的凸轮机构的预定运动规律是有影响的。（　　）

3. 简答题

（1）什么是行程、推程角、回程角、休止角？你能在从动件位移曲线上分辨出来吗？

（2）从动件的常用运动规律有哪几种？它们各有什么特点？各适用于什么场合？

（3）何谓运动失真？应如何避免凸轮机构出现运动失真现象？

4. 设计题

（1）如图 4-15 所示的凸轮机构简图。凸轮的实际轮廓曲线为一圆，其圆心为 A 点，半径 R=40mm，滚子半径 r_T=10mm，L_{OA}=25mm 用绘图法按比例测量凸轮的基圆半径，以及从动杆的行程。

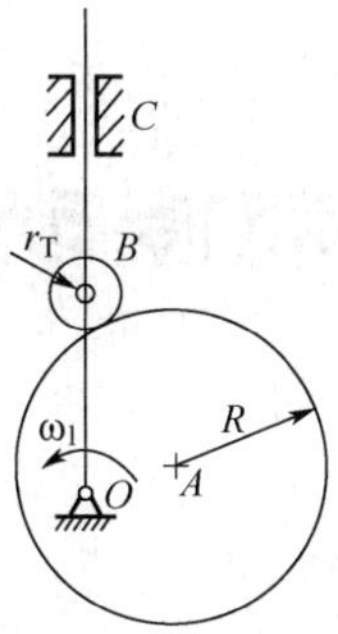

图 4-15　凸轮机构简图

（2）画出如图 4-16 所示凸轮机构在此位置的压力角 α 。

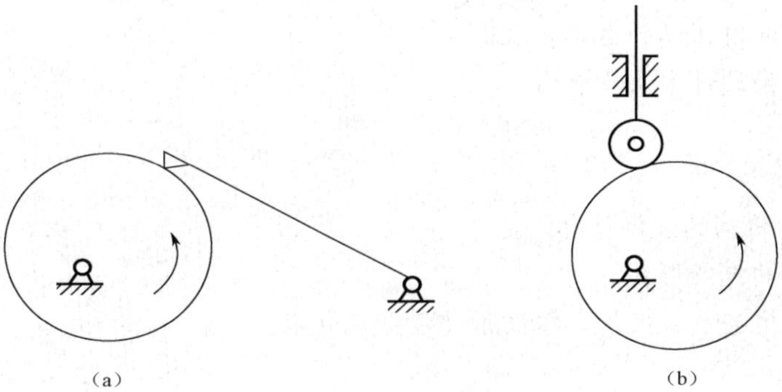

图 4-16　凸轮机构简图

（3）从动件的运动规律如下：

凸轮转角 θ	0°~90°	90°~120°	120°~300°	300°~360°
从动件运动规律	等速上升 30mm	停止不动	等加速、等减速下降至原位置	停止不动

要求：① 作从动件的位移曲线、速度曲线及加速度曲线；

② 分析凸轮机构运动中的冲击特性。

（4）一对心尖顶直动从动件盘形凸轮机构，凸轮按顺时针方向转动，其基圆半径 r_o=40mm 从动件的行程 h=50mm，运动规律如下：

凸轮转角 θ	0°~150°	150°~180°	180°~300°	300°~360°
从动件运动规律	等速上升 50mm	停止不动	等速下降至原位置	停止不动

要求：① 作从动件的位移曲线；

② 利用反转法，画出凸轮的轮廓曲线。

（5）一对心直动滚子从动件盘形凸轮机构，凸轮按顺时针方向转动，其基圆半径 r_o=20mm，滚子半径 r_T=10mm。从动件的行程 h=30mm，运动规律如下：

凸轮转角 θ	0°~150°	150°~180°	180°~300°	300°~360°
从动件运动规律	等加速等减速上升 30mm	停止不动	等加速等减速下降至原位置	停止不动

要求：① 作从动件的位移曲线；

② 利用反转法，画出凸轮的轮廓曲线。

第 5 章　带传动与链传动

本章知识导读

【知识目标】

- 了解带传动和链传动的特点及应用。
- 掌握带传动和链传动的运动特征。
- 掌握带传动的设计方法及步骤。

【能力目标】

- 能进行 V 带传动的设计计算。
- 分析带传动的失效形式。
- 能正确合理地安装、使用、维护带传动和链传动。

【教学重点与难点】

- 带传动的受力分析和应力分析。
- 弹性滑动和打滑。
- V 带传动的设计计算。

带传动和链传动都是利用中间挠性件（带或链）来进行传动的。它们的主要功用都是传递转矩和改变转速，并且主要应用于两轴中心距较大、传动比要求不严格的中小功率的场合。由于它们都具有结构简单、维护方便和成本低廉等优点，又根据各自的传动特点，分别在机床、汽车、机器人以及石油、冶金、农业、化工等各种机械设备中都有广泛的应用。

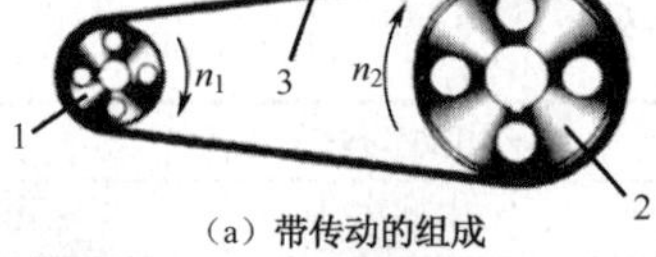

（a）带传动的组成

（b）摩擦带传动

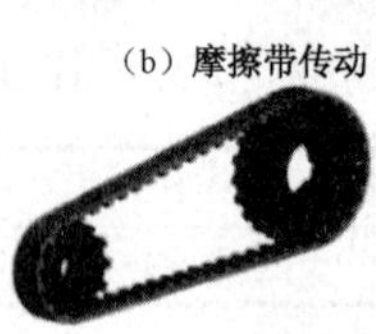

（c）同步带传动

图 5-1　带传动

1—主动带轮；2—从动带轮；3—传动带

带传动由主动带轮 1、从动带轮 2 和传动带 3 组成，如图 5-1（a）所示。

5.1　带传动的类型与特点

5.1.1　带传动的类型和应用

按传动原理的不同，带传动分为摩擦带传动（图 5-1（b））和同步带传动（图 5-1（c））。摩擦带传动靠传动带与带轮间的摩擦力实现传动，传动带按截面形状分为平带、V 带、多楔带、圆带等。同步带传动靠传动带内侧凸齿与带轮外缘上的齿槽相啮合实现传动，常用传动带的类型、特点及应用，如表 5-1 所示。

表 5-1　常用传动带的类型、特点及应用

类　型	截　面　图	截 面 形 状	工　作　面	主 要 特 点	应 用 场 合
平带	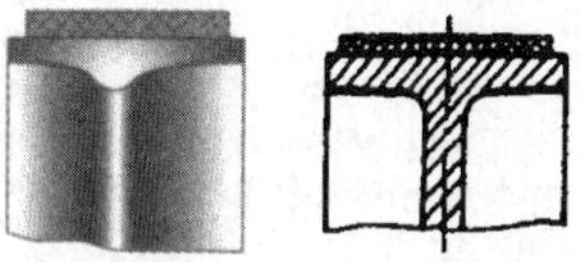	扁矩形	内表面	结构简单、制造容易、效率高	用于中心距较大的传动、高速传动、物料输送等
V 带	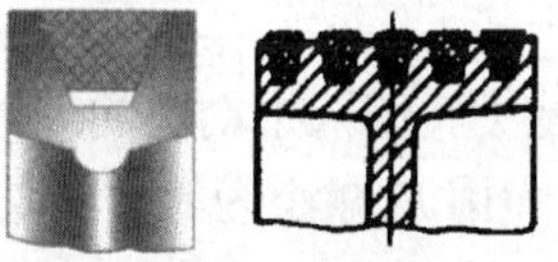	等腰梯形	两侧面	能比平带产生更大的摩擦力，传动比较大，结构紧凑	用于传递功率较大、中心距较小、传动比较大的场合
多楔带	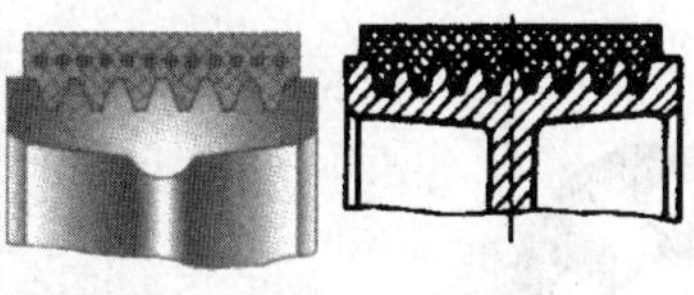	矩形和等腰梯形组合	两侧面	兼有平带和 V 带的特点，相当于几根 V 带的组合，传递功率大，传动平稳，结构紧凑	用于要求结构紧凑的场合，特别是需要 V 带根数多或轮轴垂直与地面的场合
圆形带		圆形	外表面	结构简单	用于小功率传递
同步带		矩形	带齿齿廓面	能保持带与带轮的圆周速度同步	主要用于传动能力大，效率高，传动比准确

5.1.2 带传动的特点

带传动具有如下优点。

(1) 弹性带可缓冲吸振，故传动平稳、噪声小。

(2) 过载时，带会在带轮上打滑，从而起到保护其他传动件免受损坏的作用。

(3) 带传动的中心距较大，结构简单，制造、安装和维护较方便，且成本低廉。

(4) 单级可实现较大中心距的传动。

带传动具有如下缺点。

(1) 带与带轮之间存在弹性滑动，导致速度损失、传动比不稳定。

(2) 带传动的传动效率较低（为 0.94～0.96），带的寿命一般较短。

(3) 外廓尺寸、带作用于轴的力等均较大，不宜在高温、易燃及有油、水的场合下工作。

带传动适用于要求传动平稳，但传动比要求不严格的场合。在多级减速传动装置中，带传动通常置于与电动机相连的高速级。

5.2 带传动的受力分析和应力分析

5.2.1 带传动的受力分析

如图 5-2（a）所示，传动带必须以一定的张紧力安装在带轮上。不工作时，带两边承受相等的拉力，称为初拉力 F_0。工作时，带和带轮接触面间产生摩擦力，绕入主动轮的一边被拉紧，拉力由 F_0 增大到 F_1，称为紧边；离开主动轮的一边被放松，拉力由 F_0 减小为 F_2，称为松边。作用在带上的摩擦力方向如图 5-2（b）所示。

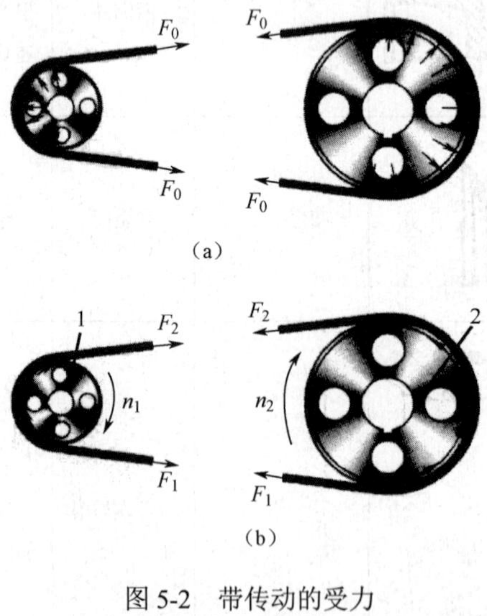

图 5-2 带传动的受力

摩擦带传动的受力分析如图 5-3 所示。

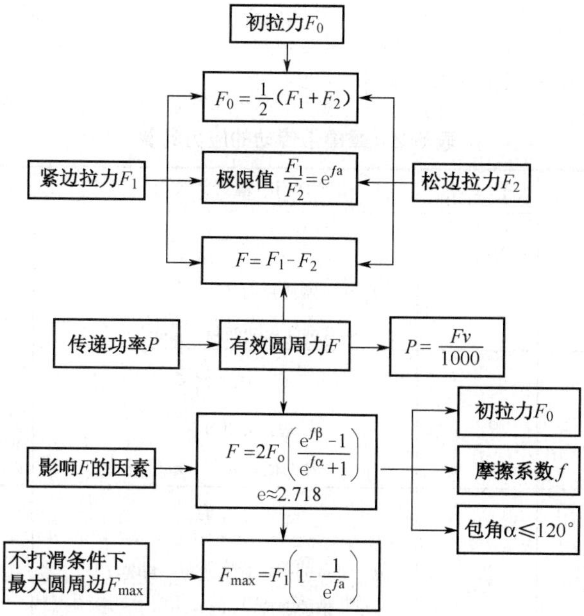

图 5-3　摩擦带传动的受力分析

5.2.2　带传动的应力分析

1. 应力的概念

例如，两根材料相同、粗细不同的拉杆，若两者所受的轴力相同，则随着拉力增大，细杆首先被拉断。这说明，杆件的强度不仅与轴力有关，而且还与横截面的尺寸有关。构件是否破坏，与单位面积上内力的大小有关。单位面积上的内力称为应力。应力的单位是帕斯卡，用符号 Pa 来表示，$1Pa=1N/m^2$ 工程上的应力用 MPa（10^6Pa）和 GPa（10^9Pa）来表示，它们之间的关系为

$$1GPa=10^3MPa=10^9Pa$$

应力是矢量，它的方向与ΔF 方向相同。通常把P 分解为垂直于截面的分量σ 和平行于截面的分量τ，σ 称为正应力，τ 称为剪应力，如图 5-4 所示。正应力和剪应力所产生的变形及对构件的破坏方式是不同的，所以在强度问题中通常分开处理。

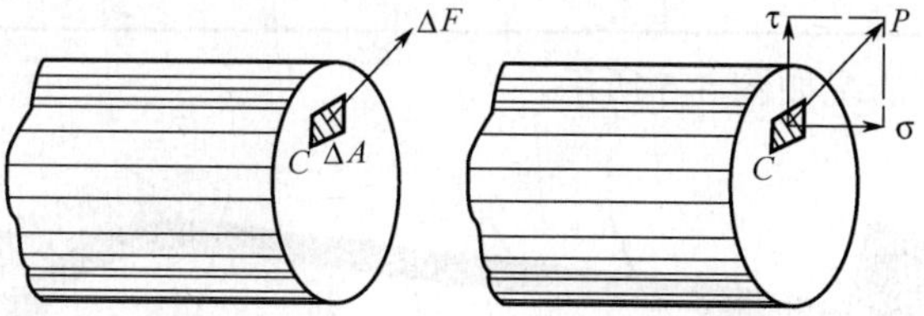

图 5-4　应力的计算

拉压构件横截面上的正应力计算公式为

$$\sigma=\frac{F_N}{A}$$

式中　σ——横截面上的正应力（MPa）；

F_N——横截面上的轴力（N）；

A——横截面的面积（mm^2）。

规定拉应力为正，压应力为负。

2. 应力的分析

摩擦带传动的应力计算，如表 5-2 所示。

表 5-2　摩擦带传动的应力计算

应力名称		符号	计算公式	说明
拉应力	紧边拉应力	σ_1	$\sigma_1=\frac{F_1}{A}$ F_1——紧边拉力（N）； A——带的横截面积（mm^2）	$F_1>F_2$ $\sigma_1>\sigma_2$
	松边拉应力	σ_2	$\sigma_1=\frac{F_2}{A}$ F_2——松边拉力（N）； A——带的横截面积（mm^2）	
离心应力		σ_c	$\sigma_c=\frac{qv^2}{A}$ q——带的单位长度质量（kg/m）； v——带的速度（m/s）； A——带的横截面积（mm^2）	σ_c 处处相等
弯曲应力	小带轮弯曲应力	σ_{b1}	$\sigma_{b1}=E\frac{h}{d_{d1}}$ E——带的弹性模量（MPa）； H——带的高度（mm）； d_{d1}——小带轮的基准直径（mm）	$d_{d1}<d_{d2}$ $\sigma_{b1}>\sigma_{b2}$
弯曲应力	大带轮弯曲应力	σ_{b2}	$\sigma_{b1}=E\frac{h}{d_{d2}}$ E——带的弹性模量（MPa）； H——带的高度（mm）； d_{d2}——大带轮的基准直径（mm）	$d_{d1}<d_{d2}$ $\sigma_{b1}>\sigma_{b2}$
最大应力		σ_{max}	$\sigma_{max}=\sigma_1+\sigma_c+\sigma_{b1}$	最大应力的位置是当带由紧边绕入小带轮时所受的应力
疲劳强度条件			$\sigma_{max}\leqslant[\sigma]$	带受交变应力作用，导致带产生疲劳破坏

带工作时的应力分布情况如图 5-5 所示。

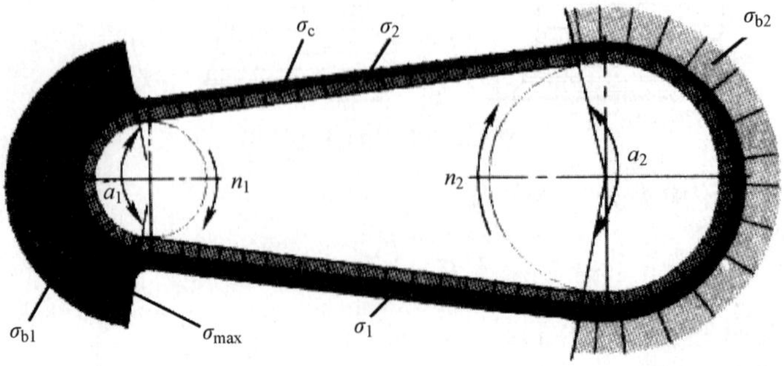

图 5-5　带传动的应力分析

5.3　带传动的弹性滑动、打滑和失效形式

5.3.1　带传动的弹性滑动和打滑

1．带传动的弹性滑动

传动带是弹性体，工作时会产生弹性变形，如图 5-6 所示。当带由紧边绕经主动带轮进入松边时，带所受的拉力由 F_1 逐渐减为 F_0，其弹性伸长量也由 ΔL_1 减小为 ΔL_2，带相对于轮面向后收缩了 $\Delta L_1 - \Delta L_2$，带与带轮轮面间出现局部相对滑动，导致带速低于主动轮的圆周速度。同样，当带由松边绕经从动带轮进入紧边时，拉力逐渐增加，带逐渐被拉长，带沿轮面产生向前的弹性滑动，使带的速度大于从动轮的圆周速度。这种由于带的弹性变形而产生的带与带轮间的滑动称为弹性滑动。

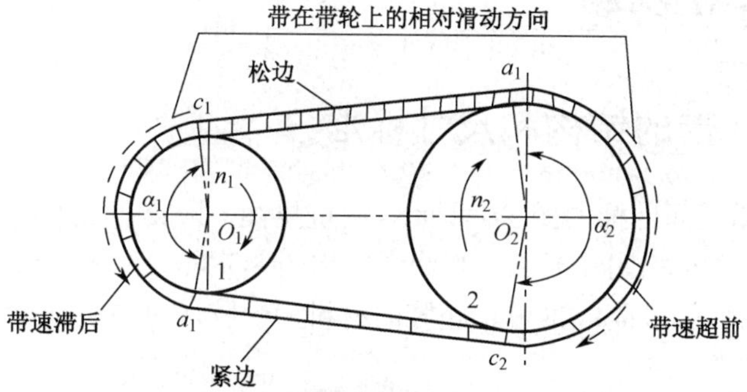

图 5-6　带传动的整体弹性滑动示意图

带的弹性滑动使从动轮的圆周速度 v_2 小于主动轮的圆周速度 v_1，其速度的降低率用滑动率 ε 表示，即

$$\varepsilon = \frac{v_1 - v_2}{v_1} = \frac{\pi d_1 n_1 - \pi d_2 n_2}{\pi d_1 n_1}$$

式中，n_1、n_2 分别为主动轮、从动轮的转速（r/min）；d_1、d_2 分别为主动轮、从动轮的基准直径（mm）。由上式得带传动的传动比为

$$i = \frac{n_1}{n_2} = \frac{d_2}{d_1(1-\varepsilon)}$$

从动轮的转速为

$$n_2 = \frac{n_1 d_1 (1-\varepsilon)}{d_2}$$

带传动的滑动率 $\varepsilon \approx 0.01 \sim 0.02$，其值很小，在一般传动计算中可不予考虑。

2．带传动的打滑

当需要传递的有效圆周力大于极限摩擦力时，带与带轮间将发生全面滑动，这种现象称为打滑。打滑将造成带的严重磨损并使从动轮转速急剧降低，致使传动失效。带在大轮上的包角一般大于在小轮上的包角，所以打滑总是先在小轮上开始的。

弹性滑动和打滑是两个截然不同的概念。弹性滑动是带传动正常工作时，由紧边和松边的拉力差引起的带与带轮之间微小的相对滑动。因带是弹性体，故只要受到拉力，带必然会发生变形，

它是带传动的固有特性，因而弹性滑动是不可避免的。而打滑则是由于过载而引起的带与小带轮之间的全面滑动，是带传动的主要失效形式，因而必须避免带传动的打滑。

5.3.2　带传动的失效形式和设计准则

由带传动的工作情况分析可知，带传动的主要失效形式是打滑和带的疲劳损坏。因此带传动的设计准则为：在保证带传动不打滑的前提下，使带具有一定的疲劳强度和寿命。

欲保证带具有一定的疲劳寿命，必须满足强度条件

$$\sigma_{max}=\sigma_1+\sigma_c+\sigma_{b1}\leqslant[\sigma]$$

欲保证带不打滑，则带的最大有效圆周力 F_{max} 必须满足

$$F_{max}=F_1\left(1-\frac{1}{e^{f\alpha_1}}\right)$$

5.4　V 带与 V 带轮

5.4.1　普通 V 带的结构和尺寸标准

标准普通 V 带的横截面结构如图 5-7 所示，由抗拉体、顶胶、底胶及包布层组成。抗拉体是承受载荷的主体，有帘布结构图 5-7（a）和线绳结构图 5-7（b）两种。帘布结构抗拉强度高，线绳结构柔韧性好，抗弯曲强度高；顶胶、底胶的材料为橡胶，包布层材料为橡胶帆布。

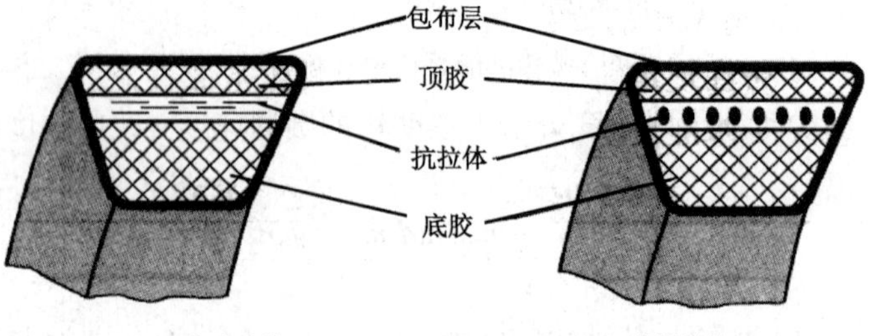

（a）帘布结构　　（b）线绳结构

图 5-7　V 带的结构

普通 V 带的截面尺寸按由小至大的顺序分为 Y、Z、A、B、C、D、E 共 7 种型号，如表 5-3 所示。普通 V 带的带高与节宽之比 h/b_d 为 0.7，楔角 $\varphi=40°$。

表 5-3　普通 V 带的截面尺寸（摘自 GB11544—1989）（单位：mm）

型　号	Y	Z	A	B	C	D	E
顶宽 b	6	10	13	17	22	32	38
节宽 b_d	5.3	8.5	11	14	19	27	32
带高 h	4.0	6.0	8.0	11	14	19	25
楔角 φ	40°						
每米质量 q/（$kg\cdot m^{-1}$）	0.04	0.06	0.10	0.17	0.30	0.60	0.87

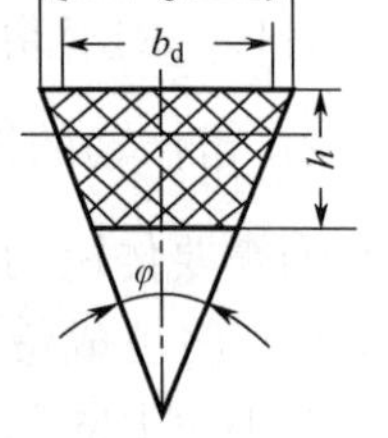

当 V 带绕在带轮上时，V 带产生弯曲变形，外层被拉长，内层被压短，两层之间存在一层既

不伸长又不缩短的中性层，称为节面。节面的宽度称为节宽，如图 5-8 所示。

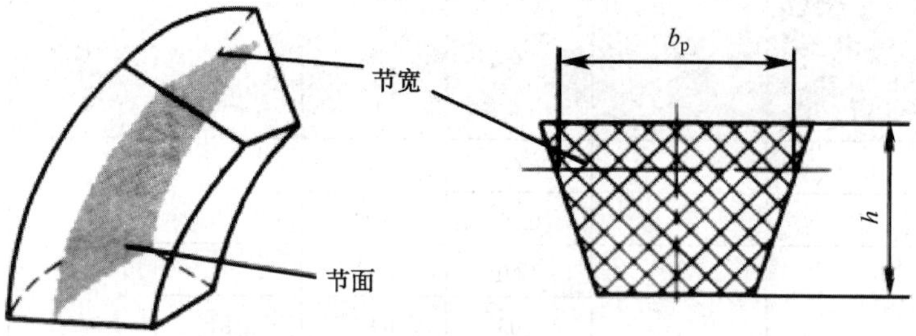

图 5-8　普通 V 带的节面与节宽

V 带装在带轮上，与节宽相对应的带轮直径称为基准直径，其标准系列如表 5-4 所示。V 带在规定的张紧力下，带与带轮基准直径相配处的周线长度称为基准长度。基准长度的标准系列如表 5-5 所示。

表 5-4　普通 V 带轮的基准直径（d_d）系列（单位：mm）

V 带轮型号	Y	Z	A	B	C	D	E
d_b	20	50	75	125	200	355	500
基准直径系列	20　22.4　25　28　31.5　35.5　40　45　50　56　63　71　75　80（85）　90（95）　100　106　112　118　125　132　140　150　160（170）　180　200　212　224（236）　250（265）　280　315　355　375　400（425）　450（475）　500（530）　560　630…						

普通 V 带的标记由带型、基准长度和标准号组成。例如，B 型普通 V 带，基准长度为 1600mm，其标记为：

B－1600GB11544－1989

带的标记通常压印在带的外表面上，以便选用时识别。

5.4.2　普通 V 带轮的结构

1. 带轮的材料

普通 V 带轮最常用的材料是灰铸铁。当带的速度 $v \leqslant 25$m/s 时，可用 HT150；当带速 $v=25\sim30$m/s 时，可用 HT200；当 $v>35$m/s 时，可用铸钢制造。传递功率较小时，可用铸铝或工程塑料。

表 5-5　普通 V 带（基准宽度制）的基准长度系列及长度修正系数 k_L

带型 / k_L / $L_{d/mm}$	Y	Z	A	B	C	D	E
355	0.92						
400	0.96	0.87					
450	1.00	0.89					
500	1.02	0.91					
560		0.94					

续表

带型 k_L / $L_{d/mm}$	Y	Z	A	B	C	D	E
630		0.96	0.81				
710		0.99	0.82				
800		1.00	0.85				
900		1.03	0.87	0.81			
1000		1.06	0.89	0.84			
1120		1.08	0.91	0.86			
1250		1.11	0.93	0.88			
1400		1.14	0.96	0.90			
1600		1.16	0.99	0.93			
1800			1.01	0.95	0.85		
2000			1.03	0.98	0.88		
2240			1.06	1.00	0.91		
2500			1.09	1.03	0.93		
2800			1.11	1.05	0.95	0.83	
3150				1.07	0.97	0.86	
3550				1.10	0.98	0.89	
4000				1.13	1.02	0.91	
4500				1.15	1.04	0.93	0.90
5000				1.18	1.07	0.96	0.92
5500					1.09	0.98	0.95

2．带轮的结构

V 带轮由轮槽的轮缘（带轮的外缘部分）、轮辐（轮缘与轮毂相连的部分）和轮毂（带轮与轴相配的部分）三部分组成，如图 5-9 所示。普通 V 带轮的轮槽尺寸如表 5-6 所示。

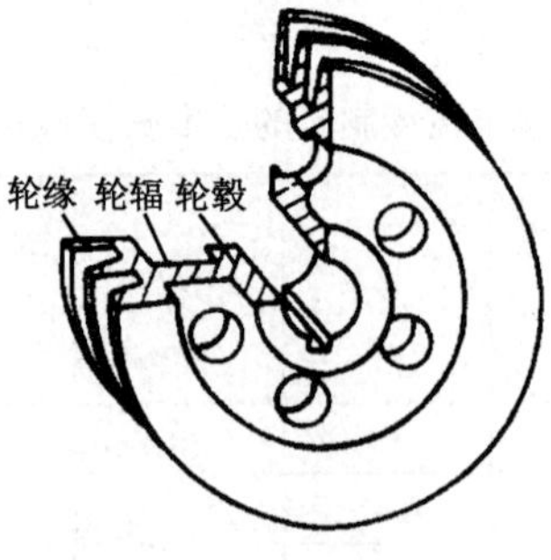

图 5-9　V 带轮

表 5-6　普通 V 带轮的轮槽尺寸

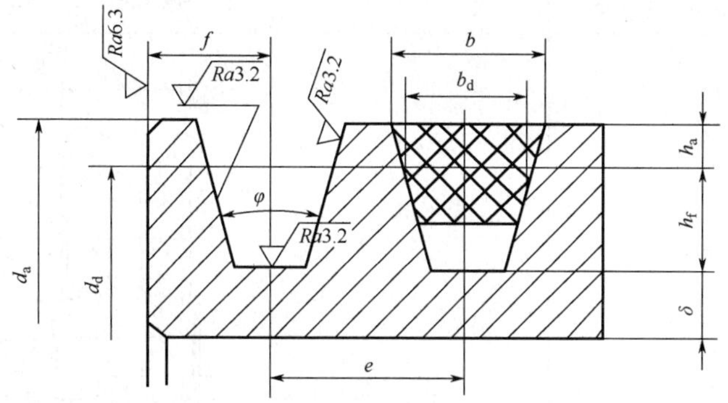

槽　型			Y	Z	A	B	C	D	E
b_d			5.3	8.5	11	14	19	27	32
$h_{a\,min}$			1.6	2.0	2.75	3.5	4.8	8.1	9.6
$h_{f\,min}$			4.7	7.0	8.7	10.8	14.3	19.9	23.4
e			8±0.3	12±0.3	15±0.3	19±0.4	25.5±0.5	37±0.6	44.5±0.7
f			7±1	8±1	10^{+2}_{-1}	12.5^{+2}_{-1}	17^{+2}_{-1}	23^{+3}_{-1}	29^{+4}_{-1}
δ_{min}			5	5.5	6	7.5	10	12	15
B			$B=(Z-1)e+2f$　Z 为轮槽数						
φ	32°	d_d	≤60						
	34°			≤80	≤118	≤190	≤315		
	36°							≤475	≤600
	38°			>80	>118	>190	>315	>475	>600

注：δ_{min} 是轮缘最小壁厚推荐值。

根据 V 带轮结构形式及基准直径，普通 V 带轮的类型如表 5-7 所示。

表 5-7　普通 V 带轮的类型

V 带轮结构形式	V 带轮基准直径 d_d	结　构　图
实心带轮	d_d≤（1.5~3）d_0 d_0 为轴的直径	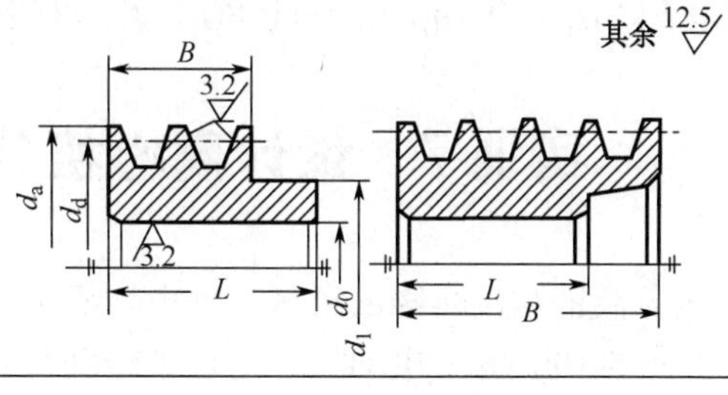
辐板带轮	d_d≤300	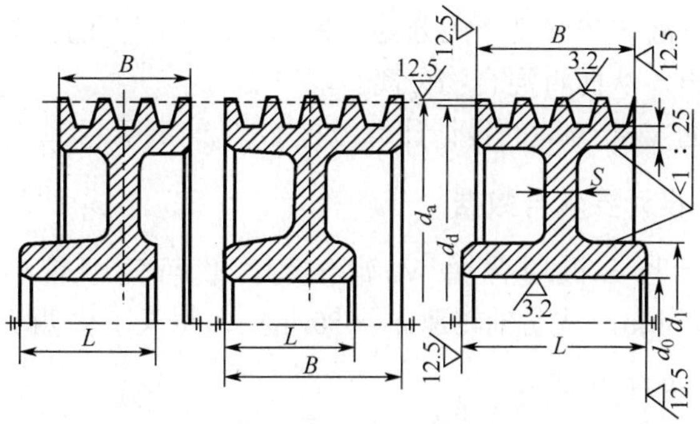

续表

V 带轮结构形式	V 带轮基准直径 d_d	结 构 图
孔板带轮	$d_d \leqslant 400$	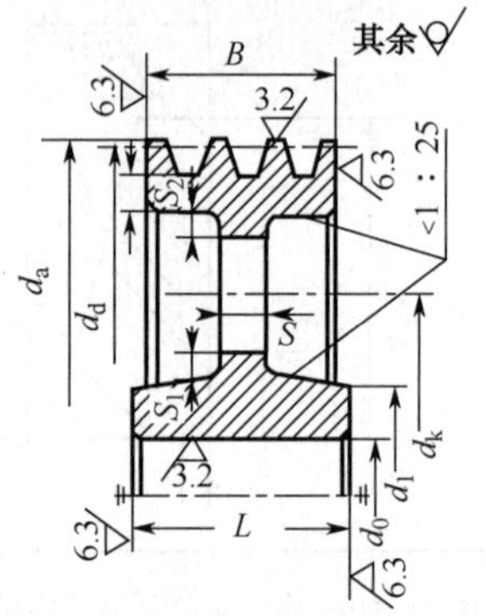
椭圆轮辐带轮	$d_d > 400$	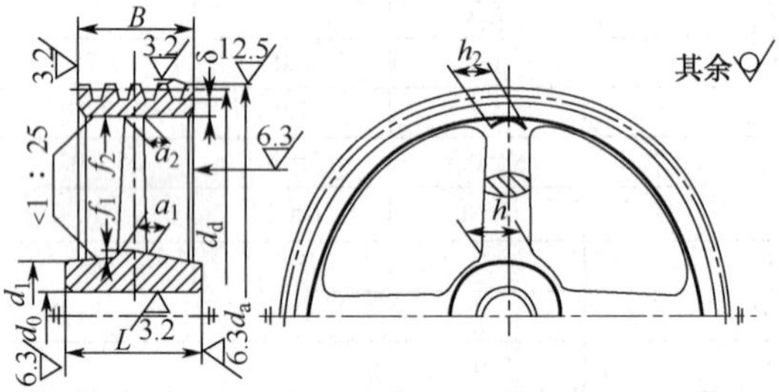

表 5-7 中各尺寸之间的关系如下：

$$d_1 =（1.8\sim2）d_0，\ L =（1.5\sim2）d_0，\ S =（0.2\sim0.3）B$$

$$h_1 = 290\sqrt[3]{\frac{P}{nA}}\ （单位为 mm）$$

式中　P —— 传递功率（kW）；

n —— 带轮的转速（r/min）；

A —— 轮辐数。

$h_2 = 0.8h_1$，$a_1 = 0.4h_1$，$a_2 = 0.8a_1$，$f_1 = 0.2h_1$，$f_2 = 0.2h_2$。

实训 7　设计离心机普通 V 带传动系统

离心机是分离液相混合物的机械，由电动机 1、主动轮 2、V 带 3、从动轮 4、机架 5 和离心筒 6 组成，如图 5-10 所示。电动机 1 通过带传动与带轮之间的摩擦力带动离心筒转动，在离心力作用下，液体按密度不同分为里外两层，密度大的在外层，密度小的在里层，可通过一定的装置分别引出，从而将混合物分离。

普通 V 带传动的设计计算流程如图 5-11 所示。

1．设计要求与数据

设计离心机用普通 V 带传动，载荷变动较小，已知电动机额定功率 P=8kW，转速 n_1=1480r/min，从动轴转速 n_2=650r/min，每天工作两班制。

2．设计内容

设计内容包括：选择 V 带的型号，确定长度 L、根数 z、传动中心距 a、V 带轮的基准直径及结构尺寸等。

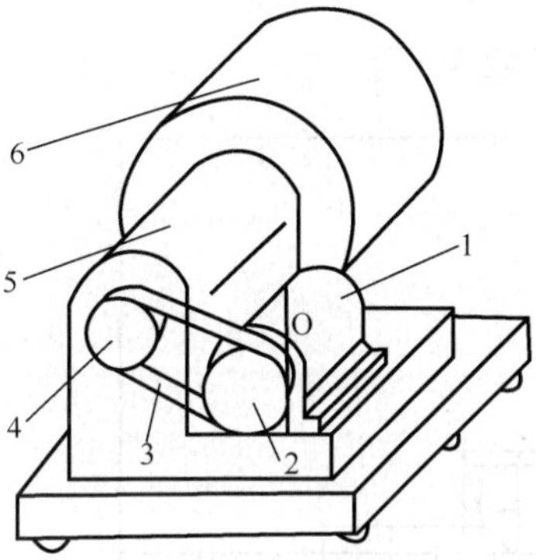

图 5-10　离心机

1—电动机；2—主动轮；3—V 带；4—从动轮；5—机架；6—离心筒

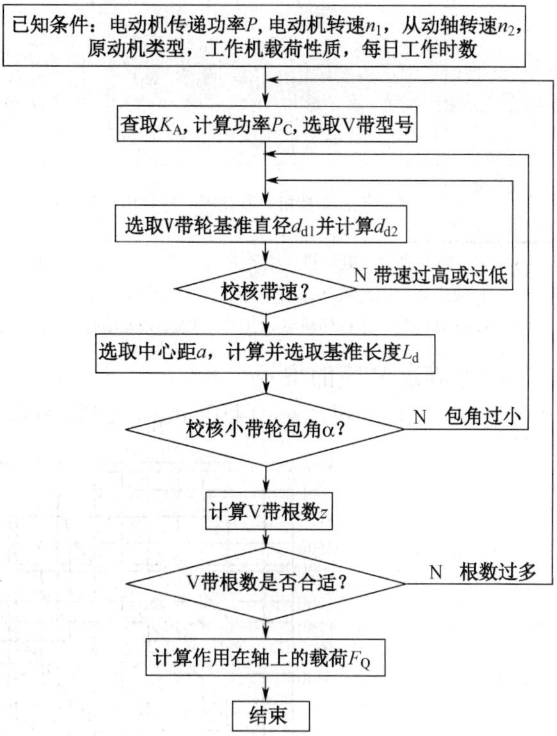

图 5-11　普通 V 带传动的设计计算流程图

3．设计步骤、结果及说明

（1）确定计算功率 P_c

$$P_c = K_A P$$

式中，K_A 为工作情况系数。根据“载荷变动较小，两班制工作”的要求，由表 5-8 查得 K_A=1.1，故

$$P_c = K_A P = 8.8\text{kW}$$

表 5-8　工作情况系数 K_A

工　况	适用范围	载荷类型					
		空、轻载启动			重载启动		
		每天工作时间/h					
		＜10	10～16	＞16	＜10	10～16	＞16
载荷变动微小	液体搅拌机、通风机和鼓风机（P≤7.5kW）、离心机水泵和压缩机、轻型输送机	1.0	1.1	1.2	1.1	1.2	1.3
载荷变动较小	带式输送机（不均匀载荷）、通风机（P＞7.5kW）、发电机、金属切削机床、印刷机、冲床、压力机、旋转筛、木工机械	1.1	1.2	1.3	1.2	1.3	1.4
载荷变动较大	制砖机、斗式提升机、往复式水泵和压缩机、起重机、摩擦机、冲剪机床、橡胶机械、振动器、纺织机械、重型输送机、木材加工机械	1.2	1.3	1.4	1.4	1.5	1.6

续表

工　况	适用范围	载荷类型					
		空、轻载启动			重载启动		
		每天工作时间/h					
		<10	10～16	>16	<10	10～16	>16
载荷变动很大	破碎机、摩擦机、卷扬机、橡胶压延机、压出机	1.3	1.4	1.5	1.5	1.6	1.8

注：1．空、轻载启动：电动机（交流启动、△启动，空、直流并动），四缸以上的内燃机，装有离心式离合器、液力联轴器的动力机。

2．重载启动：电动机（联机交流启动、直流复动或率动），四缸以下的内燃机。

3．在反复启动、正反转频繁、工作条件恶劣等场合，K_A 应取为表值的 1.2 倍。

（2）确定 V 带的型号

根据 P_c=8.8kW、n_1=1480r/min，由图 5-12 选用 A 型普通 V 带。

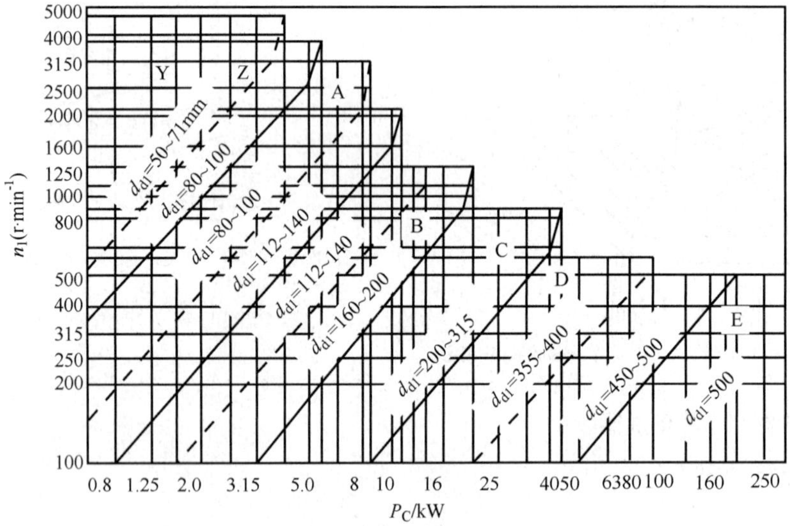

图 5-12　普通 V 带的选型图

（3）确定两带轮的基准直径 d_{d1}、d_{d2}

设计时应使 $d_{d1} \geqslant d_{dmin}$，$d_{dmin}$ 的值如表 5-4 所示。

提示：

d_{d1}、d_{d2} 要取标准值。

选取 $d_{d1}=d_{dmin}$=112mm

大带轮基准直径为

$$d_{d2}=\frac{n_1}{n_2}d_{d1}=\frac{1480}{650}\times 112=255\text{（mm）}$$

选取标准值 d_{d2}=250mm，则实际传动比 i、从动轮的实际转速分别为

$$i=\frac{d_{d2}}{d_{d1}}=\frac{250}{112}=2.23$$

$$n_2=n_1/i=\frac{1480}{2.23}=663.68\text{（r/min）}$$

从动轮的转速误差率为

$$\frac{650-663.68}{650}\times 100\%=-2.1\%$$

在±5%内，为允许值。

（4）验算带速 v

$$n=\frac{\pi d_1 n_1}{60\times 1000}=\frac{3.14\times 112\times 1480}{60\times 1000}=8.67\quad (\text{m/s})$$

选取小带轮直径后，必须验算带速。普通 V 带带速为 5~25m/s。若带速过小而传递相同的功率，则所需带的拉力过大，V 带容易低速打滑；若带速过大而离心力过大且单位时间的应力循环次数增多，则 V 带容易产生振动和疲劳断裂，而且离心力会减少带与带轮的压紧力，出现高速打滑。若带速超过上述范围，则应重选小带轮直径 d_{d1}。

提示：

带速在 5~25m/s 范围内。

（5）确定中心距 a 和带的基准长度 L_d

初定中心距 a_0：

$$0.7(d_{d1}+d_{d2})\leqslant a_0\leqslant 2(d_{d1}+d_{d2})$$
$$253.4\leqslant a_0\leqslant 724$$

取 a_0=500mm。

带的基准长度公式：

$$\begin{aligned}L_0&=2a_0+\frac{\pi}{2}(d_{d1}+d_{d2})+\frac{(d_{d2}-d_{d1})^2}{4a_0}\\&=2\times 500+\frac{3.14}{2}(112+250)+\frac{(250-112)^2}{4\times 500}\\&=1000+568.34+9.522\\&=1577.86\ (\text{mm})\end{aligned}$$

由于 V 带是标准件，长度受标准规定，不能取任意值，因此应在计算值附近选标准值。查表选取基准长度 L_d=1600mm。

实际中心距 a 为

$$a\approx a_0+\frac{L_d-L_0}{2}=500+\frac{(1600-1577.86)}{2}=511\ (\text{mm})$$

取 a=510mm。

考虑安装、调整和补偿张紧力的需要，中心距应有一定的调节范围。

$$a_{min}=a-0.015L_d=510-0.015\times 1600=486\quad(\text{mm})$$

$$a_{max}=a+0.03L_d=510+0.03\times 1600=558\quad(\text{mm})$$

（6）验算小带轮包角 α_1

$$\alpha_1=180^\circ-\frac{d_{d2}-d_{d1}}{a}\times 57.3^\circ=180^\circ-57.3^\circ\times\frac{(250-112)}{510}=164^\circ$$

$\alpha_1\geqslant 120^\circ$，合适。

若 $\alpha_1<120^\circ$，则可采用适当增大中心距或加张紧轮等措施改进。

提示：

小带轮包角 $\alpha_1 \geqslant 120°$。

（7）计算 V 带根数 z

$$z \geqslant \frac{P_c}{[P_0]} = \frac{P_c}{(P_0 + \Delta P_0) K_\alpha K_L}$$

提示：

V 带根数 $z < 10$ 应圆整为整数。

单根 V 带实际工作所能传递的许用功率为$[P_0]$，其计算公式为

$$[P_0] = (P_0 + \Delta P_0) K_\alpha K_L$$

式中，P_0 为特定条件下（载荷平稳，特定带长，传动比 $i=1$，包角 $\alpha_1=180°$），由试验得到的单根普通 V 带的基本额定功率，如表 5-9 所示，用内插法得 $P_0=1.65$kW。

表 5-9　单根普通 V 带的基本额定功率 P_0

型号	小带轮基准	小带轮转速 n_1/（r/min）													
	直径 dc/mm	400	730	800	980	120	146	160	200	240	280	320	360	400	500
A	75	0.27	0.42	0.45	0.52	0.60	0.68	0.73	0.84	0.92	1.00	1.04	1.08	1.09	1.02
	90	0.39	0.68	0.68	0.79	0.93	1.07	1.15	1.34	1.50	1.64	1.75	1.83	1.87	1.82
	100	0.47	0.83	0.83	0.97	1.14	1.32	1.42	1.66	1.87	2.05	2.19	2.28	2.34	2.25
	125	0.67	1.19	1.19	1.40	1.66	1.93	2.07	2.44	2.74	2.98	3.16	3.26	3.28	2.91
	160	0.94	1.69	1.69	2.00	2.36	2.74	2.94	3.42	3.80	4.06	4.19	4.17	3.98	2.67
B	125	0.84	1.34	1.44	1.67	1.93	2.20	2.33	2.50	2.64	2.76	2.85	2.96	2.94	2.51
	160	1.32	2.16	2.32	2.72	3.17	3.64	3.86	4.15	4.40	4.60	4.75	4.89	4.80	3.82
	200	1.85	3.06	3.30	3.86	4.50	5.15	5.46	6.13	6.47	6.43	5.95	4.98	3.47	—
	250	2.50	4.14	4.46	5.22	6.04	6.85	7.20	7.87	7.89	7.14	5.60	3.12	—	—
	280	2.89	4.77	5.13	5.93	6.90	7.78	8.13	8.60	8.22	6.80	4.26	—	—	—
C	200	1.39	1.92	2.41	2.87	3.30	3.80	4.07	4.66	5.29	5.86	6.07	6.28	6.34	6.26
	250	2.03	2.85	3.62	4.33	5.00	5.82	6.23	7.18	8.21	9.06	9.38	9.63	9.62	9.34
	315	2.86	4.04	514	6.17	7.14	8.34	8.92	10.2	11.5	12.4	12.7	12.6	12.1	11.0
	400	3.91	5.54	7.06	8.52	9.82	11.5	12.1	13.6	15.0	15.5	15.2	14.0	11.9	8.75
	450	4.51	6.40	8.20	9.81	11.2	12.9	13.8	15.3	16.5	16.4	15.5	13.2	9.64	4.44
D	355	5.31	7.35	9.24	10.9	12.3	14.0	14.8	16.3	17.2	16.7	15.6	12.9	—	—
	450	7.90	11.0	13.8	16.4	18.6	21.1	22.2	24.1	24.8	22.4	19.5	13.3	—	—
	500	10.76	15.0	18.9	22.3	25.3	28.2	29.5	31.0	29.6	22.0	15.1	—	—	—
	710	14.55	20.5	25.4	29.7	33.1	35.9	36.8	35.5	27.8	—	—	—	—	—
	800	16.76	23.3	29.0	33.7	37.1	39.2	39.5	35.2	21.3	—	—	—	—	—
E	500	10.85	14.9	18.5	21.6	24.2	26.6	27.5	28.5	25.5	16.2	—	—	—	—
	630	15.65	21.6	26.9	31.3	34.8	37.6	38.5	37.1	29.1	—	—	—	—	—
	800	21.70	30.0	37.0	42.5	46.2	47.7	47.3	39.0	16.4	—	—	—	—	—
	900	25.15	34.7	42.4	48.2	51.4	51.1	49.2	34.0	—	—	—	—	—	—
	1000	28.52	39.1	47.5	53.1	55.4	52.2	48.1	—	—	—	—	—	—	—

ΔP_0 为功率增量，考虑实际转动比 $i \neq 1$ 时，V 带经过大轮所受的弯曲应力比特定条件下的小，

额定功率增量如表 5-10 所示，查得 ΔP_0 =0.171kW。

表 5-10 单根普通 V 带的额定功率增量 ΔP_0

型 号	传 动 比 i	小带轮转速 n_1/（r/min）													
		400	730	800	980	120	146	160	200	240	280	320	360	400	500
A	1.35～1.51	0.04	0.0	0.0	0.0	0.11	0.1	0.1	0.1	0.2	0.2	0.3	0.3	0.3	0.4
	≥2	0.05	0.0	0.1	0.11	0.1	0.1	0.1	0.2	0.2	0.3	0.3	0.4	0.4	0.6
B	1.35～1.51	0.10	0.1	0.2	0.2	0.3	0.3	0.3	0.4	0.5	0.6	0.7	0.8	0.9	1.2
	≥2	0.13	0.2	0.2	0.3	0.3	0.4	0.5	0.6	0.7	0.8	1.0	1.1	1.2	1.6
C	1.35～1.51	0.14	0.2	0.2	0.3	0.4	0.4	0.5	0.6	0.8	0.9	1.1	1.2	1.3	1.5
	≥2	0.18	0.2	0.3	0.4	0.5	0.6	0.7	0.8	1.0	1.2	1.4	1.5	1.7	1.9
D	1.35～1.51	0.49	0.7	0.9	1.2	1.4	1.7	1.9	2.3	2.9	3.5	3.8	4.9	—	—
	≥2	0.63	0.9	1.2	1.5	1.8	2.1	2.5	2.9	3.7	4.5	5.0	6.5	—	—
E	1.35～1.51	0.96	1.4	1.9	2.4	2.8	3.3	3.8	4.5	5.6	6.8	—	—	—	—
	≥2	1.24	1.8	2.4	3.1	3.7	4.3	4.9	5.8	7.2	8.7	—	—	—	—

K_α为包角系数，考虑$\alpha \neq 180^\circ$时包角对传递功率的影响，如表 5-11 所示；查得 K_α=0.958。

表 5-11 包角系数 K_α

小轮包角α_1	180°	175°	170°	165°	160°	155°	150°	145°	140°	135°	130°	125°	120°	110°	100°	90°
K_α	1	0.99	0.98	0.96	0.95	0.93	0.92	0.91	0.89	0.88	0.86	0.84	0.82	0.78	0.74	0.69

K_L 为带长修正系数，考虑带为非特定长度时带长对传递功率的影响。查得 K_L=0.99。

将上述各值带入得

$$z \geqslant \frac{P_C}{[P_0]} = \frac{P_C}{(P_0+\Delta P_0)K_\alpha K_L} = \frac{8.8}{(1.65+0.171)\times 0.958\times 0.99} = 5.09$$

圆整得 z =5。

（8）计算单根 V 带的初拉力 F_0

由表 5-3 查得 A 型普通 V 带的每米质量 q=0.10kg / m。单根 V 带的初拉力为

$$F_0 = \frac{500P_C}{zv}(\frac{2.5}{K_\alpha}-1)+qv^2 = \frac{500\times 8.8}{5\times 8.67}(\frac{2.5}{0.958}-1)+0.1\times 8.67^2 = 170.89\ (\text{N})$$

（9）计算作用在轴上的压力 F_Q

作用在带轮轴上的压力 F_Q 一般按静止状态下带轮两边均作用初拉力 F_0 进行计算，如图 5-13 所示，得

$$F_Q = 2F_0 z\sin\frac{\alpha_1}{2} = 2\times 5\times 170.89\times \sin\frac{164^\circ}{2} = 1692.27\ (\text{N})$$

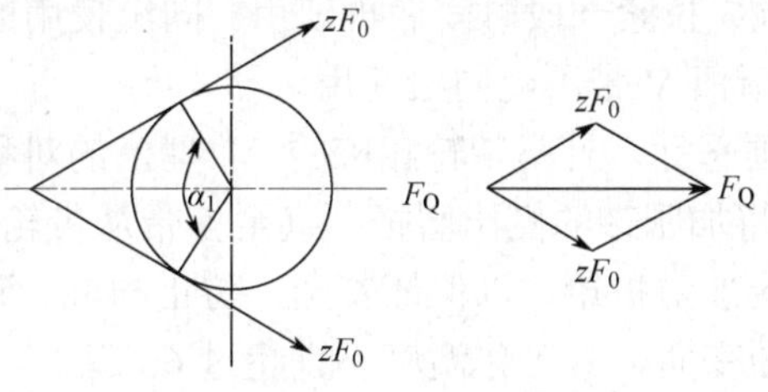

图 5-13 作用在带轮轴上的压力 F_Q

（10）带轮结构设计

设计完成后，需要绘制带轮零件图（略）。

5.5　带传动的张紧、安装与维护

5.5.1　带传动的张紧与调整

带传动工作一段时间后，会因为产生变形而松弛，使张紧力减小，传动能力下降，所以必须定期检查，若发现张紧力不足，则重新张紧。带传动的张紧方法如表 5-12 所示。

表 5-12　带传动的张紧方法

张紧方法		简　图	特点和应用
调节中心距	定期张紧	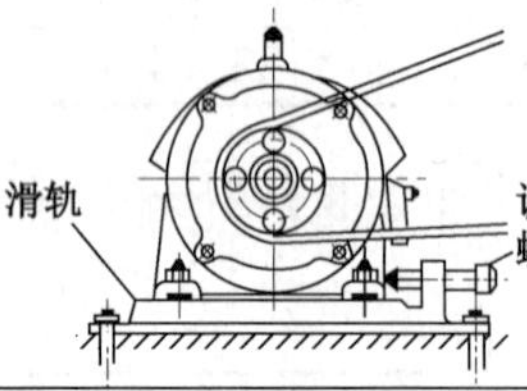 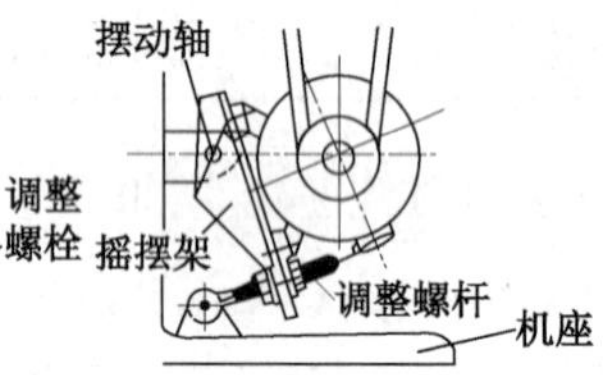	（1）多用于水平或接近水平的传动 （2）多用于垂直或接近垂直的传动
调节中心距	自动张紧	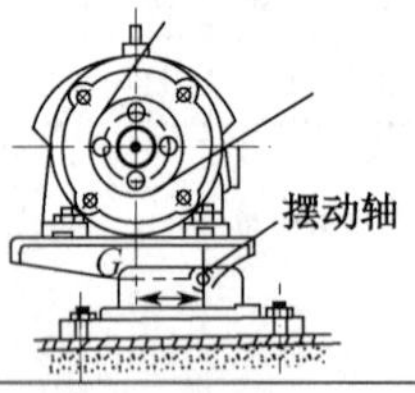 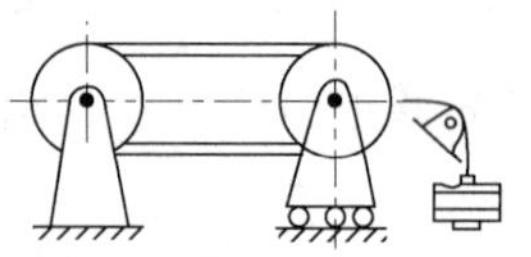	（1）利用电动机的自重张紧传送带，多用于小功率的带传动 （2）为减小震动，高速带传动不得采用自动张紧
张紧轮		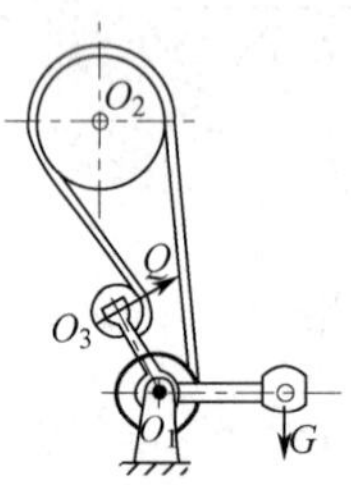 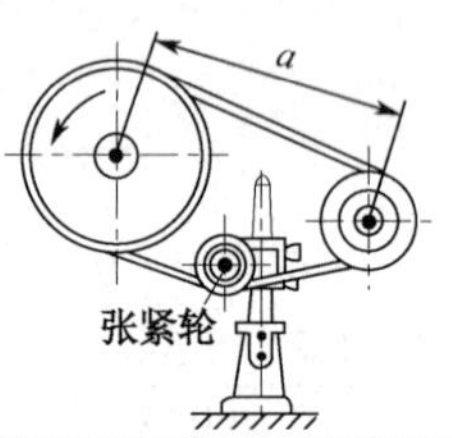	（1）张紧轮设置在外侧时，应靠近小轮，这样可以增加小轮的包角，提高带的工作能力 （2）张紧轮设置在松边的内侧靠近大轮处，可使张紧轮受力小，带的弯度应力不改变方向，从而延长带的寿命 （3）多用于 V 带传动

5.5.2　带传动的安装与维护

为保证 V 带传动正常工作，延长 V 带寿命，必须重视其正确安装、合理使用和妥善维护。

（1）安装 V 带时，首先缩小中心距将 V 带套入轮槽中，再按初拉力进行张紧。对于中等中心距的带传动，带的张紧度以按下 15mm 为宜，如图 5-14 所示。

（2）新带使用前，最好预先拉紧一段时间后再使用。同组使用的 V 带，应型号相同、长度相等，不同厂家生产的 V 带或新旧 V 带不能同组使用。

（3）安装时两轮曲线必须平行，且两带轮相应的 V 型槽的对称平面应重合，误差不得超过 ±20′，如图 5-15 所示。否则将加剧带的侧面磨损，甚至使带从带轮上脱落。

（4）带传动装置的外面应加防护罩，以保证安全，防止与酸、碱或油接触而腐蚀传动带。传动带不宜在阳光下暴晒，以免变质，其工作温度不宜超过 60℃。

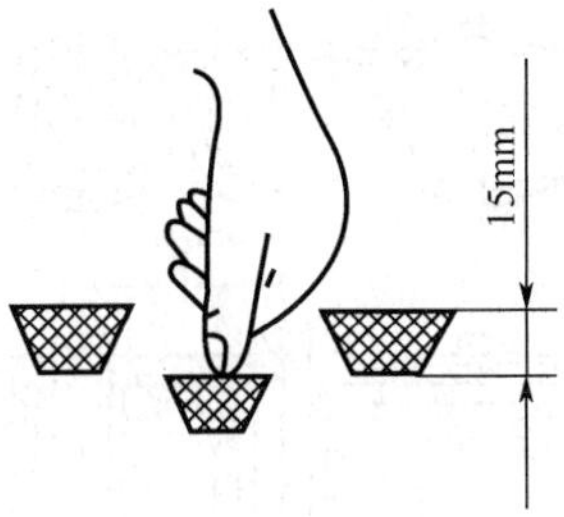

图 5-14　带张紧度判定

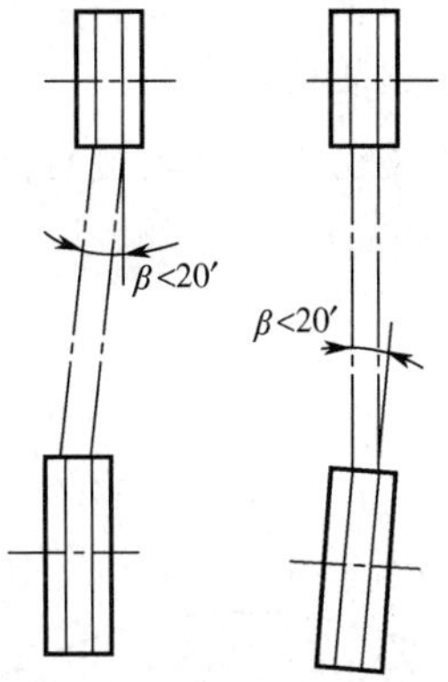

图 5-15　带轮安装的位置

（5）带传动无须润滑，禁止往带上加润滑油或润滑脂，应及时清理带轮槽内及传动带上的油污。

（6）如果带传动装置较长时间不用，则应将传动带放松。

（7）装拆时不能硬撬，应先缩短中心距，然后再装拆胶带。装好后调到合适的张紧程度。

（8）应保证带的松边在上、紧边在下。

5.6　链传动

5.6.1　链传动的组成、特点与分类

如图 5-16 所示，链传动由主动链轮 1、从动链轮 2 和绕在链轮上的链条 3 组成。工作时，通过链条的链节与链轮上的轮齿相啮合传递运动和动力。

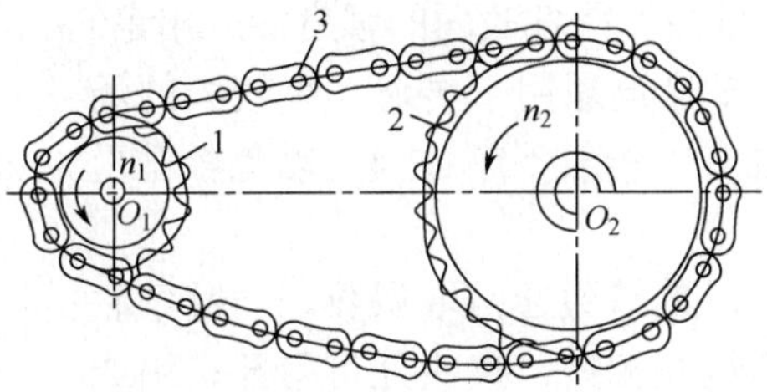

图 5-16　链传动

1—主动链轮；2—从动链轮；3—链条

链传动的主要优点如下。

（1）能得到准确的平均传动比；

（2）链条不需要太大的张紧力，故对轴的作用力小；

（3）传递的功率较大，低速时能传递较大的圆周力；

（4）链传动可在高温、油污、潮湿、日晒等恶劣环境下工作，适用于中心距较大的两平行轴间的低速传动或多根轴线的传动。

链传动的主要缺点如下。

（1）传动平稳性差，不能保证恒定的瞬时链速和瞬时传动比；

（2）链的单位长度质量较大，工作时有周期性的动载荷和啮合冲击，引起噪声；

(3) 链节的磨损会造成节距加长，甚至使链条脱落，速度高时尤为严重，同时急速反向性能差，不能用于高速传动。

常用的传递动力的传动链有齿形链和滚子链两种，如图 5-17 和图 5-18 所示。

图 5-17 齿形链

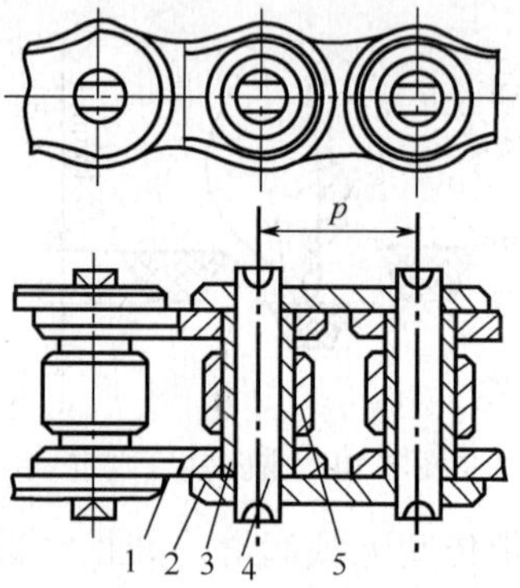

图 5-18 滚子链

1—内链板；2—外链板；3—套筒；4—销轴；5—滚子

5.6.2 滚子链的结构及标准

1. 滚子链的结构

如图 5-18 所示，滚子链由许多内链节相间组成。内链节由内链板 1、套筒 3 和滚子 5 组成。内链板与套筒之间为过盈配合。外链节由外链板 2、销轴 4 组成，销轴以间隙配合穿过套筒后与外链板过盈配合。销轴与套筒可相对转动而构成铰链，并将内、外链节相间地组成挠性的链条。润滑油可通过相邻内、外链板间的缝隙渗入到销轴与套筒的接触面上，以减轻磨损。滚子与套筒之间为间隙配合，铰链进入或退出链条时，滚子与轮齿间为滚动摩擦，可减轻链与轮齿的磨损。链板制成“8”字形，以减轻质量并保持各截面的强度接近相等。

双排链如图 5-19 所示。多排链适用于传递功率较大的场合。但实际运用中排数不宜过多，一般不超过 4，以免各排受载不均匀。

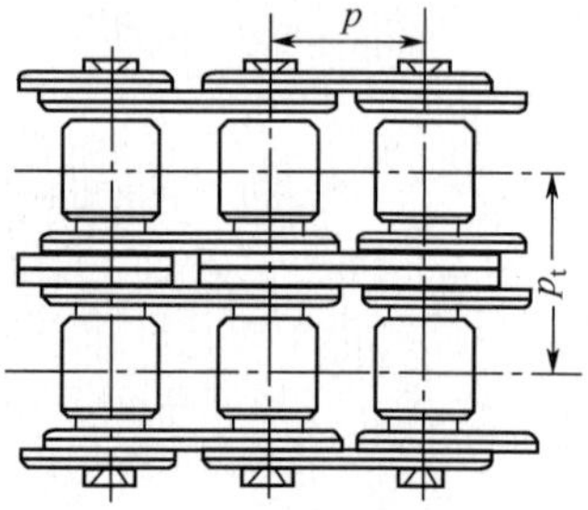

图 5-19 双排链

链条长度以链节数来表示。链节数通常取偶数，当链条联成环形时，正好是外链板与内链板相接，接头处可用开口销或弹簧夹锁紧，如图 5-20（a)、图 5-20（b）所示。若链节数为奇数，则需采用过渡链节，如图 5-20（c）所示。在链条受拉时，过渡链节还要承受附加的弯曲载荷，所以应避免采用过渡链节的形式。

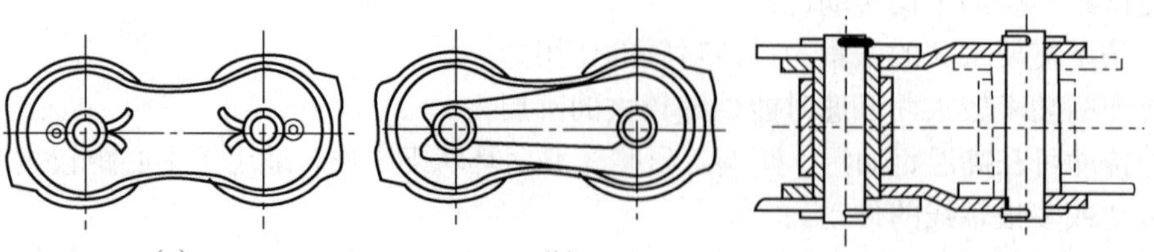

(a) (b) (c)

图 5-20 滚子链的接头形式

2. 滚子链的标准

滚子链是标准件，分为 A（美国标准）、B（英国标准）两个系列，主要参数如表 5-13 所示。两滚子轴线间的距离称为链节距，用 p 表示。表中链号数乘以 25.4 / 16 即为节距值。

表 5-13　传动用短节精密滚子链基本尺寸（摘自 GB1243.1—1983）

链号	节距	排距	滚子外径	内链节内宽	销轴直径	内链节外宽	外链节内宽	销轴长度	止锁端加长量	内链板高度	单排极限拉伸载荷	单排每米质量（近似值）
p（mm）	p_{min}（mm）	d_{max}（mm）	b_{bmin}（mm）	d_{bmax}（mm）	b_{max}（mm）	b_{max}（mm）	b_{max}（mm）	b_{max}（mm）	b_{max}（mm）	b_{max}（mm）	Q_{min}（N）	b（kg/m）
05B	8.00	5.64	5.00	3.00	2.31	4.77	4.90	5.6	3.1	7.11	4400	0.18
06B	9.525	10.24	6.35	5.72	3.28	8.53	8.66	13.5	3.3	8.26	8900	0.40
08B	12.70	13.92	8.51	7.75	4.45	11.30	11.43	17.0	3.9	11.81	17800	0.70
08A	12.70	14.38	7.95	7.85	3.96	11.18	11.23	17.8	3.9	12.07	13800	0.80
10A	15.875	18.11	10.16	9.40	5.08	13.84	13.89	21.8	4.1	15.09	21800	1.00
12A	19.05	22.78	11.91	12.57	5.94	17.75	17.81	26.9	4.6	18.08	31100	1.50
16A	25.40	29.29	15.88	15.75	7.92	22.61	22.66	33.5	5.4	24.13	55600	2.60
20A	31.75	35.76	19.05	18.90	9.53	27.46	27.51	41.1	6.1	30.18	86700	3.80
24A	38.10	45.44	22.23	25.22	11.10	35.46	35.51	50.8	6.6	36.20	124600	5.60
28A	44.45	48.87	25.40	25.22	12.70	37.19	37.24	54.9	7.4	42.24	169000	7.50
32A	50.80	58.55	28.58	31.55	14.27	45.21	45.26	65.5	7.9	48.26	222400	10.10
40A	63.50	71.55	39.68	37.85	19.84	54.89	54.94	80.3	10.2	60.33	347000	16.10
48A	76.20	87.83	47.63	47.35	23.80	67.82	67.87	95.5	10.5	72.39	500400	22.60

滚子链的标记方法为

链号-排数×整链链节数　标准代号

例如，A 系列滚子链，节距为 12.7mm，单排，链节数为 86，其标记方法为

08A-1×86　GB1243.1－1983

5.6.3　链轮的结构

链轮的结构如图 5-21 所示，小直径的链轮可制成实心式，如图 5-21（a）所示；中等直径的链轮可制成孔板式，如图 5-21（b）所示；大直径的链轮可制成组合式，如图 5-21（c）（焊接式）、图 5-21（d）（螺栓连接）所示。

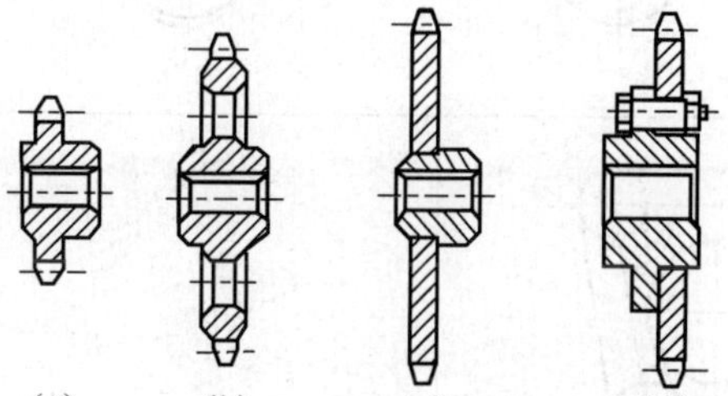

（a）　（b）　（c）　（d）

图 5-21　链轮的结构

链轮齿应有足够的接触强度、耐磨性，故齿面多经热处理。小链轮的啮合次数比大链轮多，所受冲击力也大，故其所用材料一般优于大链轮。常用的链轮材料有碳素钢（如 Q235、Q275、

45、ZG310-570 等）、灰铸铁（如 HT200）等，重要的链轮可采用合金钢。

5.6.4　链轮的布置和润滑

1．链传动的布置

链传动的布置应注意以下几条原则。

（1）两链轮的回转平面应在同一铅垂平面内，以免引起脱链或非正常磨损。

（2）两链轮中心与水平面的倾斜角应小于 45°，以免下链轮啮合不良。

（3）尽量是紧边在上、松边在下，以免垂度过大时干扰链与轮齿的正常啮合。链传动的布置如表 5-14 所示。

表 5-14　链传动的布置

传动参数	正确布置	不正确布置	说　明
i=2~3 a=(30~50)p	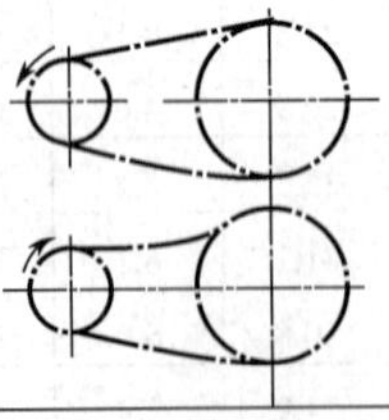		两轮轴线在同一水平面时，紧边在上面较好，但必要时，也允许紧边在下边
i>2 a<30p	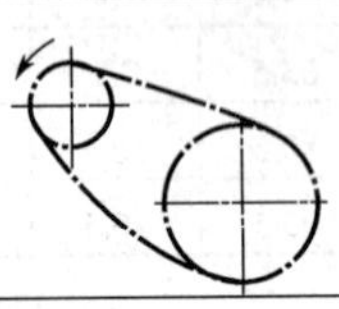	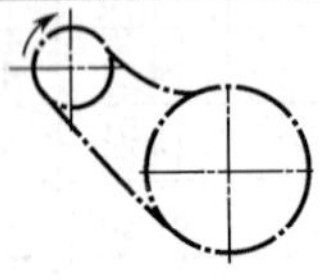	两轮轴线不在同一水平面时，松边应在下面，否则松边下垂量增大后，链条易与链轮卡死
i>1.5 a>60p			两轮轴线在同一水平面时，松边应在下面，否则下垂量增大后，松边会与紧边相碰，需经常调整中心距
i、a 为任意值	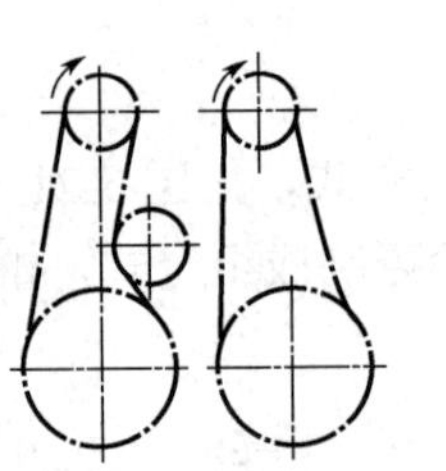	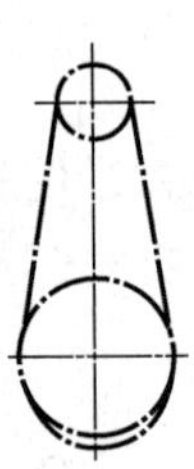	两轮轴线在同一铅垂面内，下垂量增大，会减少下链轮的有效啮合齿数，降低转动能力。为此应采用： （1）中心距可调 （2）设张紧装置 （3）上、下两轮错开，使其不在同一铅垂面内
反向转动 $\|i\|$<8	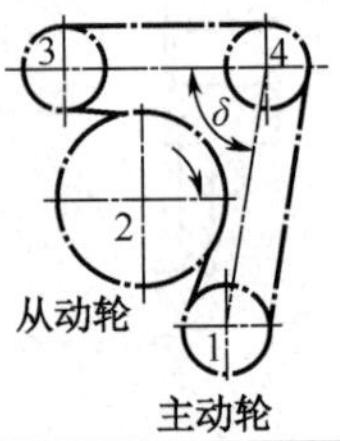		为使两轮转向相反，应加装 3 和 4 两个导向轮，且其中至少有一个是可以调整张紧的。紧边应布置在 1 和 2 两轮之间，角 δ 的大小应使齿轮 2 的啮合包角满足传动要求

2．链传动的张紧

链条包在链轮上应松紧适度。通常用测量松边垂度 f 的方法来控制链的松紧程度，如图 5-22 所示。

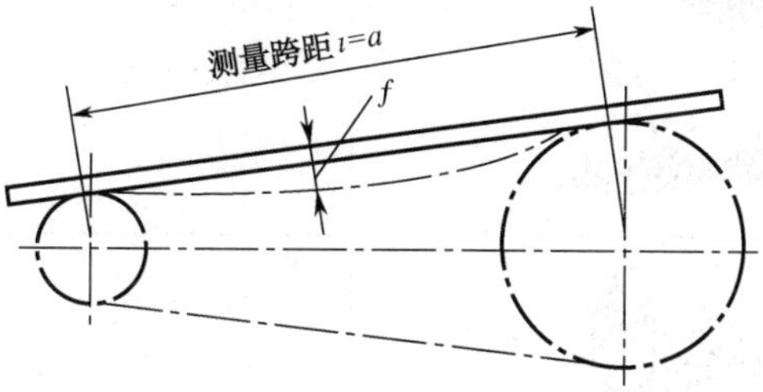

图 5-22　垂度测量

合适的松边垂度为

$$f=(0.01\sim0.02)a$$

式中，a 是中心距。

对于重载、反复启动及接近垂直的链传动，松边垂度应适当减小。

传动中，当铰链因磨损使长度增大而导致松边垂度过大时，可采取如下张紧措施。

（1）通过调整中心距，使链条张紧。

（2）拆除 1~2 个链节，缩短链长，使链条张紧。

（3）加张紧轮，使链条张紧。张紧轮一般位于松边的外侧，它可以是链轮，其齿数与小链轮相近，也可以是无齿的辊轮。辊轮直径稍小，并常用夹布胶木制造。

3．链传动的润滑

链传动有良好的润滑时，可以减轻磨损，延长使用寿命。链传动的润滑方式可根据链速和链节距的大小来选择，如图 5-23 所示。其技术要求如表 5-15 所示。

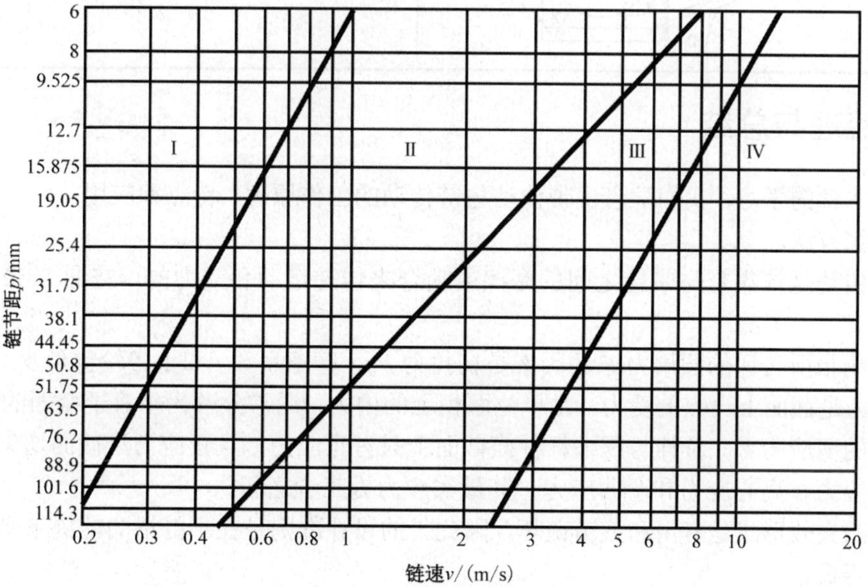

图 5-23　链传动润滑方式的选择

I—人工定期润滑；II—滴油润滑；III—油浴或飞溅润滑；IV—压力喷油润滑

表 5-15　链传动润滑方式的技术要求

润滑方式	简　图	技术要求
人工润滑		在链条松动边的内、外链板间隙中注油，每班一次
滴油润滑	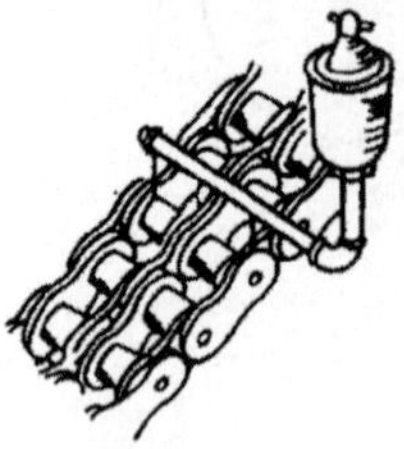	一般每分钟滴油 5~10 滴，链速高时取大值
油浴润滑	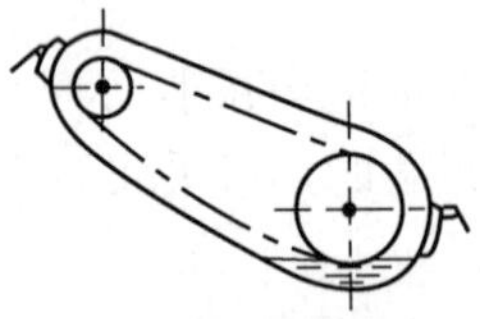	链条浸油深度 6~12mm
飞溅润滑	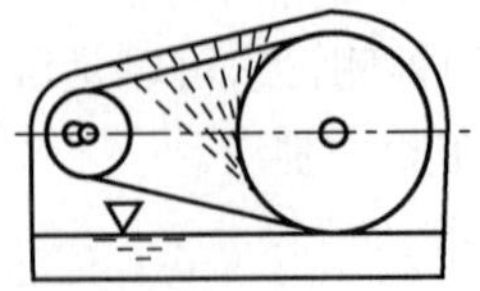	链条不得浸入油仓，甩油盘浸油深度为 12~15mm
压力润滑	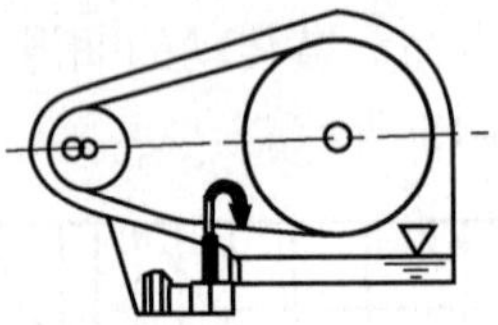	每个喷油口供油量根据链节距及链速的大小查阅相关手册

知识梳理与总结

通过对本章的学习，我们学会了带传动与链传动的工作原理、特点和应用，也学会了 V 带传动的设计计算方法。

（1）带传动是依靠带与带轮之间的摩擦或啮合来传递运动和动力的，普通 V 带传动的应用最广。

（2）影响带所传递的圆周力 F 的因素是初拉力 F_0、摩擦系数 f 和小带轮包角 α 。

（3）应力是截面上一点的受力，是单位面积上的内力，通常分解为垂直于截面的正应力 σ 和平行于截面的剪应力 τ 。拉伸与压缩杆件横截面上只有正应力，且正应力沿截面均匀分布。带所受应力有拉应力、离心应力和弯曲应力，其最大应力为三者之和。

（4）带的失效形式是打滑和疲劳破坏，因此带的设计准则是在不打滑的前提下带具有一定的疲劳强度和寿命。

（5）根据带轮基准直径的不同，带轮可采用实心式、复板式、孔板式和椭圆轮辐式。带轮轮槽直径尺寸由带的截面型号确定。

（6）链传动是依靠链与链轮之间的啮合来传递运动和动力的。

（7）滚子链的结构和尺寸均已标准化，其中链节距为主要参数。选择链轮材料时，要考虑其强度、耐磨性和抗冲击性能。链传动的润滑方式可根据链速和链节距的大小来选择。

自测题 5

1. 选择题

（1）带传送主要是依靠（　　）来传递运动和功率的。

A．带与带轮接触面之间的正压力　　B．带的紧边拉力

C．带与带轮接触面之间的摩擦力　　D．带的初拉力

（2）带传动中，弹性滑动（　　）。

A．在张紧力足够时可以避免　　B．在传递功率较小时可以避免

C．在小带轮包角足够大时可以避免　　D．不可避免

（3）在 V 带传动设计中，若 V 带带速过大，则带的（　　）将过大，而导致带的寿命降低。

A．拉应力　　B．离心应力　　C．弯曲应力

（4）带传送在工作时产生弹性滑动，是由于（　　）。

A．包角太小　　B．初拉力太小

C．紧边与松边拉力不等　　D．传动过载

（5）带传送工作时，设小带轮主动，则带拉应力的最大值发生在带（　　）。

A．外周长度　　B．内周长度　　C．基准长度

（6）带传动工作时，设小带轮主动，则带拉应力的最大值发生在带（　　）。

A．进入大带轮处　　B．离开大带轮处

C．进入小带轮处　　D．离开小带轮处

（7）在普通 V 带传动设计中，小轮直径若过小，则带的（　　）将过大而导致带的寿命降低，反之则传动的外廓尺寸增大。

A．拉应力　　B．离心应力　　C．弯曲应力

（8）对于 V 带传动，最后算出的实际中心距与初定的中心距不一致，这是由于（　　）。

A．传动安装时有误差

B．带轮加工有尺寸误差

C．带工作一段时间后会松弛，故须预先张紧

D．选用标准带的长度

（9）选取 V 带型号，主要取决于（　　）。

A．带传递的功率和小带轮的转速　　B．带的线速度

C．带的紧边拉力　　D．带的松边拉力

（10）带传动中，v_1 为主动轮圆周速度，v_2 为从动轮圆周速度，v 为带速度，这些速度之间的关系式（　　）。

A．$v_1=v_2=v$　　B．$v_1>v_2>v$

C．$v_1<v_2<v$　　D．$v_1=v>v_2$

（11）链传动中，尽量避免采用过渡链节的主要原因是（　　）。

A．制造困难　　B．价格高　　C．链板受附加弯曲应力

（12）链传动作用在轴上的力比带传动小，其主要原因是（　　）。

A．啮合时无需很大的初拉力　　B．链条的离心力大
C．它只能用来传递小功率　　D．在传递相同功率时，圆周力小

（13）与带传动相比，链传动的主要特点之一是（　　）。
A．缓冲减震　　B．超载保护　　C．无打滑

（14）链传动工作一段时间后发生脱链的主要原因是（　　）。
A．链轮轮齿磨损　　B．链条铰链磨损
C．包角过小

（15）多排链的排数不宜过多，其主要原因是因为排数过多时则（　　）。
A．给安装带来困难　　B．各排链受力不均
C．链传动的轴向尺寸过大　　D．链的质量过大

2．判断题

（1）V 带型号共有 7 种，其中 Y 型的截面面积最大，E 型的截面面积最小。（　　）
（2）带传动中是依靠传动带与带轮之间的摩擦力来传递运动的。（　　）
（3）V 带的截面形状是三角形，两侧面是工作面，其楔角 φ 等于 40°。（　　）
（4）带传动中，影响传动效果的是大带轮的包角。（　　）
（5）带传动中，如果包角偏小，则可考虑增加大带轮的直径来增大包角。（　　）
（6）为了保证 V 带的工作面与带轮轮槽工作面之间的紧密贴合，轮槽的槽角应略小于带的楔角。（　　）
（7）V 带型号的确定，是根据计算功率和主动轮的转速来选定的。（　　）
（8）在成组的 V 带传动中，如发现有一根不能使用时，则只更新那根不能使用的 V 带。（　　）
（9）链传动能得到准确的瞬时传动比。（　　）
（10）链传动在布置时，应使紧边在上、松边在下。（　　）

3．简答题

（1）什么是有效圆周力？什么是出拉力？它们之间有何关系？
（2）带传动产生弹性滑动和打滑的原因是什么？对传动有何影响？是否可以避免？
（3）带传动工作时，带截面上产生哪些应力？是如何分布的？最大应力在何处？

4．计算题

（1）V 带传动传递的功率 P=7.5kW，带速 v=10m/s，紧边拉力是松边拉力的两倍，即 $F_1=2F_2$，试求紧边拉力 F_1 和初拉力 F_0。

（2）带传动功率 P=5kW，已知 n_1=400r/min，d_1=450mm，d_2=650mm，中心距 a=1.5m，f=0.2，求带速 v、包角 α_1 和有效圆周力 F。

（3）试设计某车床上电动机和床头箱间的普通 V 带传动。已知电动机的功率 P=4kW，转速 n_1=1440r/min，从动轴的转速 n_2=680r/min，两班制工作，根据机床结构，要求两带轮的中心距在 950mm 左右。

第6章 齿轮传动

本章知识导读

【知识目标】

- 了解齿轮传动的类型、特点、常用的齿轮材料及热处理方法、齿轮的润滑方式及齿轮的结构形式。
- 理解齿廓啮合基本定律、渐开线齿廓的啮合特性、掌握直齿圆柱齿轮的主要参数的选择原则。
- 掌握渐开线直齿的基本参数和几何尺寸的计算、齿轮传动的正确啮合条件，力的分析方法。

【能力目标】

- 分析齿轮传动的受力情况。
- 分析齿轮的失效形式。
- 能运用所学设计准则设计计算传动齿轮。

【教学重点与难点】

- 直齿圆柱齿轮的啮合原理。
- 渐开线直齿圆柱齿轮的基本参数和几何尺寸计算。

齿轮机构作为重要的传动机构之一，在机械装置中得到了广泛的应用。

6.1 齿轮传动机构

6.1.1 齿轮传动的类型

齿轮传动的类型很多，如表6-1所示。

表6-1 齿轮传动的类型

分类方法		名称	图示或说明
按两轮轴线的相对位置	平行	圆柱齿轮传动	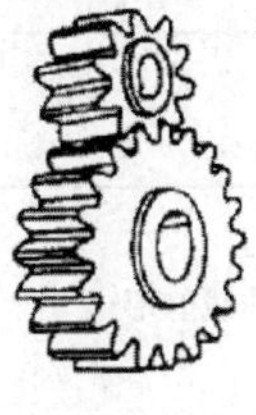

续表

分类方法		名　称	图示或说明
按两轮轴线的相对位置	相交	圆锥齿轮传动	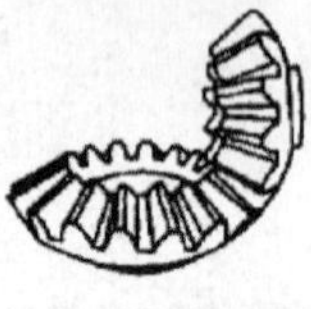
	交错	蜗轮蜗杆传动	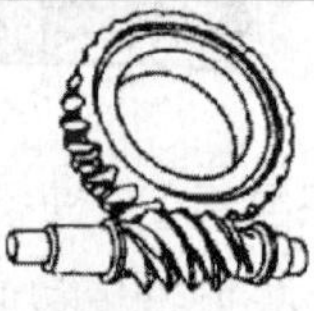
按齿向		直齿轮传动	
		斜齿轮传动	
		人字齿齿轮传动	
按啮合方式		外啮合齿轮传动	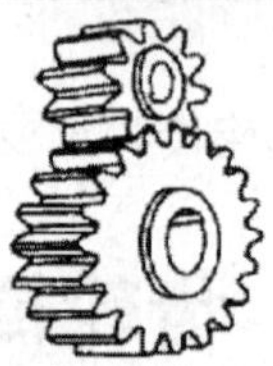
		内啮合齿轮传动	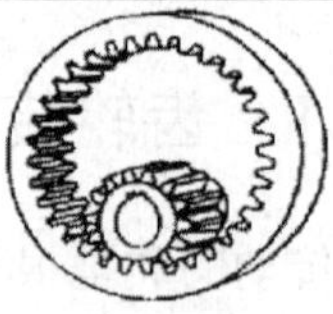
		齿轮齿条传动	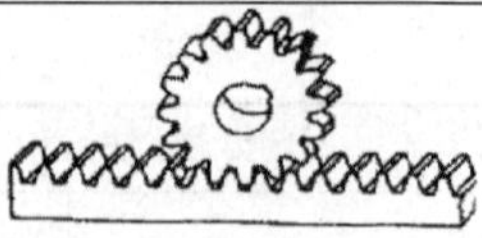
按工作条件		开式齿轮传动	齿轮外露
		闭式齿轮传动	齿轮封闭在箱体内
按轮齿齿廓曲线的形式		渐开线齿轮传动	应用广泛
		圆弧齿轮传动	
		摆线齿轮传动	

6.1.2　齿轮传动的特点

齿轮传动的主要优点如下。

（1）适用的圆周速度和功率范围广，效率高；

（2）能保证瞬时传动比恒定；

（3）工作可靠且寿命长。

齿轮传动的主要缺点如下。

（1）制造、安装精度要求较高，故成本高；精度低时噪声大，是机器的主要噪声源之一；

（2）不宜做轴间距过大的传动。

6.2　渐开线的形成和性质

6.2.1　渐开线的形成

如图 6-1 所示，一直线 $n-n$ 沿半径 r_b 的圆周作纯滚动。该直线上任一点 K 的轨迹 AK 称为该圆的渐开线，这个圆称为渐开线的基圆，直线 $n-n$ 称为渐开线的发生线，渐开线上任一点 K 的向径 r_K 与起始点 A 的向径间的夹角 θ_K 称为渐开线在 K 点的展角。

6.2.2　渐开线的性质

根据渐开线的形成可知，渐开线具有如下性质。

（1）发生线在基圆上滚过的长度等于基圆上被滚过的圆弧长，即 $NK=\overset{\frown}{AN}$。

（2）由于发生线在基圆上作纯滚动，因此切点 N 就是渐开线上 K 点的瞬时速度中心，NK 是 K 点的曲率半径，发生线 NK 就是渐开线在 K 点的法线，又因为发生线在各位置均切于基圆，所以渐开线上任一点的法线必与基圆相切，同时渐开线上离基圆越远的点，曲率半径越大，渐开线就越平直。

（3）渐开线的形状取决于基圆的大小，基圆大小不同，渐开线的形状也不同，如图 6-2 所示，C_1、C_2 为在半径不同的两基圆上展开的渐开线，当展角 α_K 相同时，基圆半径越大，渐开线在 K 点的曲率半径越大，渐开线越平直，当基圆半径无穷大时，渐开线就成为垂直于发生线 N_3K 的一条直线，如图 6-2 中的 C_3，齿条的齿廓曲线就变为直线的渐开线。

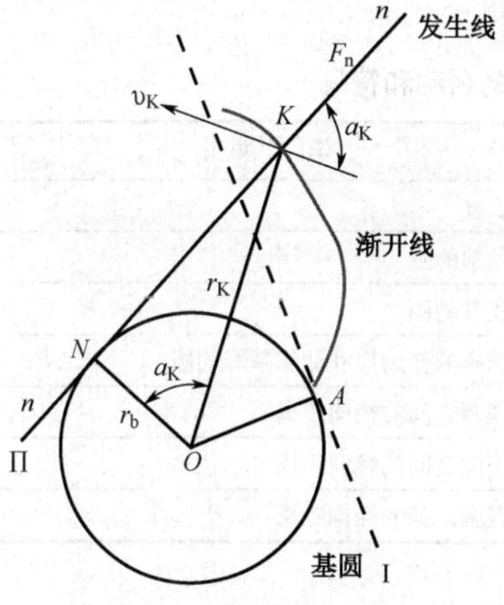

图 6-1　渐开线的形成

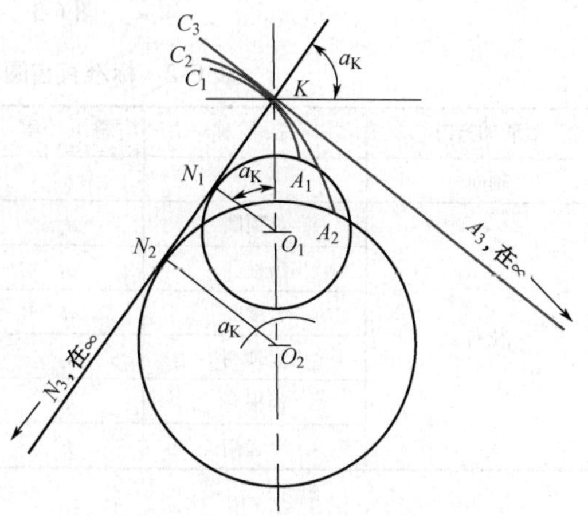

图 6-2　基圆大小对渐开线的影响

（4）基圆内无渐开线。

（5）齿廓上 K 点所受的正压力方向（即法线 NK 方向）与 K 点速度方向线（垂直于 OK 方向）之间所夹的锐角成为渐开线 K 点的压力角用 α_K 表示

$$\cos\alpha_K = \frac{r_b}{r_K}$$

由此可知，渐开线上各点的压力角不同，离基圆越远的点，压力角越大，渐开线在基圆上的点的压力角为零。

6.3　渐开线标准直齿圆柱的参数及几何尺寸

6.3.1　直齿圆柱齿轮各部分的名称和符号

如图 6-3 所示，为直齿圆柱的一部分，每个轮齿的两侧齿廓都是由形状相同、方向相反的渐开线曲面组成的，其各部分的名称和符号如表 6-2 所示。

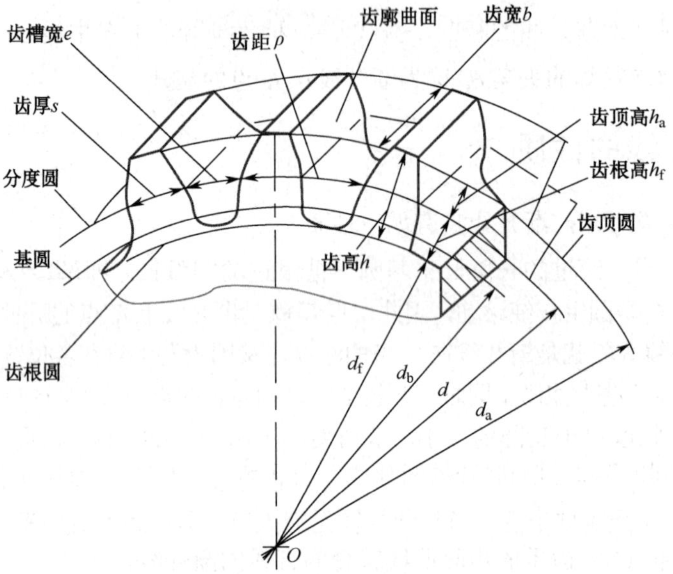

图 6-3　齿轮各部分名称

表 6-2　标准直齿圆柱齿轮各部分的名称和符号

齿轮的方向	名　称	符　号	说　明
轴向	齿宽	b	轮齿的轴向长度
径向	齿顶圆	d_a	过所有轮齿顶部的圆
	齿根圆	d_f	过所有齿槽底部的圆
	分度圆	d	在齿轮上所选择的作为尺寸计算基准的圆
	齿顶高	h_a	分度圆与齿顶圆之间的径向距离
	齿根高	h_f	分度圆与齿根圆之间的径向距离
	全齿高	h	齿顶圆与齿根圆之间的径向距离

续表

齿轮的方向	名　称	符　号	说　明
周向	齿距	ρ	在半径为 r_K 的圆周上，相邻两齿同向齿廓间的弧长
	齿厚	s	在半径为 r_K 的圆周上，同一轮齿两侧齿廓间的弧长
	齿槽宽	e	在半径为 r_K 的圆周上，相邻两齿反向齿廓间的弧长

6.3.2　标准直齿圆柱齿轮的基本参数和几何尺寸计算

齿轮各部分的尺寸很多。但决定齿轮尺寸和齿形的 5 个基本参数都可以来表示几何尺寸。标准直齿圆柱齿轮的基本参数和符号如表 6-3 所示。

表 6-3　标准直齿圆柱齿轮的基本参数和符号

名　称	符　号	说　明	图　示
齿数	τ	圆周上均匀分布的齿轮总数齿数影响齿轮的几何尺寸和齿廓曲线的形状	
模数	m	将齿轮分度圆上的比值 ρ/τ 规定为标准值，见表 6-4； 模数是决定齿轮及其轮齿大小和承载能力的重要参数	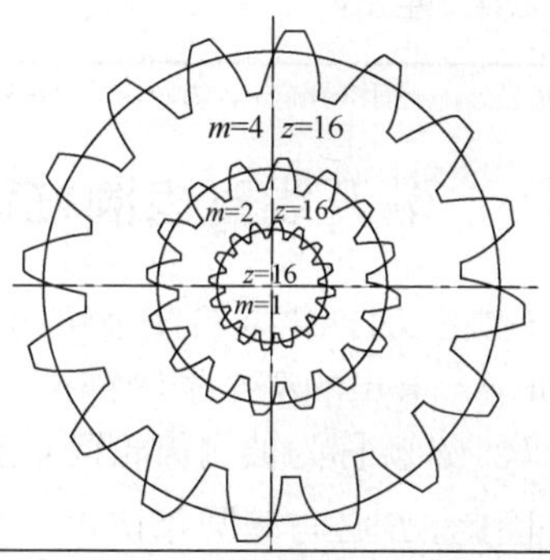
压力角	α	将分度圆上的压力角规定为标准值。我国标准规定 α=20°； 压力角是决定齿轮齿廓形状和齿轮啮合性能的重要参数	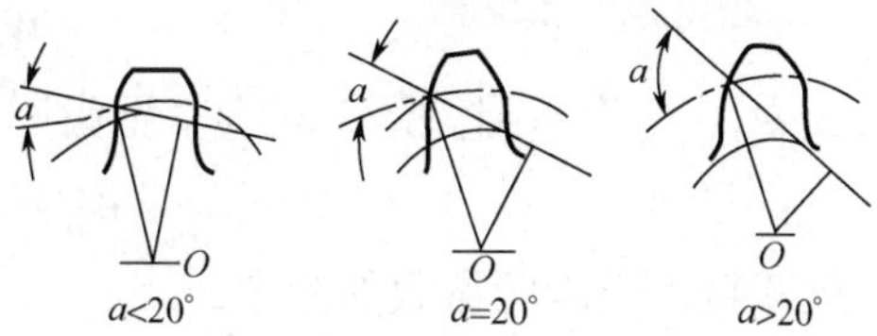
齿顶高系数	h_a°	国家标准规定：对于正常齿，h_a°=1；对于短齿，h_a°=0. 85	
顶隙系数	C°	国家标准规定：对于正常齿，C°=0.25；对于短齿，C°=0.3	

表 6-4　齿轮铣刀切制齿轮的齿数范围

刀　号	1	2	3	4	5	6	7	8
加工齿数范围	12～13	14～16	17～20	21～25	26～34	35～54	55～134	135 以上

注：① 选取时优先采用第一系列，括号内的模数尽可能不用；
② 对斜齿轮，该表所示为法面模数。

标准直齿圆柱齿轮是指分度圆上的齿厚 s，等于齿槽宽 e，且 m 、α 、h_a^* 、c^* 均为标准值的齿轮。现将其几何尺寸的计算公式列于表 6-5 中。

表 6-5　标准直齿圆柱齿轮几何尺寸计算公式

序　号	名　称	符　号	计 算 公 式
1	齿顶高	h_a	$h_a=h_a^*m$
2	齿根高	h_f	$h_f=(h_a^*+c^*)m$
3	全齿高	h	$h=h_a+h_f=(2h_a^*+c^*)m$
4	顶隙	c	$c=c^*m$
5	分度圆直径	d	$d=mz$
6	基圆直径	d_b	$d_b=d\cos\alpha$
7	齿顶圆直径	d_a	$d_a=d\pm 2h_a=(d2h_a^*)m$
8	齿根圆直径	d_f	$d_f=d\pm 2h_f=(z\pm 2h_a^*\pm 2c^*)m$
9	齿距	p	$p=\pi m$
10	齿厚	s	$s=\dfrac{p}{2}=\dfrac{\pi m}{2}$
11	齿槽宽	e	$e=\dfrac{p}{2}=\dfrac{\pi m}{2}$
12	标准中心距	a	$a=\dfrac{1}{2}(d_2\pm d_1)=\dfrac{1}{2}m(z_2\pm z_1)$

注：表中正负号处，上面符号用于外齿轮，下面符号用于内齿轮。

6.3.3　渐开线直齿圆柱齿轮公法线长度

在齿轮加工时，需要检测齿轮的加工精度。其检测的方法通常是测量齿轮公法线的长度。如图 6-4 所示，卡尺的两个卡脚跨过三个齿（图中 $k=3$），与渐开线齿廓相切于 A、B 两点，此两点间的距离 AB 就称为被测齿轮跨 k 个齿的公法线长度，以 W_k 表示。由于直线 AB 是 A、B 两点的法线，因此 AB 必与基圆相切。

$$W_k=(k-1)p_b+s_b$$

式中，p_b 为基圆齿距；s_b 为基圆齿厚。

且
$$W_k-W_{k-1}=p_b=\pi m\cos\alpha$$

此式可用于齿轮参数的测定。

确定跨齿数时，应尽可能使卡尺的卡脚与齿廓在分度圆附近相切，这样测得的尺寸精度最高。按此条件可推出合理的跨齿数 k：

$$k=z\frac{\alpha}{180^\circ}+0.5=\frac{z}{9}+0.5$$

式中，α 为分度圆压力角；z 为齿轮的齿数。计算出的 k 值应四舍五入取整数。

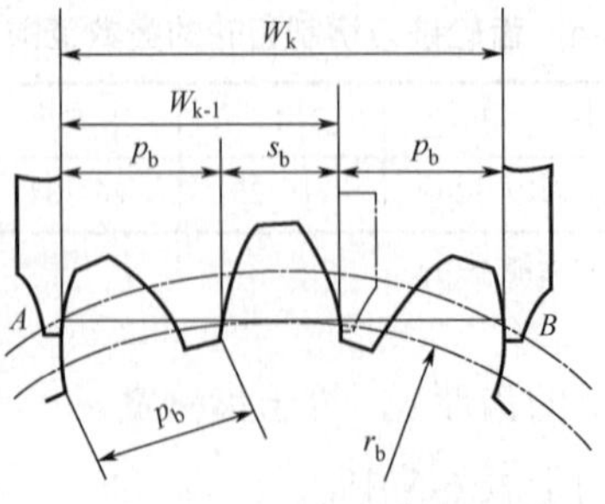

图 6-4　齿轮公法线长度测量

6.4　渐开线直齿圆柱齿轮的啮合传动

6.4.1　渐开线齿廓啮合特性

1. 瞬时传动比恒定

图 6-5 所示为一对渐开线直齿圆柱齿轮的齿廓在任意点 K 啮合，则两轮在 K 点的公法线上的分速度必须相等，否则将出现两轮分离或干涉，而不能传动。

于是该瞬时的传动比

$$i_{12}=\frac{\omega_1}{\omega_2}=\frac{r_{b2}}{r_{b1}}=\text{常数}$$

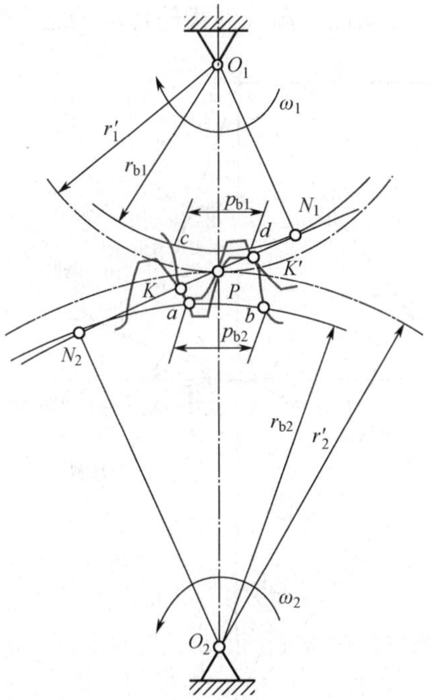

图 6-5　渐开线齿轮的正确啮合

渐开线齿廓在任意点 K 啮合时，两轮的瞬时传动比都等于基圆半径的反比，故瞬时传动比恒定。

公法线 N_1N_2 与连心线 O_1 、O_2 的固定交点 P 称为节点。所以 O_1 、O_2 为圆心，过节点 P 所作的圆称为节圆，其半径用 r_1' 、r_2' 表示。

$$i_{12}=\frac{\omega_1}{\omega_2}=\frac{r_2'}{r_1'}$$

节圆是一对齿轮传动时出现了节点以后才存在的，单个齿轮不出现节点，也就是不存在节圆，而且如果两轮的中心 O_1 、O_2 发生改变，则两轮节圆的大小也将随之改变。

2. 中心距可分性

一对齿轮啮合传动时，其节圆作纯滚动，一齿轮节圆上的齿槽宽与另一齿轮节圆上的齿厚之差称为齿侧间隙。考虑到轮齿摩擦发热引起的膨胀，并利于在齿廓间形成润滑油膜，必须留有齿侧间隙。但齿侧间隙的存在会使轮齿产生冲击，影响齿轮传动的平稳性。因此，在齿轮传动设计中，按无齿侧间隙的情况进行设计；而轮齿间需要的微小齿侧间隙，则由制造公差来保证。

由于标准齿轮分度圆的齿厚与齿槽宽相等，而正确啮合的一对渐开线齿轮的模数相等，若安装时使两齿轮的分度圆相切，此时两轮的分度圆分别与各自的节圆重合，则齿侧间隙为零，满足了无齿侧间隙的设计要求。如图 6-6 所示。这种齿轮分度圆相切时的安装称为标准安装，其中心距称为标准中心距，以 a 表示，且

$$a = r_1' + r_2' = r_1 + r_2 = \frac{m}{2}(z_1 + z_2)$$

两齿轮在标准中心距安装之下的顶隙为标准值，即 $c = h_f - h_a = c^* m$

渐开线齿轮的传动比等于两轮基圆半径的反比，齿轮在加工完成后，基圆半径就确定了。当两轮的中心距实际值与设计值所有偏差时，两轮的节圆半径发生变化，但它们的比值保持不变，仍是基圆半径的比，也不会改变传动比，渐开线齿轮传动的这一特性称为中心距可分性。

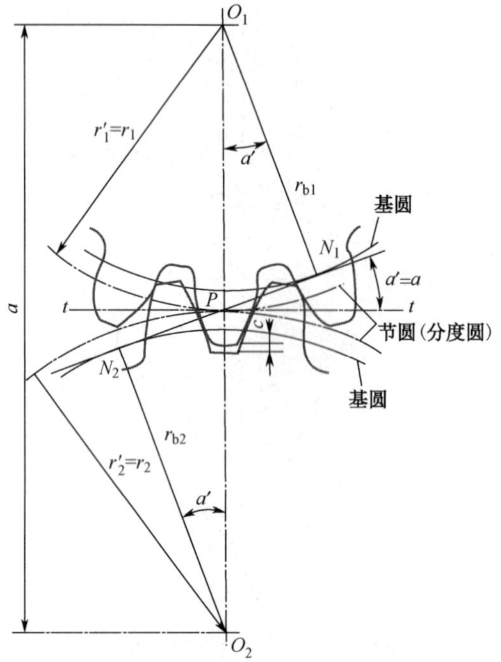

图 6-6　齿轮的标准安装

注意：

分度圆和压力角是单个齿轮本身所具有的，而节圆和啮合角是两个齿轮相互啮合时才出现的。标准齿轮传动只有在分度圆与节圆重合时，压力角与啮合角才相等；否则，压力角与啮合角就不相等。

3. 啮合角和传力方向恒定

一对渐开线齿廓在任何位置啮合时，过啮合点的齿廓公法线都是同一条直线 N_1N_2 。N_1N_2 线是两齿廓啮合点的轨迹，称为渐开线齿轮传动的啮合线。啮合线 N_1N_2 与两轮节圆公切线 $t-t$ 之间所夹的锐角称为啮合角，以 α' 表示，由图 6-6 可知，啮合角在数值上等于渐开线在节圆处的压力角。由于 N_1N_2 位置固定，因此啮合角 α' 恒定。

6.4.2　正确啮合条件

要使两齿轮正确啮合，它们相邻两齿轮同侧齿廓在啮合线上的长度（称为法向齿距 p_n）必须相等，即 $p_{n1} = p_{n2}$。

故

$$\pi m_1 \cos\alpha_1 = \pi m_2 \cos\alpha_2$$

由于渐开线齿轮的模数和压力角均为标准值，因此两轮的正确啮合条件为

$$m_1 = m_2 = m$$

$$\alpha_1 = \alpha_2 = \alpha$$

即两轮的模数和压力角应分别相等。

6.4.3　连续传动条件及重合度

图 6-7 所示为一对渐开线齿轮啮合的情况。其中轮 1 为主动轮，轮 2 为从动轮。一对齿轮的啮合是从主动轮的齿根推动从动轮的齿顶开始的。初始啮合点是从动轮齿顶与啮合线的交点 B_2。随着啮合传动的进行，轮齿的啮合点将沿着线段 N_1N_2 向 N_2 方向移动，同时主动轮齿廓上的啮合点将由齿根向齿顶移动，从动轮齿廓上的啮合点将由齿顶向齿根移动。当啮合进行到主动轮的齿顶圆与啮合线的交点 B_1 时，两轮齿即将脱离啮合。

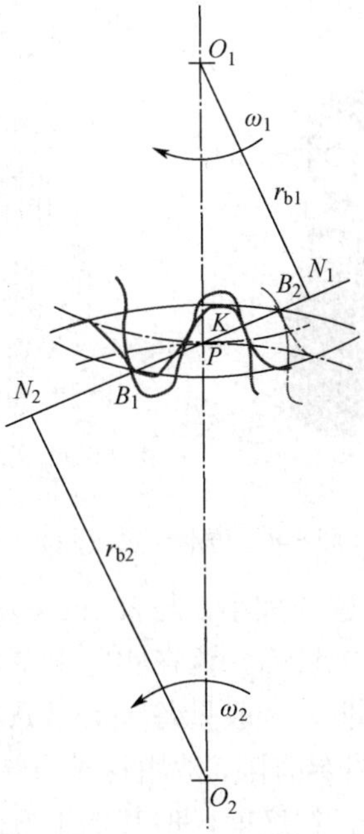

图 6-7　齿轮的重合度

B_1 点为轮齿啮合终止点。一对轮齿的啮合点实际所走过的轨迹只是啮合线 N_1N_2 上的一段 B_1B_2，故称 $\overline{B_1B_2}$ 为实际啮合线，啮合线 $\overline{N_1N_2}$ 是理论上可能的最大啮合线段，称为理论啮合线。N_1、N_2 称为啮合极限点。

若使齿轮连续传动，则必须保证前一对轮齿在 B_1 点脱离啮合之前，后一对轮齿就已在 B_2 点进入啮合。当 $\overline{B_1B_2} = p_b$ 时，传动刚好连续。但当 $\overline{B_1B_2} < p_b$ 时，如图 6-7 所示，传动不连续。若 $\overline{B_1B_2} \geqslant p_b$，则在实际啮合线 $\overline{B_1B_2}$ 内，有时有一对轮齿啮合，有时有两对轮齿啮合，传动连续。通常

把$\overline{B_1B_2}$与p_b的比值ε_α称为齿轮传动的重合度。于是，可得齿轮连续传动的条件为

$$\varepsilon_\alpha = \frac{\overline{B_1B_2}}{p_b} \geqslant 1$$

齿轮传动的重合度大小，实质上表明同时参与啮合的轮齿对数与啮合持续的时间比例。齿轮传动的重合度越大，就意味着同时参与啮合的轮齿越多。这样，每对轮齿的受载就小，因而也就提高了齿轮传动的承载能力。故ε_α是衡量齿轮传动质量的指标之一。

6.5 渐开线齿廓的切削原理与根切现象

6.5.1 渐开线齿廓的切削原理

1. 仿形法

仿形法是利用成形刀具的轴向剖面形状与齿轮齿槽形状一致的特点，在普通铣床上用铣刀直接在齿轮毛坯上加工出齿形的方法，如图 6-8 所示。加工时，先切出一个齿槽，然后用分度头将轮坯转过 360°/z 加工第 2 个齿槽，依次进行，直到加工出全部齿槽。常用的刀具有盘形铣刀和指状铣刀两种。

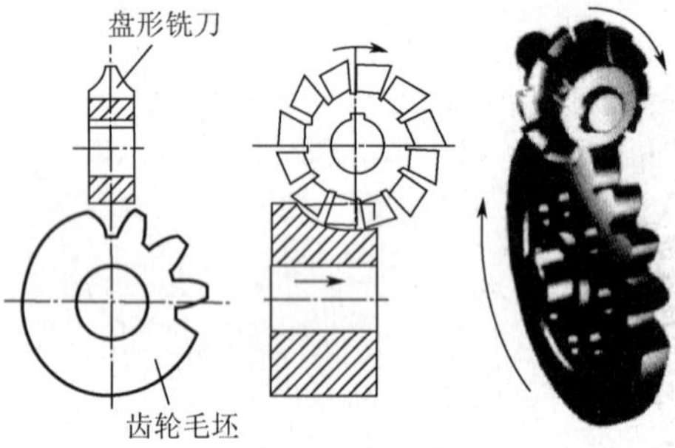

（a）盘形铣刀加工轮齿

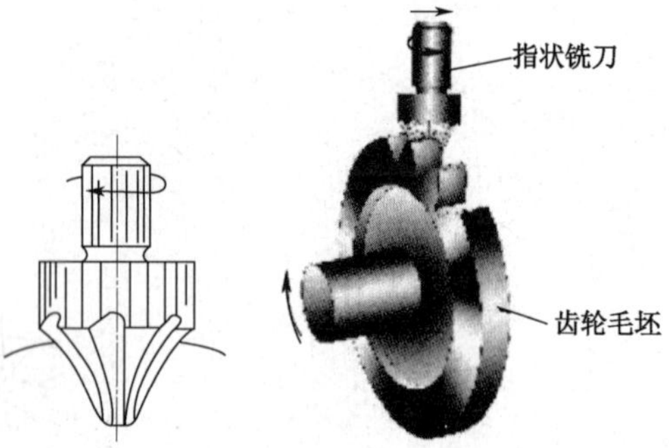

（b）指状铣刀加工轮齿

图 6-8　仿形法加工轮齿

由于渐开线齿廓的形状取决于基圆的大小，与m、z、α有关；而且，即使在相同m及α的情况下，不同齿数的齿轮就需要有一把铣刀，这在实际上是做不到的。所以，工程中在加工同样m及α的齿轮时，根据齿轮齿数的不同，一般只备 1~8 号八种齿轮铣刀。各号齿轮铣刀切制齿轮的齿数范围如表 6-6 所示。因铣刀的号数有限，故用这种方法加工出来的齿轮齿廓通常是近似的。因此，仿形法切制齿轮的生产效率低，精度差，但其加工方法简单，在普通铣床上就可进行，所以常用在修配或精度要求不高的单件生产中。

表 6-6　齿轮铣刀切制齿轮的齿数范围

刀　号	1	2	3	4	5	6	7	8
加工齿数范围	12～13	14～16	17～20	21～25	26～34	35～54	55～134	135 以上

2. 范成法

范成法是利用一对齿轮（或齿轮与齿条）无侧隙啮合时，两轮齿廓互为包络线的原理来切制

轮齿的加工方法。将其中一个齿轮（或齿条）制成刀具，当其节圆（或齿条刀具节线）与被加工轮坯的节圆（分度圆）作纯滚动时（该运动是由加工齿轮的机床提供的，称为范成运动），刀具在与轮坯相对运动的各个位置，切去轮坯上的材料，留下刀具的渐开线齿廓外形。轮坯上刀具的各个渐开线齿廓外形的包络线，便是被加工齿轮的齿廓。

范成法切制齿轮时，常用的刀具有插齿刀和滚齿刀，如图 6-9 所示。用此方法加工齿轮，只要刀具和被加工齿轮的模数 m 和压力角 α 相等，则不管被加工齿轮的齿数是多少，都可以用同一把刀具来加工。这给生产带来了很大的方便，故范成法得到了广泛应用。

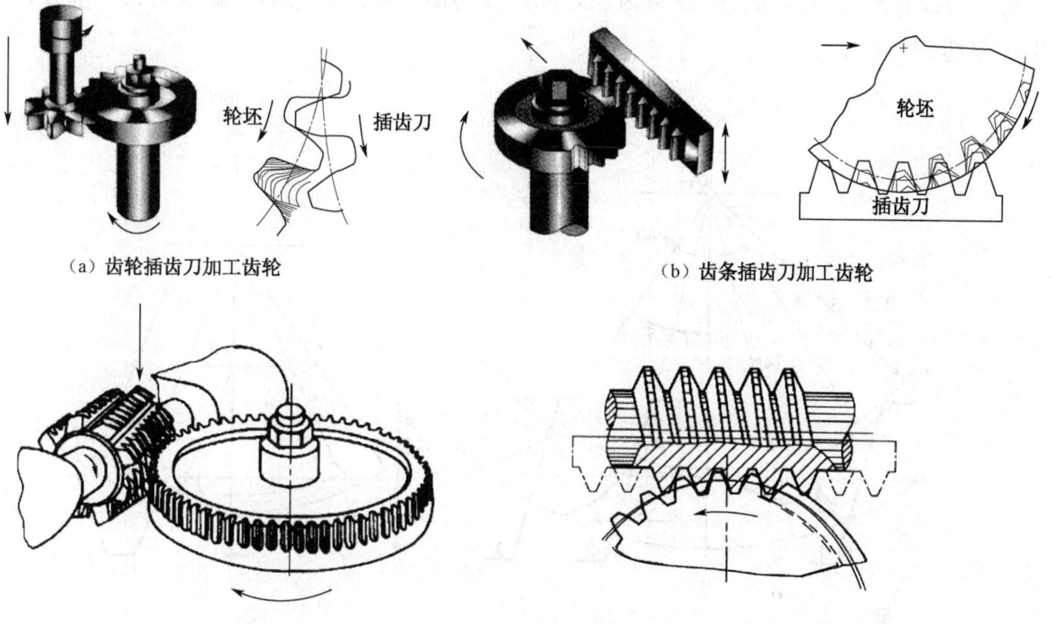

（a）齿轮插齿刀加工齿轮　　（b）齿条插齿刀加工齿轮

（c）滚刀加工齿轮

图 6-9　范成法切制齿轮

6.5.2　渐开线齿轮的根切现象及最少齿数

1．根切现象

用范成法加工齿轮时，有时刀具会把齿轮齿根部位的渐开线齿廓切去一部分，这种现象称为根切（图 6-10）。根切使轮齿的抗弯强度降低，严重时还会使重合度减小，影响齿轮传动，因此应当避免根切的发生。

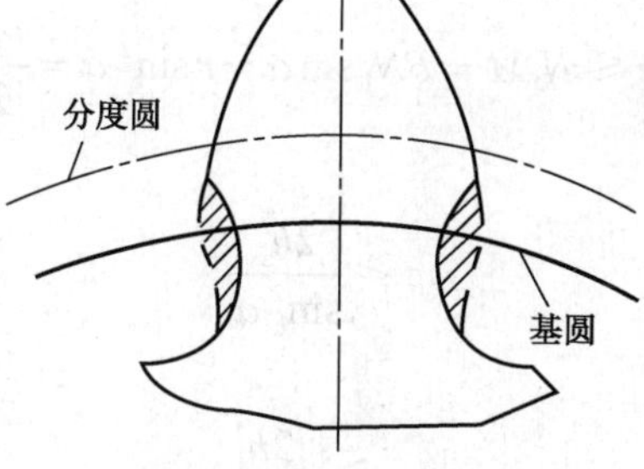

图 6-10　根切现象

现以图 6-11 所示的齿条刀具切制标准齿轮为例来分析说明根切发生的原因。如图 6-11（a）所示，刀具的中线与被切齿轮的分度圆相切于点 P，刀具从位置 1（啮合线上的点 B_1）开始切削渐开线齿廓，直至位置 2 时渐开线齿廓已全部切出。由于 N_1 为啮合线的极限点，若刀具的齿顶线与啮合线的交点位于极限点 N_1 及其以下时，当展成运动继续进行时，该切削刃将与切好的渐开线齿廓脱离。但若刀具的齿顶线与啮合线的交点位于极限点 N_1 以上时，如图 6-11（a）所示，展成运动继续进行时，刀具由位置 2 移动至位置 3 时，超过 N_1 的切削刃不仅不能切出渐开线齿廓（基圆内没有渐开线），而 N_1 点至齿顶之间已经切出的渐开线齿廓也要被切去一部分，这样便发生了根切。

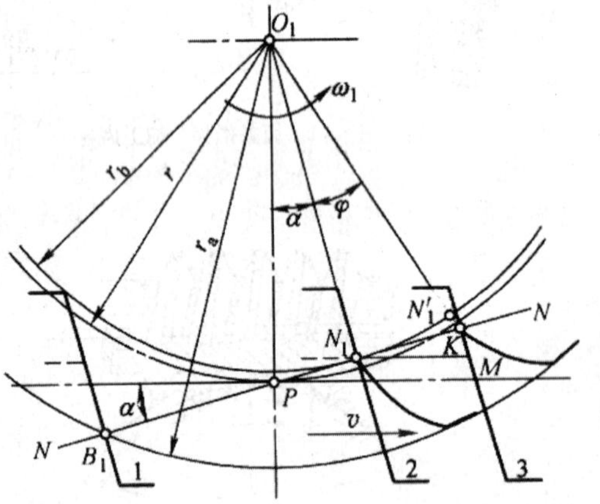

（a）

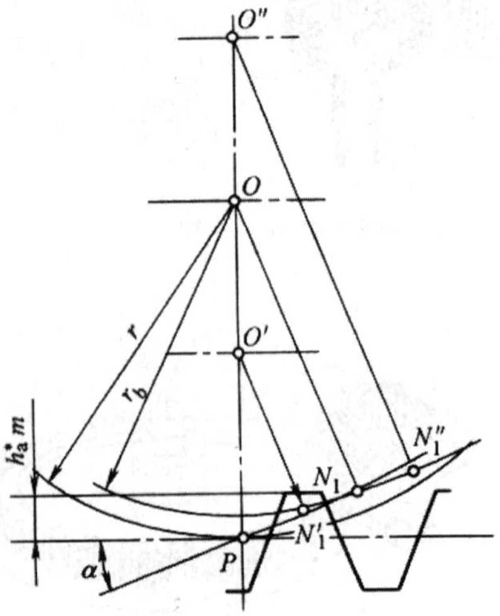

（b）

图 6-11　齿轮的根切

2．最少齿数

由上述分析可知，为避免根切，刀具的齿顶线与啮合线的交点必须在啮合极限点 N_1 以下。为此，可通过增大齿轮直径来使啮合极限点沿啮合线向上移动至刀具齿顶线上方。而在模数一定的情况下，要增大齿轮的直径，必增加齿数。如图 6-11（b）所示，当齿轮的齿数增多时，分度圆半径增大，轮坯中心向上移动，啮合极限点也沿着啮合线向上移动至刀具齿顶线上方，从而避免根切。

可以证明，用展成法加工渐开线直齿圆柱齿轮时，不发生根切的条件为

$$h_a^* m \leqslant N_1M = PN_1 \sin\alpha = r\sin^2\alpha = \frac{mz}{2}\sin^2\alpha$$

整理后得出

$$z \geqslant \frac{2h_a^*}{\sin^2\alpha}$$

即

$$z_{\min} \geqslant \frac{2h_a^*}{\sin^2\alpha}$$

因此，当 $\alpha=20^{\circ}$、$h_a^*=1$ 时，标准直齿圆柱齿轮不根切的最少齿数 $z_{\min}=17$。

6.6　齿轮的失效形式与设计准则

6.6.1　齿轮的失效形式

齿轮传动的失效，主要是指轮齿的失效。常见的轮齿失效形式如表 6-7 所示。

表 6-7　常见的齿轮失效形式

失效形式	发生位置	产生原因	防止措施	图　示
轮齿折断	齿根处	疲劳折断 过载折断	增大齿根过渡圆角半径，降低齿根应力集中，轮齿芯具有足够的韧性，采取强化措施（如喷丸）	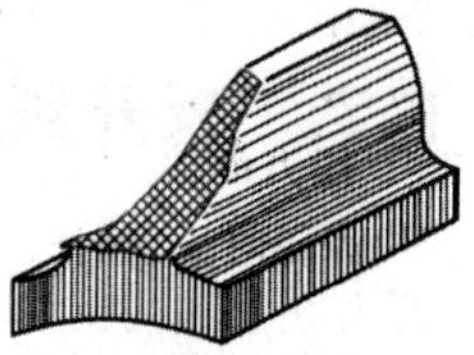
齿面磨损	轮齿接触表面	磨粒磨损	提高齿面强度，减少齿面粗糙度，采用清洁润滑油	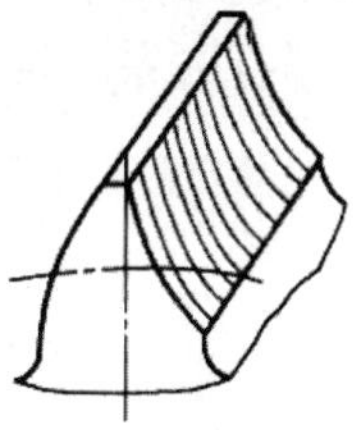
齿面点蚀	节线附近齿根表面	脉动循环变化，接触应力，产生疲劳裂纹，形成麻点	提高齿面硬度和润滑油黏度，降低表面粗糙度	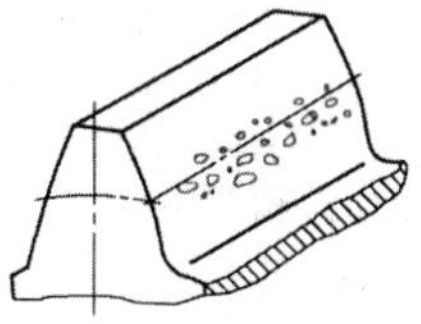
齿面胶合	软金属工作面	高速重载齿面油膜破坏，局部金属直接接触粘连	提高齿面硬度，限制油温，增加油的黏度	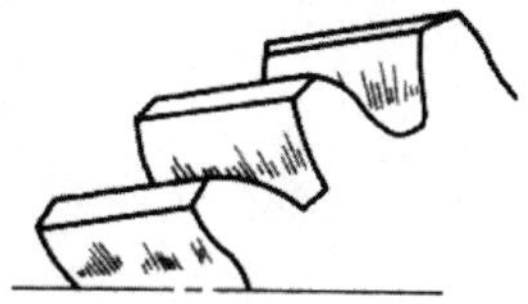
塑性变形	主、从动轮齿面节线附近产生凹沟和凸棱	轮齿材料较软载荷较大	提高齿面硬度、降低表面粗糙度，采用黏度较高的润滑油	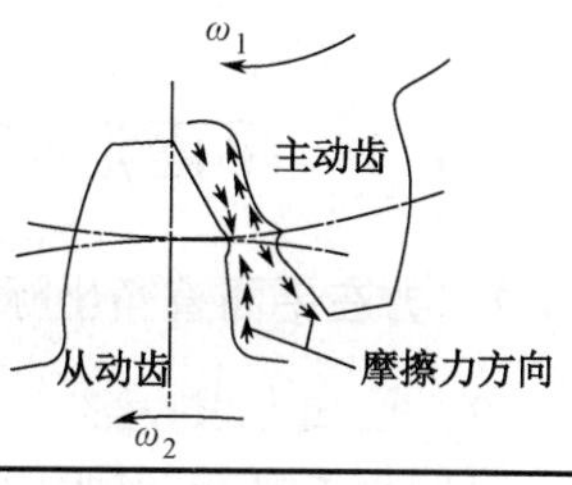

6.6.2　设计准则

齿轮传动在不同的工作和使用条件下，有着不同的失效形式。因此，设计齿轮传动时，应根据实际情况，分析其主要的失效形式，选择相应的设计准则进行设计计算。常用齿轮传动的设计准则，如表 6-8 所示。

表 6-8　常用齿轮传动的设计准则

工作条件		失效形式	设计准则
闭式轮齿传动	软齿面 （齿面硬度≤350HBS）	齿面点蚀	按齿面接触疲劳强度设计，确定分度圆直径；按齿根弯曲疲劳强度进行校核
	硬齿面 （齿面硬度＞350HBS）	轮齿折断	按齿根接触疲劳强度设计，确定模数和尺寸；按齿面接触疲劳强度进行校核
开式齿轮强度		齿面磨损 轮齿折断	按齿根接触疲劳强度设计，确定模数和尺寸；考虑磨损因素，再将模数增大 10%~20%，无须校核齿面接触疲劳强度

6.7　渐开线标准直齿圆柱齿轮传动的强度计算

若力系中各力的作用线在同一平面内，则该力系称为平面力系，如图 6-12 所示。其中，各力的作用线汇交于一点的力系称为平面汇交力系，如图 6-13 所示。平面力系还包括平面任意力系和平面平行力系。这是在工程实践中最常见的三种力系。

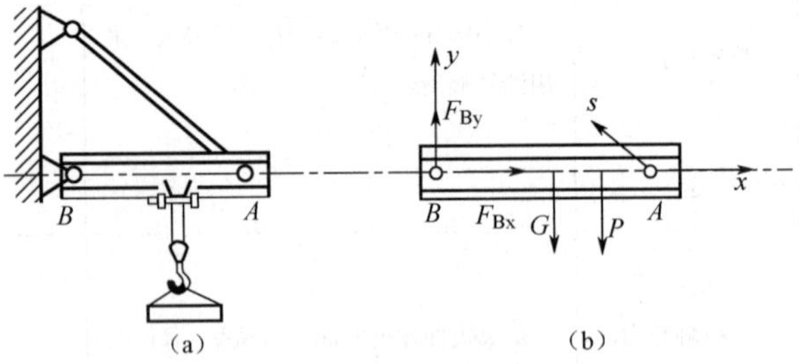

图 6-12　平面力系

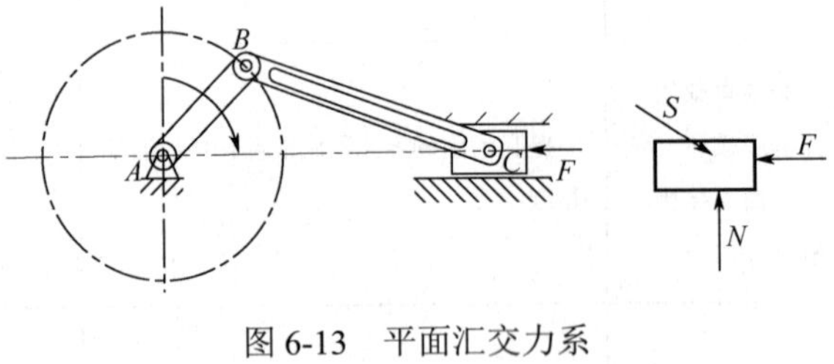

图 6-13　平面汇交力系

6.7.1　平面汇交力系合成的解析法

1. 力在平面直角坐标轴上的投影

（1）已知力求投影

已知力 F 作用于刚体平面内 A 点，且与水平线成 α 的夹角。建立平面直角坐标系 xOy，如图 6-14 所示。过力 F 的两端点 A、B 分别向 x、y 轴作垂线，垂足在 x、y 轴上截下的线段 ab、a_1b_1 分别称为力 F 在 x、y 轴上的投影，记作 F_x、F_y。

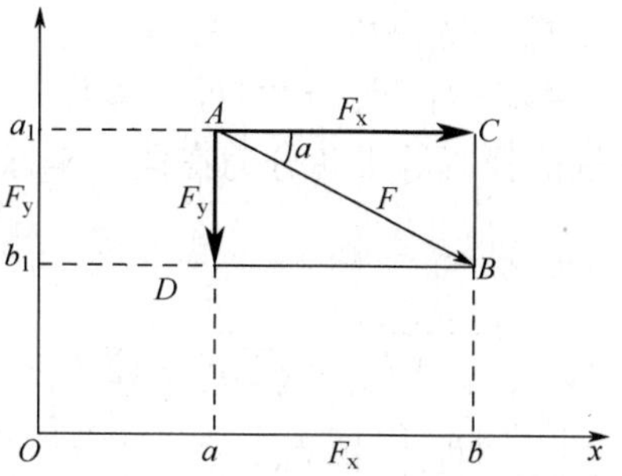

图 6-14　力在平面直角坐标轴上的投影

力在坐标轴上的投影是代数量，其正负规定为：若力的起点的投影到终点的投影指向与坐标轴的指向一致，则力在该坐标轴上的投影为正，反之为负。一般情况下，有

$$\left.\begin{aligned}F_x &= \pm F\cos\alpha\\ F_y &= \pm F\sin\alpha\end{aligned}\right\}$$

式中，α 表示力 F 与 x 轴所夹的锐角。

图 6-14 中，力 F 的投影为

$$\left.\begin{aligned}F_x &= \pm F\cos\alpha\\ F_y &= \pm F\sin\alpha\end{aligned}\right\}$$

（2）已知投影求作用力

如果已知一个力的投影 F_x、F_y，则这个力 F 的大小和方向为

$$\left.\begin{aligned}F &= \sqrt{F_x^2+F_y^2}\\ \tan\alpha &= \left|\frac{F_y}{F_x}\right|\end{aligned}\right\}$$

式中，α 表示力 F 与 x 轴所夹的锐角。

2. 平面汇交力系合成的解析法

各个力的作用线都作用在同一平面内且都汇交于一点的力系称为平面汇交力系。

设平面汇交力系 F_1，F_2，…，F_n 作用在刚体的 O 点处，其合力 F_R 可以连续使用力的三角形法则求得，如图 6-15 所示。其数学表达式为

$$F_R = F_1 + F_2 + \cdots + F_n = \sum F_i$$

由此可知，平面汇交力系合成的结果是一个作用在汇交点的合力，该合力等于力系中各个力的矢量和。

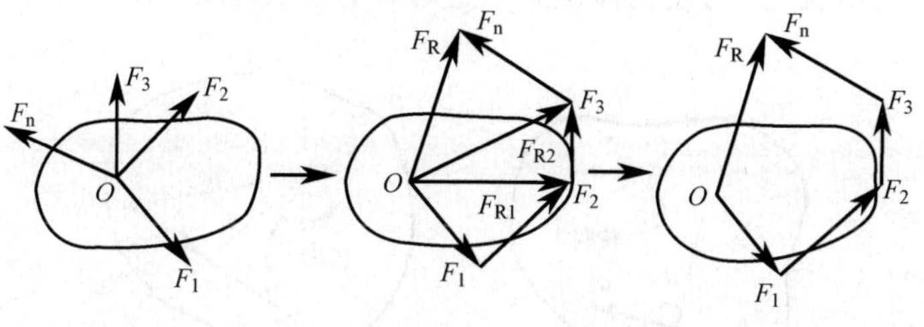

图 6-15　平面汇交力系合成解析法

将 F_R 分别向 x、y 轴投影，得到

$$F_{Rx}=F_{1x}+F_{2x}+\cdots+F_{nx}=\sum F_{ix}$$
$$F_{Ry}=F_{1y}+F_{2y}+\cdots+F_{ny}=\sum F_{iy}$$

此式表明，合力在某一坐标轴的投影等于各分力在同一坐标轴上投影的代数和，此即为合力投影定理。

合力 F_R 的大小及方向为

$$F_R=\sqrt{F_{Rx}^2+F_{Ry}^2}=\sqrt{\sum F_{ix}+(\sum F_{iy})^2}$$
$$\tan\alpha=\left|\frac{F_{Ry}}{F_{Rx}}\right|=\left|\frac{\sum F_{iy}}{\sum F_{ix}}\right|$$

式中，α 表示合力 F_R 与 x 轴所夹的锐角。合力 F_R 的指向由 ΣF_{ix}、ΣF_{iy} 的正负号确定。

6.7.2　力矩

1. 力对点之矩

人们在实践中知道，力除了能使物体移动外，还能使物体产生绕某一点的转动。力使物体绕某一点的转动效果，不仅与力的大小有关，而且还与力的作用线到该点的垂直距离有关。例如，用扳手拧螺母，如图 6-16 所示。将转动中心 O 点称为矩心，矩心到力作用线的距离称为力臂，用符号 d 表示。

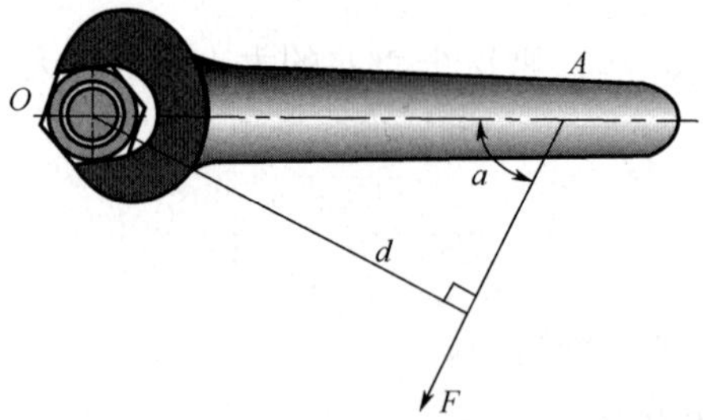

图 6-16　平面汇交力系合成解析法

力使物体的转动效果与力 F 的大小有关，也与力臂 d 的长短有关。力的大小与力臂长短的乘积，称为力矩。力矩衡量 F 使物体绕某点 O 的转动效果，称为力 F 对 O 的矩，简称力矩，用 $M_O(F)$ 表示。

$$M_O(F)=\pm Fd$$

力矩的单位是 N • m（牛 • 米）或 kN • m（千牛 • 米）。

在平面问题中，通常规定：力使物体绕矩心逆时针方向转动时力矩为正，反之为负，如图 6-17 所示。

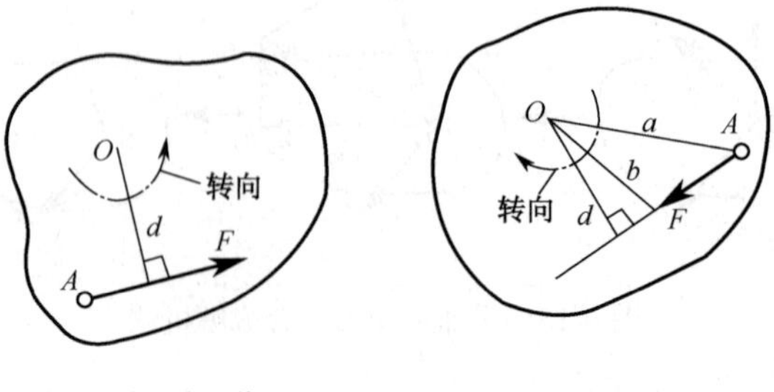

（a）力矩为正值　　（b）力矩为负值

图 6-17　平面汇交力系合成解析法

由力矩的定义可知：

（1）力沿其作用线移动作用点时不会改变对已知点的力矩。

（2）力的作用线若通过矩心，则力矩为零；反之，如果一个大小不为零的力，对某点的力矩为零，则这个力的作用线必过该点。

（3）相互平衡的两力，对同一点力矩的代数和为零。

2. 合力矩定理

合力矩定理平面汇交力系的合力对平面上任一点之矩，等于所有分力对同一点力矩的代数和，即

$$M_O(F_R)=M_O(F_1)+M_O(F_2)+\cdots+M_O(F_n)=\Sigma M_O(F_i)$$

合力矩定理是一个普遍定理，对于有合力的其他力系，合力矩定理仍然使用。

6.7.3　轮齿的受力分析

图 6-18 所示为一对标准直齿圆柱齿轮啮合传动时的受力分析。由于齿面间的摩擦力远小于工作载荷，故忽略齿面间的摩擦力，将沿齿宽分布的载荷简化为齿宽中点处的集中力，则两轮齿面间的相互作用力应沿啮合点的公法线方向（图中的 F_{n1} 为作用于主动轮上的力）。为便于计算，将 F_{n1} 在节点处分解为两个相互垂直的分力，即切于分度圆的圆周力 F_{t1} 和指向轮心的径向力 F_{r1}。其计算公式为

$$\left.\begin{aligned}F_{t1}&=\frac{2T_1}{d_1}\\F_{r1}&=F_{t1}\tan\alpha\\F_{n1}&=\frac{F_{t1}}{\cos\alpha}\end{aligned}\right\}$$

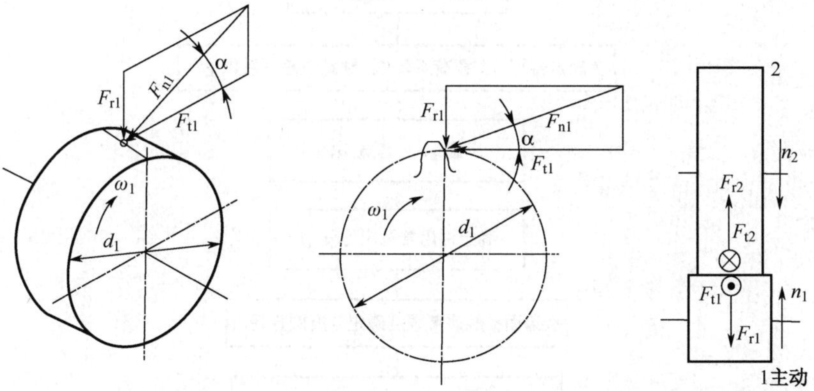

图 6-18　标准直齿圆柱齿轮啮合传动时的受力分析

式中　T_1——主动齿轮传递的转矩（N·m）；

　　　d_1——主动齿轮分度圆直径（mm）；

　　　α——压力角。

作用在主动轮和从动轮上的各对力为作用力与反作用力，所以 $F_{t1}=-F_{t2}, F_{r1}=-F_{r2}, F_{n1}=-F_{n2}$。主动轮上的圆周力是阻力，与转动方向相反；从动轮上的圆周力是驱动力，与转动方向相同。两

个齿轮上的径向力分别指向各自的轮心。

实训 8　设计牵引机单级直齿圆柱齿轮

牵引机中的齿轮传动系统主要由主动齿轮 1 和从动齿轮 2、4、5、6 组成，如图 6-19 所示。锁紧螺栓 3 可以调整齿轮的啮合位置，齿轮 1 通过不同的传动路线与从动齿轮 2、4、5、6 啮合，利用输出转速的差异拉紧丝条，增加弹力的化纤设备。

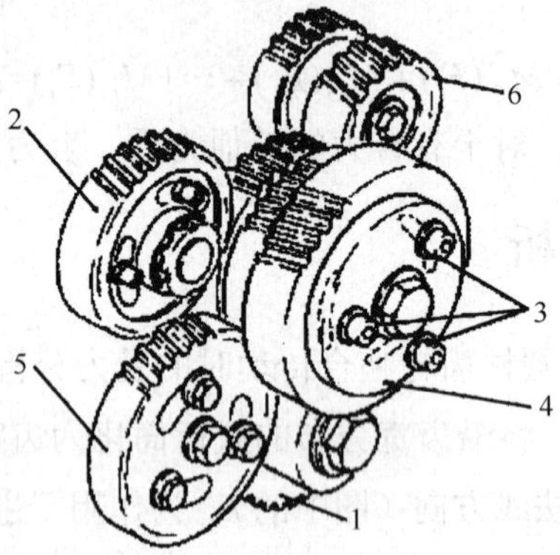

图 6-19　牵引机中的齿轮传动系统

1—主动齿轮；2、4、5、6—从动齿轮；3—锁紧螺栓

牵引机单级直齿圆柱齿轮传动为闭式轮齿面齿轮传动，其设计计算流程如图 6-20 所示。

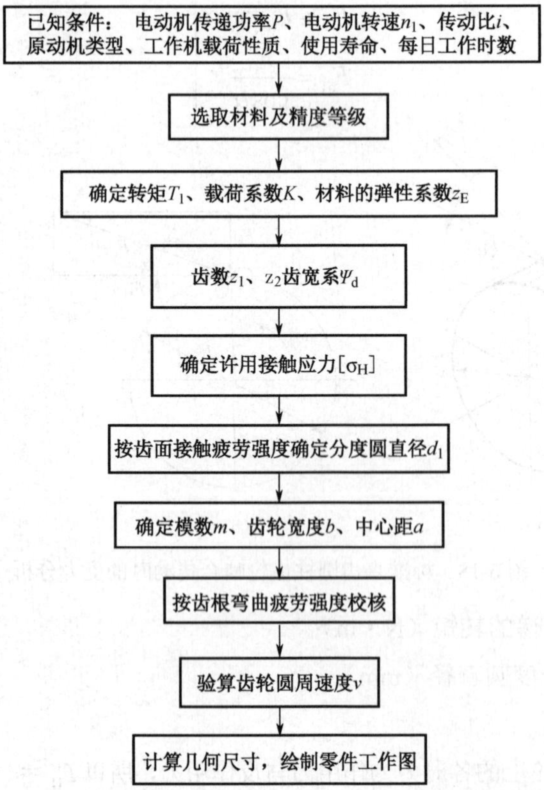

图 6-20　闭式软齿面齿轮传动设计计算流程图

1．设计要求与数据

设计一单级直齿圆柱齿轮减速器。已知：传递功率 P=10kW，电动机驱动，小齿轮转速 n_1=955r/min，传动比 i=4，单向运转，载荷平稳，使用寿命 10 年，单班制工作。

2．设计内容

（1）齿轮主传动系统方案设计及传动比确定，直齿圆柱齿轮传动 $i \leqslant 4$。

（2）选择各齿轮传动的类型、材料及热处理方法、精度等级；确定其主要参数、几何尺寸及结构等。

3．设计步骤、结果及说明

（1）选择齿轮材料及精度等级

最常用的齿轮材料是锻钢，如各种碳素结构钢和合金结构钢。只有当齿轮的尺寸较大（d_s>400~600mm）或结构复杂、不容易锻造时，才采用铸钢。在一些低速轻载的开式齿轮传动中，也常采用铸铁齿轮。在高速小功率、精度要求不高或需要低噪声的特殊齿轮传动中，也可采用非金属材料。

由于小齿轮受载次数比大齿轮多，且小齿轮齿根较薄，为了使配对的两齿轮使用寿命接近，故应使小齿轮的材料比大齿轮的好一些或硬度高一些。对于软齿面齿轮传动，应使小齿轮齿面硬度比大齿轮高 30~50HBS。

齿轮常用材料及其力学性能，如表 6-9 所示。

表 6-9　齿轮常用材料及其力学性能

材　料	牌　号	热 处 理	硬　度	强度极限 σ_b/MPa	屈服极限 σ_s/MPa	应 用 范 围
优质碳素钢	45	正火	169～217HBS	580	290	低速轻载
		调质	217～255HBS	650	360	低速中载
		表面淬火	48～55HRC	750	450	高速中载或低速重载，冲击很小
	50	正火	180～220HBS	620	320	低速轻载
合金钢	40Cr	调质	240～260HBS	700	550	中速中载
		表面淬火	48～55HRC	900	650	高速中载，无剧烈冲击
	42SiMn	调质	217～269HBS	750	470	高速中载，无剧烈冲击
		表面淬火	45～55HRC			
	20Cr	渗碳淬火	56～62HRC	650	400	高速中载，承受冲击
	20CrMnTi	渗碳淬火	56～62HRC	1100	850	
铸钢	ZG310～570	正火	160～210HBS	570	320	中速、中载、大直径
		表面淬火	40～50HRC			
	ZG340～640	正火	170～230HBS	650	350	
		调质	240～270HBS	700	380	
球墨铸铁	QT600-2	正火	220～280HBS	600		低、中速轻载，有小的冲击
	QT600-5		147～241HBS	500		
灰铸铁	HT200	人工时效	170～230HBS	200		低速轻载，冲击很小
	HT300	（低温退火）	187～235HBS	300		

常用精度等级的齿轮加工方法及其应用范围，如表 6-10 所示。

表 6-10　常用精度等级的齿轮加工方法及其应用范围

			齿轮的精度等级			
			6 级（高精度）	7 级（较高精度）	8 级（普通）	9 级（低精度）
加工方法			用范成法在精密机床上精磨或精剃	用范成法在精密机床上精插或精滚，对淬火齿轮需磨齿或研齿等	用范成法插齿或滚齿	用范成法或仿形法粗滚或型铣
齿面粗糙度 R_a/μm			0.80～1.60	1.60～3.2	3.2～6.3	6.3
用途			用于分度机构或高速重载的齿轮，如机床、精密仪器、汽车、船舶、飞机中的重要齿轮	用于高、中速重载的齿轮，如机床、汽车、内燃机中的较重要齿轮，标准系列减速器中的齿轮	用于一般机械中的齿轮，不属于分度系统的机床齿轮，飞机、拖拉机中不重要的齿轮，纺织机械、农业机械中重要齿轮	用于轻载传动的不重要齿轮，低速传动，对精度要求低的齿轮
圆周速度 v/（m/s）	圆柱齿轮	直齿	≤15	≤10	≤5	≤3
		斜齿	≤25	≤17	≤10	≤3.5
	圆锥齿轮	直齿	≤9	≤6	≤3	≤2.5

我国国家标准（GB10095—1988）规定了渐开线圆柱齿轮传动的精度等级和公差。标准中将精度等级分为 12 级，由高到低依次用 1、2、3、…、11、12 表示，其中常用为 6~9 级。

小齿轮选用 45 钢调质，硬度为 220HBS；大齿轮选用 45 钢正火，硬度为 180HBS。因为是普通减速器，所以选 8 级精度，要求齿面粗糙度 R_a≤3.2~6.3 μm。

（2）按齿面接触疲劳强度设计

齿面点蚀是因为接触应力过大而引起的。因此，为防止齿面过早产生疲劳点蚀，在强度计算时，应使齿面节线附近产生的最大接触应力小于或等于齿轮材料的接触疲劳许用应力。

标准直齿圆柱齿轮传动的齿面接触疲劳强度的校核公式为

$$\sigma_H = 3.52 Z_E \sqrt{\frac{KT_1(\mu \pm 1)}{bd_1^2 \mu}} \leqslant [\sigma_H]$$

式中　σ_H——齿面工作时产生的接触应力（MPa）；

$[\sigma_H]$——齿轮材料的接触疲劳许用应力（MPa）；

T_1——小齿轮传递的转矩（N • m）；

b——工作齿宽（mm）；

μ——齿数比，即大齿轮齿数与小齿轮齿数之比，$\mu = \dfrac{z_2}{z_1}$；

K——载荷系数；

d_1——小齿轮分度圆直径（mm）；

Z_E——齿轮材料的弹性系数（$\sqrt{\text{MPa}}$）；

±——“+”用于外啮合，“-”用于内啮合。

为了便于设计计算，引入齿宽系数$\psi_d=\dfrac{b}{d_1}$得到齿面接触疲劳强度的设计公式：

$$d \geqslant \sqrt[3]{\frac{KT_1(\mu \pm 1)}{\psi_d \mu}\left[\frac{3.52Z_E}{[\sigma_H]}\right]^2}$$

（1）转矩T_1

$$T_1=9.55\times10^6\frac{P}{n1}=9.55\times10^6\times\frac{10}{955}=10^5\text{（N•mm）}$$

（2）载荷系数K及材料的弹性系数Z_E

由于原动机和工作机的工作特性不同，齿轮制造误差及轮齿变形等原因还会引起附加动载荷，从而使实际载荷大于理想条件下的载荷，因此计算齿轮强度时，需引用载荷系数来考虑上述各种因素的影响，使之尽可能地符合作用在轮齿上的实际载荷。载荷系数K，如表 6-11 所示。

表 6-11　载荷系数 K

工作机械	载荷特性	原动机		
		电动机	多缸内燃机	单缸内燃机
均匀加料的运输机和加料机、轻型卷扬机、发电机、机床辅助传动	均匀、轻微冲击	1～1.2	1.2～1.6	1.6～1.8
不均匀加料的运输机和加料机、重型卷扬机、球磨机、机床主传动	中等冲击	1.2～1.6	1.6～1.8	1.8～2.1
冲床、钻床、轧机、破碎机、挖掘机	大的冲击	1.6～1.8	1.9～2.1	2.2～2.4

注：斜齿、圆周速度低、精度高、齿宽系数小、齿轮在两轴承间对称布置时取小值，直齿、圆周速度高、精度低、齿宽系数大、齿轮在两轴承间不对称布置时取大值。

查得载荷系数K=1.1。

齿轮材料的弹性系数Z_E，如表 6-12 所示。

表 6-12　齿轮材料的弹性系数 $Z_E\ \sqrt{\text{MPa}}$

两轮材料组合	钢对钢	钢对铸铁	铸铁对铸铁
Z_E	189.8	165.4	144

查得材料的弹性系数Z_E＝189.8。

（3）齿数z_1和齿宽系数ψ_d

在闭式软齿面齿轮传动中，其失效形式主要是齿面点蚀，而轮齿弯曲强度有较大的富裕。因此，可取较多的齿数，通常z_1=20~40。但对于传递动力的齿轮应保证$m\geqslant$1.5~2mm。

在闭式硬齿面和开式齿轮传动中，其承载能力主要由齿根弯曲疲劳强度决定。为使轮齿不至于过小，应适当减少齿数以保证有较大的模数m，通常z_1=17~20。

对于载荷不稳定的齿轮传动，z_1、z_2应互为质数，以减少或避免周期性振动，使所有轮齿磨损均匀，提高耐磨性。

由强度计算可知，齿宽系数ψ_d越大，齿轮的承载能力就越高。同时小齿轮分度圆直径d_1减小，圆周速度降低，还可以使传动外廓尺寸减少。但ψ_d过大时，载荷沿齿宽分布不均匀，载荷集中严重。因此，应选取适当的ψ_d。

齿宽系数ψ_d如表 6-13 所示。

表 6-13　齿宽系数 ψ_d

齿轮相对于轴承的位置	齿面硬度	
	软齿面（≤350HBS）	硬齿面（>350HBS）
对称布置	0.8～1.4	0.4～0.9
不对称布置	0.6～1.2	0.3～0.6
悬臂布置	0.3～0.4	0.2～0.25

注：① 对于直尺圆柱齿轮取较小值；斜齿轮可取较大值；人字齿轮取更大值；
② 载荷平稳、轴的刚性较大时，取值应大一些；变载荷、轴的刚性较小时，取值应小一些。

小齿轮的齿数 z_1 取为 25，则大齿轮的齿数 z_2=100。单级齿轮传动为对称布置，而齿轮齿面又为软齿面，查得齿宽系数 ψ_d=1。

（4）许用接触应力$[\sigma_H]$

齿面接触疲劳许用应力

$$[\sigma_H]=\frac{\sigma_{H\lim}Z_N}{S_H}\ \text{（MPa）}$$

式中　$\sigma_{H\lim}$——试验齿轮的齿面接触疲劳强度极限，用各种材料的齿轮试验测得，可查图 6-21，单位为 MPa；

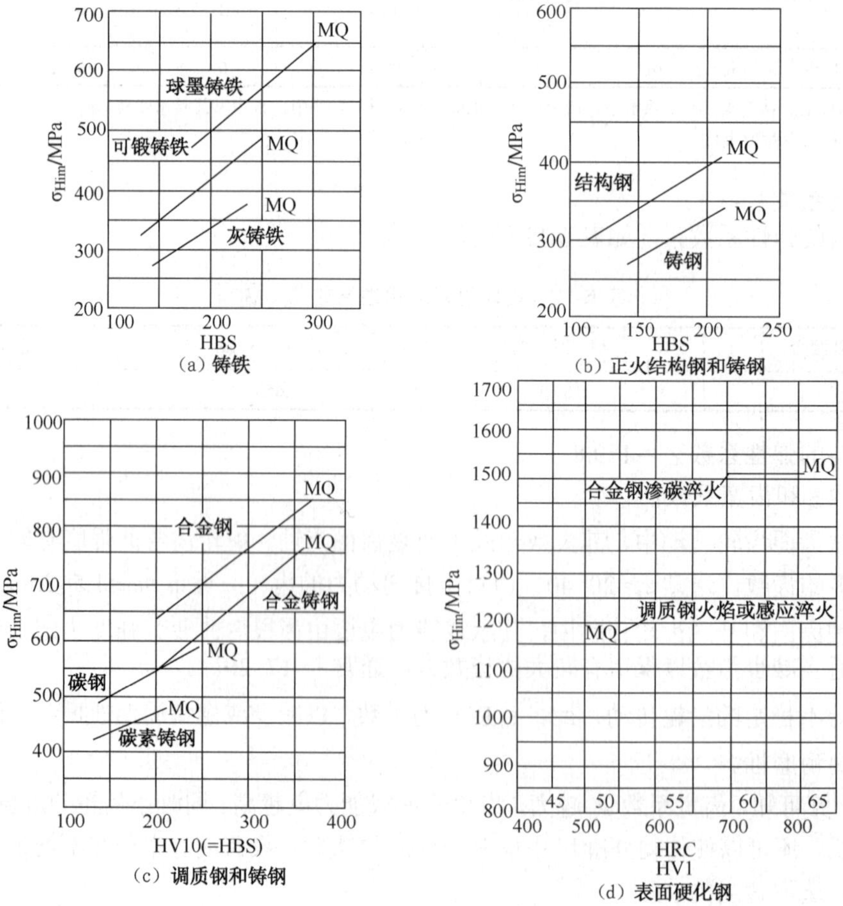

（a）铸铁　（b）正火结构钢和铸钢　（c）调质钢和铸钢　（d）表面硬化钢

图 6-21　实验齿轮的齿面接触疲劳强度极限 $\sigma_{H\lim}$

Z_N ——接触疲劳寿命系数，是考虑当齿轮要求有限使用寿命时，齿轮许用应力可以提高的系数，它与应力循环次数有关，可查图 6-22 得到，图中横坐标为应力循环次数 N：

$$N = 60njL_{\text{h}}$$

其中，n 为齿轮转速，单位为 r/min；j 为齿轮转一转时同侧齿面的啮合次数，L_{h} 为齿轮的工作寿命，单位为 h。

查得 σ_{Hlin1} =560MPa，σ_{Hlim2} =530MPa。

$$N_1 = 60njL_{\text{h}} = 60\times955\times1\times9(10\times52\times40) = 1.19\times10^9$$

$$N_2 = \frac{N_1}{i} = \frac{1.21\times10^9}{4} = 3.03\times10^8$$

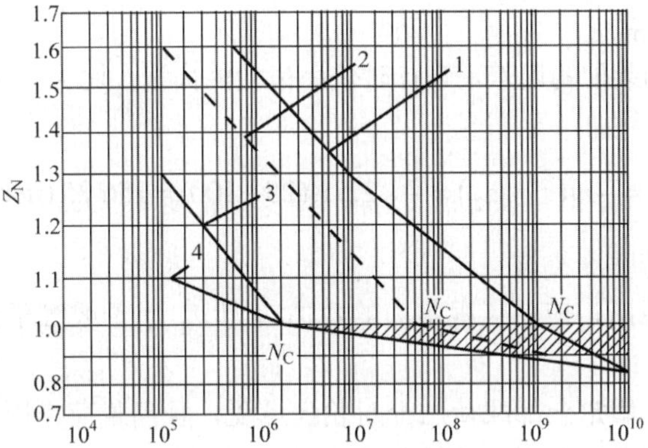

1—允许一定点蚀时的结构钢，调质钢，球墨铸铁（珠光体、贝氏体），珠光体可锻铸铁，渗碳淬火钢的渗碳钢；
2—材料同1，不允许出现点蚀；火焰或感应淬火的钢；
3—灰铸铁，球墨铸铁（铁素体），渗氮的渗氮钢，调质钢，渗碳钢；
4—碳氮共渗的调质钢，渗碳钢

图 6-22　接触疲劳寿命系数 Z_{N}

查得 Z_{N1} =1，Z_{N2} =1.06。

S_{H} ——齿面接触疲劳强度安全系数，可查表 6-14。

表 6-14　安全系数 S_{H}

安全系数	软齿面（≤350HBS）	硬齿面（>350HBS）	重要的传动、渗碳淬火齿轮或铸造齿轮
S_{H}	1.0～1.1	1.1～1.2	1.3～1.6

查得

$$S_{\text{H}} = 1$$

可得

$$[\sigma_{\text{H}}]_1 = \frac{Z_{\text{N1}}\sigma_{\text{Hlim1}}}{S_{\text{H}}} = \frac{1\times560}{1} = 560\ \text{（MPa）}$$

$$[\sigma_{\text{H}}]_2 = \frac{Z_{\text{N2}}\sigma_{\text{Hlim2}}}{S_{\text{H}}} = \frac{1.06\times530}{1} = 562\ \text{（MPa）}$$

应用上述公式时应注意以下几点：

① 两齿轮的齿面接触应力相等；

② 若两轮材料齿面硬度不同，则两轮的接触疲劳许用应力不同，进行强度计算时应选用较小值；

③ 齿轮传动的接触疲劳强度取决于齿轮直径（齿轮的大小）或中心距，即与 m、z 的乘积有关，而与模数的大小无关。

$$d_1 \geqslant \sqrt[3]{\frac{KT_1(\mu \pm 1)}{\psi_d \mu}\left[\frac{3.52Z_E}{\sigma_H}\right]^2} = \sqrt[3]{\frac{1.1\times10^5(4+1)}{1\times4}\left[\frac{3.52\times189.8}{560}\right]^2} = 58.06 \text{（mm）}$$

$$m = \frac{d_1}{z_1} = \frac{58.06}{25} = 2.32 \text{（mm）}$$

由表 6-4 取标准模数 m =2.5mm。

（5）主要尺寸计算

$$d_1 = mz_1 = 2.5\times25 = 62.5 \text{（mm）}$$

$$d_2 = mz_2 = 2.5\times100 = 250 \text{（mm）}$$

$$b = \psi_d d_1 = 1\times62.5 = 62.5 \text{（mm）}$$

经圆整后取 $b = 65$ mm。

为了补偿轴向加工和装配的误差，设计时使小齿轮的齿宽 b_1 比大齿轮的齿宽 b_2 增加 5~10mm，$b_1 = b_2 + 5 = 70$mm。

$$a = \frac{1}{2}m(z_1 + z_2) = \frac{1}{2}\times2.5\times(25+100) = 156.25\ (\text{mm})$$

（6）按齿根弯曲疲劳强度校核

为了防止轮齿疲劳折断，应使齿根最大的弯曲应力 σ_F 小于或等于齿轮材料的弯曲疲劳许用应力，即 $\sigma_F \leqslant [\sigma_F]$。

在计算弯曲应力时，假定全部载荷由一对轮齿承受，且当载荷作用于齿顶时，齿根部分产生的弯曲应力最大。齿根弯曲疲劳强度的校核公式为

$$\sigma_F = \frac{2KT_1}{bm^2 z_1} Y_F Y_S \leqslant [\sigma_F]$$

式中　σ_F——齿根危险截面的最大弯曲应力（MPa）；

$[\sigma_F]$——齿轮材料的弯曲疲劳许用应力（MPa）；

Y_F——齿形系数，如表 6-15 所示。

表 6-15　标准外齿轮的齿形系数 Y_F

Z	12	14	16	17	18	19	20	22	25	28	30	35	40	45	50	60	80	100	≥200
Y_F	3.47	3.22	3.03	2.97	2.91	2.85	2.81	2.75	2.65	2.58	2.54	2.47	2.41	2.37	2.35	2.30	2.25	2.18	2.14

注：α=20°、h_a^*=1、c^*=0.25。

查得 Y_{F1}=2.65，Y_{F2}=2.18；

Y_S——应力修正系数，如表 6-16 所示。

表 6-16　标准外齿轮的应力修正系数 Y_S

Z	12	14	16	17	18	19	20	22	25	28	30	35	40	45	50	60	80	100	≥200
Y_S	1.44	1.47	1.51	1.53	1.54	1.55	1.56	1.58	1.59	1.61	1.63	1.65	1.67	1.69	1.71	1.73	1.77	1.80	1.88

注：α=20°、h_a^*=1、c^*=0.25、ρ_f=0.38m，ρ_f为齿根圆角曲率半径。

查得 $Y_{S1} = 1.59$，$Y_{S2} = 1.80$。

$$[\sigma_F] = \frac{\sigma_{F\lim} Y_N}{S_F}$$

式中　$\sigma_{F\lim}$——试验齿轮的齿根弯曲疲劳强度极限。用各种材料的齿轮试验测得，可查图 6-23，

单位为 MPa。

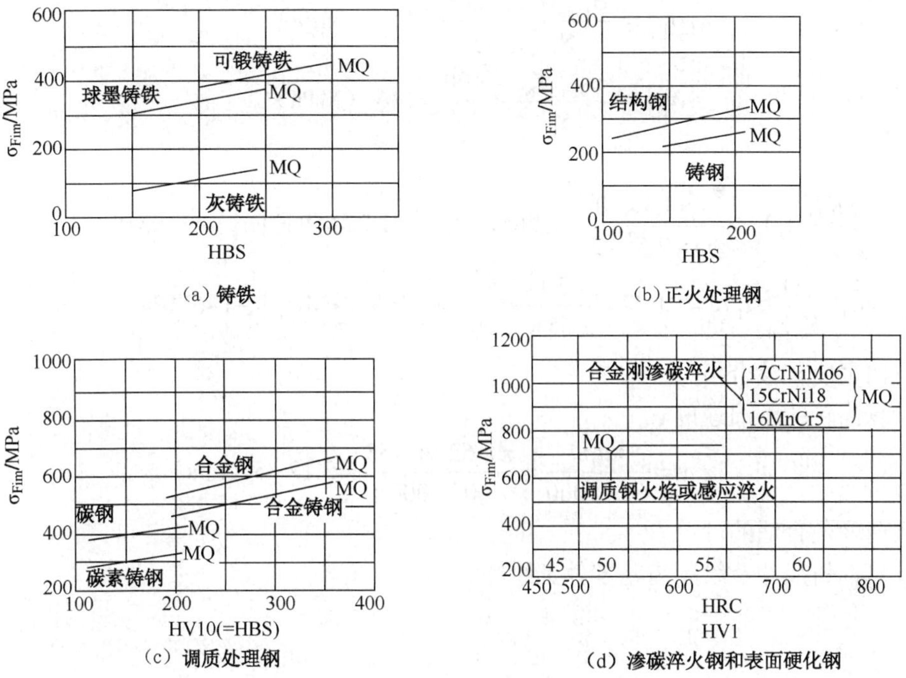

(a) 铸铁　(b) 正火处理钢　(c) 调质处理钢　(d) 渗碳淬火钢和表面硬化钢

图 6-23　实验齿轮的齿根弯曲疲劳强度极限 σ_{Flim}

$\sigma_{Flim1} = 205$MPa，$\sigma_{Flim2} = 190$MPa。

S_F ——安全系数，如表 6-17 所示。

表 6-17　安全系数 S_F

安 全 系 数	软齿面（≤350HBS）	硬齿面（>350HBS）	重要的传动、渗碳淬火齿轮或铸造齿轮
S_F	1.3～1.4	1.4～1.6	1.6～2.2

查得 S_F =1.3。

Y_N ——弯曲疲劳寿命系数，是考虑当齿轮要求有限使用寿命时，齿轮许用应力可以提高的系数。它与应力循环次数有关，可查图 6-24 得到。

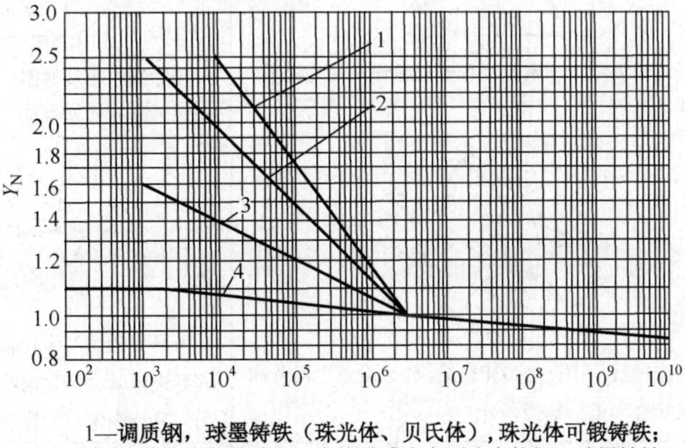

1—调质钢，球墨铸铁（珠光体、贝氏体），珠光体可锻铸铁；
2—渗碳淬火的渗碳钢，火焰或感应表面淬火的钢、球墨铸铁；
3—渗氮的渗氮钢，球墨铸铁（铁素体），结构钢，灰铸铁；
4—碳氮共渗的调质钢，渗碳钢。

图 6-24　弯曲疲劳寿命系数 Y_N

查得 $Y_{N1}=Y_{N2}=1$

$$\left[\sigma_F\right]_1=\frac{\sigma_{Flim1}Y_{N1}}{S_F}=\frac{205}{1.3}=158\text{（MPa）}$$

$$\left[\sigma_F\right]_2=\frac{\sigma_{Flim2}Y_{N2}}{S_F}=\frac{190}{1.3}=146\text{（MPa）}$$

故

$$\sigma_{F1}=\frac{2KT_1}{bm^2z_1}Y_FY_S=\frac{2\times1.1\times10^5}{65\times2.5^2\times25}\times2.65\times1.59=91.27\,\text{MPa}<\left[\sigma_F\right]_1=150\text{MPa}$$

$$\sigma_{F2}=\sigma_{F1}\frac{Y_{F2}Y_{S2}}{Y_{F1}Y_{S1}}Y_FY_S=91.27\times\frac{1.59\times1.8}{2.65\times1.59}=61.98\,\text{MPa}<\left[\sigma_F\right]_2=146\text{MPa}$$

齿根弯曲强度校核合格。

（7）验算齿轮的圆周速度 v

$$v=\frac{\pi d_1n_1}{60\times1000}=\frac{\pi\times62.5\times955}{60\times1000}=3.12<5\text{（m/s）}$$

选 8 级精度是合适的。

（8）计算几何尺寸及绘制齿轮零件工绘图

略。

6.8　渐开线斜齿圆柱齿轮传动

6.8.1　斜齿圆柱齿轮传动的啮合特点

直齿圆柱齿轮与斜齿圆柱齿轮传动的啮合特点比较，如表 6-18 所示。

表 6-18　直齿圆柱齿轮与斜齿圆柱齿轮传动的啮合特点比较

比 较 内 容	直齿圆柱齿轮	斜齿圆柱齿轮
形成过程	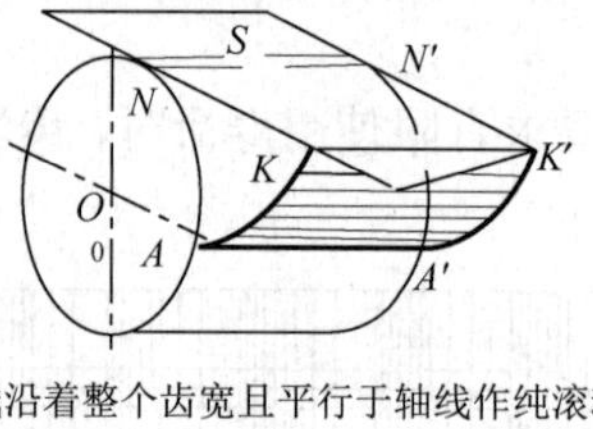 接触线沿着整个齿宽且平行于轴线作纯滚动时展开渐开线柱面	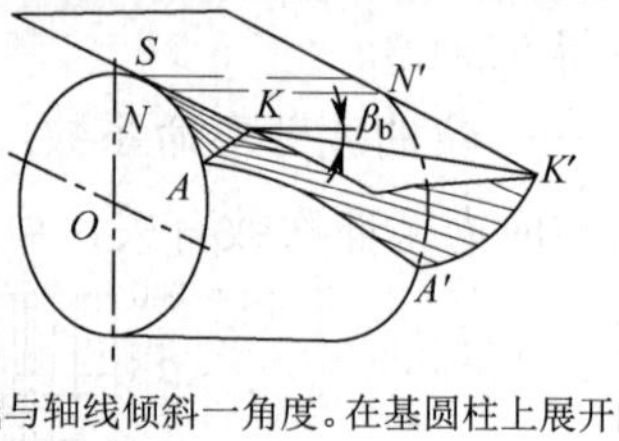 接触线与轴线倾斜一角度。在基圆柱上展开的齿廓曲面为渐开线螺旋面
啮合过程	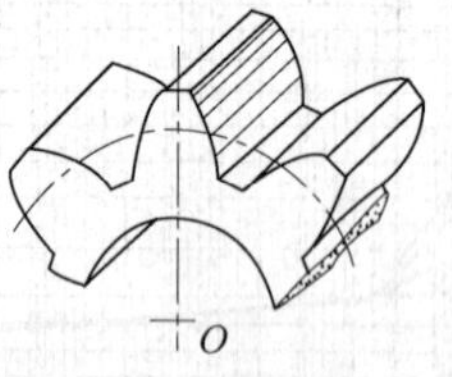 齿面接触线均平行与齿轮轴线，轮齿沿整个齿宽同时进入啮合和退出啮合	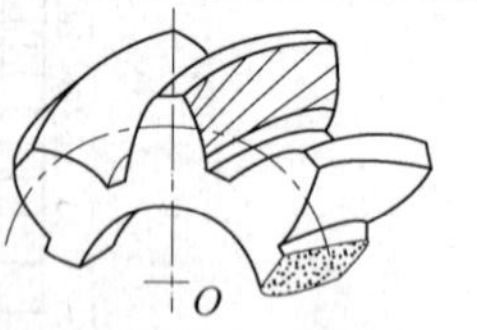 齿面接触线与齿轮轴线相对倾斜，轮齿沿整个齿宽逐渐进入啮合和退出啮合。接触线的长度由零逐渐增加，又逐渐缩短，直至脱离接触
载荷性质	载荷沿齿宽突然加上及卸下，易引起冲击、振动和噪声	传动平稳性好，承载能力强，重合度大，噪声和冲击小，适用于高速、大功率的场合
受力分析	不产生轴向力	产生轴向力

6.8.2　斜齿圆柱齿轮的基本参数和几何尺寸计算

由于斜齿圆柱齿轮的齿廓曲面是渐开线螺旋面，垂直于齿轮轴线的端面（下标以 t 表示）和垂直于齿廓螺旋面的法面（下标以 n 表示）的齿形不同，因此参数就有法面和端面之分，加工斜齿轮时，刀具通常是沿着螺旋线方向进行刀切削的，故斜齿轮的法面参数为标准值。所以，在进行几何尺寸计算时，要掌握这两个平面内各参数的换算关系，如表 6-19 所示。

表 6-19　斜齿圆柱齿轮的基本参数换算关系

名　称	左　旋	右　旋	判断方法
螺旋角	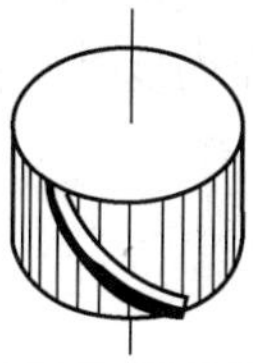	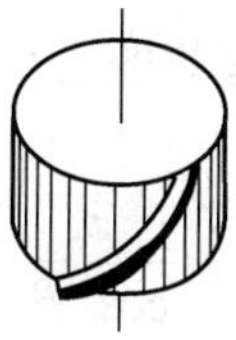	将齿轮轴线置于铅垂位置，齿轮线左高右低的为左旋齿轮，右高左低的为右旋齿轮
模数	m_n	m_t	$m_n = m_t \cos\beta$
压力角	α_n	α_t	$\tan\alpha_n = \tan\alpha_t \cos\beta$
齿顶高系数	h_{an}^*	h_{at}^*	$h_{an}^* m_n = h_{at}^* m_t$ $h_{at}^* = h_{an}^* \cos\beta$
顶隙系数	c_n^*	c_t^*	$c_t^* = c_n^* \cos\beta$

啮合标准斜齿圆柱齿轮传动的几何尺寸计算公式，如表 6-20 所示。

提示：

可以调整螺旋角来凑配中心距。

表 6-20　啮合标准斜齿圆柱齿轮传动的几何尺寸计算公式

名　称	符　号	计算公式
端面模数	m_t	$m_t = \dfrac{m_n}{\cos\beta}$，$m_n$ 为标准值
端面压力角	a_t	$\alpha_t = \arctan\dfrac{\tan\alpha_n}{\cos\beta}$
分度圆直径	d	$d = m_t z = (m_n/\cos\beta)z$
齿顶高	h_a	$h_a = m_n h_{an}^*$
齿根高	h_f	$h_f = (h_{an}^* + c_n^*)m_n$
全齿高	h	$h = h_a + h_f = (2h_{an}^* + c_n^*)m_n$
齿顶圆直径	d_a	$d_a = d + 2h_a$
齿根圆直径	d_f	$d_f = d - 2h_f$
中心距	a	$a = \dfrac{1}{2}(d_1 + d_2) = \dfrac{1}{2}m_t(z_1 + z_2) = \dfrac{m_n}{2\cos\beta}(z_1 + z_2)$

6.8.3　斜齿轮正确啮合的条件和当量齿数

1. 正确啮合的条件

一对外啮合斜齿圆柱齿轮的正确啮合条件为，两斜齿轮的法面模数和法面压力角分别相等，螺旋角大小相等、旋向相反，即

$$\begin{cases} m_{n1} = m_{n2} = m \\ \alpha_{n1} = \alpha_{n2} = \alpha \\ \beta_1 = -\beta_2 \text{（内啮合时 } \beta_1 = \beta_2 \text{）} \end{cases}$$

2. 当量齿数

在用仿形法加工斜齿轮时，必须按齿轮的法面齿形选择刀具，进行强度计算时亦须知道法面齿形。通常采用下述近似方法分析斜齿轮的法面齿形。

过分度圆柱上齿廓的任意一点 C 作垂直于分度圆柱螺旋线的法面，该法面与分度圆柱的交线为一椭圆，椭圆在 C 点的曲率半径为 ρ，故以 ρ 为分度圆半径、m_n 为模数、α_n 为标准压力角，作一假想直齿圆柱齿轮，如图 6-25 所示。这个假想的直齿圆柱齿轮称为该斜齿圆柱齿轮的当量齿轮，其齿数称为当量齿数，用 z_v 表示：

$$z_v = \frac{z}{\cos^3 \beta}$$

根据当量齿数 z_v 和模数 m_n 就可以选出合适的刀具。

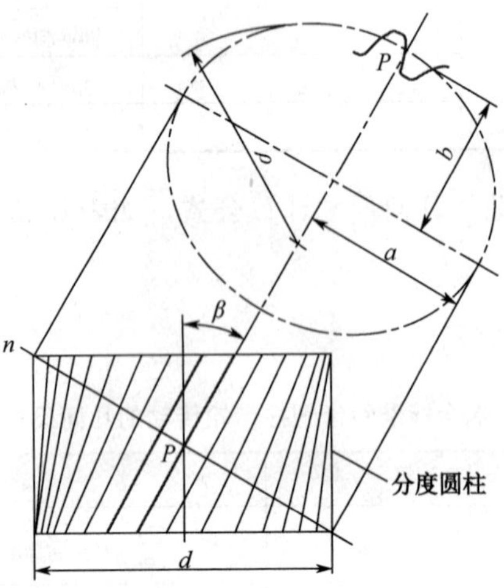

图 6-25　斜齿轮的当量齿轮

6.9　斜齿圆柱齿轮的强度计算

在工程中，经常遇到这样的情况：物体所受各力的作用线不在同一平面内，而是空间分布的，即空间力系。按各力作用线的相对位置，空间力系也可分为空间汇交力系、空间力偶系、空间平行力系和空间任意力系。显然，空间任意力系是力系的最一般形式，如图 6-26 所示。

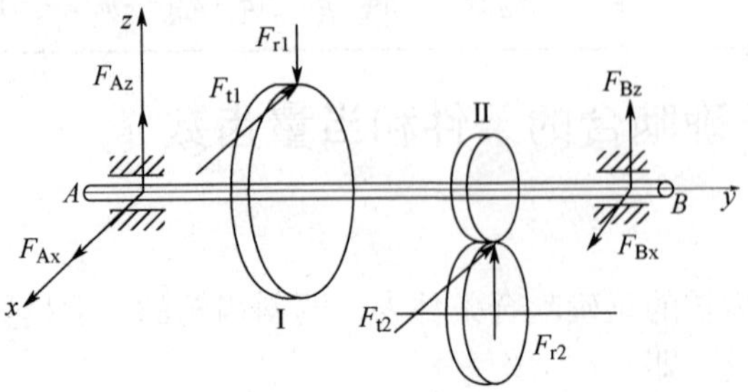

图 6-26　空间任意力系

6.9.1　力在空间直角坐标系的投影

1．力在空间直角坐标轴上的投影

根据力在坐标轴上的投影的概念，可以求得一个任意力在空间直角坐标轴上的三个投影如图 6-27 所示，若已知力 F 与三个坐标轴 x、y、z 的夹角分别为 α、β、γ，则力 F 在三个坐标轴上的投影分别为

$$F_x = F\cos\alpha$$

$$F_y = F\cos\beta$$

$$F_z = F\cos\gamma$$

以上投影方法称为直接投影法或一次投影法。

由图 6-27 可见，若以力 F 为对角线，以三个坐标轴为棱边作正六面体，则此正六面体的三条棱边之长正好分别等于力 F 在三个轴上的投影 F_x、F_y、F_z 的绝对值。

也可采用二次投影法，如图 6-28 所示，当空间力 F 与其一坐标轴（如 z 轴）的夹角 γ、力在垂直此轴的坐标面（xOy 面）上的投影与另一坐标轴 x 的夹角 φ 已知时，可先将力 F 投影到该坐标面内，然后再将力向其他坐标轴上投影，这种投影方法称作二次投影法。

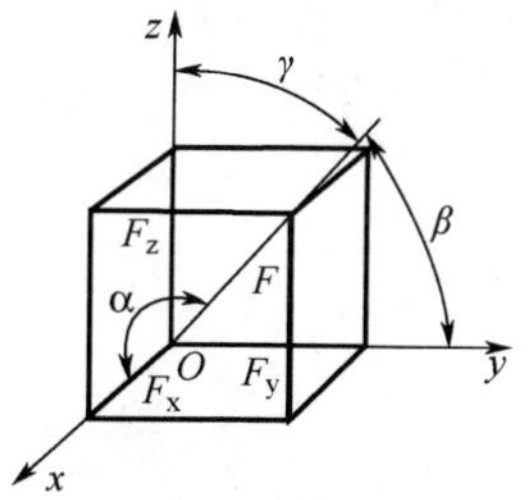

图 6-27　一次投影

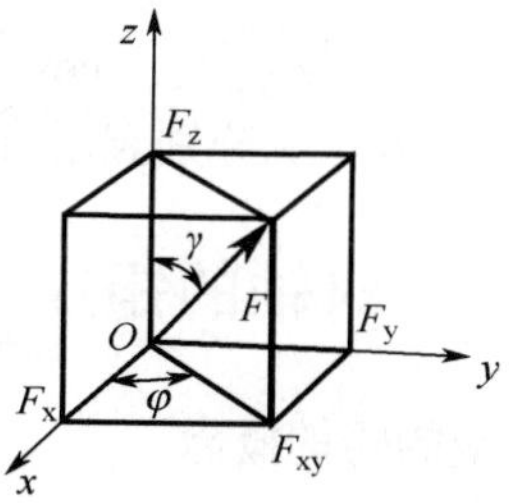

图 6-28　二次投影

图 6-28 所示的力 F 在三个坐标轴上的投影分别为

$$F_x = F\sin\gamma\cos\varphi$$

$$F_y = F\sin\gamma\sin\varphi$$

$$F_z = F\cos\gamma$$

反之，当已知力 F 在三个坐标轴上的投影时，可求出力 F 的大小和方向：

$$F = \sqrt{F_x^2 + F_y^2 + F_z^2}$$

$$\cos\alpha = F_x / F$$

$$\cos\beta = F_y / F$$

$$\cos\gamma = F_z / F$$

2．合力投影定理

若分布在空间的若干个力的作用线汇交于一点，则称该力系为空间汇交力系。按照求平面汇交力系的合成方法，也可以求得空间汇交力系的合力，即合力的大小和方向可以用力多边形求出，合力的作用线通过汇交点。与平面汇交力系不同的是，空间汇交力系的力多边形的各边不在同一平面内，而是一个空间多边形。

由此可见，空间汇交力系可以合成为一个合力，合力矢等于各分力矢的矢量和，其作用线通过汇交点。其矢量表达式为

$$F_{\mathrm{R}}=F_1+F_2+\cdots+F_{\mathrm{n}}=\sum_{i=1}^{n}F_i$$

在实际应用中，常以解析法求合力，其根据是合力投影定理：合力在某一轴上的投影等于各分力在同一轴上投影的代数和。合力投影定理的数学表达式为

$$R_{\mathrm{x}}=\Sigma F_{\mathrm{x}}$$

$$R_{\mathrm{y}}=\Sigma F_{\mathrm{y}}$$

$$R_{\mathrm{z}}=\Sigma F_{\mathrm{z}}$$

式中，R_{x} 、 R_{y} 、 R_{z} 表示合力在各轴上的投影。

若已知各个力在坐标轴上的投影，则合力的大小和方向可按下式求得

$$R=\sqrt{F_{\mathrm{x}}^2+F_{\mathrm{y}}^2+F_{\mathrm{z}}^2}=\sqrt{(\Sigma F_{\mathrm{x}})^2+(\Sigma F_{\mathrm{y}})^2+(\Sigma F_{\mathrm{z}})^2}$$

$$\cos\alpha=\Sigma F_{\mathrm{x}}/F$$

$$\cos\beta=\Sigma F_{\mathrm{y}}/F$$

$$\cos\gamma=\Sigma F_{\mathrm{z}}/F$$

式中，α 、 β 、 γ 分别表示合力与 x、y、z 轴正向的夹角。

6.9.2　力对轴的矩

1．力对轴的矩的概念

在工程中，经常遇到刚体绕定轴转动的情况，为了度量力对绕定轴转动的刚体的作用效果，引入力对轴的矩的概念。

以斜齿轮为例，如图 6-29 所示，把作用在斜齿轮上的力 F_{n} 分解成 F_{t} 、 F_{r} 、 F_{a} ，在工程上，依次称该三力为圆周力、径向力与轴向力。圆周力 F_{t} 推动斜齿轮绕 x 轴转动，故对 x 轴有力矩，径向力 F_{r} 的作用线通过 x 轴，对 x 轴没有力矩，不能推动斜齿轮转动，轴向力 F_{a} 平行于 x 轴，也不能推动斜齿轮绕 x 轴转动，因而力 F_{n} 对 x 轴的矩为

$$M_{\mathrm{x}}(F_{\mathrm{n}})=M_{\mathrm{x}}(F_{\mathrm{t}})$$

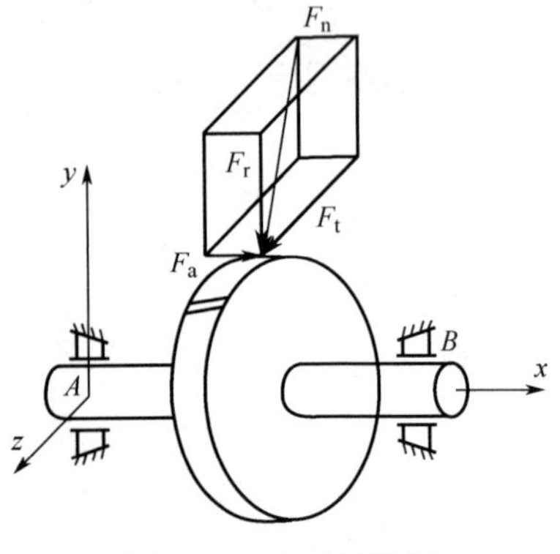

图 6-29　力对轴的矩

上式表明，力对轴的矩的计算方法与平面力系中力对点的矩的计算方法相同，但当力与某轴平行或相交时，即与某轴共面时，力对轴的矩为零。力对轴的矩的单位为 N · m。正负号可以这样确定：从转轴的正向观察，若力使物体作逆时针旋转，则力矩取正号，反之则取负号。

2．合力矩定理

合力矩定理是一个普遍定理，对于有合力的更复杂的力系，合力矩定理仍然成立，只是表述的方式不尽相同，在空间力系中，力对轴的矩也有类似关系，即合力对某轴的矩，等于各分力对同一轴的矩的代数和。

在实际计算力对轴的矩时，应用合力矩定理往往比较方便，具体方法是：先将力 F 沿所取的坐标轴 x、y、z 分解，得 F_x 、 F_y 、 F_z 3 个分力，然后计算每一分力对某轴（如 z 轴）的矩，最后求其代数和，即得出力对该轴的矩，即

$$M_z(F_n)=M_z(F_x)+M_z(F_y)+M_z(F_z)$$

因为分力 F_z 与 z 轴平行，所以 $M_z(F_z)=0$，于是

$$M_z(F)=M_z(F_x)+M_z(F_y)$$

$$M_x(F)=M_x(F_y)+M_x(F_z)$$

$$M_y(F)=M_y(F_x)+M_y(F_z)$$

6.9.3　受力分析

图 6-30 所示为斜齿圆柱齿轮传动中主动轮轮齿的受力情况。当轮齿上作用转矩 T_1 时，若不计摩擦力，则该轮齿的受力可视为集中作用于齿宽中点的法向力 F_{n1} 。F_{n1} 可以分解为三个相互垂直的分力，即圆周力 F_{t1}、径向力 F_{r1} 和轴向力 F_{a1}。其值分别为

$$\left.\begin{aligned} F_{t1}&=\frac{2T_1}{d_1} \\ F_{r1}&=F_{t1}\frac{\tan\alpha_n}{\cos\beta} \\ F_{a1}&=F_{t1}\tan\beta \end{aligned}\right\}$$

式中，T_1 为主动轮传递的转矩，单位为 N·mm；d_1 为主动轮分度圆直径，单位为 mm；β 分度圆的螺旋角；α_n 为法面压力角。

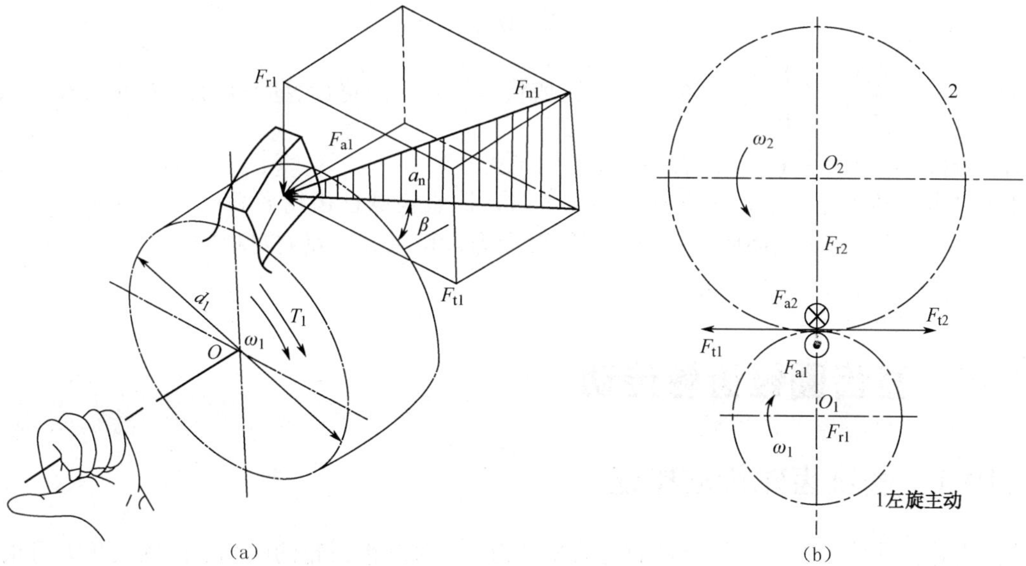

图 6-30　斜齿圆柱齿轮的受力分析

圆周力和径向力方向的判定方法与直齿圆柱齿轮相同，轴向力的方向可依左、右手法则判定。当主动轮是右旋时用右手，是左旋时用左手，即握住主动轮轴线，弯曲的四指表示主动轮的转向，拇指的指向即为轴向力的方向。从动轮的轴向力则与其大小相等、方向相反。

6.9.4　强度计算

斜齿圆柱齿轮的强度计算与直齿圆柱齿轮相似。但斜齿轮啮合时，齿面上的接触线是倾斜的，故重合度相对较大及载荷作用位置的变化等因素的影响，使接触应力和弯曲应力降低，承载能力提高。其强度计算公式可表示如下。

1．齿面接触疲劳强度计算

校核公式：

$$\sigma_{\mathrm{H}} = 3.17 Z_{\mathrm{E}} \sqrt{\frac{KT_1(\mu \pm 1)}{bd_1^2 \mu}} \leqslant [\sigma_{\mathrm{H}}]$$

设计公式：

$$d_1 \geqslant \sqrt[3]{\frac{KT_1(\mu \pm 1)}{\psi_{\mathrm{d}} \mu} \left[\frac{3.17 Z_{\mathrm{E}}}{[\sigma_{\mathrm{H}}]}\right]}$$

斜齿轮接触疲劳许用应力$[\sigma_{\mathrm{H}}]$的确定与直齿轮相同。

2．齿根弯曲疲劳强度计算

校核公式：

$$\sigma_{\mathrm{F}} = \frac{1.6KT_1}{bm_{\mathrm{n}} z_1} Y_{\mathrm{F}} Y_{\mathrm{S}} = \frac{1.6KT_1 \cos\beta}{bm_{\mathrm{n}}^2 z_1} Y_{\mathrm{F}} Y_{\mathrm{S}} \leqslant [\sigma_F]$$

设计公式：

$$m_{\mathrm{n}} \geqslant 1.17 \sqrt[3]{\frac{KT_1 \cos^2 \beta Y_{\mathrm{F}} Y_{\mathrm{S}}}{\psi_{\mathrm{d}} z_1^2 \bullet [\sigma_{\mathrm{F}}]}}$$

设计时应将$\frac{Y_{\mathrm{F1}} Y_{\mathrm{S1}}}{[\sigma_{\mathrm{F}}]_1}$和$\frac{Y_{\mathrm{F2}} Y_{\mathrm{S2}}}{[\sigma_{\mathrm{F}}]_2}$两值中的较大值代入上式，并将计算所得的$m_{\mathrm{n}}$按标准模数取值，$Y_{\mathrm{F1}}$、$Y_{\mathrm{F2}}$应按斜齿轮的当量齿数$z$查取。

对于斜齿圆柱齿轮传动，在选择主要参数时，比直齿圆柱齿轮多考虑一个螺旋角β。一般β=8°~15°。对于高速大功率的传动，为消除轴向力，可以采用左右对称的“人”字齿轮，此时螺旋角可以增大，常取β=25°~45°。

6.10　直齿圆锥齿轮传动

6.10.1　圆锥齿轮传动概述

圆锥齿轮传动用于传递两相交轴的运动和动力，一对圆锥齿轮的两轴之间的交角Σ可根据传动的需要决定。在一般机械中，多采用Σ=90°的传动，而在某些机械中，也常采用$\Sigma \neq$90°的传动。直齿圆锥齿轮的轮齿是均匀分布在锥面上的，其齿形一端大，另一端小，通常以大端参数为标准值。

图 6-31 所示为一对正确安装的直齿圆锥齿轮传动。节圆锥与分度圆锥重合，两齿轮的分度圆锥角分别为 δ_1 和 δ_2，大端分度圆半径分别为 r_1 和 r_2，两轮的传动比为

$$i=\frac{\omega_1}{\omega_2}=\frac{n_1}{n_2}=\frac{z_1}{z_2}=\frac{r_1}{r_2}=\frac{OP\sin\delta_2}{OP\sin\delta_1}=\frac{\sin\delta_2}{\sin\delta_1}$$

当 $\Sigma=\delta_1+\delta_2=90^\circ$ 时，$i=\tan\delta_2=\cot\delta_1$。

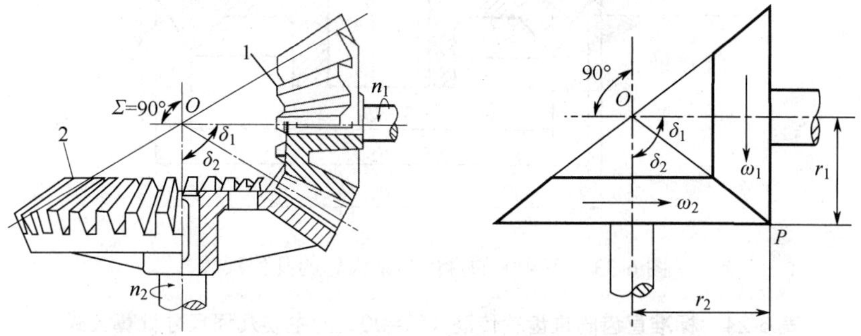

图 6-31　直齿圆锥齿轮传动

圆锥齿轮传动时，啮合轮齿除了受有圆周力、径向力之外，还受有轴向力，如图 6-32 所示。其圆周力和径向力方向的确定方法与直齿轮相同，两齿轮的轴向力方向都是沿着各自的轴线方向并指向轮齿的大端，且 $F_{t1}=-F_{r1}$、$F_{t2}=-F_{a2}$、$F_{a1}=-F_{r2}$。

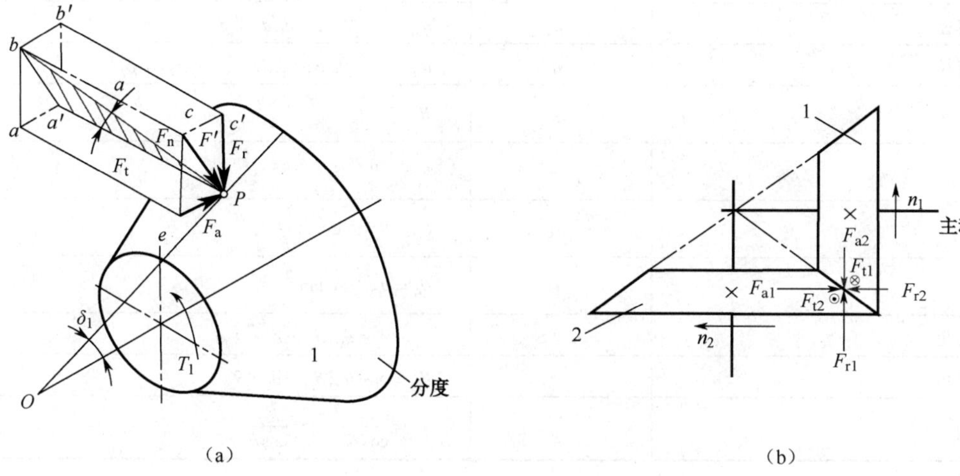

图 6-32　圆锥齿轮主、从动轮受力分析

6.10.2　标准直齿圆锥齿轮的几何尺寸计算

$\Sigma=90^\circ$ 的标准直齿圆锥齿轮的几何尺寸如图 6-33 所示，其主要几何尺寸计算公式如表 6-21 所示。国家标准规定，对于正常齿轮，大端上齿顶高系数 $h_a^*=1$，顶隙系数 $c^*=0.2$。

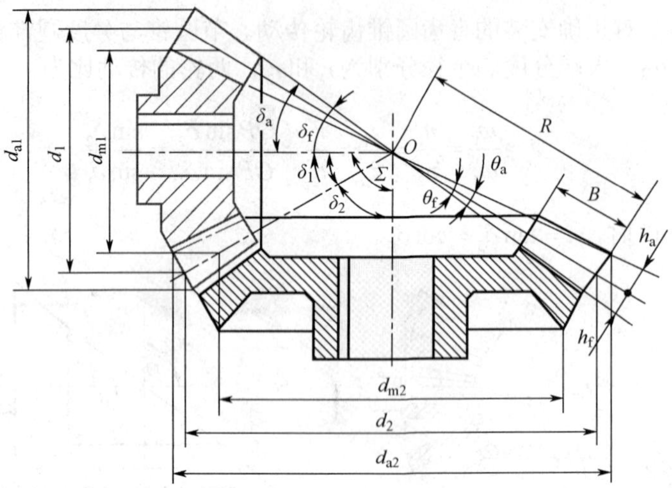

图 6-33　Σ=90°的直齿圆锥齿轮的几何尺寸

表 6-21　标准直齿圆锥齿轮传动（Σ=90°）的主要几何尺寸计算公式

名　称	符　号	计 算 公 式
分度圆锥角	δ	$\delta_1 = \arctan\dfrac{z_2}{z_1};\delta_2 = 90^\circ - \delta_1$
分度圆直径	d	$d_1 = mz_1;d_2 = mz_2$
齿顶高	h_a	$h_{a1} = h_{a2} = h_a^* m$
齿根高	h_f	$h_{f1} = h_{f2} = (h_a^* + c^*)m$
齿顶圆直径	d_a	$d_{a1} = d_1 + 2h_a\cos\delta_1;d_{a2} = d_2 + 2h_a\cos\delta_2$
齿根圆直径	d_f	$d_{f1} = d_1 + 2h_f\cos\delta_1;d_{f2} = d_2 - 2h_f\cos\delta_2$
锥距	R	$R = \dfrac{1}{2}\sqrt{d_1^2 + d_2^2}$
齿宽	b	$b \leqslant \dfrac{1}{3}R$
齿顶角	θ_a	$\theta_{a1} = \theta_{a2} = \arctan\dfrac{h_a}{R}$
齿根角	θ_f	$\theta_{f1} = \theta_{f2} = \arctan\dfrac{h_f}{R}$
齿顶圆锥角	δ_a	$\delta_{a1} = \delta_1 + \theta_{a1};\delta_{a2} = \delta_2 + \theta_{a2}$
齿根圆锥角	δ_f	$\delta_{f1} = \delta_1 - \theta_{f1};\delta_{f2} = \delta_2 + \theta_{f2}$
当量齿数	z_v	$z_{v1} = \dfrac{z_1}{\cos\delta_1};z_{v2} = \dfrac{z_2}{\cos\delta_2}$

6.11　齿轮的结构设计和齿轮传动的润滑

6.11.1　齿轮的结构设计

齿轮的结构形式主要与齿轮的尺寸大小、毛坯材料、加工工艺、使用要求及经济性等因素有关。进行齿轮的结构设计时，必须综合考虑上述各方面的因素。通常是先按齿轮的直径大小选定合适的结构形式，再由经验公式确定有关尺寸，绘制零件工绘图。

常用的齿轮结构形式，如表 6-22 所示。

表 6-22　常用的齿轮结构形式

结构形式		经验公式	图示
齿轮轴 $x \leqslant 2\sim2.5m$	圆柱齿轮		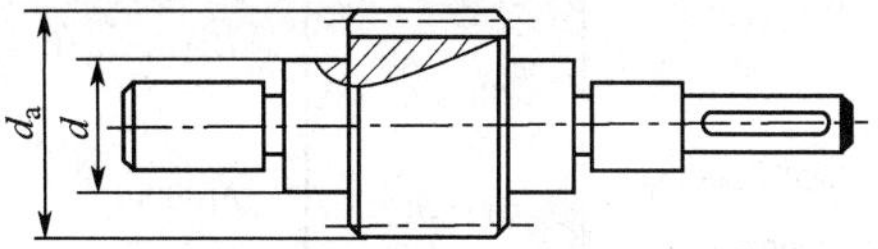
齿轮轴 $x \leqslant 1.6\sim2m$	圆锥齿轮		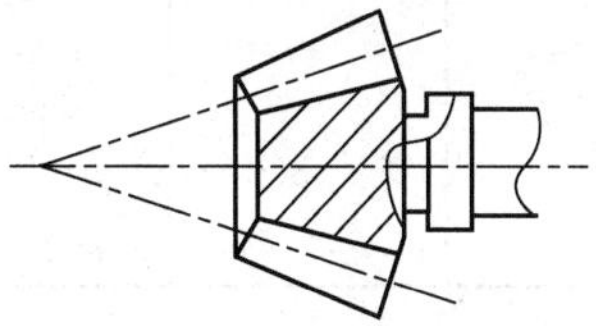
实体式齿轮 $d_a \leqslant 200$mm	圆柱齿轮		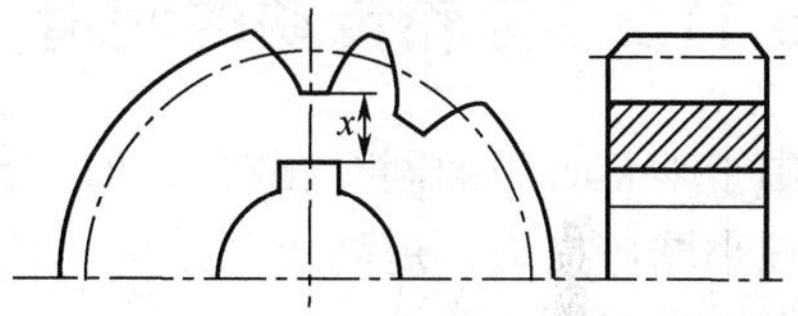
实体式齿轮	圆锥齿轮		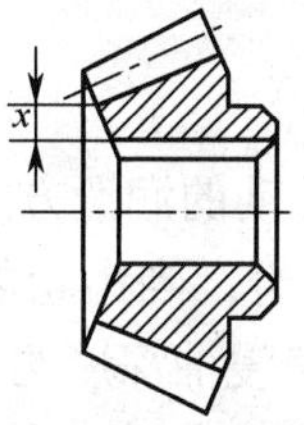
腹板式齿轮 d_a=200~500mm	圆柱齿轮	$d_1=1.6d_s$（d_s为轴颈） $d_0=\frac{1}{2}$（d_0+D_0） $D_1=d_a-$（10~12）m_n $d_0=0.25$（D_1-d_1） $c=0.3b$ $l=$（1.2~1.3）$d_s \geqslant b$ $n=0.5m_n$ $d_1=1.6d_s$（铸钢） $d_1=1.8d_s$（铸铁） $l=$（1~1.2）d_s $c=$（0.1~0.17）$l>10$mm $\delta_0=$（3~4）$m>10$mm D_0和d_0根据结构决定	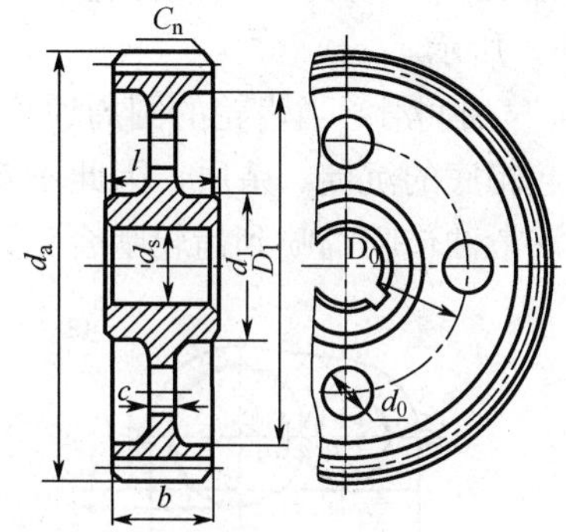
	圆锥齿轮		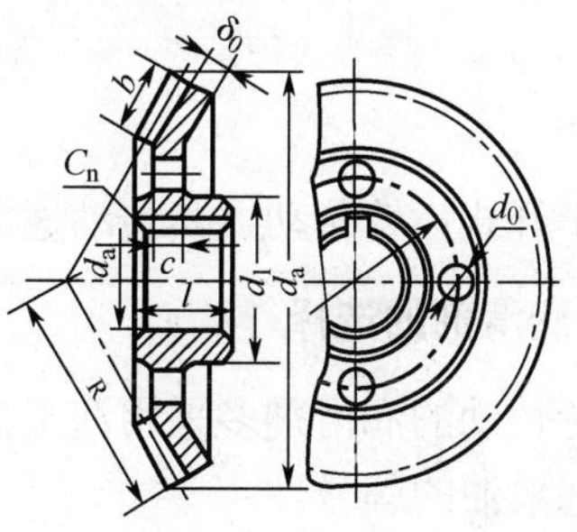

续表

结构形式		经验公式	图示
轮辐式齿轮 $d_a>200$mm	圆柱齿轮	$d_1=1.6d_s$（铸钢） $d_1=1.8d_s$（铸铁） $D_1=d_a-(10\sim12)\ m_n$ $h=0.8d_s$ $h_1=0.8h$ $c=0.2h$ $s=\frac{h}{6}$（不小于 10mm） $l=(1.2\sim1.5)\ d_s$ $n=0.5m_n$	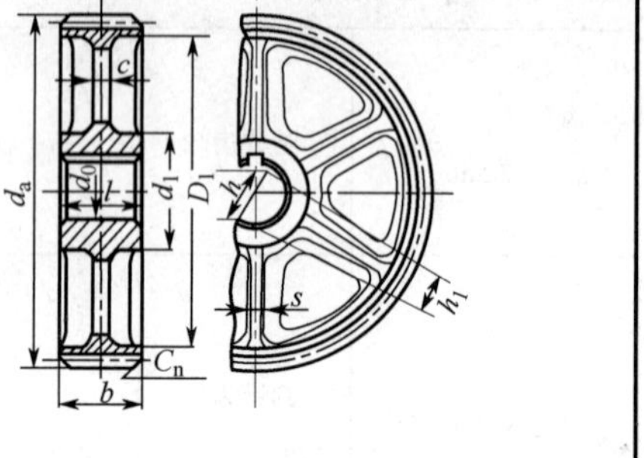

6.11.2　齿轮传动的润滑

由于啮合时齿面间有相对滑动，会产生摩擦和磨损，因此润滑对于齿轮传动十分重要，润滑可以减小摩擦损失，提高传动效率，还可以起到散热、防锈、降低噪声、改善工作条件、提高使用寿命等作用。

1. 润滑方式

闭式齿轮传动的润滑方式，根据齿轮圆周速度的大小而定，一般有浸油润滑和喷油润滑两种。

（1）浸油润滑：当齿轮的圆周速度 $v<12$m/s 时，通常将大齿轮浸入油池中进行润滑，如图 6-34（a）所示。浸油深度约为一个齿高，但不小于 10mm。因浸入过深，故增大了齿轮的运动主力并使油温升高。在多级齿轮传动中，常采用带油轮将油带到未浸入油池内的轮齿上，如图 6-34（b）所示。

（2）喷油润滑：当齿轮的圆周速度 $v>12$m/s 时，由于圆周速度大，齿轮搅油剧烈，增加损耗，并宜搅起箱底的沉淀、杂质，因此不宜采用浸油润滑，而应采用喷油润滑，即用油泵将具有一定压力的润滑油借喷嘴喷到齿轮啮合处，如图 6-34（c）所示。

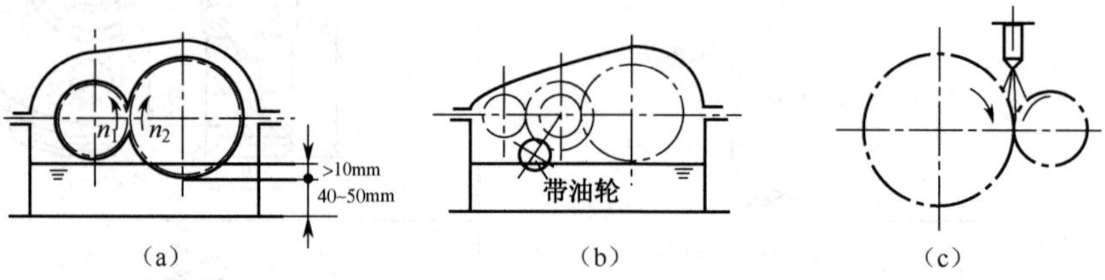

图 6-34　齿轮润滑

对于开式齿轮传动，其传动速度较低，通常采用人工定期加油润滑的方式。

2. 润滑剂的选择

齿轮传动的润滑剂多采用润滑油。其黏度通常根据齿轮材料和圆周速度选取，并由选定的黏度确定润滑油的牌号。

知识梳理与总结

通过对本项目的学习，学会了齿轮传动的工作原理、特点，也学会了齿轮传动的设计计算方法。

（1）渐开线齿廓的几何特性使齿轮传动的瞬时传动比恒定、中心距可分、传力方向不变。

（2）模数 m 、齿轮压力角 α 、齿顶高系数 h_a^* 、顶隙系数 c^* 、齿数 z 和螺旋角 β 是圆柱齿轮的主要参数。上述参数决定了圆柱齿轮的基本几何尺寸，其中模数 m 、齿轮压力角 α 和齿数 z 决定齿廓形状。齿轮模数 m 决定轮齿的大小及其承载能力。齿数影响齿轮的大小、传动比及传动的平稳性。螺旋角 β 是反映轮齿倾斜程度及方向的重要参数，它影响轴向力 F_a 的大小和方向；对于直齿，$\beta=0°$。

（3）标准圆柱齿轮是指齿轮模数 m 、齿轮压力角 α 、齿顶高系数 h_a^* 、顶隙系数 c^* 均为标准值，而且分度圆上的齿厚等于槽宽的齿轮。齿轮在切齿加工和检验中，一般测量公法线长度 W 以确定齿轮是否合格。

（4）圆柱齿轮正确啮合的条件是：两齿轮的模数和压力角分别相等；对于外啮合斜齿圆柱齿轮，还要求两齿轮的螺旋角大小相等、旋向相反。一对标准圆柱齿轮啮合，分度圆与节圆重合时的中心距 a 称为标准中心距。圆柱齿轮连续传动的条件为重合度 $\varepsilon \geqslant 1$。标准圆柱齿轮采用标准中心距安装，能够满足连续传动的条件。

（5）圆柱齿轮的精度等级为 1~12 级；齿轮的主要失效形式有轮齿折断、齿面疲劳点蚀、齿面磨损和齿面胶合。选择齿轮材料的主要依据是齿轮承受的载荷、运转速度、工作环境，以及结构和经济性等要求。齿轮常用的材料是优质碳素结构钢和合金结构钢，多为锻造；直径较大、形状复杂的重要齿轮用铸钢或球墨铸铁；不重要的齿轮用灰铸铁。

（6）对于软齿面闭式齿轮传动，先用齿面接触疲劳强度设计公式确定齿轮传动参数和几何尺寸后，再校核齿根弯曲疲劳强度；对于硬齿面闭式齿轮传动，先用齿根弯曲疲劳强度设计公式粗估模数，确定齿轮传动参数和几何尺寸后再校核齿面接触疲劳强度。对于开式齿轮传动或铸铁齿轮，只用齿根弯曲疲劳强度设计公式粗估模数并适当放大即可，不需要在校核齿面接触疲劳强度。

（7）平面汇交力系合成的解析法。

① 力在平面直角坐标轴上的投影。

$$\left.\begin{aligned} F_x &= \pm F\cos\alpha \\ F_y &= \pm F\sin\alpha \end{aligned}\right\}$$

式中，α 表示力 F 与 x 轴所夹的锐角。

② 平面汇交力系合成的解析法

$$F_{Rx}=F_{1x}+F_{2x}+\cdots+F_{nx}=\Sigma F_{ix}$$

$$F_{Ry}=F_{1y}+F_{2y}+\cdots+F_{ny}=\Sigma F_{iy}$$

此式表明，合力在某一坐标轴上的投影等于各分力在同一坐标轴上投影的代数和，此即为合力投影定理。

合力 F_R 的大小及方向为

$$F_R=\sqrt{F_{Rx}^2+F_{Ry}^2}=\sqrt{(\Sigma F_{ix})^2+(\Sigma F_{iy})^2}$$

$$\tan\alpha=\left|\frac{F_{Ry}}{F_{Rx}}\right|=\left|\frac{\Sigma F_{iy}}{\Sigma F_{ix}}\right|$$

式中，α 表示合力 F_R 与 x 轴所夹的锐角。合力 F_R 的指向由 ΣF_{ix} 、ΣF_{iy} 的正负号确定。

③ 力对点之矩

$$M_O(F)=\pm Fd$$

④ 合力矩定理

$$M_O(F_R)=M_O(F_1)+M_O(F_2)+\cdots+M_O(F_n)=\Sigma M_O(F_i)$$

（8）力在空间直角坐标系的投影。

① 力在空间直角坐标轴上的投影（一次投影法）

$$F_x=F\cos\alpha$$

$$F_y=F\cos\beta$$

$$F_z=F\cos\gamma$$

α、β、γ 分别为力 F 与三个坐标轴 x、y、z 的夹角。

② 合力投影定理

$$F_R=F_1+F_2+\ldots+F_n=\sum_{i=1}^{n}F_i$$

$$R_x=\Sigma F_x$$

$$R_y=\Sigma F_y$$

$$R_z=\Sigma F_z$$

式中，R_x、R_y、R_z 表示合力在各轴上的投影。

$$R=\sqrt{F_x^2+F_y^2+F_z^2}=\sqrt{(\Sigma F_x)^2+(\Sigma F_y)^2+(\Sigma F_z)^2}$$

$$\cos\alpha=\Sigma F_x/F$$

$$\cos\beta=\Sigma F_y/F$$

$$\cos\gamma=\Sigma F_z/F$$

③ 力对轴之矩

$$M_x(F_n)=M_x(F_t)$$

④ 合力矩定理

$$M_z(F)=M_z(F_x)+M_z(F_y)$$

$$M_x(F)=M_x(F_y)+M_x(F_z)$$

$$M_y(F)=M_y(F_x)+M_y(F_z)$$

（9）圆柱齿轮的结构形式有齿轮轴、实体式、腹板式和轮辐式等。一般根据齿顶圆直径大小选定，结构尺寸一般由经验公式确定。

自测题 6

1. 选择题

（1）形成齿轮渐开线的圆称为（　　）。

A．齿顶圆　　B．基圆　　C．齿根圆　　D．分度圆

（2）当基圆半径趋向于无穷大时，渐开线即（　　）。

A．弯曲　　B．成为直线　　C．平直

（3）当一对渐开线齿轮的中心距略有变化时，其瞬时传动比（　　）。

A．变大　B．为变数　C．为常数　D．变小

（4）渐开线齿轮连续传动条件为，齿轮重合度ε（　）。

A．>0　B．<1　C．>1　D．<0

（5）为了提高齿轮齿面接触强度，应（　）。

A．增加齿数　B．增加模数

C．增加分度圆直径　D．减少齿宽

（6）为了提高齿轮齿根弯曲强度，应（　）。

A．增加齿数　B．增加模数

C．增加分度圆直径　D．减少齿宽

（7）开式齿轮传动的主要失效形式为（　）。

A．齿面点蚀　B．齿面点蚀和齿面磨损

C．齿根折断和齿面磨损　D．齿根折断

（8）按齿面接触疲劳强度校核公式求得的齿面接触应力是指（　）。

A．大齿轮的最大接触应力　B．齿轮各处接触应力的平均值

C．两齿轮节线附近的最大接触应力　D．小齿轮的最大接触应力

（9）影响齿轮承载能力大小的主要参数是（　）。

A．齿数　B．压力角　C．模数

（10）计算齿轮弯曲强度时，假设全部载荷都作用在轮齿的（　）处。

A．节圆　B．齿根　C．齿顶　D．分度圆

（11）闭式软齿面齿轮传动最可能出现的失效形式是（　）。

A．齿面磨损　B．轮齿折断　C．齿面疲劳点蚀　D．齿面胶合

（12）采用浸油润滑时，齿轮浸入油中的深度至少（　）mm。

A．12　B．10　C．40　D．20

（13）齿面点蚀多发生在（　）附近。

A．齿顶　B．轮齿节点　C．齿根

（14）选择齿轮毛坯的形式时，主要考虑（　）。

A．齿宽　B．齿轮直径　C．齿轮精度　D．齿轮在轴上的布置位置

（15）渐开线直齿圆柱齿轮的正确啮合条件为（　）。

A．模数、压力角分别相等　B．模数相等

C．压力角相等

（16）齿面的抗点蚀能力主要与齿面的（　）有关。

A．硬度　B．精度　C．表面粗糙度

（17）轮齿的弯曲疲劳裂纹多发生在（　）附近。

A．齿根　B．齿顶　C．齿轮的节点

（18）设计软齿面齿轮传动时，从等强度要求出发，应使（　）。

A．两者硬度相等　B．小齿轮硬度高于大齿轮硬度

C．大齿轮硬度高于小齿轮硬度　D．小齿轮采用硬齿面，大齿轮采用软齿面

（19）用一对齿轮来传递两转向相同的平行轴之间的运动时，宜采用（　）传动。

A．外啮合　B．内啮合　C．齿轮和齿条

（20）在齿轮传动中，小齿轮齿面硬度与大齿轮齿面硬度差应取（　）较合理。

A．0　B．30~50HBS　C．小于30HBS

（21）当齿轮的齿顶圆直径大于 500mm 时，应采用（　　）式结构。

A．轮辐　　B．腹板　　C．实体

（22）选择齿轮的精度等级的主要依据，是齿轮的（　　）。

A．圆周速度的大小　　B．转速的高低

C．传递功率的大小　　D．传递转矩的大小

（23）分度圆上压力角（　　）20°。

A．>　　B．=　　C．<

（24）齿轮的弯曲强度，若（　　），则齿轮的弯曲强度增大。

A．模数不变，增多齿数　　B．模数不变，增大中心距

C．5 模数不变，增大直径　　D．齿数不变，增大模数

（25）用同牌号的钢材料制造一配对软齿面齿轮，其热处理方案（　　）。

A．小轮正火、大轮调质　　B．大轮正火、小轮调质

C．小轮调质、大轮正火

（26）在一对齿轮传动中，若保持分度圆直径 d_1，而减少齿数和增大模数，则其齿面接触应力将（　　）。

A．增大　　B．减小　　C．保持不变　　D．略有减小

（27）一对外啮合斜齿圆柱齿轮传动，当主动轮转向改变时，作用在两轮上的（　　）分力的方向随之改变？

A．F_t、F_r和F_a　　B．F_t　　C．F_t和F_a

（28）斜齿圆柱齿轮传动，两轮轴线之间的相对位置（　　）。

A．平行　　B．相交　　C．交错

（29）斜齿轮传动的螺旋角一般取（　　）。

A．8°~15°　　B．15°~20°　　C．3°~5°

（30）（　　）不能提高齿轮传动的齿面接触承载能力。

A．分度圆直径不变而增大模数　　B．改善材料

C．增大齿宽　　D．增大齿数以增大分度圆直径

2．判断题

（1）渐开线齿廓上各点的压力角不相等。（　　）

（2）渐开线的形状取决于分度圆的大小。（　　）

（3）基圆内也能产生渐开线。（　　）

（4）一对直齿圆柱齿轮的正确啮合条件是两轮齿的形状和大小都相等。（　　）

（5）齿轮传动中齿面接触应力小的齿轮的齿面接触疲劳强度低。（　　）

（6）我国规定，标准齿轮的压力角为 15°。（　　）

（7）斜齿轮的分度圆直径 $d=m_tz$ 可判断其端面模数为标准值。（　　）

（8）内齿轮的齿形齿廓线是在基圆内形成的。（　　）

（9）内齿轮的齿顶圆直径比分度圆直径小。（　　）

（10）同一齿数和压力角的齿轮必须用两把刀加工。（　　）

（11）压力角的大小和轮齿的形状有关。（　　）

（12）直齿圆柱齿轮可用于高速、大功率的齿轮平稳传动。（　　）

（13）为了减少吃齿面磨损，一般采用开式齿轮传动。（　　）

（14）采用标准模数和标准压力角的齿轮不一定是标准齿轮。（　　）

（15）齿轮齿根圆以外的齿廓曲线一定是渐开线。（　　）

（16）轮齿的点蚀多发生在节线和齿顶圆之间。（　　）

（17）齿数多的齿轮的几何尺寸一定比齿数少的齿轮的几何尺寸大。（　　）

（18）适当提高齿面硬度可以防止点蚀、磨损等失效形式。（　　）

（19）当模数一定时，齿数减少，齿轮的几何尺寸越大。（　　）

（20）斜齿轮会产生轴向分力，螺旋角也大，轴向分力越小。（　　）

（21）齿轮啮合侧隙专为防止膨胀卡死。（　　）

（22）标准模数和标准压力角保证渐开线齿轮传动比恒定。（　　）

（23）齿轮的模数越大，其齿形系数越大。（　　）

（24）一对外啮合斜齿轮，轮齿的螺旋角相同，旋向相同。（　　）

（25）齿轮传动可以不停车地进行变速和变向。（　　）

3．简答题

（1）齿轮上哪一点的压力角为标准值？哪一点的压力角最大？哪一点的压力角最小？

（2）试证明：直齿圆柱外齿轮的齿顶圆压力角大小与模数无关，且齿数越多，压力角越小。

（3）标准直齿圆柱齿轮的基本参数有哪些？决定渐开线形状的基本参数是什么？模数在计算中起什么作用？

（4）一个标准渐开线直齿轮，当齿根圆和基圆重合时，齿数为多少？若齿数大于上述值，则齿根圆和基圆哪个大？

（5）齿轮的失效形式有哪些？采取什么措施可以减缓失效发生？

（6）齿轮强度设计准则是如何确定的？

（7）对齿轮材料的基本要求是什么？常用齿轮材料有哪些？如何保证对齿轮材料的基本要求？

（8）软齿面齿轮为何应使小齿轮的硬度比大齿轮高？

（9）一对齿轮传递的转矩为 T，若其他条件不变，则当齿宽 b 或小齿轮的分度圆直径 d_1 分别增大一倍时，对接触应力 σ_H 有何影响？

（10）已知直齿圆柱齿轮 1 顺时针方向转动，分析并标出如图 6-35 所示齿轮 2 所受的圆周力和径向力。

① 当齿轮 1 为主动轮时；

② 当齿轮 2 为主动轮时。

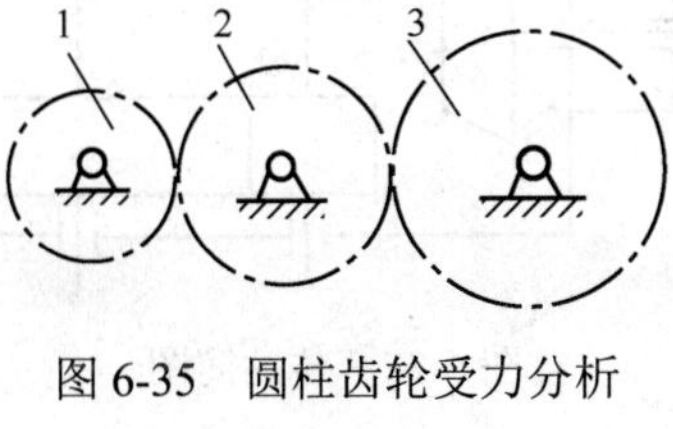

图 6-35　圆柱齿轮受力分析

4．计算题

（1）已知一对标准直齿圆柱齿轮的中心距 a=120mm，传动比 i=3，小齿轮齿数 z_1=20。试确定这对齿轮的模数、分度圆直径、齿顶圆直径和齿根圆直径。

（2）测得一标准直齿圆柱齿轮的齿顶圆直径为 130mm，齿数为 24，全齿高为 11.25mm，求

该齿轮模数 m 和齿顶高系数 h_a^*。

（3）备品库内有一标准直齿圆柱齿轮，已知齿数为 38，测得齿顶圆直径为 99.85mm。现准备将它用在中心距为 112.5 的传动中，试试确定与之配对的齿轮齿数、模数、分度圆直径和齿根圆直径。

（4）已知一标准直齿圆柱齿轮的齿数为 40，测得公法线长度为 $W_{K=5}$=32.677mm，$W_{K=6}$=41.533mm，试计算该齿轮的模数、分度圆直径和基圆直径。

（5）某车间技术改造，需选配一对标准直齿圆柱齿轮，已知主动轴的转速 n_1=400r/min，要求从动轴转速 n_2=100r/min，两轮中心距为 100mm、齿数 $z_1 \geqslant 17$。试确定这对齿轮的模数和齿数。

（6）在技术改造中，拟使用两个现成的标准直齿圆柱齿轮。已测得齿数 z_1=22，z_2=98，小齿轮齿顶圆直径 d_{a1}=240mm，大齿轮的全齿高 h=22.5mm，试判断这两个齿轮能否正确啮合。

（7）现有 4 个标准齿轮：m_1=4mm，z_1=25；m_2=4mm，z_2=50；m_3=3mm，z_3=60；m_4=2.5mm，z_4=40。试问：①哪两个齿轮的渐开线形状相同？②哪两个齿轮能正确啮合？③哪两个齿轮能用同一把滚刀制造？

（8）图 6-36 所示为二级斜齿圆柱齿轮减速器。已给出齿轮 1 的转向及轮齿的螺旋方向，为使中间轴上的轴承所受的轴向力最小，试确定：① 其他各轴的转向；② 齿轮 2、3、4 的轮齿旋向；③ 分别画出各轮齿在啮合处的三个分力。

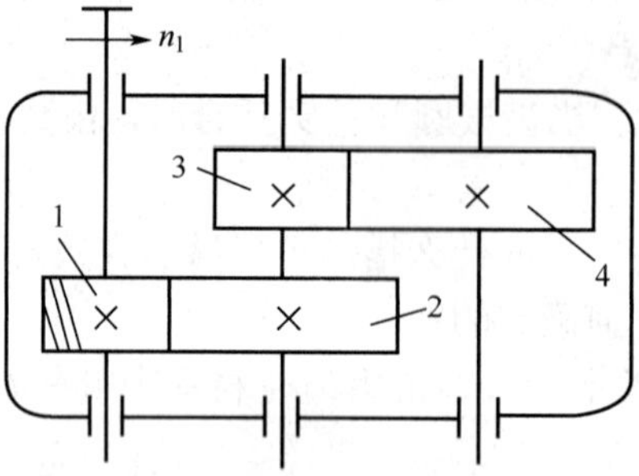

图 6-36　二级斜齿圆柱齿轮减速器

（9）图 6-37 所示为直齿锥齿轮与斜齿圆柱齿轮组成的两级传动装置，动力由 I 轴输入，小锥齿轮 1 的转动方向已知，试分析：① 使 II 轴所受轴向力最小时，斜齿轮 3 和斜齿轮 4 的轮齿旋向并在图上标出；② 锥齿轮 2 和斜齿轮 3 所受各力的方向并在图上标出。

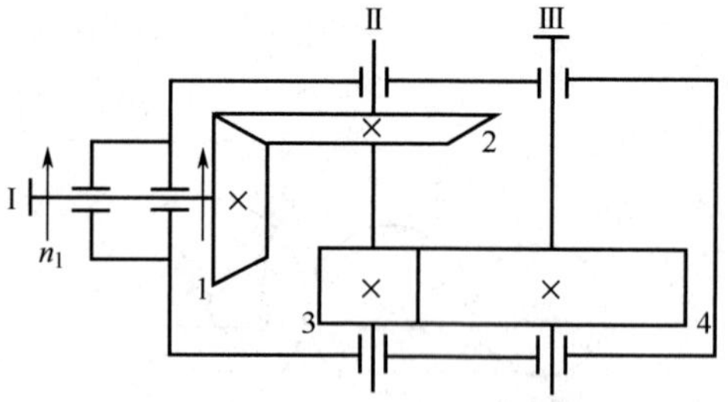

图 6-37　传动简图

（10）设计单级齿轮减速器中的一对直齿圆柱齿轮，已知传递的功率为 4kW，小齿轮转速 n_1=450r/min，传动比 i=3.5，载荷平稳，使用寿命 5 年。

（11）已知一对斜齿圆柱齿轮传动，传递的功率 P=10kW，转速 n_1=1200r/min，齿数 z_1=28，法向模数 m_n＝3mm，螺旋角 β＝15°，试求作用于轮齿上各力的大小。

第7章 蜗杆传动

本章知识导读

【知识目标】

- 了解蜗杆传动的类型、特点及应用。
- 掌握蜗杆传动的主要参数和几何尺寸计算。
- 掌握蜗杆传动的受力分析。

【能力目标】

- 能正确进行蜗杆传动的受力分析。
- 能合理选择蜗杆及蜗轮的常用材料。
- 设计蜗杆传动。

【教学重点与难点】

- 蜗杆传动的正确啮合条件。
- 蜗杆传动的受力分析。
- 蜗杆传动的设计计算方法。

蜗杆传动是一种在空间传递两根垂直交错轴之间的运动和动力的机构。蜗杆传动是啮合传动，与齿轮传动有许多相似之处，但又有其自身的特点。随着加工工艺技术的发展和新型蜗杆传动技术的不断出现，蜗杆传动已普遍应用于各类运动与动力传动装置中。

7.1 蜗杆传动的类型、特点、参数和尺寸

蜗杆传动由蜗杆、蜗轮和机架组成。蜗杆传动用于传递空间两交错轴之间的运动和动力，通常两轴交错角为90°。蜗杆传动一般用做减速传动，广泛应用于各种机械设备和仪表中。

7.1.1 蜗杆传动的类型和特点

蜗杆传动的类型，如表7-1所示。

表 7-1　蜗杆传动的类型

分类方法	名　称	图　示
按蜗杆形状	圆柱蜗杆传动	
	圆弧面蜗杆传动	
	锥面蜗杆传动	
按齿廓曲线形状	阿基米德蜗杆（ZA 型）	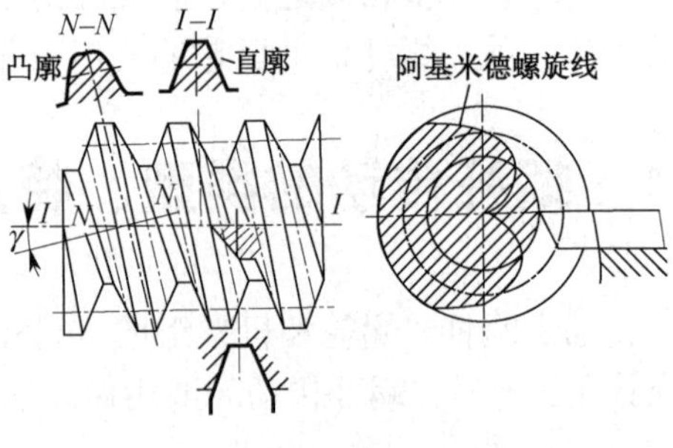
	法面直廓蜗杆（ZI 型）	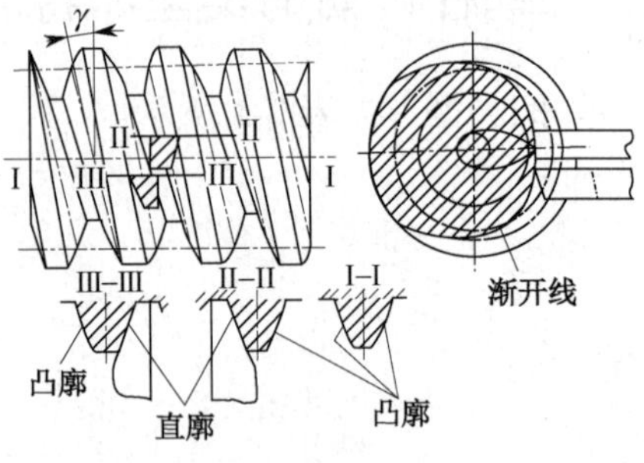

续表

分类方法	名　称	图　示
	渐开线蜗杆（ZN 型）	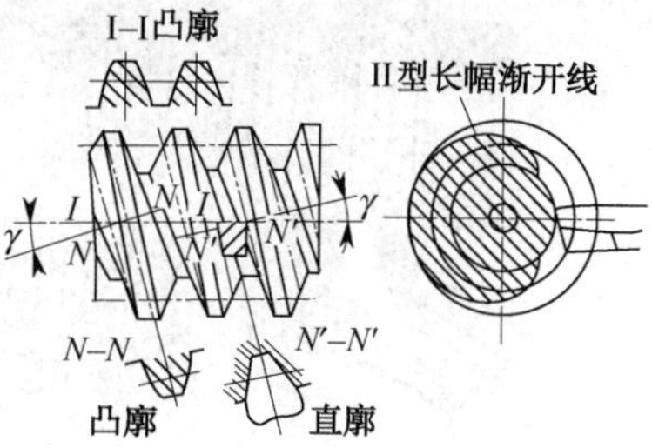
按螺旋方向	左旋	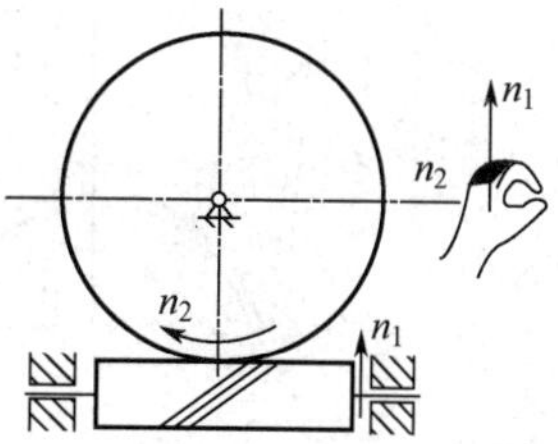
	右旋	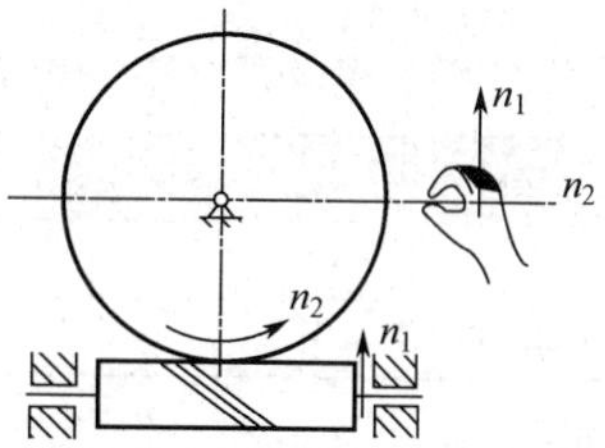

蜗杆传动与齿轮传动相比，具有以下特点。

（1）传动比大，结构紧凑。这是其最大特点。单级蜗杆传动比 $i=5\sim80$，若只传递运动（如分度机构），则其传动比可达 1000。

（2）传动平稳，噪声小。由于蜗杆齿呈连续的螺旋状，它与蜗轮齿的啮合是连续不断地进行的，同时啮合的齿数较多，故传动平稳、噪声小。

（3）可制成具有自锁性的蜗杆。当蜗杆的螺旋线升角小于啮合面的当量摩擦角时，蜗杆传动具有自锁性，此时只能是蜗杆带动蜗轮转动，反之则不能运动。

（4）传动效率低。因蜗杆传动齿面间存在较大的相对滑动，摩擦损耗大，故传动效率较低。一般传动效率为 0.7～0.8，具有自锁性的蜗杆传动，传动效率小于 0.5。

（5）蜗轮的造价较高。为减轻齿面的磨损及防止胶合，蜗轮一般要采用价格较贵的有色金属制造，因此造价较高。

7.1.2　蜗杆传动的基本参数和几何尺寸计算

图 7-1 所示为阿基米德蜗杆与蜗轮啮合的情况。通过蜗杆轴线并垂直于蜗轮轴线的剖面称为中间平面。该平面为蜗杆的轴面、蜗轮的端面。在中间平面内，蜗杆与蜗轮的啮合相当于渐开线齿轮与齿条的啮合。因此，该平面内的参数为标准值。

1. 蜗杆传动的基本参数

蜗杆传动的基本参数，如表 7-2 所示。

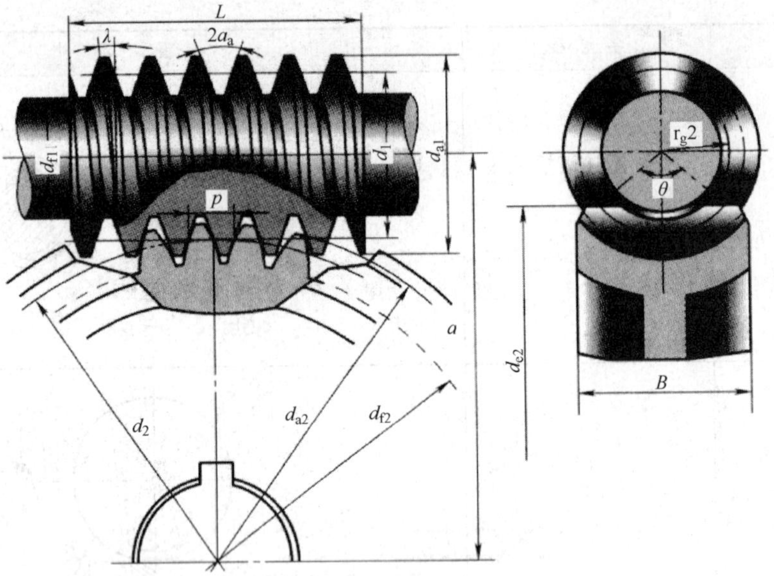

图 7-1　阿基米德蜗杆传动的主要几何尺寸

表 7-2　蜗杆传动的基本参数

名　称	符　号	说　明
蜗杆头数	z_1	蜗杆螺旋线的数目
蜗轮齿数	z_2	蜗轮圆周上均匀分布的轮齿总数
传动比	i	蜗杆转数与蜗轮转数的比值
模数	m_{a1}	蜗杆的轴面模数
	m_{t2}	蜗杆的端面模数
压力角	α_{a1}	蜗杆的轴面压力角
	α_{t2}	蜗杆的端面压力角
蜗杆导程角	λ	蜗杆分度圆柱展开，其螺旋线与端面的夹角
直径系数	q	蜗杆分度圆直径与模数的比值

2. 蜗杆传动的几何尺寸计算

标准圆柱蜗杆传动的几何尺寸计算公式，如表 7-3 所示。

表 7-3　标准圆柱蜗杆传动的几何尺寸计算公式

名　称	计算公式	
	蜗　杆	蜗　轮
齿顶角	$h_{a1}=h_a^*m=m$	$h_{a2}=h_a^*m=m$
齿根角	$h_{f1}=(h_a^*+c^*)m=1.2m$	$h_{f2}=(h_a^*+c^*)m=1.2m$
分度圆直径	$d_1=mq$	$d_2=mz_2$
齿顶圆直径	$d_{a1}=d_1+2h_{a1}$	$d_{a2}=d_2+2h_{a2}$
齿根圆直径	$d_{f1}=d_1-2h_{f1}$	$d_{f2}=d_2-2h_{f2}$
顶隙	$c=0.2m$	
蜗杆轴向齿距 蜗轮端面齿距	$p_{a1}=p_{t2}=\pi m$	

续表

名　称	计算公式	
	蜗　杆	蜗　轮
蜗杆分度圆柱的导程角	$\lambda = \arctan\frac{z_1}{q}$	
蜗轮分度圆上轮齿的螺旋角		$\beta = \lambda$
中心距	$a = \frac{m}{2}(q + z_2)$	

3．蜗杆传动的正确啮合条件

根据传动原理，两轴交错角为 90°的蜗杆传动正确的啮合条件为：蜗杆的轴面模数和轴面压力角与蜗轮的端面模数和端面压力角分别相等，同时蜗杆的导程角 λ 与蜗轮的螺旋角 β 相等，且旋向相同，即

$$\left.\begin{aligned} m_{a1} &= m_{t2} \\ \alpha_{a1} &= \alpha_{t2} \\ \lambda &= \beta \end{aligned}\right\}$$

7.2　蜗杆传动的失效形式、设计准则和受力分析

7.2.1　蜗杆传动的失效形式和设计准则

蜗杆传动的失效形式包括磨损、胶合、点蚀和轮齿折断等。如图 7-2 所示，由于蜗杆和蜗轮啮合点处的圆周线速度 v_1 和 v_2 的方向相互垂直，因此蜗杆传动工作时，啮合齿面间存在较大的相对滑动速度 v_s，$v_s = \sqrt{v_1^2 + v_2^2} = v_1 / \cos\lambda$。所以，蜗杆传动最易发生的失效形式是胶合和磨损，而轮齿折断则很少发生。另外，由于蜗杆是连续的螺旋齿，而且蜗杆的材料强度比蜗轮高，因此失效一般总发生在蜗轮轮齿上。

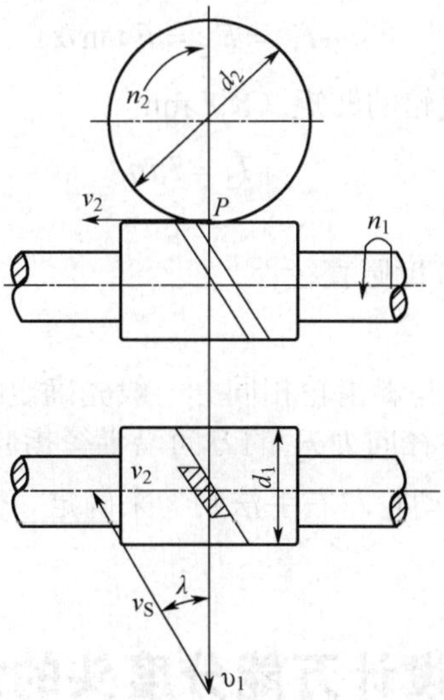

图 7-2　蜗杆传动的相对滑动速度

蜗杆传动的设计准则是：

对闭式蜗杆传动，一般按齿面接触疲劳强度设计，按齿根弯曲疲劳强度校核和热平衡核算；

对开式蜗杆传动时载荷变动较大，或蜗轮齿数 z_2 大于 90 的蜗杆传动，通常只须按齿根弯曲疲劳强度进行设计。当蜗杆直径较小而跨距较大时，还应作蜗杆轴的刚度验算。

7.2.2 蜗杆传动的受力分析

蜗杆传动的受力分析与斜齿圆柱齿轮的受力分析相似。在不计摩擦力的情况下，齿面上的法向力可分解为三个相互垂直的分力：圆周力 F_t 、轴向力 F_a 、径向力，如图 7-3 所示。

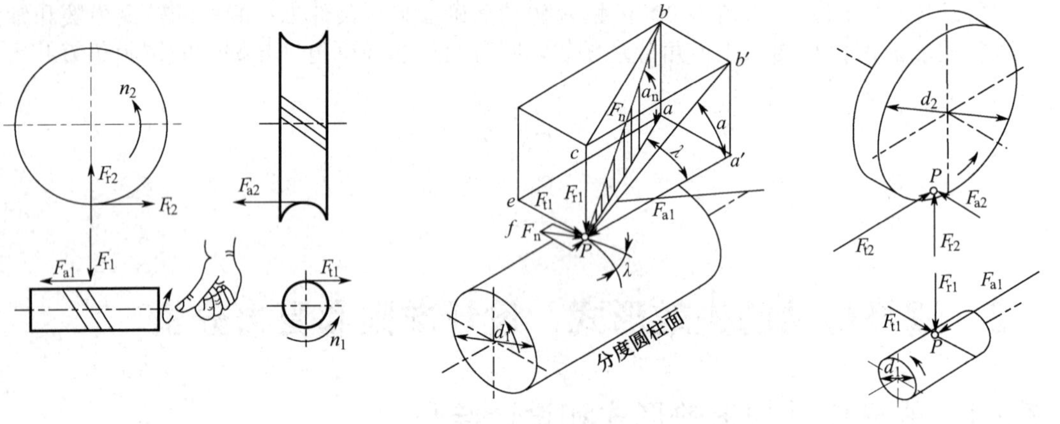

图 7-3 蜗杆传动的受力分析

由于蜗杆与蜗轮的轴交错角为 90°，因此根据作用力与反作用力原理可得

$$\left.\begin{aligned} F_{t1} &= -F_{a2} = \frac{2T_1}{d_1} \\ -F_{a1} &= F_{t2} = \frac{2T_2}{d_2} \\ -F_{t1} &= F_{r2} = F\tan\alpha \end{aligned}\right\}$$

式中 T_1 、T_2 ——作用于蜗杆和蜗轮的转矩（N · mm）；

$$T_2 = T_1 i\eta$$

η ——蜗杆的传动效率；

d_1 、d_2 ——蜗杆和蜗轮的分度圆直径；

α ——压力角，α=20°。

蜗杆蜗轮受力方向的判别方法与斜齿轮相同。一般先确定蜗杆（主动件）的受力方向。其所受的圆周力 F_{t1} 的方向与转向相反；径向力 F_{r1} 的方向沿半径指向轴心；轴向力 F_{a1} 的方向取决于螺旋线的旋向和蜗杆的转向，按“主动轮左右手法则”来确定。作用于蜗轮上的力可根据作用力与反作用力原理来确定。

实训 9 设计万能分度头的蜗杆传动

万能分度头是一种较准确的等分角度的工具，由顶尖 1、主轴 2、刻度盘 3、游标 4、鼓形壳体 5、插销 6、手柄 7、分度叉 8、分度盘 9、锁紧螺钉 10 和底座 11 组成，如图 7-4 所示。

在分度头结构中，通过手柄驱动一对齿轮传动使蜗杆轴转动，与蜗杆啮合的蜗轮与主轴 2 连接，如果要求主轴 2 装夹的工件进行 Z 等分，则可计算出手柄应转过的周数，再利用分度盘 9 上合适孔数的倍数值，来实现精确分度。

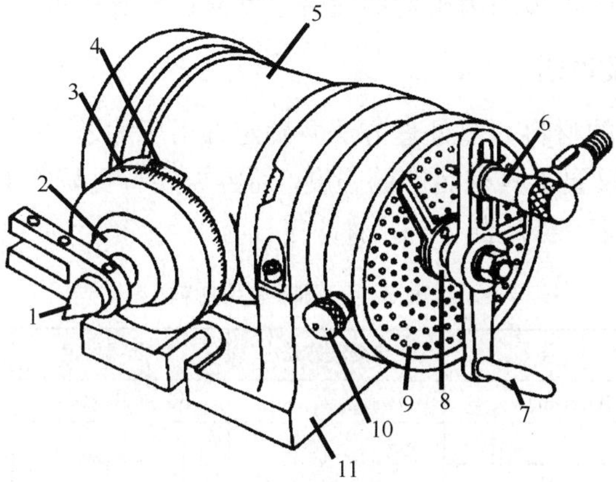

图 7-4　万能分度头

1—顶尖；2—主轴；3—刻度盘；4—游标；5—鼓形壳体；6—插销；7—手柄；8—分度叉；9—分度盘；10—锁紧螺钉；11—底座

该设计为闭式蜗杆传动，其设计计算流程如图 7-5 所示。

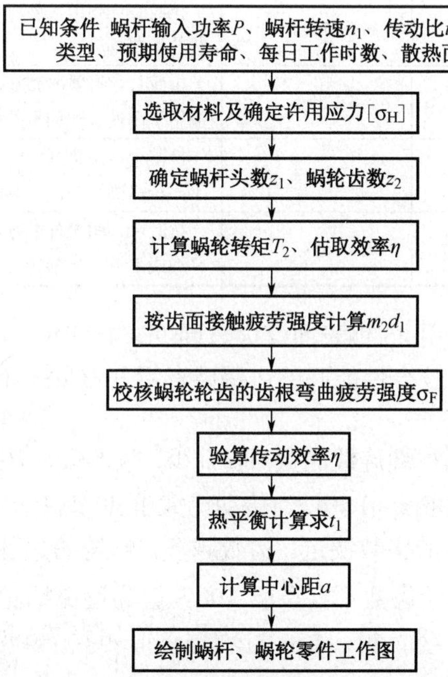

图 7-5　闭式蜗杆传动设计计算流程图

1．设计要求与数据

（1）设计要求：设计-万能分度头的闭式蜗杆传动。

（2）数据：蜗杆输入功率 P_1＝7.5kW，蜗杆的转速 n_1＝1450r / min，传动比 i=25，载荷平稳，单向回转，预期使用寿命 15000h，估计散热面积 A=1.5m^2，通风良好。

2．设计内容

设计内容包括：选择蜗杆、蜗轮的材料、热处理方法，确定许用应力、制造精度、主要参数和几何尺寸、结构，校核其传动效率，并进行热平衡计算。

蜗杆传动的设计计算，实际上是针对强度较弱的蜗轮轮齿的强度进行的；一般对其只进行齿面接触疲劳强度的设计，而轮齿的齿根弯曲疲劳强度只在特殊条件下才进行计算。

3．设计步骤、结果及说明

（1）选择蜗杆、蜗轮的材料、热处理方法并确定许用应力

蜗杆、蜗轮的材料不仅要求具有足够的强度，而且需要有良好的磨合性能和耐磨性能。蜗杆、蜗轮的常用材料，分别如表 7-4、表 7-5 所示。

表 7-4　蜗杆常用材料

材料名称	符　号	热处理方法	表面硬度	使用范围
低碳合金钢	20Cr、20CrMnTi	渗碳淬火	56～62HRC	高速重载，载荷不稳定
优质碳素钢	45	表面淬火	45～55HRC	中速中载，载荷稳定
碳素结构钢	40Cr			
优质碳素钢	45	调质处理	210～230HRC	低速中载，不重要传动

表 7-5　蜗轮常用材料

材料名称	符　号	热处理方法	使用范围
铸锡磷青铜	ZCuSn10Pb	$v_s \leqslant 25$m/s	抗胶合，耐磨性能好，易加工，价格高，多用于高速重载的重要蜗轮
铸锡锌铝青铜	ZCuSn5PbZn5	$v_s \leqslant 12$m/s	抗胶合，耐磨性能好，抗腐蚀性能好，易加工，价格高，多用于高速重载的重要蜗轮
铸铝铁镍青铜	ZCuAl9Fe4Ni4Mn2	$v_s \leqslant 10$m/s	抗胶合，耐磨性能一般，强度高于以上两种材料，易加工，价格高，多用于中速中载的重要蜗轮
灰铸铁	HT150、HT200	$v_s < 2$m/s	抗胶合，耐磨性能好，强度低，价格低，多用于低速、轻载或不重要的蜗轮

蜗杆：由于功率不大，因此采用 45 钢表面淬火，硬度＞45HRC。

蜗轮：因转速较高，故采用抗胶合性能好的铸锡磷青铜（ZCuSn10Pb），砂模铸造。

（2）确定蜗杆头数和蜗轮齿数

蜗杆的头数 z_1（齿数），即为蜗杆螺旋线的数目。z_1 少，效率低，但易得到大的传动比；z_1 多，效率高，但加工精度难以保证。一般取 z_1=1～4。当传动比大于 40 或要求蜗杆具有自锁性时，z_1=1。

蜗轮的齿数 z_2 由传动比和蜗杆的头数决定。齿数越多，蜗轮的尺寸越大，蜗杆轴也相应增长而刚度减小，影响啮合精度。故蜗轮齿数不宜多于 100。但为避免蜗轮根切，保证传动平稳，蜗轮齿数 z_2 应不少于 28。一般取 z_2=28～80。z_1、z_2 的推荐值如表 7-6 所示。

表 7-6　蜗杆头数 Z_1 与齿数 Z_2 的推荐值

传动比	5～6	7～8	9～13	14～24	25～27	28～40	＞40
蜗杆头数	6	4	3～4	2～3	2～3	1～2	1
蜗轮齿数	29～36	28～32	27～52	28～72	50～81	28～80	＞40

当蜗杆转过一周时，蜗轮将转过 z_2 个齿，故传动比为

$$i=\frac{n_1}{n_2}=\frac{z_2}{z_1}$$

式中，n_1、n_2 分别为蜗杆、蜗轮的转速，单位均为 r/min。由表 7-6，根据传动比 i 值取 z_1=2，则

$$z_2=iz_1=25\times2=50$$

（3）计算蜗轮转矩 T_2 和蜗杆传动的效率 η

$$T_2=9.55\times10^6\frac{P_1}{n_2}\eta$$

提示：

$\eta=\frac{P_2}{P_1}$，$i=\frac{n_1}{n_2}$，$T_1=9.55\times10^6\frac{P_1}{n_1}$。

蜗杆传动的功率损失一般包括三个部分：轮齿啮合摩擦损失、轴承摩擦损失和浸油零件搅动润滑油的损失。所以，蜗杆传动的总效率为

$$\eta=\eta_1\eta_2\eta_3$$

式中，η_1、η_2、η_3 分别为蜗杆传动的啮合效率、轴承效率和搅油效率。决定蜗杆传动总效率的是 η_1，一般取 η_2、η_3 为 0.95～0.96。

当蜗杆为主动件时，η_1 可近似按螺旋传动的效率计算，即

$$\eta=\frac{\tan\lambda}{\tan(\lambda+\rho_v)}$$

式中　λ——蜗杆的导程角；

ρ_v——当量摩擦角；$\rho_v=\arctan f_v$，如表 7-7 所示。ρ_v 随滑动速度 v_s 的增大而减少。因为 v_s 的增大使油膜易于形成，导致摩擦系数下降。

表 7-7　当量摩擦系数和当量摩擦角

蜗 轮 材 料	锡 青 铜				无 锡 青 铜		灰 铸 铁			
蜗杆齿面硬度	≥45HRC		<45HRC		≥45HRC		≥45HRC		45HRC	
滑动速度 v_s/（m/s）	f_v	ρ_v	f_v	ρ_v	f_v	ρ_v	f_v	v_v	f_v	ρ_v
0.01	0.11	6°17′	0.12	6°51′	0.18	10°12′	0.38	10°12′	0.19	10°45′
0.10	0.08	4°34′	0.08	5°09′	0.13	7°24′	0.13	7°24′	0.14	7°58′
0.25	0.065	3°43′	0.075	4°17′	0.10	5°43′	0.10	5°43′	0.12	6°51′
0.50	0.065	3°09′	0.065	3°43′	0.09	5°09′	0.09	5°09′	0.10	5°43′
1.00	0.045	2°35′	0.055	3°09′	0.07	4°00′	0.07	4°00′	0.09	5°09′
1.50	0.04	2°17′	0.05	2°52′	0.065	3°43′	0.065	3°43′	0.08	4°34′
2.00	0.035	2°00′	0.045	2°35′	0.055	3°09′	0.055	3°09′	0.07	4°00′
2.50	0.03	1°43′	0.04	2°17′	0.05	2°52′				
3.00	0.028	1°36′	0.035	2°00′	0.045	2°35′				
4.00	0.024	1°22′	0.001	1°47′	0.04	2°17′				
5.00	0.022	1°16′	0.029	1°40′	0.035	2°00′				
8.00	0.018	1°02′	0.026	1°29′	0.03	1°43′				
10.0	0.016	0°55′	0.024	1°22′						
15.0	0.014	0°48′	0.020	1°09′						
24.0	0.013	0°45′		′						

注：蜗杆传动齿面间的相对滑动速度 $v_s=v_1/\cos\lambda$，硬度≥45HRC 时的 ρ_v 值是指蜗杆齿面经磨削、蜗杆传动经跑合并有充分润滑的情况。

当然，除与 ρ_v 有关外，对 η_1 起决定性影响的还是导程角 λ。在 λ 的一定范围内，η_1 随 λ 的增大而增大，而多头蜗杆的 λ 角较大，故动力传动一般采用多头蜗杆。但如果 λ 角过大，则蜗杆的加工较困难，且当 $\lambda > 27°$ 时，效率增加的幅度很小。因此，一般取 $\lambda \leqslant 27°$。当 $\lambda \leqslant \rho_v$ 时，蜗杆传动具有自锁性，但此时蜗杆传动的效率很低（小于 50%）。

在传动尺寸未确定之前，蜗杆传动的总效率 η 一般可根据蜗杆头数 z_1 近似按表 7-8 进行选取。

表 7-8　蜗杆传动的总效率 η

传 动 形 式	蜗 杆 头 数 z_1	总效率 η
闭式	1	0.70～0.75
	2	0.75～0.82
	4	0.82～0.92
开式	1，2	0.60～0.70

估取 η =0.85，则

$$T_2 = 9.55\times10^6 \frac{P_1}{n_2}\eta = 9.55\times10^6 \times \frac{7.5}{58}\times 0.85 = 10.5\times10^5\ (\text{N}\cdot\text{mm})$$

（4）按齿面接触疲劳强度计算

蜗轮齿面接触疲劳强度校核公式为

$$\sigma_\text{H} = 520\sqrt{\frac{KT_2}{d_1 d_2^2}} = 520\sqrt{\frac{KT_2}{m^2 d_1 z_2^2}} \leqslant [\sigma_\text{H}]$$

上式适用于钢制蜗杆对青铜或铸铁蜗轮。

蜗轮齿面接触疲劳强度设计公式为

$$m^2 d_1 \geqslant KT_2\left(\frac{520}{z_2[\sigma_\text{H}]}\right)^2$$

式中　K——载荷系数，K=1～1.4。当载荷平稳、$v_s \leqslant$3m/s、7 级以上精度时取小值；否则取大值，取载荷系数 K=1.2。

T_2——蜗轮上的转矩，单位为 N · mm。

$[\sigma_\text{H}]$——蜗轮材料的许用接触应力，单位为 MPa。

当蜗轮材料为铸铝铁青铜或铸铁时，其主要的失效形式为胶合，此时进行的接触强度计算是条件性计算，许用接触应力可根据材料和滑动速度由表 7-9 查得，其值与应力循环次数无关；当蜗轮材料为铸锡青铜时，其主要的失效形式为疲劳点蚀，许用接触应力值与循环次数有关，$[\sigma_\text{H}]=[\sigma_\text{H}]' K_\text{HN}$，其中 $[\sigma_\text{H}]'$ 为蜗轮的基本许用接触应力，可从表 7-10 中查得；K_HN 为寿命系数，$K_\text{HN}=\sqrt[8]{\frac{10^7}{N}}$（$N$ 为应力循环次数），其计算方法与齿轮相同（当 $N=10^7$ 时，K_HN=1；当 $N>25\times10^7$ 时，取 $N=25\times10^7$；当 $N<2.6\times10^5$ 时，取 $N=2.6\times10^5$）。

表 7-9　铸铝铁青铜及铸铁蜗轮的许用接触应力[σ_H]（MPa）

蜗轮材料	蜗杆材料	滑动速度 v_s/（m/s）						
		0.5	1	2	3	4	6	8
ZCuAl10Fe3	淬火钢	250	230	210	180	160	120	90
HT150 HT200	渗碳钢	130	115	90	—	—	—	—
HT150	调质钢	110	90	70	—	—	—	—

表 7-10　铸锡青铜蜗轮的基本许用接触应力[σ_H]′（N=10^7）（MPa）

蜗轮材料	铸造方法	适用的滑动速度 v_s/（m/s）	蜗杆齿面硬度	
			≤350HBS	＞45HRC
铸锡磷青铜 （ZCuSn10P1）	砂型 金属型	≤12 ≤25	180 200	200 220
铸锡锌铅青铜 （ZCuSn5Pb5Zn5）	砂型 金属型	≤10 ≤12	110 135	125 150

由表 7-10 可知，蜗轮材料的基本许用接触应力为

$$[\sigma_H]' = 200 \text{（MPa）}$$

计算应力循环次数 N（蜗轮转速 n_2=1450/25=58r/min）为

$$N = 60jn_2L_h = 60\times1\times58\times15000 = 5.22\times10^7 \text{（次）}$$

计算寿命系数 K_{HN} 为

$$K_{HN} = \sqrt[8]{\frac{10^7}{N}} = \sqrt[8]{\frac{10^7}{5.22\times10^7}} = 0.8134$$

计算许用应力为

$$[\sigma_H] = [\sigma_H]' K_{HN} = 200\times0.8134 = 163 \text{（MPa）}$$

蜗杆基本参数如表 7-11 所示。

$$m^2d_1 \geqslant KT_2\left[\frac{520}{z_2[\sigma_H]}\right]^2 = 1.2\times10.5\times10^5\times\left(\frac{520}{50\times163}\right)^2 = 5130 \text{（mm}^3\text{）}$$

查表 7-11，按 m^2d_1>5130mm^3 所得选取 m^2d_1=5376mm^3。

在切制蜗轮轮齿时，所用滚刀的直径和齿形参数必须和该蜗轮相啮合的蜗杆一致。而蜗杆分度圆直径 d_1 不仅与模数有关，还随 $\dfrac{z_1}{\tan\lambda}$ 的数值而变。即使 m 相同，也会有许多不同直径的蜗杆。为了限制滚刀的数目并便于滚刀的标准化，对于每一种模数的蜗杆，国家标准制定了蜗杆分度圆直径 d_1 的标准值，如表 7-11 所示。

当模数 m 一定时，q 值增大则蜗杆直径 d_1 增大，蜗杆的刚度提高。因此，对于小模数蜗杆一般规定了较大的 q 值，以使蜗杆有足够的刚度。

$$m=8,\quad q=10$$

$$d_1 = mq = 8\times10 = 80\text{mm},\quad d_2 = mz_2 = 8\times50 = 400\text{mm}$$

蜗杆导程角 λ 小，效率低，但可实现自锁（λ=3.5°～4.5°）；λ 增大，效率随之提高，但蜗杆的车削加工较困难。通常取 λ=3.5°～27°。

$$\tan\lambda = \frac{z_1}{q} = \frac{2}{10} = 0.2 \quad \lambda = 11.31^\circ$$

表 7-11　蜗杆基本参数（Σ=90°，摘自 GB10085—1988）

模数 m/mm	分度圆直径 d_1/mm	蜗杆头数 z_1	直径系数 q	m_2d_1	模数 m/mm	分度圆直径 d_1/mm	蜗杆头数 z_1	直径系数 Q	m^2d_1
1	18	1	18.000	18	6.3	（80）	1,2,4	12.698	3175
1.25	20	1	16.000	31.25		112	1	17.778	4445
	22.4	1	17.920	35.00	8	（63）	1,2,4	7.875	4032
1.6	20	1,2,4	12.500	51.20		80	1,2,4,6	10.000	5120
	28	1	17.500	71.68		（100）	1,2,4	12.500	6400
2	（18）	1,2,4	9.000	72.00		140	1	17.500	8960
	22.4	1,2,4,6	11.200	89.60	10	（71）	1,2,4	7.100	7100
	（28）	1,2,4	14.000	112.00		90	1,2,4	9.000	9000
	35.5	1	17.750	142.0		（112）	1,2,4	11.200	11200
2.5	（22.4）	1,2,4	8.960	140.0		160	1	16.000	16000
	28	1,2,4,6	11.200	175.0	12.5	（90）	1,2,4	7.200	14063
	（35.5）	1,2,4	14.200	221.9		112	1,2,4	8.960	17500
	45	1	18.000	281.3		（140）	1,2,4	11.200	21875
3.15	（28）	1,2,4	8.889	277.8		200	1	16.000	31250
	35.5	1,2,4,6	11.27	352.2	16	（112）	1,2,4	7.000	28672
	（45）	1,2,4	14.286	446.5		140	1,2,4	8.750	35840
	56	1	17.778	555.7		（180）	1,2,4	11.250	46080
4	（31.5）	1,2,4	7.875	504.0		250	1	15.625	64000
	40	1,2,4,6	10.000	640.0	20	（140）	1,2,4	7.000	56000
	（50）	1,2,4	12.500	800.0		160	1,2,4	8.000	64000
	71	1	17.750	1136		（24）	1,2,4	11.200	89600
5	（40）	1,2,4	8.000	1000		315	1	15.750	126000
	50	1,2,4,6	10.000	1250	25	（180）	1,2,4	7.200	112500
	（63）	1,2,4	12.600	1575		200	1,2,4	8.000	125000
	90	1	18.000	2250		（80）	1,2,4	11.200	175000
6.3	（50）	1,2,4	7.936	1985		400	1	16.000	250000
	63	1,2,4,6	10.000	2500					

注：① 表中模数均是第一系列，属于第二系列的模数有 1.5、3、3.5、4.5、5.5、6、7、12、14。

② 表中蜗杆分度圆直径 d_1 均属于第一系列，d_1<18mm 及 d_1=355mm 的未列入。属于第二系列的 30、38、48、53、60、67、75、85、95、106、118、132、144、170、190、300。

③ 模数和分度圆直径均应优先选用第一系列，括号中的数字尽量不采用。

（5）校核蜗轮轮齿的齿根弯曲疲劳强度

蜗轮轮齿弯曲疲劳强度校核公式为

$$\sigma_F = \frac{2KT_2}{d_1 d_2 m\cos\lambda} Y_{F2} \leqslant [\sigma_F]$$

蜗轮齿轮弯曲疲劳强度设计公式为

$$m^2 d_1 \geqslant \frac{2KT_2}{z_2[\sigma_F]\cos\lambda} Y_{F2}$$

上两式中，$[\sigma_F]$ 为蜗轮材料的许用弯曲应力，单位为 MPa。$[\sigma_F]=[\sigma_F]' K_{FN}$，其中 $[\sigma_F]'$ 为

基本许用弯曲应力，从表 7-12 中查得：K_{FN} 为寿命系数，$K_{FN}=\sqrt[9]{\dfrac{10^6}{N}}$，其中应力循环次数 N 的计算方法同前。当 $N>25\times10^7$ 时，取 $N=25\times10^7$；当 $N<10^5$ 时，取 $N=10^5$。

表 7-12　蜗轮材料的基本许用弯曲应力[σ_F]（$N=10^6$）（MPa）

蜗轮材料及铸造方法	与硬度≤45HRC 的蜗杆相配对	与硬度≥45HRC，并经磨光或抛光的蜗杆相配对
铸锡磷青铜（ZCuSn10Pb）砂模铸造	46（32）	58（40）
铸锡磷青铜（ZCuSn10Pb）金属模铸造	58（42）	73（52）
铸锡磷青铜（ZCuSn10Pb）离心铸造	66（46）	83（58）
铸锡锌铅青铜（ZCuSn5PbZn5）砂模铸造	32（24）	40（30）
铸锡锌铅青铜（ZCuSn5PbZn5）金属铸造	41（32）	51（40）
铸铝铁青铜（ZCuAl10Fe3）	112（91）	140（116）
灰铸铁（HT150）砂模铸造	40	50

由表 7-12 可知蜗轮材料的基本许用弯曲应力为

$$[\sigma_F]'=58\ （MPa）$$

计算应力循环次数 N（蜗轮转速 n_2=1450/25=58r/min）为

$$N=60jn_2L_h=60\times1\times58\times15000=5.22\times10^7\ （次）$$

计算寿命系数 K_{FN} 为

$$K_{FN}=\sqrt[9]{\frac{10^6}{N}}=\sqrt[9]{\frac{10^6}{5.22\times10}}=0.6444$$

计算许用应力为

$$[\sigma_F]=[\sigma_F]'K_{FN}=58\times0.6444=37.4\ （MPa）$$

Y_{F2} 为蜗轮的齿形系数，按蜗轮的实有齿数 z_2 查表 7-13 可得。其余符号的意义同前。

表 7-13　蜗轮的齿形系数 Y_{F2}（$\alpha=20^\circ, h_a^*=1$）

z_2	10	11	12	13	14	15	16	17	18	19	20	22	24	26
Y_{F2}	4.55	4.14	3.70	3.55	3.34	3.22	3.07	2.96	2.89	2.82	2.76	2.66	2.57	2.51
Y_{F2}	28	30	35	40	45	50	60	70	80	90	100	150	200	300
Y_{F2}	2.48	2.44	2.36	2.32	2.27	2.24	2.20	2.17	2.14	2.12	2.10	2.07	2.04	2.04

查表 7-13，得 $Y_{F2}=2.24$。

$$\sigma_F=\frac{2KT_2}{d_1d_2m\cos\lambda}Y_{F2}=\frac{2\times1.2\times10.5\times10^5\times2.24}{80\times400\times8\times\cos11.31^\circ}=22.48\ （MPa）\leqslant[\sigma_F]$$

轮齿的齿根弯曲疲劳强度校核合格。

（6）验算传动效率

蜗杆分度圆速率为

$$v_1=\frac{\pi d_1n_1}{60\times1000}=\frac{3.14\times80\times1450}{60\times1000}=6.1\ （m/s）$$

故 $v_s=\dfrac{v_1}{\cos\lambda}=\dfrac{6.1}{\cos11.31^\circ}=6.22$（m/s）

查表 7-7 得 $f_v=0.0204$，$\rho_v=1^\circ9'(1.16^\circ)$。

$$\eta=(0.95\sim0.97)\frac{\tan\lambda}{\tan(\lambda+\rho_v)}$$

$$=(0.95\sim0.97)\frac{\tan 11.31^\circ}{\tan(11.31^\circ+1.16^\circ)}$$

$$=0.86\sim0.87$$

与原估计 $\eta=0.85$ 相近。

（7）热平衡计算

蜗杆传动的效率低，发热量大。若不及时散热，将引起箱体内油温升高，黏度降低，润滑失效，从而导致齿面磨损加剧，甚至胶合。因此，要依据单位时间内的发热量等于同时间内的散热量的条件进行热平衡计算。

设蜗杆传动的输入功率为 P_1（kW），传动效率为 η，单位时间内产生的发热量为 Q_1(W)。

自然冷却时，经箱体外壁在单位时间内散发到空气中的散热量为 Q_2(W)。

$$Q_2=K_S(t_1-t_0)A$$

式中　K_S——散热系数，单位为 W/m² · ℃（一般取 K_S=10～17，通风良好时取大值）；

A——箱体有效散热面积，单位为 m²（它是指箱体外壁与空气接触，而内壁又被油飞溅到的箱壳面积。对凸缘和散热片的面积可近似按其表面积的 50%计算）；

t_1——润滑油的工作温度，通常，允许油温［t_1］=70～90℃；

t_0——周围空气温度，通常取 t_0=20℃。

若蜗杆传动时单位时间内损耗的功率全部转变为热量，并由箱体表面散发出去而达到平衡，则 $Q_1=Q_2$，从而可得热平衡时润滑油的工作温度 t_1 为

$$t_1=\frac{1000(1-\eta)P_1}{K_S A}+t_0\leqslant[t_1]$$

取室温 t_0=20℃，因通风散热条件较好，故取散热系数 K_S =15W/m² · ℃。

$$t_1=\frac{1000(1-\eta)P_1}{K_S A}+t_0$$

$$=\frac{1000(1-0.86)\times7.5}{15\times1.5}+20$$

$$=67\ (℃)<70\sim90℃$$

符合要求。

（8）中心距及各部分尺寸

中心距为

$$a=\frac{d_1+d_2}{2}=\frac{80+400}{2}=240\ (\text{mm})$$

各部分尺寸计算略。

（9）绘制蜗杆、蜗轮零件工绘图

略。

7.3　蜗杆传动的润滑、提高散热能力的措施和结构

7.3.1　蜗杆传动的润滑

蜗杆传动相对滑动速度大，发热量大，效率低。为了提高传动的效率和寿命，蜗杆传动的润滑是十分重要的。

蜗杆传动常采用黏度较大的润滑油，以增强抗胶合能力，减小磨损。润滑油黏度及润滑方式，主要取决于滑动速度的大小和载荷类型。

在闭式蜗杆传动中，润滑方式可分为浸油润滑和压力喷油润滑。

采用浸油润滑时，对下置蜗杆传动，如图 7-6（a）所示，浸油深度为蜗杆的一个齿高，且油面不超过蜗杆滚动轴承最下方滚动体的中心。当 v_s >5 时，蜗杆搅油阻力太大，应采用上置蜗杆，如图 7-6（c）所示，此时可采用压力喷油润滑，有时也用浸油润滑，但浸油深度应达到蜗轮半径的 1/3。

对于开式蜗杆传动，则采用黏度较高的齿轮油或润滑脂进行润滑。

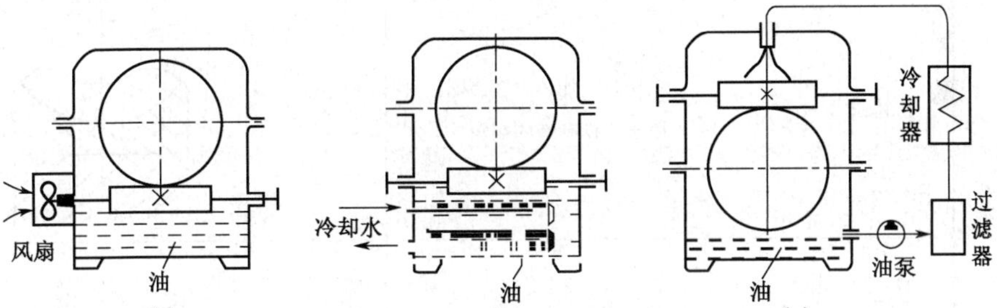

（a）　　（b）　　（c）

图 7-6　蜗杆传动的散热方法

7.3.2　提高散热能力的措施

如果工作温度超过允许的范围，则应采取下列措施以增加传动的散热能力。

（1）在箱体外表面设置散热片，以增加散热面积 A。

（2）在蜗杆轴上安装风扇，如图 7-6（a）所示。

（3）在箱体油池内安装蛇形冷却水管，用循环水冷却，如图 7-6（b）所示。

（4）利用循环油冷却，如图 7-6（c）所示。

7.3.3　蜗杆和蜗轮的结构

蜗杆和蜗轮的结构，如表 7-14 所示。

表 7-14　蜗杆和蜗轮的结构

蜗杆传动	结构名称		特点或适用范围	图示
蜗杆结构	蜗杆轴	铣制	齿根圆直径小于相邻轴段直径，刚度大	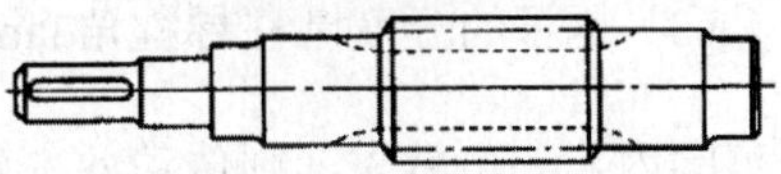
		车制	齿根圆直径大于相邻轴段直径，刚度小	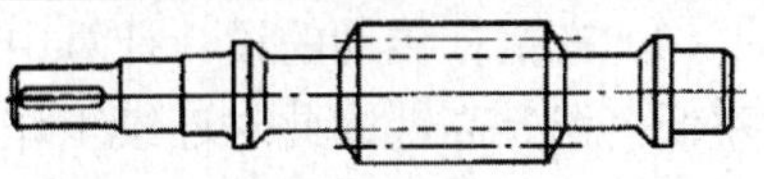

续表

蜗杆传动	结构名称	特点或适用范围	图示
蜗轮结构	整体式	铸铁蜗轮或小尺寸的青铜蜗轮	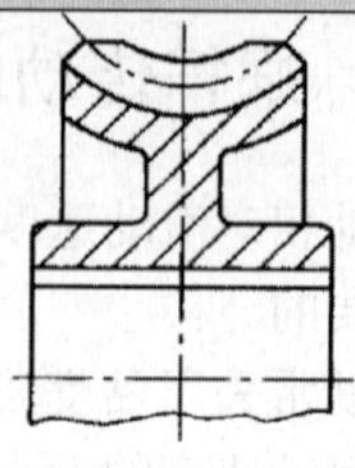
	配合式	齿圈用青铜、轮芯用铸铁或碳钢，制作较大尺寸的蜗轮	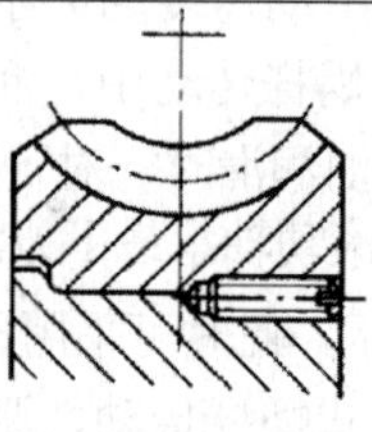
	拼铸式	轮芯上加铸青铜齿圈，只用于成批制造的蜗轮	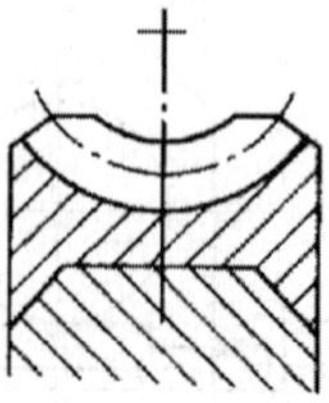
	螺栓连接式	齿圈和轮芯用螺栓连接，直径较大或容易磨损的蜗轮	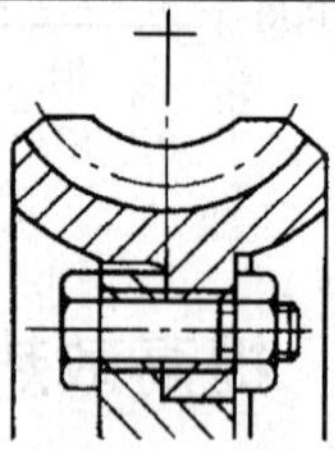

知识梳理与总结

通过对本章的学习，学会了解蜗杆传动的工作原理、特点，也学会了蜗杆传动的设计计算方法。

（1）蜗杆传动以中间平面的参数为标准值，其正确啮合条件为

$$\left.\begin{aligned} m_{a1} &= m_{t2} \\ \alpha_{a1} &= \alpha_{t2} \\ \lambda &= \beta \end{aligned}\right\}$$

（2）为减少所需蜗轮滚刀数量，蜗杆的直径应为标准值。应特别注意：蜗杆直径 $d_1 = mq$，而不是 $d_1 = mz_1$。因此，蜗杆传动的传动比 $i_{12} = \dfrac{n_1}{n_2} = \dfrac{z_2}{z_1} \neq \dfrac{d_2}{d_1}$。同理，中心距 $a = (d_1 + d_2)/2 \neq m(z_1 + z_2)/2$。

（3）蜗杆的分度圆柱导程角 $\tan\lambda = \dfrac{z_1}{q}$。可见，$\lambda$ 角随蜗杆头数 z_1 的增多而增大。在 λ 角的直径范围内，λ 角越大，则传动效率越高，而自锁性降低。

（4）在蜗杆传动的设计计算中，只需对蜗轮进行齿面接触疲劳强度计算。但蜗杆传动的传动效率低，温升高，因此对连续工作的闭式蜗杆传动还需进行热平衡计算。

自测题 7

1. 选择题

（1）当两轴线（　　）时，可采用蜗杆传动。

A．平行　　B．相交成某一角度

C．交错　　D．相交成直角

（2）阿基米德蜗杆的（　　）模数，应符合标准数值。

A．法面　　B．端面

C．轴面

（3）为了减少蜗轮滚刀型号，有利于刀具的标准化，规定（　　）为标准值。

A．蜗轮齿数　　B．蜗轮分度圆直径

C．蜗杆头数　　D．蜗杆分度圆直径

（4）对普通蜗杆传动，主要应当计算（　　）内的各几何尺寸。

A．法平面　　B．中间平面

C．端面

（4）在蜗杆传动中，引入蜗杆直径系数 q 的目的是（　　）。

A．减少蜗轮滚刀数目以降低制造成本

B．便于实现中心距的标准化

C．便于蜗轮尺寸参数的计算和测量

（5）当传递的功率较大时，为了提高效率，蜗杆的头数 z_1 可以取（　　）。

A．1　　B．2

C．3

（6）当润滑条件差及散热不良时，闭式蜗杆传动极易出现（　　）。

A．齿面磨损　　B．齿轮折断

C．齿面胶合　　D．齿面点蚀

（7）蜗杆的圆周力与蜗轮的（　　）大小相等、方面相反。

A．轴向力　　B．径向力

C．圆周力

（8）具有自锁性能的蜗杆传动，其最大效率小于（　　）。

A．0.7　　B．0.5

C．0.9　　D．0.2

（9）蜗杆传动的计算主要是针对（　　）的齿面接触强度和齿根弯曲强度来进行的。

A．蜗杆　　B．蜗杆

C．蜗杆和蜗轮

2. 判断题

（1）蜗杆的转向与蜗轮的转向相反。（　　）

（2）多头蜗杆的传动效率高。（　　）

（3）在蜗杆传动中，在蜗轮齿数不变的情况下，蜗杆头数少则传动比大。（　　）

（4）蜗杆传动具有自锁性，所以蜗轮永远是从动件。（　　）

（5）蜗杆的端面模数和蜗轮的端面模数相等且为标准值。

（6）制造蜗轮的材料，其主要要求是具有足够的强度和表面硬度，以提高其寿命。（　）

（7）蜗杆传动的效率与蜗轮的齿数有关。（　）

（8）在蜗杆传动中，为了获得好的散热效果，常将风扇装在蜗轮轴上。（　）

（9）对于各种材料（ZCuSn10Pb、ZCuA110Fe3、HT300）制成的闭式蜗轮，都是按接触疲劳强度和弯曲疲劳强度两个公式进行计算的。（　）

（10）闭式蜗杆传动必须作热平衡计算。（　）

3．简答题

（1）蜗杆传动的特点及使用条件是什么？为何传递大功率时，很少采用蜗杆传动？

（2）蜗杆传动的传动比如何计算？能否用分度圆直径之比表示传动比？为什么？

（3）试述蜗杆直径系数的意义，为何要引入蜗杆直径系数 q？

（4）蜗杆的头数 z_1 及升角 λ 对啮合效率各有何影响？

（5）为什么对蜗杆传动要进行热平衡计算？当热平衡不满足要求时，可采取什么措施？

4．设计题

（1）如图 7-7 所示，各蜗杆传动均以蜗杆为主动件。试在图上标出蜗轮（或蜗杆）的转向、蜗轮轮齿的旋向，以及蜗杆、蜗轮所受力的方向。

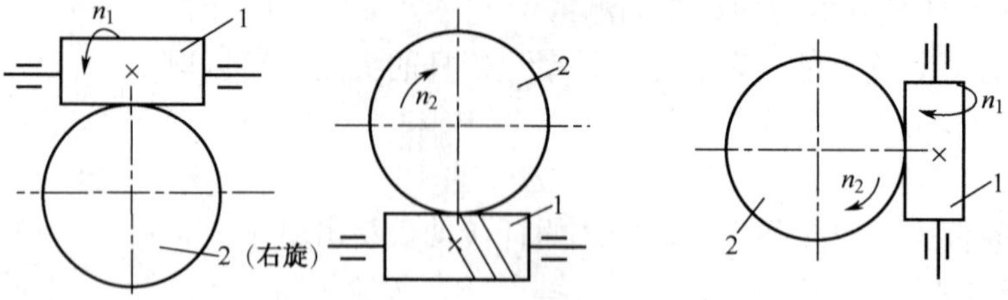

图 7-7　蜗杆传动

（2）图 7-8 所示为二级蜗杆传动简图，已知蜗轮 4 的螺旋线方向为右旋，轴 I 为输入轴，轴 III 为输出轴，转向如图中所示。为使轴 II、轴 III 上的轴向力抵消一部分，试在图中画出：

① 各蜗杆和蜗轮的螺旋线方向；

② 轴 I 、II 的转向；

③ 分别画出蜗轮 2、蜗杆 3 啮合点的受力方向。

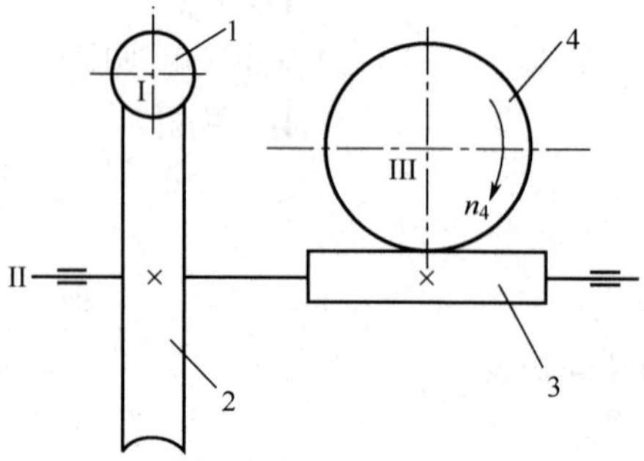

图 7-8　二级蜗杆传动简图

（3）如图 7-9 所示的传动系统简图，已知 1、2 为锥齿轮，3、4 为斜齿轮，5 为蜗杆，6 为蜗轮，小锥齿轮为主动轮，转向如图中所示。为使轴Ⅱ、轴Ⅲ上传动件的轴向力能相抵消，试在图上画出各轮的转动方向、螺旋线方向及轴向力方向。

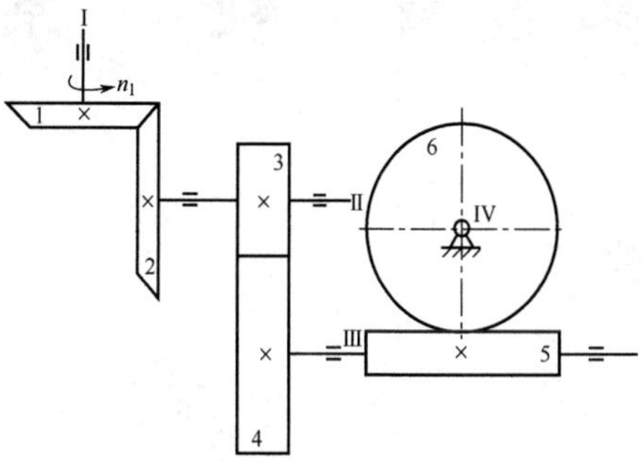

图 7-9　传动系统简图

（4）某厂生产的普通蜗杆减速器，已知模数 m=5mm，蜗杆分度圆直径 d_1=90mm，蜗杆的头数 z_1=1，蜗轮的齿数 z_2=62，试计算蜗杆、蜗轮的几何尺寸。

（5）有一标准蜗杆减速器，已知蜗杆的头数 z_1=1，蜗轮的齿数 z_2=40，蜗杆轴面齿轮距 p_{a1}=15.7mm，蜗杆齿顶圆直径 d_{a1}=60mm，试求模数 m、蜗杆直径系数 q、蜗轮螺旋角 β、蜗轮分度圆直径 d_2 及中心距 a。

（6）设计运输机的闭式蜗杆传动。已知电动机功率 P=3kW，转速 n_1=960r/min，传动比 i=21，工作载荷平稳，单向连续运转，每天工作 8h，要求使用寿命为 5 年。

第 8 章　轮　系

本章知识导读

【知识目标】

- 了解轮系的分类。
- 掌握轮系传动比的计算。
- 了解轮系的功用。

【能力目标】

- 能正确识别轮系的种类。
- 能正确计算轮系的传动比。

【教学重点与难点】

- 定轴轮系传动比的计算和转向的判定
- 行星轮系传动比的计算和转向的判定
- 组合轮系传动比的计算和转向的判定

由一系列齿轮组成的传动系统称为齿轮系，简称轮系。例如，应用于纺丝机差微箱中的轮系。

如图 8-1 所示，纺丝机差微箱由机头传动轴 1 带动两对相互啮合的齿轮 2 和 13、3 和 10，在两对齿轮壳内装有一个与升降主轴 8 牢固连接的柱形凸轮 12，凸轮 12 表面开有一个轴向槽和一个倾斜螺旋槽，内装有滚子销 11 与齿轮壳体相联系。

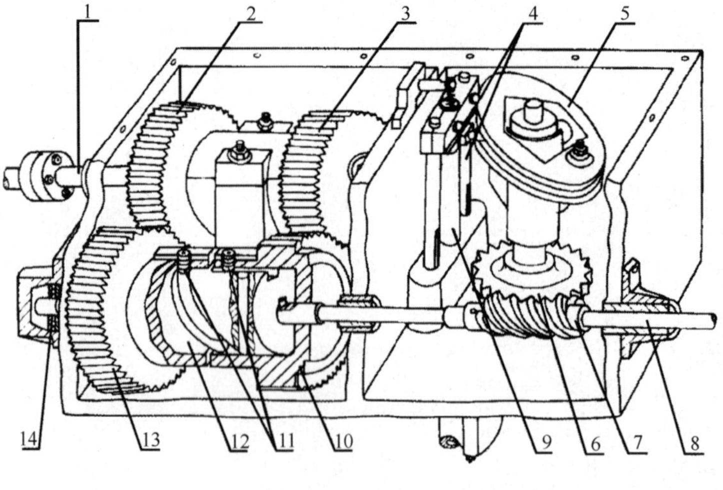

图 8-1　纺丝机差微箱

1—机头传动轴；2、3、10、13—齿轮；5、12—凸轮；6—蜗轮；7—蜗杆；8—升降主轴；9—升降拉杆；11—滚子销当两对齿轮旋转时，滚子销 11 带动升降主轴 8 回转；斜槽内的滚子销由于两对齿数差产生的相对位移，迫使凸轮 5 带动升降主轴 8 连同蜗杆 7 做往复运动。蜗杆 7 向前移动，使相啮合的蜗轮速度加快，反之减慢。蜗轮 6 的差微运动通过凸轮，使升降拉杆 9 带动漏斗导丝器作升降变速往复运动，达到改变丝条绕角的目的。

8.1　轮系及其分类

轮系可分为定轴轮系和行星轮系两种基本类型。

8.1.1　定轴轮系

当轮系运转时，轮系中各个齿轮的几何轴线相对于机架的位置都是固定的，这种轮系称为定轴轮系或普通轮系。如图 8-2 和图 8-3 所示的轮系都是定轴轮系。

由轴线相互平行的齿轮组成的定轴轮系称为平面定轴轮系，如图 8-2 所示。包含有相交轴齿轮、交错轴齿轮传动等在内的定轴轮系称为空间定轴轮系，如图 8-3 所示。

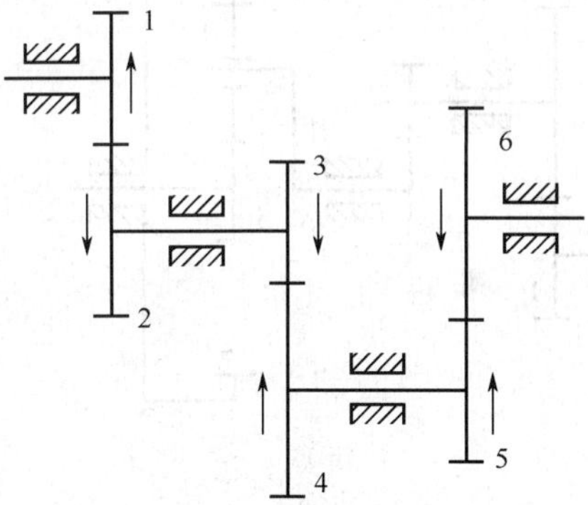

图 8-2　平面定轴轮系

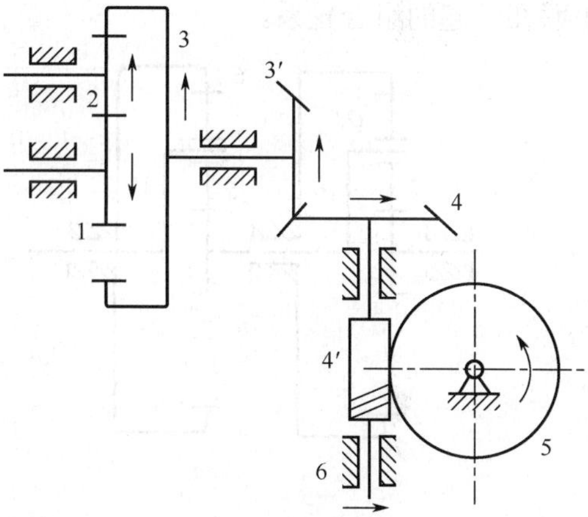

图 8-3　空间定轴轮系

8.1.2　行星轮系

轮系运转时，至少有一个齿轮的几何轴线是绕其他齿轮固定几何轴线转动的轮系称为行星轮系，也称动轴轮系或周转轮系。

如图 8-4 所示的行星轮系，齿轮 2 空套在构件 H 的小轴上，当构件 H 定轴转动时，齿轮 2 一方面绕自己的几何轴线 O_1O_1 转动（自转），同时又随构件 H 绕固定的几何轴线 OO 转动（公转），犹如天体中的行星，兼有自转和公转，故把具有运动几何轴线的齿轮 2 称为行星轮，用来支持行星轮的构件 H 称为行星架或系杆，与行星轮相啮合且轴线固定的齿轮 1 和 3 称为中心轮或太阳轮。行星架与中心轮的几何轴线必须重合，否则不能转动。

根据机构自由度的不同，行星轮系可以分为差动轮系和简单行星轮系两类。机构自由度为 2 的行星轮系称为差动轮系，如图 8-4（a）所示；机构自由度为 1 的行星轮系称为简单行星轮系，如图 8-4（b）所示。

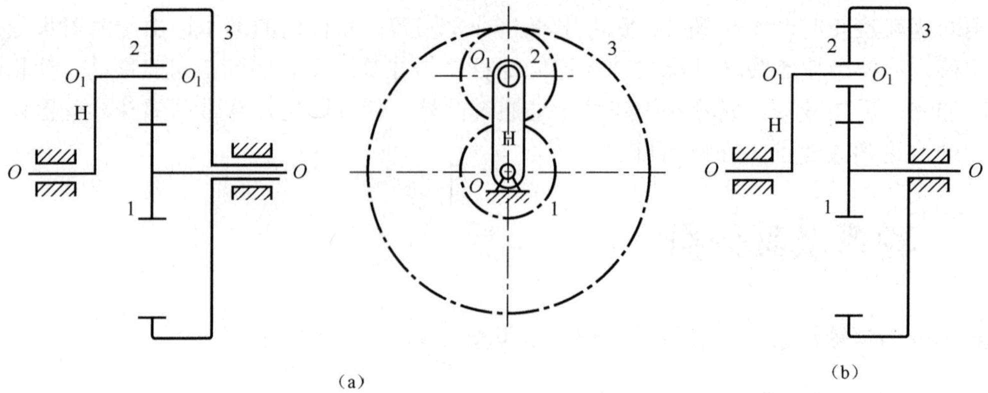

图 8-4 单级行星轮系

8.1.3 组合轮系

如果轮系中既包含定轴轮系，又包含行星轮系，或者包含几个行星轮系，则称为组合轮系。图 8-5（a）所示为两个行星轮系串联在一起的组合轮系，图 8-5（b）所示为由定轴轮系和行星轮系串联在一起的组合轮系。

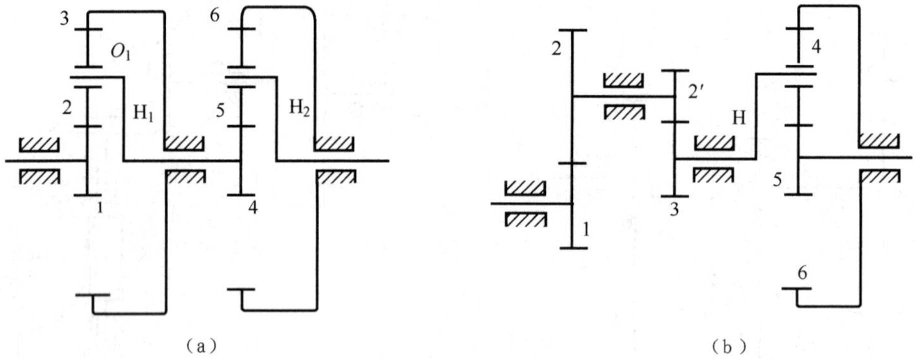

图 8-5 组合轮系

8.2 定轴轮系传动比的计算

轮系中两齿轮（轴）的转速或角速度之比，称为轮系的传动比。求轮系的传动比不仅要计算其数值，而且还要确定两轮的转向关系。

8.2.1 一对齿轮的传动比

最简单的定轴轮系是由一对齿轮所组成的，其传动比为

$$i_{12} = \frac{n_1}{n_2} = (\pm)\frac{z_2}{z_1} \tag{8-1}$$

式中，n_1、n_2 分别表示两轮的转速；z_1、z_2 分别表示两轮的齿数。

对于外啮合圆柱齿轮传动，两轮转向相反，上式取“−”号；对于内啮合圆柱齿轮传动，两轮转向相同，上式取“+”号。

两轮的相对转向关系也可用画箭头的方法表示。外啮合箭头方向相反，内啮合箭头方向相同如图 8-6 所示。

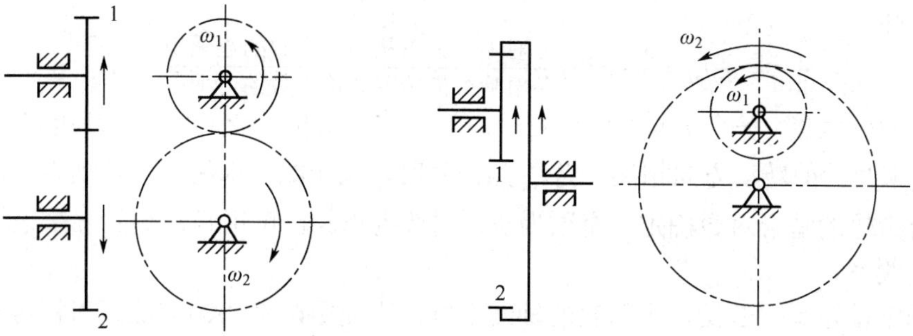

（a）外啮合圆柱齿轮传动　（b）内啮合圆柱齿轮传动

图 8-6　一对圆柱齿轮传动

对于圆锥齿轮传动、蜗杆传动等空间齿轮传动机构，因其轴线不平行，不能用正、负号说明其转向，只能用画箭头的方法在图上标注转向，如图 8-7 所示。

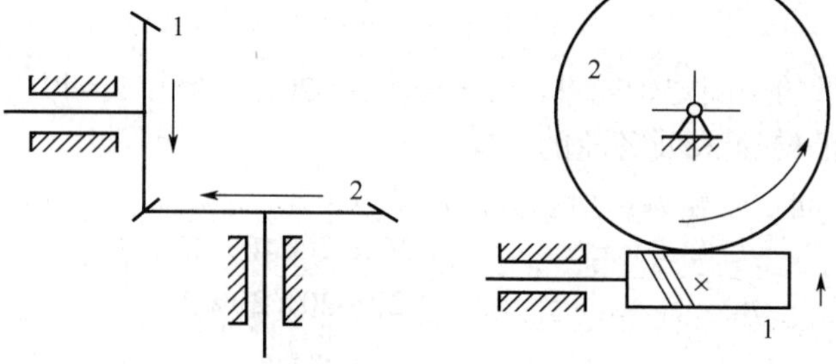

（a）圆锥齿轮传动　（b）蜗杆传动

图 8-7　空间齿轮传动

8.2.2　定轴轮系传动比的计算

如图 8-8 所示的平面定轴轮系。

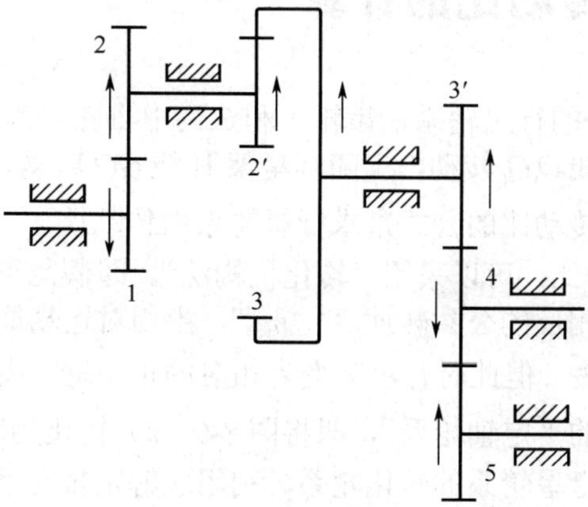

图 8-8　平面定轴轮系

定轴轮系传动比的大小等于组成该轮系的各对啮合齿轮传动比的连乘积，也等于各对啮合齿轮中所有从动轮齿数的连乘积与所有主动轮齿数的连乘积之比。

设轮 A 为计算时的起始主动轮，轮 K 为计算时的最末从动轮，则定轴轮系始末两轮传动比计算的一般公式为

$$i_{AK}=\frac{n_A}{n_K}=(\pm)\frac{\text{各对啮合齿轮从动轮齿数的连乘积}}{\text{各对啮合齿轮主动轮齿数的连乘积}} \tag{8-2}$$

对于平面定轴轮系，始、末两轮的相对转向关系可以用传动比的正、负号表示。当i_{AK}为负号时，说明始、末两轮的转动方向相反；当i_{AK}为正号时，说明始、末两轮的转动方向相同。正、负号根据外啮合齿轮的啮合对数确定，奇数为负，偶数为正。也可用画箭头的方法来表示始、末两轮的相对转向关系。

对于空间定轴轮系，若始、末两轮的轴线平行，则先用画箭头的方法逐对标出转向，若始、末两轮的转向相同，则等式右边取正号，否则取负号。正、负号的含义同上。若始、末两轮的轴线不平行，则只能用画箭头的方法判断两轮的转向，传动比取正号，但这个正号并不表示转向关系。

另外，在图 8-8 所示的轮系中，齿轮 4 同时与两个齿轮啮合，它既是前一级的从动轮，又是后一级的主动轮。其齿数z。在上述计算式中的分子和分母上各出现一次，最后被消去，即齿轮 4 的齿数不影响传动比的大小。这种不影响传动比的大小，只起改变转向作用的齿轮称为惰轮或过桥齿轮。

【例 8-1】如图 8-3 所示的空间定轴轮系，设$z_1=z_2=z_{3'}=20$，$z_3=80$，$z_4=40$，$z_4=2$（右旋），$z_5=40$，$n_1=1000$r/min，求蜗轮 5 的转速n_5及各轮的转向。

解　因为该轮系为空间定轴轮系，所以只能用式（8-2）计算其传动比的大小

$$i_{15}=\frac{n_1}{n_5}=\frac{z_2\times z_3\times z_4\times z_5}{z_1\times z_2\times z_{3'}\times z_{4'}}=\frac{20\times 80\times 40\times 40}{20\times 20\times 20\times 2}=160$$

蜗轮 5 的转速为

$$n_5=\frac{n_1}{i_{15}}=\frac{1000}{160}=6.25\text{r/min}$$

各轮的转向如图 8-3 中箭头所示，该例中齿轮 2 为惰轮，它不改变传动比的大小，只改变从动轮的转向。

8.3　行星轮系传动比的计算

图 8-9（a）所示为一典型的行星轮系，齿轮 1 和 3 为中心轮，齿轮 2 为行星轮，构件 H 为行星架。由于行星轮 2 既绕轴线O_1O_1转动，又随行星架 H 绕OO转动，而不是绕定轴的简单转动，因此不能直接用求定轴轮系传动比的公式来求行星轮系的传动比。

为了求出行星轮系的传动比，可以采用“转化机构法”。即假想给整个行星轮系加上一个与行星架的转速大小相等而方向相反的公共转速“$-n_H$”，由相对运动原理可知，轮系中各构件之间的相对运动关系并不因之改变，但此时行星架变为相对静止不动，齿轮 2 的轴线O_1O_1也随之相对固定，行星轮系转化为假想的“定轴轮系”，即将图 8-9（a）转化为图 8-9（b）。这个经转化后得到的假想定轴轮系，称为该行星轮系的转化轮系。利用求解定轴轮系传动比的方法，借助于转化轮系，就可以将行星轮系的传动比求出来。现将各构件在转化前、后的转速列于表 8-1。

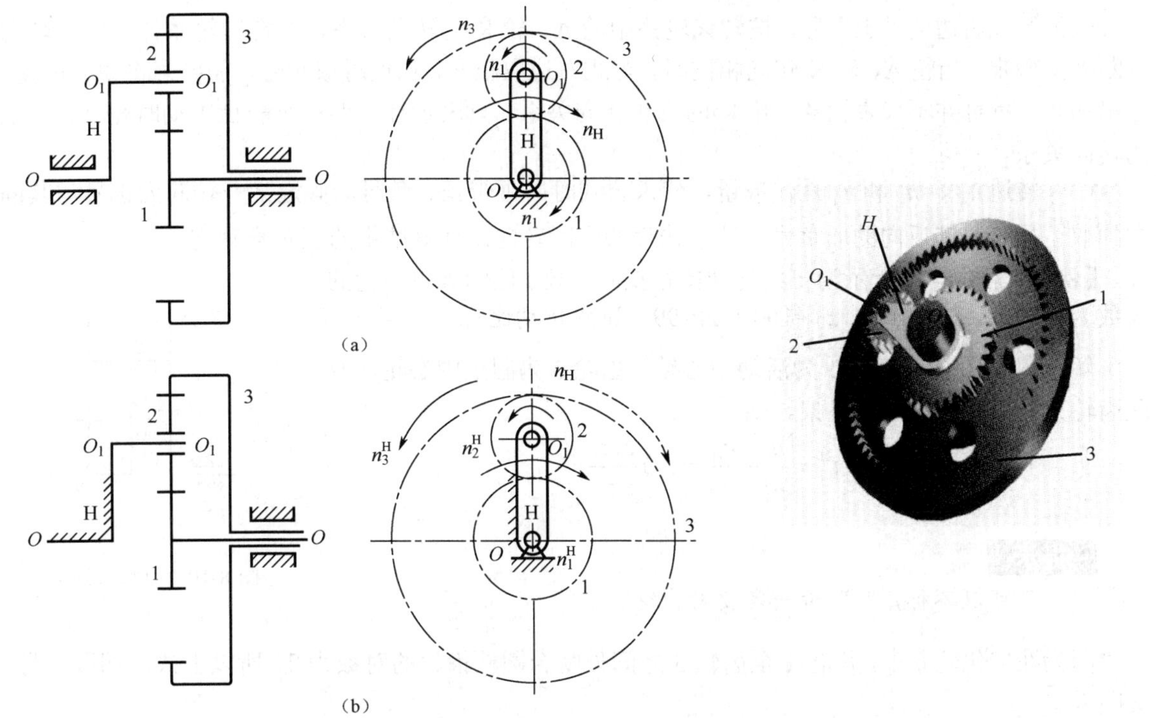

图 8-9 行星轮系

表 8-1 构件转化前、后的转速

构 件	原来的转速	转化后的转速
齿轮 1	n_1	$n_1^H = n_1 - n_H$
齿轮 2	n_2	$n_2^H = n_2 - n_H$
齿轮 3	n_3	$n_3^H = n_3 - n_H$
行星架 H	n_H	$n_H^H = n_H - n_H$

按照求定轴轮系传动比的方法，可得如图 8-9 所示行星轮系的转化轮系的传动比为

$$i_{13}^{H} = \frac{n_1^H}{n_3^H} = \frac{n_1 - n_H}{n_3 - n_H} = -\frac{z_3}{z_1}$$

提示：

各构件的转速右上方加的角标 H 表示这些转速是各构件相对行星架 H 的转速。

$$i_{AK}^{H} = \frac{n_A^H}{n_K^H} = \frac{n_A - n_H}{n_K - n_H} = (\pm)\frac{\text{从动轮齿数的连乘积}}{\text{主动轮齿数的连乘积}}$$

将上式推广到一般情况；设轮 A 为计算时的起始主动轮，转速为 n_A；轮 K 为计算时的最末从动轮，转速为 n_K，行星架 H 的转速为 n_H。则有

提示：

$$i_{AK}^{H} \neq i_{AK}$$

应用上式时必须注意以下要点。

（1）公式只适应于轮 A、轮 K 和行星架 K 的轴线相互平行或重合的情况。

（2）等式右边的“±”号，按转化轮系中轮 A、轮 K 的转向关系，用定轴轮系传动比的转向判断方法确定。当轮 A、轮 K 转向相同时，等式右边取正号，相反时取负号。需要强调说明的是，这里的正、负号并不代表轮 A、轮 K 的真正转向关系，只表示行星架相对静止不动时轮 A、轮 K 的转向关系。

（3）转速 n_A、n_K 和 n_H 是代数量，代入公式时必须带正、负号。假定某一转向为正号与其同向的取正号，与其反向的取负号。待求构件的实际转向由计算结果的正负号确定。

【例 8-2】图 8-10 所示为一大传动比行星减速器。已知其中各轮的齿数为 $z_1=100$、$z_2=101$、$z_{2'}=100$、$z_3=99$。试求传动比 i_{H1}。

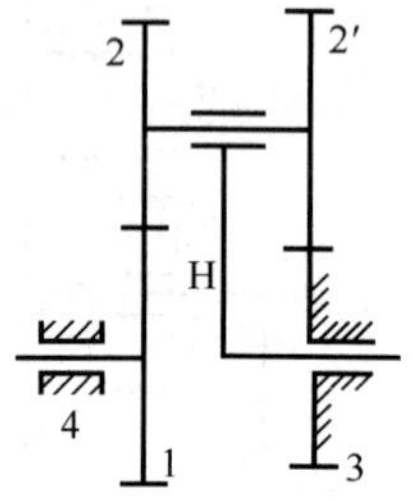

图 8-10　行星减速器

解：图 8-10 中，齿轮 1 为活动中心轮，齿轮 3 为固定中心轮，双联齿轮为行星轮，H 为行星架。则

$$i_{13}^{H}=\frac{n_1-n_H}{n_3-n_H}=(+)\frac{z_2 z_3}{z_1 z_{2'}}$$

提示：
“+”号可以不标，“-”号一定要标出呀！

因为在转化轮系中，齿轮 1 至齿轮 3 之间外啮合圆柱齿轮的对数为 2，所以上式右端取正号。又因为

$$n_3=0$$

提示：
发现固定不动齿轮的转速为 0。

所以
$$\frac{n_1-n_H}{0-n_H}=\frac{101\times 99}{100\times 100}$$

提示：
用分母去除分子各项，求传动比更快！

又因为
$$i_{1H}=\frac{n_1}{n_H}=1-\frac{101\times 99}{100\times 100}=\frac{1}{10000}$$

所以
$$i_{H1}=\frac{n_H}{n_1}=\frac{1}{i_{1H}}=10000$$

若将 z_3 由 99 改为 100，则

$$i_{1H}=\frac{n_1}{n_H}=1-\frac{101\times 100}{100\times 100}=-\frac{1}{100}$$

$$i_{H1}=\frac{n_H}{n_1}=-100$$

提示：
只增加 1 个齿，传动比变化很大，转向也相反。

【例 8-3】　如图 8-11 所示的差动轮系，已知各轮的齿数分别为 $z_1=15$、$z_2=25$、$z_{2'}=20$、$z_3=60$；转速为 $n_1=200\text{r/min}$、$n_3=50\text{r/min}$，转向如图中所示。试求行星架 H 的转速 n_H。

解：列出传动比的计算公式

$$i_{13}^{H}=\frac{n_1-n_H}{n_3-n_H}=(-)\frac{z_2 z_3}{z_1 z_{2'}}$$

$$\frac{200-n_H}{-50-n_H}=-\frac{25\times 60}{15\times 20}$$

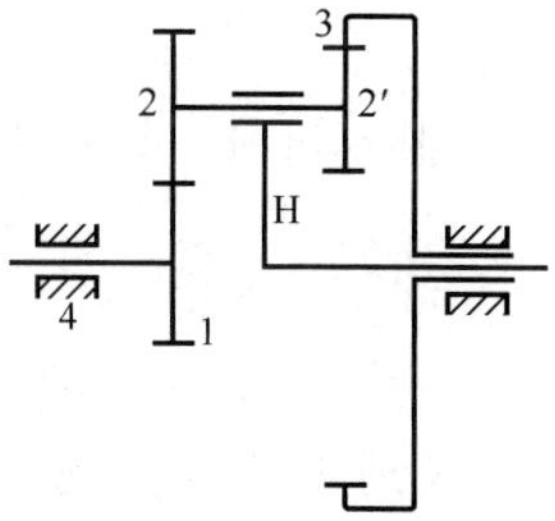

图 8-11　差动轮系

提示：

轮 1 和轮 3 的转向相反，轮 1 为正，则轮 3 为负。

解得 n_H=−8.33r/min，负号表示行星架 H 的转向与齿轮 3 相同。

8.4　组合轮系传动比的计算

组合轮系一般是由定轴轮系与行星轮系或由若干个行星轮系复合而构成的。求解组合轮系传动比时必须首先将各个基本的行星轮系和定轴轮系部分划分开来，然后分别列出各部分的传动比的计算公式，最后联立求解。

【例 8-4】如图 8-12 所示，复合轮系中各轮齿数为 z_1=20、z_2=40、$z_{2'}$=z_3=30、z_4=80，试计算传动比 i_{1H}。

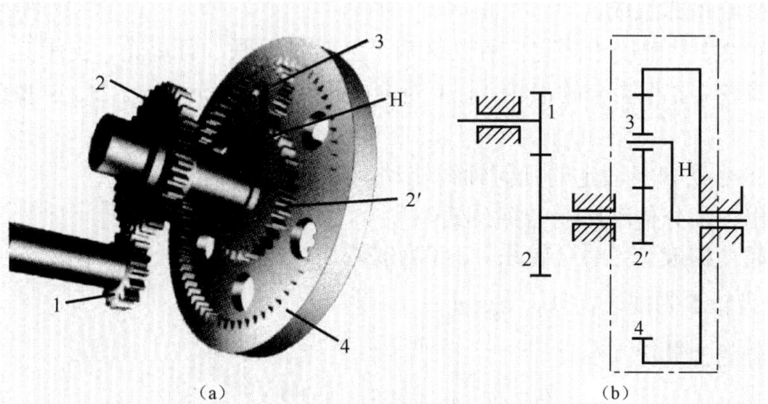

图 8-12　组合轮系

解：首先划分轮系。如图 8-5（b）所示，齿轮 3 的轴线是绕齿轮 2′ 和 4 的轴线转动的，是行星轮；行星架为 H，与行星轮相啮合的齿轮 2′ 和 4 为太阳轮，故齿轮 3、2′ 、4 及行星架 H 组成为一个基本周转轮系，齿轮 1 和 2 构成定轴轮系。因此，该轮系为一复合轮系。其中，周转轮系的传动比为

$$i_{2'4}^{H}=\frac{n_{2'}-n_H}{n_4-n_H}=-\frac{z_4}{z_{2'}}$$

设齿轮 2 转向为“+”，则

$$\frac{n_{2'}-n_H}{0-n_H}=-\frac{80}{20}=-4$$

整理可得

$$n_{2'}=n_2=5n_H$$

定轴轮系的传动比为

$$i_{12}=\frac{n_1}{n_2}=-\frac{z_2}{z_1}=-\frac{40}{20}$$

整理可得

$$n_1=-2n_2$$

所以

$$i_{1\mathrm{H}}=\frac{n_1}{n_\mathrm{H}}=\frac{-2n_2}{0.2n_2}=-10$$

行星架转向与齿轮 1 转向相反。

【例 8-5】 如图 8-13 所示的电动卷扬机轮系示意图，已知各轮齿数 z_1=24、z_2=48、$z_{2'}$=30、z_3=90、$z_{3'}$=20、z_4=30、z_5=80，主动轮 1 的转速 n_1=1450r/min。计算电动卷扬机中卷筒的转速 n_H。

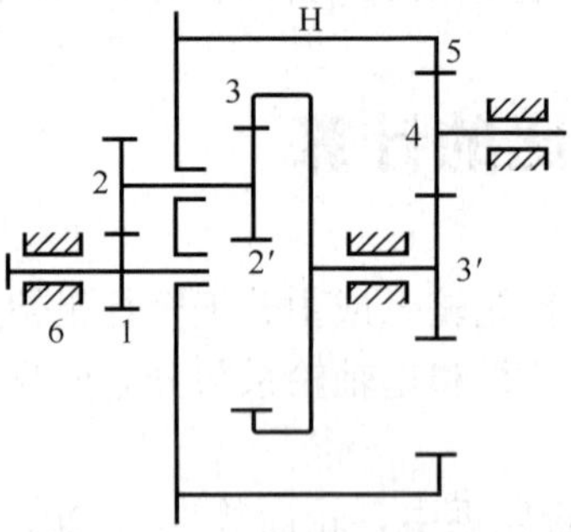

图 8-13　电动卷扬机轮系示意图

解：（1）分析轮系的组成。

因为双联齿轮 2-2′的轴线不固定，所以这两个齿轮是双联的行星轮，支承其运动的卷筒 H 就是行星架，与行星轮 2-2′相啮合的齿轮 1、3 为中心轮，因此齿轮 1、2-2′、3 和行星架 H 一起组成了差动轮系。

齿轮 3′、4、5 各绕自身固定的几何轴线转动，组成了定轴轮系。

（2）分别列出各部分传动比的计算公式。

二者合在一起便构成一个组合轮系。3-3′为双联齿轮，$n_3=n_{3'}$。

行星架 H 与齿轮 5 为同一构件，$n_5=n_{\mathrm{H}'}$。

差动轮系部分的传动比

$$i_{13}^{\mathrm{H}}=\frac{n_1-n_\mathrm{H}}{n_3-n_\mathrm{H}}=(-)\frac{z_2z_3}{z_1z_{2'}}=-\frac{48\times90}{24\times30}=-6$$

定轴轮系部分的传动比

$$i_{3'5}=\frac{n_{3'}}{n_5}=-\frac{z_4\times z_3}{z_1\times z_{3'}}=-\frac{80}{20}=-4$$

又有

$$n_3=n_{3'}$$

$$n_5=n_{\mathrm{H}'}$$

（3）联立求解。

联立以上四式并代入数值，可解得

$$n_H=\frac{1450}{31}=46.77\ （\mathrm{r/mm}）$$

n_H 为正值，表明卷筒 H 与齿轮 1 的转动方向相同。

8.5　轮系的应用

轮系的应用十分广泛，可归纳为以下几个方面。

1．实现相距较远的两轴之间的传动

当两轴间距离较远时，如果仅用一对齿轮传动，如图 8-14 中虚线所示，则两轮的尺寸必然很大，从而使机构总体尺寸也很大，结构不合理；如果采用一系列齿轮传动，如图 8-14 中实线所示，就可避免上述缺点。如汽车发动机曲轴的转动要通过一系列的减速传动才能使运动传递到车轮上，如果只用一对齿轮传动是无法满足要求的。

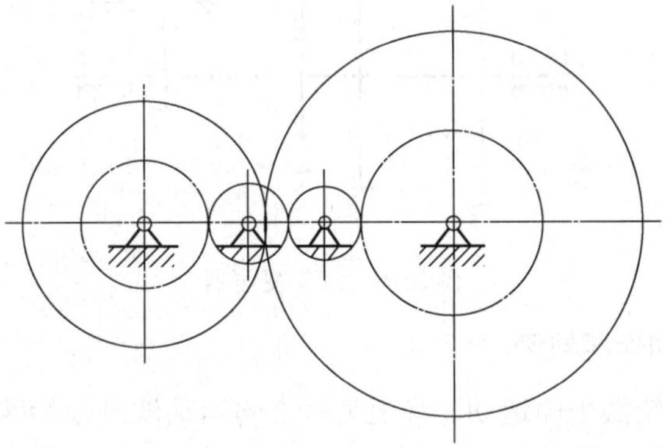

图 8-14　实现相距较远的两轴之间传动的定轴轮系

2．获得大的传动比

采用定轴轮系或行星轮系均可获得大的传动比。尤其是行星轮系，它能在构件数量较少的情况下获得大的传动比，如例 8-2 中的轮系。

3．实现换向传动

在主动轴转向不变的条件下，利用轮系中的惰轮，可以改变从动轴的转向。如图 8-15 所示的三星轮换向机构，通过扳动手柄转动三角形构件，使轮 1 与轮 2 或轮 3 啮合，可使轮 4 得到两种不同的转向。

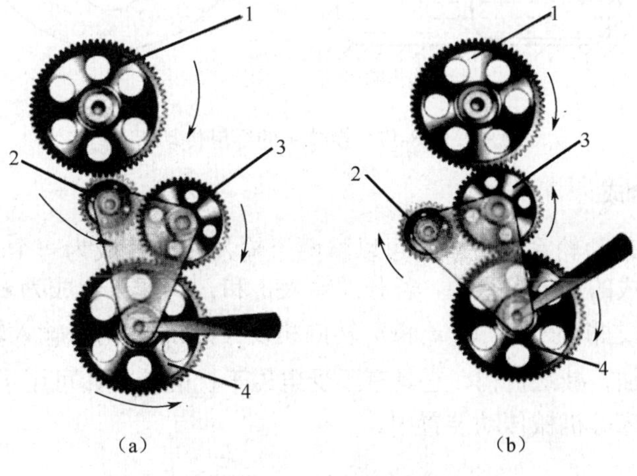

图 8-15　三星轮换向机构

4．实现变速传动

在主动轴转速不变的条件下，利用轮系可使从动轴获得多种工作转速。如图 8-16 所示的汽车变速箱，I 轴为输入轴，II 轴为输出轴，通过改变齿轮 4 及齿轮 6 在轴上的位置，可使输出轴 II 得到四种不同的转速。一般机床、起重机等设备上也都需要这种变速传动。

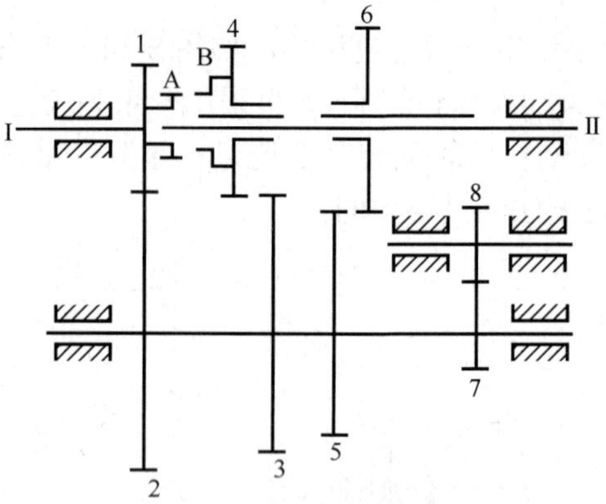

图 8-16　汽车变速器

5．实现特殊的工艺动作和轨迹

在行星轮系中，行星轮做平面运动，其上某些点的运动轨迹很特殊。利用这个特点，可以实现要求的工艺动作及特殊的运动轨迹。如图 8-17（a）所示为某食品搅拌设备中搅拌头的行星传动简图，行星架 H 为输入构件，齿圈 1 固定，行星轮 2 带动搅拌桨 3 在容器内运动，搅拌桨上的某些点会产生如图 8-17（b）所示的运动轨迹，可以满足将糖浆、面浆等物料搅拌调和均匀的要求。

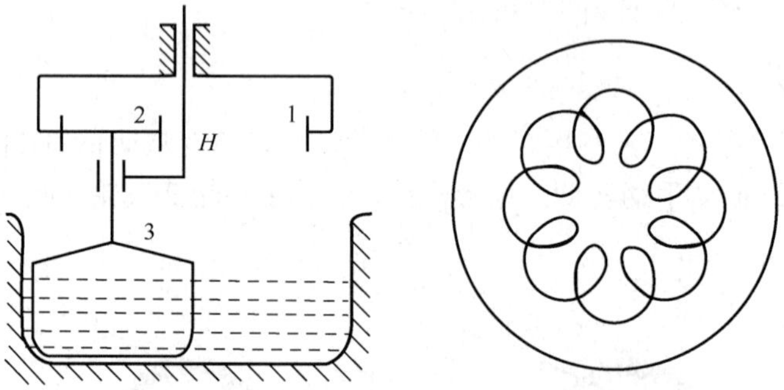

图 8-17　搅拌头的行星传动

6．实现运动的合成

利用行星轮系中差动轮系的特点，可以将两个输入转动合成为一个输出转动。在如图 8-18 所示的由圆锥齿轮组成的差动轮系中，若分别输入 n_1 和 n_3，即可合成为 n_H。若 n_1 和 n_3 转向相同，则 n_H 为两个输入转速之和的 1/2；若 n_1 和 n_3 转向相反；则 n_H 为两个输入转速之差的 1/2。可见这种轮系可用做机械式加、减法机构，它具有不受电磁干扰的特点，可用于处理敏感信号，其广泛应用于运算机构、机床等机械传动装置中。

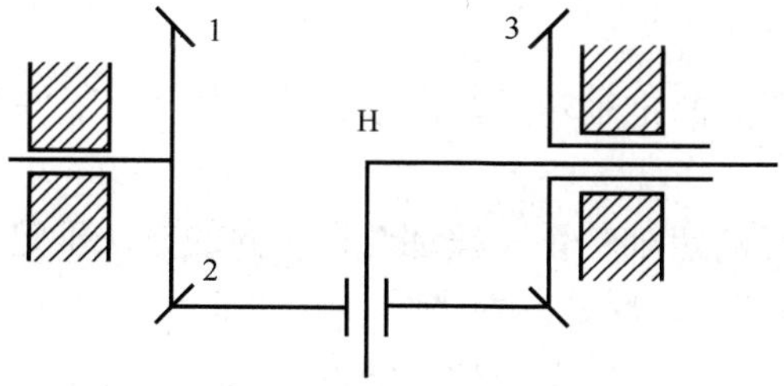

图 8-18　圆锥齿轮差动轮系

7．用于运动的分解

差动轮系不仅可以将两个输入转动合成为一个输出转动，还可以将一个输入转动分解为两个输出转动。如图 8-19 所示的汽车后桥差速器，就是用于运动分解的实例。

当汽车直线行驶时，左、右两轮转速相同，行星轮 2 及 2′不发生自转，齿轮 1、2、3 如同一个整体，一起随齿轮 4 转动，此时 $n_1=n_3=n_4$。

当汽车转弯时，如向左转弯，为了保证两车轮与地面之间做纯滚动，以减少轮胎的磨损，就要求左轮转得慢一些，右轮转得快一些。此时，齿轮 1 与齿轮 3 之间发生相对转动，齿轮 2 除随齿轮 4 做公转外，还绕自身轴线回转。齿轮 2 是行星轮，齿轮 4 与行星架 H 固结在一起，齿轮 1、3 是中心轮。齿轮 1、2、3 及行星架 H 组成了差动轮系。

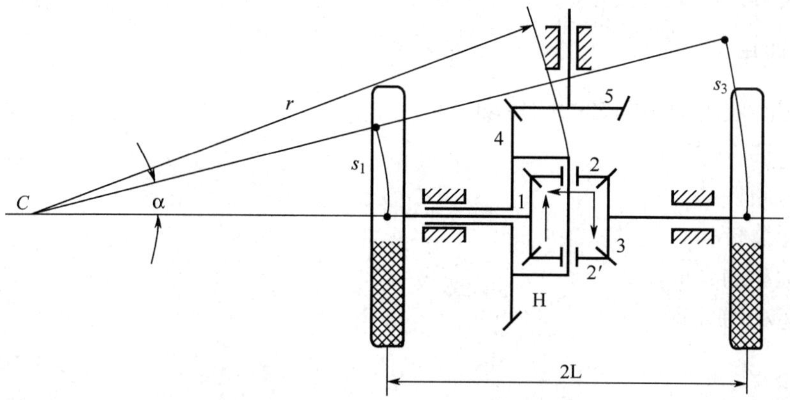

图 8-19　汽车后桥差速器

差速器可将齿轮 4 的一个输入转速 n_4，根据转弯半径 r 的变化，自动分解为左、右两后轮不同的转速 n_1 和 n_3。

差速器广泛应用于车辆、飞机、农机及船舶等机械设备中。

知识梳理与总结

通过对本章的学习，学会了蜗杆轮系传动比的计算方法，也学会了轮系在工程实际中的应用实例。

按照所有齿轮的轴线是否都固定，分为定轴轮系、行星轮系和组合轮系。

1．定轴轮系的传动比计算

（1）传动比大小的计算公式为

$$i_{AK}=\frac{n_A}{n_K}=(\pm)\frac{\text{各对啮合齿轮从动轮齿数的连乘积}}{\text{各对啮合齿轮主动轮齿数的连乘积}}$$

（2）传动比符号的确定

① 首、末两轮轴线不平行的定轴轮系，齿数比前不加“+”、“-”号，只按逐对标转向的方法确定各轮的转向。

② 首、末两轮轴线平行的定轴轮系，按逐对标转向的方法确定各轮的转向。若首、末轮转向相同，则齿数比前符号为“+”；反之，为“-”。

③ 所有齿轮轴线都平行的定轴轮系，按外啮合齿轮对数确定传动比的符号，奇数对符号为“-”；反之，偶数对为“+”。

2. 行星轮系传动比的计算

（1）转化为定轴轮系。

（2）然后在转化轮系中按下式计算。

$$i_{AK}^{H}=\frac{n_A^H}{n_K^H}=\frac{n_A-n_H}{n_K-n_H}=(\pm)\frac{\text{所有从动有从动齿轮齿}}{\text{所有主动有主动齿轮齿}}$$

3. 组合轮系传动比的计算

（1）划分基本轮系。

（2）分别计算各行星轮系的传动比。

（3）联立求解。

4. 轮系的应用

（1）实现相距较远的两轴之间的传动。

（2）获得大的传动比。

（3）实现换向传动。

（4）实现变速传动。

（5）实现运动的合成。

（6）实现运动的分解。

自测题 8

1. 选择题

（1）轮系运动时，各轮轴线位置固定不动的称为（　　）。

A. 差动轮系　　B. 定轴轮系　　C. 行星轮系

（2）在行星轮系中，凡具有固定几何轴线的齿轮被称为（　　）。

A. 行星轮　　B. 太阳轮　　C. 惰轮

（3）在行星轮系中，凡具有运动几何轴线的齿轮被称为（　　）。

A. 行星轮　　B. 太阳轮　　C. 惰轮

（4）轮系的传动比等于组成该轮系的各对啮合齿轮中（　　）之比。

A. 主动轮齿数的连乘积与从动轮齿数的连乘积

B. 主动轮齿数的连加与从动轮齿数的连加

C. 从动轮齿数的连乘积与主动轮齿数的连乘积

D. 从动轮齿数的连加与主动轮齿数的连加

（5）至少有一个齿轮和它的几何轴线绕另一个齿轮旋转的轮系被称为（　　）。

A．行星轮系　　B．定轴轮系　　C．复合轮系

（6）行星轮系转化轮系传动比 $i_{AB}^{H}=\dfrac{n_A-n_H}{n_B-n_H}$ 若为负值，则齿轮 A 与齿轮 B 的转向（　　）。

A．一定相同　　B．一定相反　　C．不一定

（7）轮系中采用惰轮可（　　）。

A．变向　　B．变速　　C．改变传动比

（8）定轴轮系中传动比的大小与轮系中惰轮的齿数（　　）。

A．有关　　B．无关　　C．成正比　　D．成反比

（9）轮系的功用中，实现（　　）必须依靠行星轮系来实现。

A．运动的合成与分解　　B．变速传动

C．分路传动　　D．大传动比

（10）传递平行轴运动的轮系，若外啮合齿轮为偶数对，则首末两轮转向（　　）。

A．相同　　B．相反

2．判断题

（1）轮系按结构形式可分为定轴轮系、行星轮系和复合轮系三大类。（　　）

（2）在轮系中，输出轴与输入轴的角速度（或转速）之比称为轮系的传动比。（　　）

（3）定轴轮系可以把转动变成直线运动。（　　）

（4）将行星轮系转化为定轴轮系后，各构件间的相对运动发生变化。（　　）

（5）行星轮系可以获得较大的传动比和较大的功率传递。（　　）

（6）轮系中使用惰轮可以变向和变速。（　　）

（7）在行星轮系中，凡具有固定几何轴线的齿轮，称为行星轮。（　　）

（8）惰轮可以改变轮系的传动比。（　　）

（9）轮系传动可以实现无级变速。（　　）

（10）轮系可以合成运动，不能分解运动。（　　）

3．简答题

（1）定轴轮系与行星轮系的主要区别是什么？

（2）举例说明轮系的应用。

4．计算题

（1）如图 8-20 轮系，已知 z_1=15、z_2=25、z_3=15、z_4=30、z_5=15、z_6=30、z_7=2（右旋）、z_8=60、z_9=20（m=4mm）。若 n_1=500r/min。求齿条 10 移动线速度 v 的大小和方向。

（2）如图 8-21 所示的时钟系统。若齿轮的模数为 $m_B=m_C$、z_1=15、z_2=12，那么 z_B 和 z_C 各为多少？

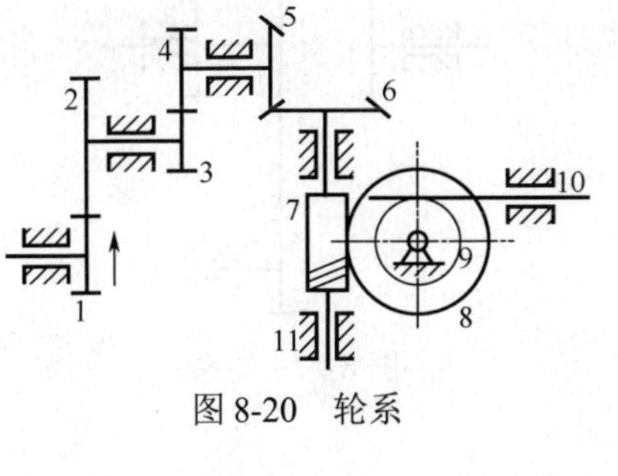

图 8-20　轮系

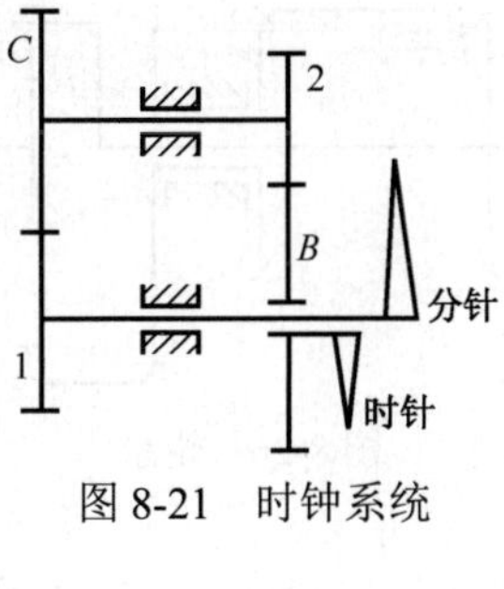

图 8-21　时钟系统

（3）图 8-22 为磨床砂轮进给机构，已知丝杠为右旋，导程 S =3mm、z_1 =28、z_2 =56、z_3 =38、z_4 =57。若手轮输入转速 n_1 =50r/min，试求砂轮的进给速度和方向。

（4）在如图 8-23 所示的手动起重葫芦中，各齿轮的齿数为 z_1 =12、z_2 =28、$z_{2'}$ =14、z_3 =54，求手动链轮 S 和起重链轮 H 的传动比 i_{SH}，并说明此轮系的类型和功能。

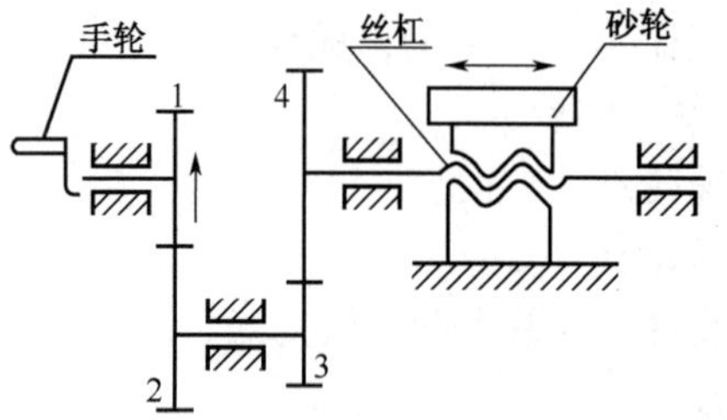

图 8-22　磨床砂轮进给机构

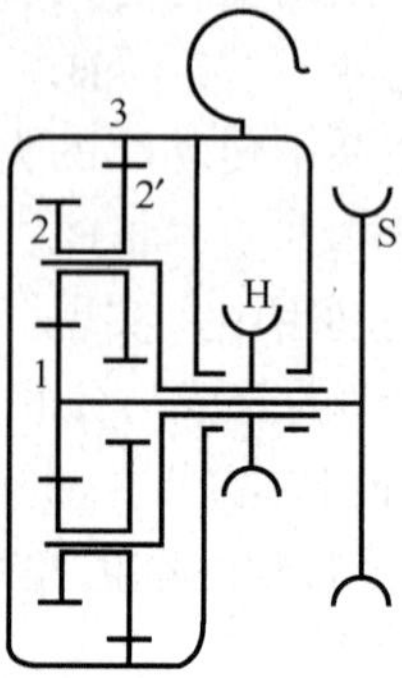

图 8-23　手动起重葫芦

（5）在如图 8-24 所示的自行车里程表机构中，C 为车轮轴，已知 z_1 =17、z_3 =23、z_4 =19、$z_{4'}$=20、z_5 =24，设轮胎受压变形后车轮的有效直径为 0.7m，当车行 1km 时表上指针刚好转一周，求齿轮 2 的齿数。

（6）在如图 8-25 所示的轮系中，各轮齿数 z_1 =32、z_2 =34、$z_{2'}$ =36、z_3 =64、z_4 =32、z_5 =17。轮 1 按图示方向以 n_1 =1250r/min 的转速回转，而轮 6 按图示方向以 n_6 =600r/min 的转速回转，试求轮 3 的转速 n_3。

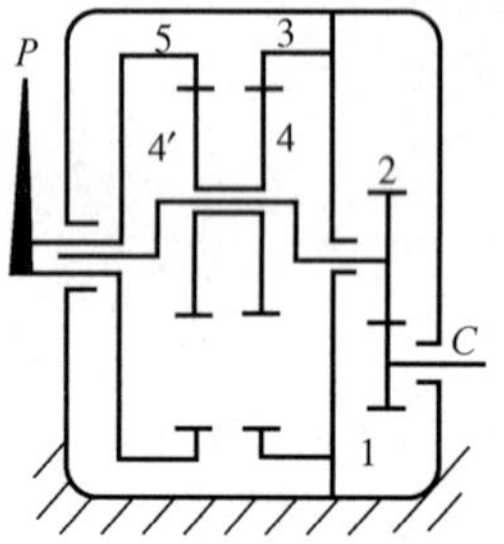

图 8-24　自行车里程表机构

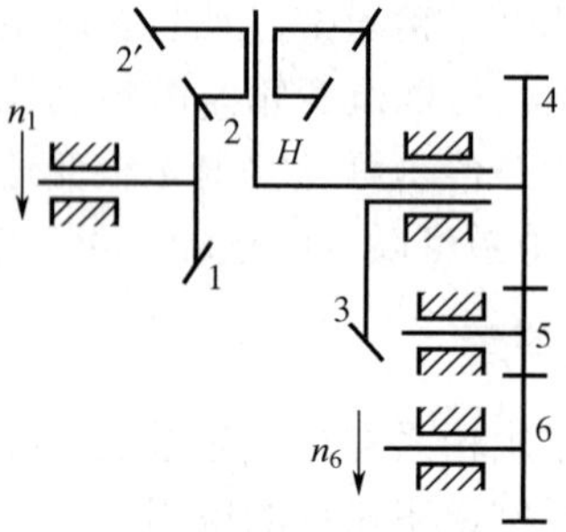

图 8-25　轮系

（7）在如图 8-26 所示的轮系中，已知 z_1 =25、z_3 =85、$z_{3'}$= z_5，试求传动比 i_{15}。

（8）在如图 8-27 所示的轮系中，已知 z_1 = z_2 =28、z_2 = z_3 =23、z_H=90、z_4 =18，试求传动比 i_{14}。

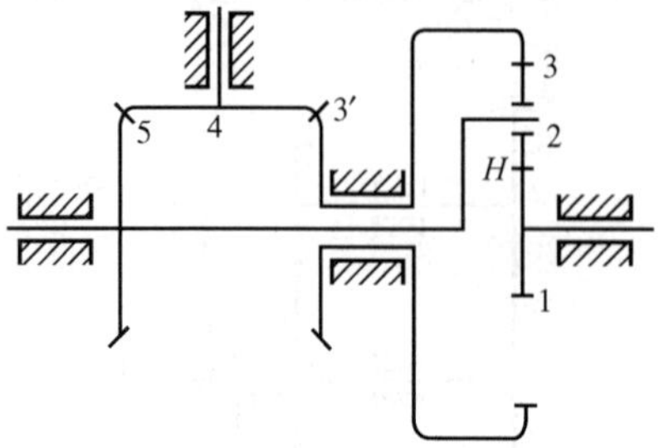

图 8-26　轮系

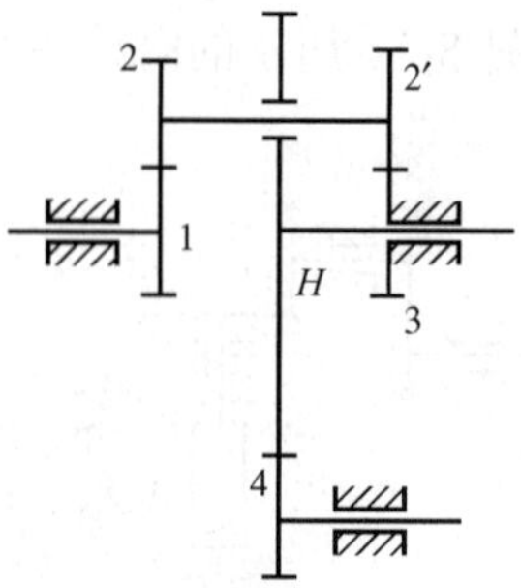

图 8-27　轮系

第 9 章　螺纹连接、轴毂连接与轴间连接

本章知识导读

【知识目标】

- 了解常用连接类型及应用。
- 掌握常用连接的选择和设计方法。

【能力目标】

- 能正确、合理地选择螺纹连接类型。
- 能分析轴毂连接形式。
- 能分析轴间连接形式。

【教学重点与难点】

- 进行螺纹连接的强度计算。
- 平键连接的选择和验算。
- 联轴器的选择和演算。

9.1　螺纹连接

螺纹连接是利用螺纹零件构成的可拆连接，其结构简单，装拆方便，成本低廉，种类繁多，广泛用于各类机械设备中。

螺纹是指在圆柱或圆锥表面上，沿着螺旋线所形成的具有相同剖面的连续凸起，一般将其称为“牙”，如图 9-1 所示。

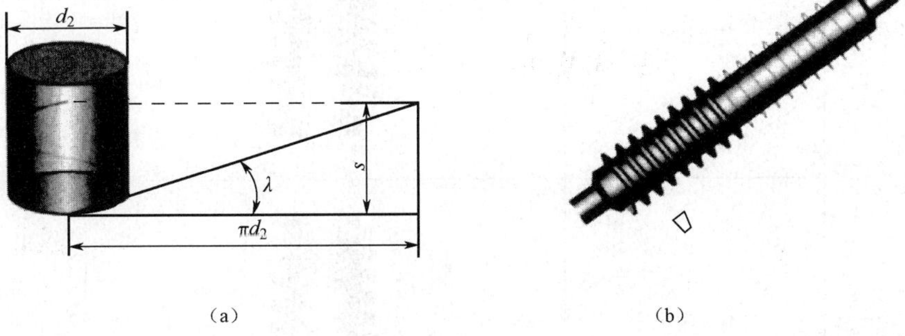

（a）　　（b）

图 9-1　螺纹的形成

螺纹的分类，如表 9-1 所示。

表 9-1　螺纹的分类

分类方法	名　称	图　示	用　途
螺旋线的数目	单线螺纹	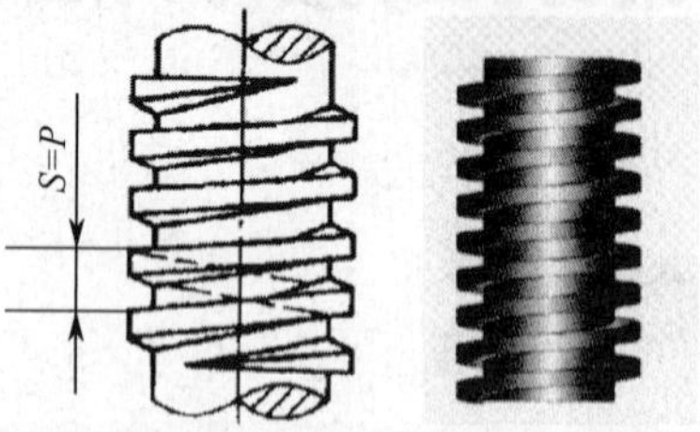	连接
	多线螺纹	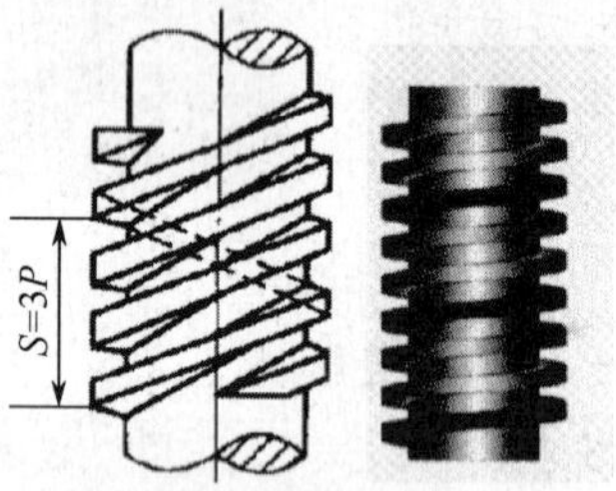	传动
螺纹位置	外螺纹	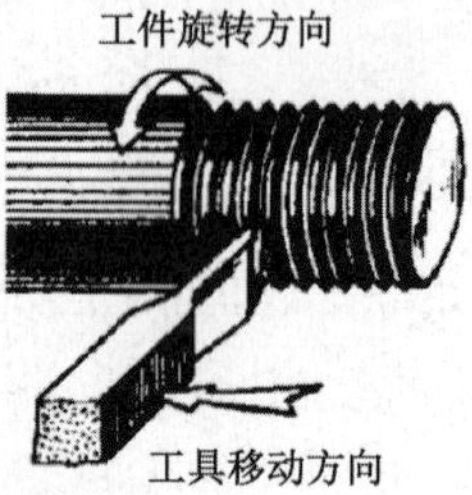	
	内螺纹	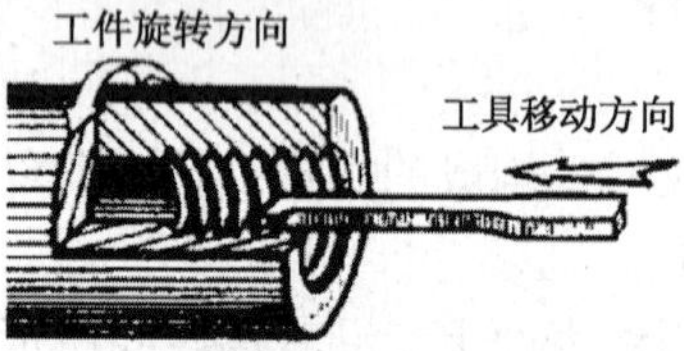	
旋向	左旋螺纹		
	右旋螺纹		

续表

分类方法	名　称		图　示	用　途
螺纹牙形结构	连接螺纹	普通螺纹	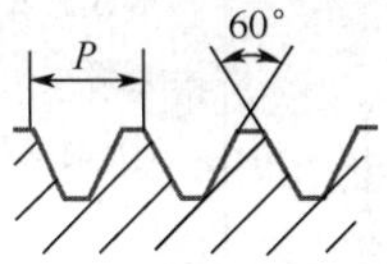	连接
		管螺纹	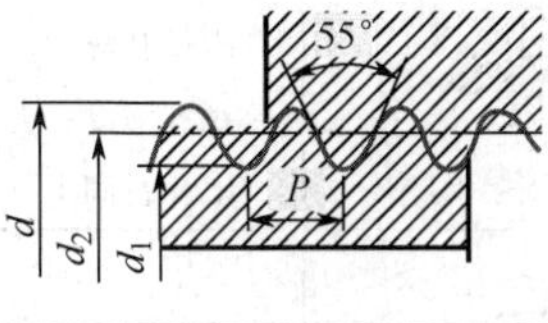	
	传动螺纹	矩形螺纹	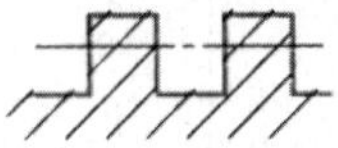	传动
		梯形螺纹	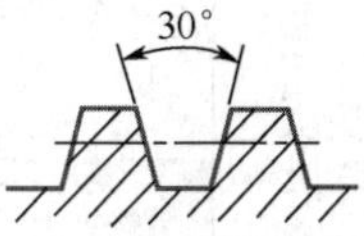	
		锯齿形螺纹	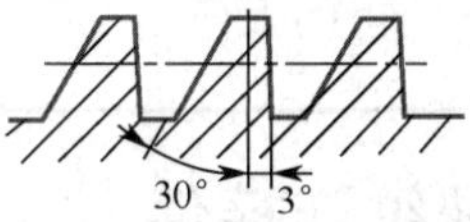	

9.1.1　螺纹连接的类型及应用场合

螺纹连接的类型、结构尺寸及应用场合，如表 9-2 所示。

表 9-2　螺纹连接的类型、结构尺寸及应用场合

类　型	结　构	主要尺寸关系	特点、应用
螺栓连接	**普通螺栓连接** 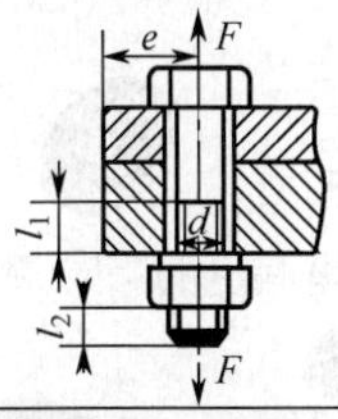	螺纹余留长度 l_1 普通螺栓连接： 静载荷 $l_1 \geqslant$（0.3～0.5）d 变载荷 $l_1 \geqslant 0.75\,d$ 冲击、弯曲载荷 $l_1 \geqslant d$	被连接件都不切制螺纹，使用不受被连接材料的限制，构造简单，拆装方便，成本低，应用最广 用于通孔、能从被连接件两边进行装配的场合
螺栓连接	**铰制孔螺栓连接** 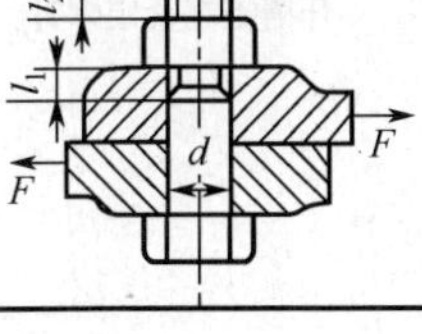	铰制孔用螺栓连接：l_1 尽可能小，螺纹伸出长度 l_2 =（0.2～0.3）d 螺栓轴线到被连接件边缘的距离： $e = d +$（3～6）mm	铰制孔用螺栓连接，螺栓杆与孔之间紧密配合，有良好的承受横向载荷的能力和定位作用

续表

类　型	结　构	主要尺寸关系	特点、应用
双头螺柱连接	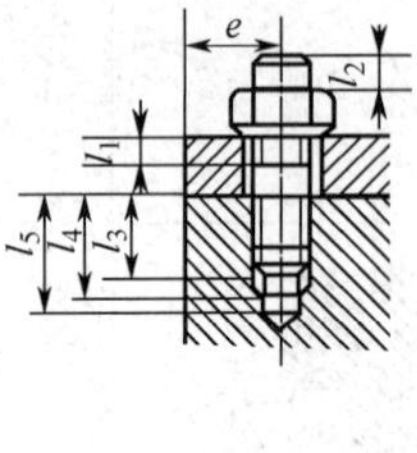	螺纹旋入深度 l_3 当螺纹孔零件为 ① 钢或青铜：$l_3 = d$ ② 铸铁：$l_3 =$（1.25～1.5）d ③ 合金：$l_3 =$（1.5～2.5）d 螺纹孔深度：$l_4 = l_3 +$（2～2.5）d 钻孔深度：$l_5 = l_4 +$（0.5～1）d l_1、l_2 同上	双头螺柱的两端都有螺纹，其一端紧固地旋入被连接件之一的螺纹孔内，另一端与螺母旋合而将两被连接件连接 用于不能用螺栓连接且又需经常拆卸的场合
螺钉连接	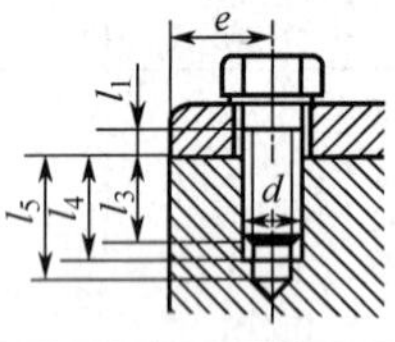	l_1、l_3、l_4、l_5 同上	不用螺母，而且能有光整的外露表面，应用与双头螺柱相似，但不宜用于经常拆卸的连接，以免损坏被连接件的螺纹孔
紧定螺钉连接	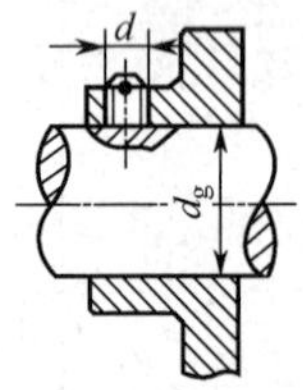	$d =$（0.2～0.3）d_g 转矩大时取大值	旋入被连接件之一的螺纹孔中，其末端顶住另一被连接件的表面或顶入相应的坑中，以固定两个零件的相互位置，并可传递不大的转矩

9.1.2　常用标准螺纹连接件

常用的标准螺纹连接件有螺栓、螺钉、双头螺柱、螺母、垫圈和防松零件等，如图 9-2 所示，这些零件的结构形式和尺寸已经标准化。其公称尺寸为螺纹的大径，根据公称尺寸，在机械设计手册中可以查出其他尺寸。

图 9-2　常用的标准螺纹连接件

9.1.3　螺纹副的受力分析、效率和自锁

如图 9-3（a）所示举重螺旋，在外力矩 T 的作用下举起重为 F 的物体，可抽象为楔形滑块（螺杆）沿楔形槽斜面（螺母）向上移动。现以举重螺旋为例说明螺纹副的受力分析、效率和自锁，如图 9-3（b）所示，由受力分析知

$$F_{\mathrm{t}}=F\tan(\lambda+\rho_{\mathrm{v}})$$

$$T=F_{\mathrm{t}}\frac{d_2}{2}=F\frac{d_2}{2}\tan(\lambda+\rho_{\mathrm{v}})$$

式中　F ——螺杆所受轴向载荷（N）；

F_t ——作用于螺杆中径向上的圆周力（水平推力）（N）；

T ——驱动力矩，即螺纹副间的摩擦力矩（N · mm）；

λ ——螺纹升角；

ρ_{v} ——螺旋副楔面摩擦时的当量摩擦角，$\tan\rho_{\mathrm{v}}=\dfrac{f}{\cos\left(\dfrac{\alpha}{2}\right)}$，（其中，$\alpha$ 为螺纹牙型角：f 为螺纹副材料的摩擦因数）。

当楔形滑块下移时有支持力，如图 9-3（c）所示。

$$F_{\mathrm{t}}=F\tan(\lambda-\rho_{\mathrm{v}})$$

当 $\lambda\leqslant\rho_{\mathrm{v}}$ 时，$F_{\mathrm{t}}\leqslant 0$，要使滑块下移，必须施加与 F_{t} 方向相反的驱动力；否则，无论 F 有多大，滑块都不会自行下滑，这种现象称为自锁。

可见，自锁条件为

$$\lambda\leqslant\rho_{\mathrm{v}}$$

螺杆转动 2π 时，驱动力矩输入功 $A_1=2\pi T=F\pi d_2\tan(\lambda+\rho_{\mathrm{v}})$，输出功 $A_2=FS=F\pi d_2\tan\lambda$。由此得螺纹副的效率为

$$\eta=\frac{A_2}{A_1}=\frac{\tan\lambda}{\tan(\lambda+\rho_{\mathrm{v}})}$$

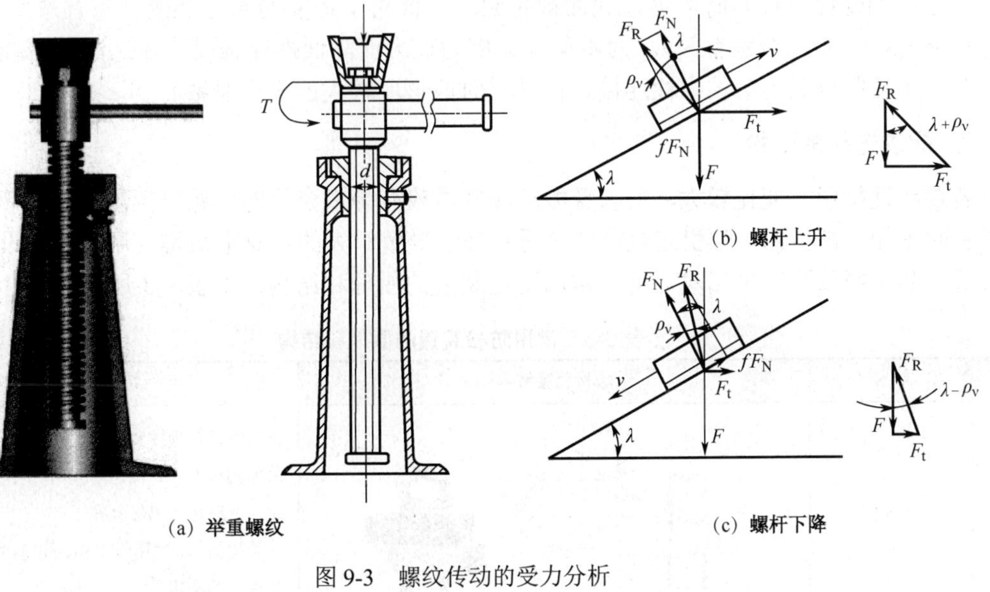

（a）举重螺纹　　　　（c）螺杆下降

图 9-3　螺纹传动的受力分析

9.1.4　螺纹连接的预紧和防松

1．螺纹连接的预紧

按螺纹连接装配时是否拧紧，分为松连接和紧连接。实际使用中，绝大多数螺栓连接都是紧螺栓连接，装配时需要拧紧，此时螺栓所受的轴向力称为预紧力F'。预紧的目的是增加连接的刚度、紧密性，提高防松能力。

对于预紧力的大小，一般的螺栓连接可凭经验控制。重要的螺栓连接，通常要采用指针式力矩扳手或定力矩扳手来控制，如图 9-4 所示。

（a）指示式扭力扳手

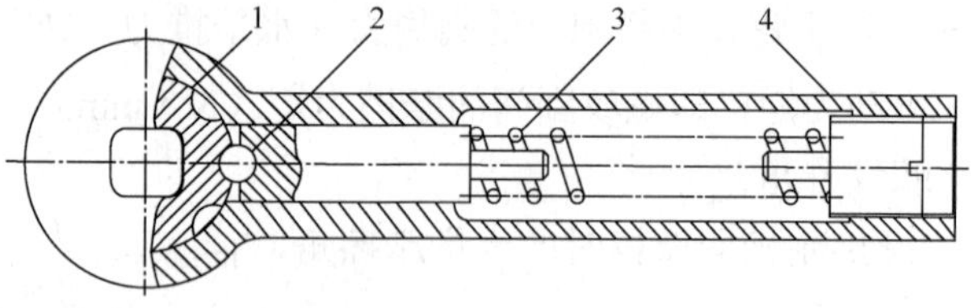

（b）预置式扭力扳手

图 9-4　力矩扳手

拧紧螺母时，需要克服螺纹副的螺纹阻力矩T_1和螺母支承面的摩擦力矩T_2，如图 9-5 所示。对于常用的钢制 M10~M68 的粗牙普通螺纹，拧紧力矩T的经验公式为

$$T = T_1 + T_2 = 0.2F'd$$

式中　T——拧紧力矩（N · mm）；

F——预紧力（N）；

d——螺纹的公称直径（mm）。

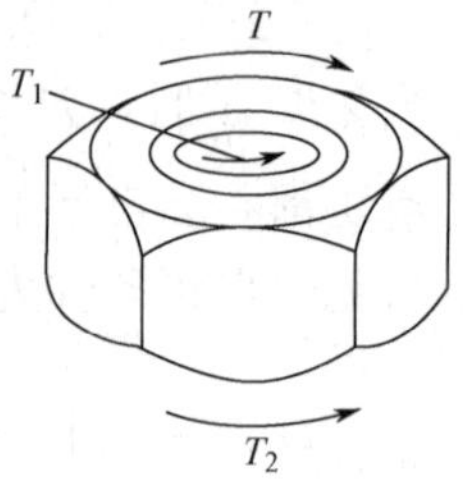

图 9-5　螺纹副的拧紧力矩

提示：

若L=15d，F'=75F，F=200N，则F'=15000N，是足以拧断 M12 螺栓。

直径小的螺栓在拧紧时容易过载而被拉断，因此对于重要的螺栓连接，不宜选用小于 M12 的螺栓（与螺栓强度级别有关）。为避免拧紧应力过大而降低螺栓强度，在装配时应控制拧紧力矩。对于不控制拧紧力矩的螺栓连接，在计算时应该取较大的安全系数。

2．螺纹连接的防松

若螺纹连接温度变化较大，则承受振动或冲击载荷等都会使连接螺母逐渐松脱。螺母松脱的后果有时是相当严重的，如引起机器的严重损坏、导致重大的人身事故等。所以，需设计螺纹防松装置，防止螺纹副产生相对运动。常用防松装置的原理和结构，如表 9-3 所示。

表 9-3　常用防松装置的原理和结构

防松方法		防松装置结构	特点及应用
摩擦防松	对顶螺母	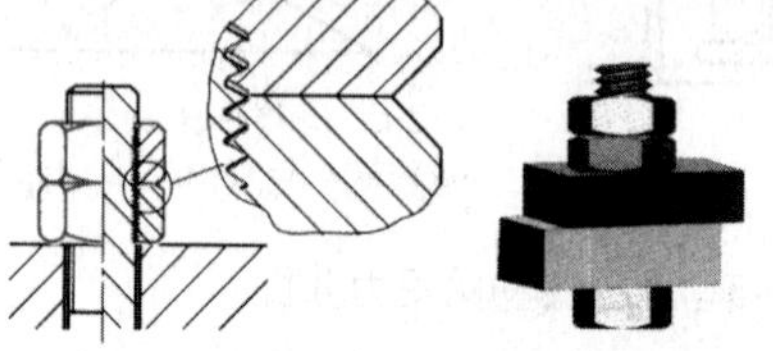	两螺母对顶拧紧后，使旋合螺纹间始终受到附加的压力和摩擦力的作用。工作载荷有变动时，该摩擦力仍然存在 结构简单，适用于平稳、低速和重载的固定装置上的连接

续表

防 松 方 法		防松装置结构	特点及应用
摩擦防松	弹簧垫圈	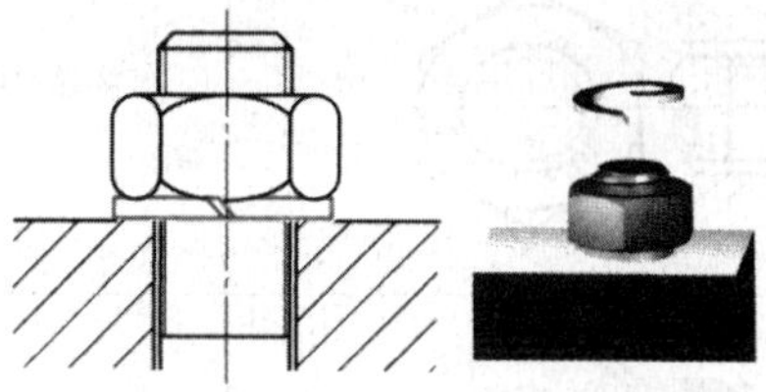	拧紧螺母，弹簧垫圈被压平后，其弹力使螺纹副在轴向上张紧，而且垫圈斜口方向也对螺母起防松作用 结构简单，使用方便，但垫圈弹力不均，因而防松也不十分可靠，一般多用于不太重要的连接
摩擦防松	自锁螺母	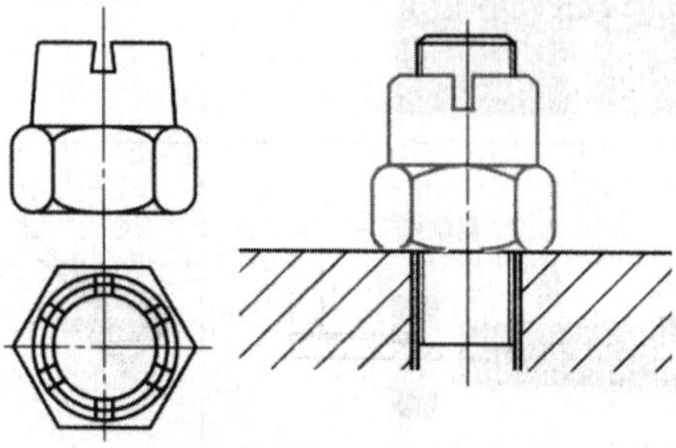	在螺母上端开缝后径向收口，拧紧张开，靠螺母弹性锁紧，达到防松目的 结构简单、防松可靠，可多次装拆而不降低防松能力，一般用于重要场合
机械防松	开槽螺母与开口销	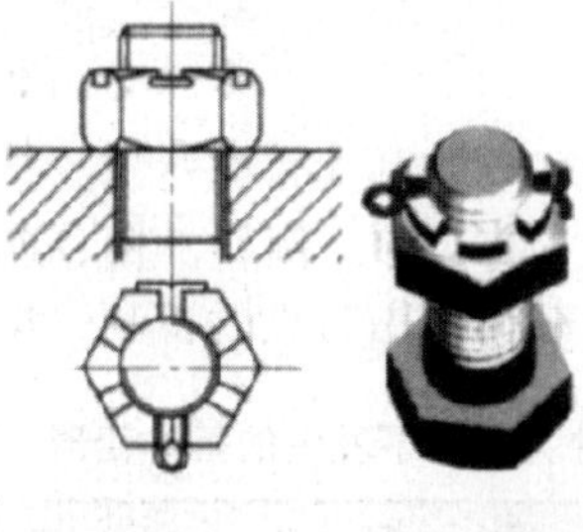	将螺母拧紧后，把开口稍插入螺母槽与螺栓尾部孔内，并将开口稍尾部扳开，阻止螺母与螺栓的相对转动 防松可靠，一般用于受冲击或载荷变化较大的连接
机械防松	圆螺母用止动垫圈	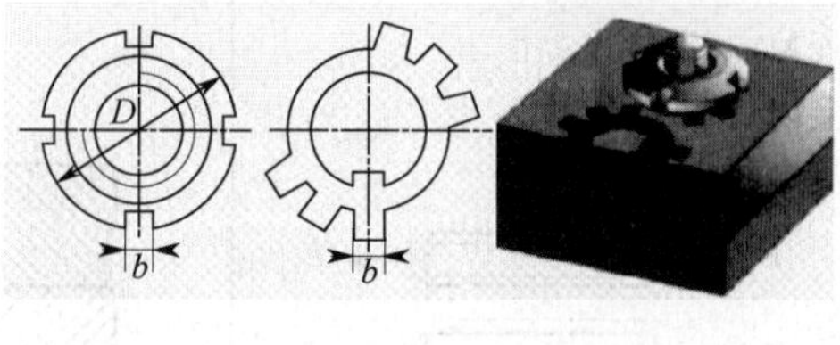	将内舌插入轴上的槽中，将螺母拧紧后，外舌之一弯起到圆螺母的缺口中，使螺栓螺母相互约束，起到防松作用，用于轴上螺纹的防松 结构简单，使用方便，防松可靠，应用较广
机械防松	头部带孔螺钉与串联钢丝	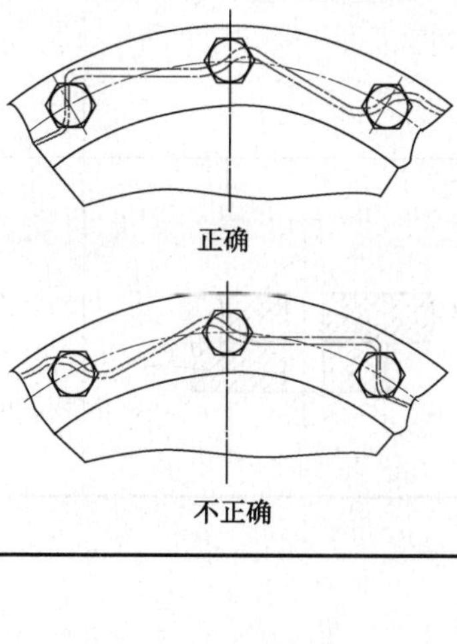	将钢丝插入各螺钉头部的孔内，使其相互制约，达到防松目的。一般用于螺钉组的连接，连接可靠，但装拆不便

续表

防松方法		防松装置结构	特点及应用
不可拆卸防松	焊接	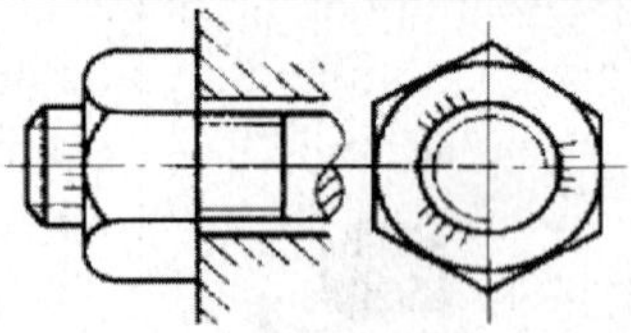	破坏螺纹副的运动关系，使其转化为非运动副
	冲点	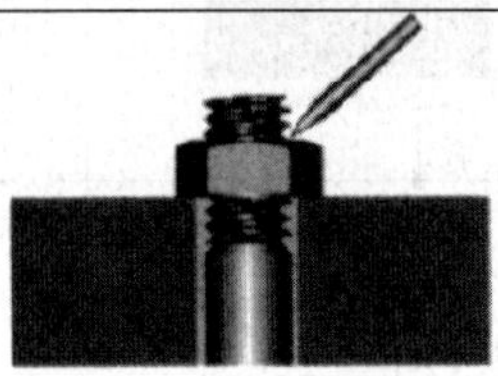	破坏螺纹副，使螺纹连接不可拆卸
	黏合	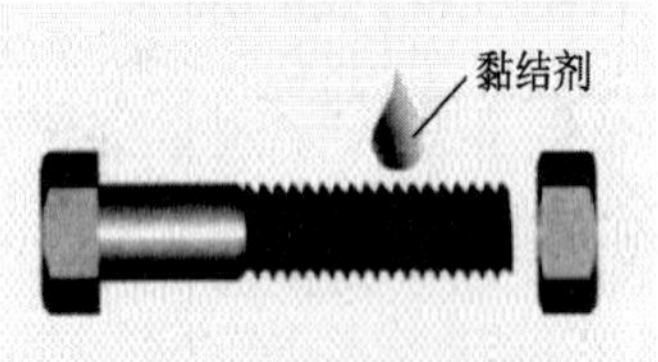	方法简单，经济有效，其防松效果与黏结剂直接相关

9.1.5 杆件的受力分析

1. 杆件变形的基本形式

杆件是指长度尺寸远大于其他方向的尺寸的构件。例如，轴、连杆等均可简化为杆件。杆件在外力作用下发生的基本变形有四种，如表 9-4 所示。

表 9-4　杆件在外力作用下发生的基本变形

基本变形	特　点	图　示	工程实例
拉伸与压缩	外载荷作用线与杆件的轴线重合，由此产生的变形特点是杆件在轴线方向伸长或缩短	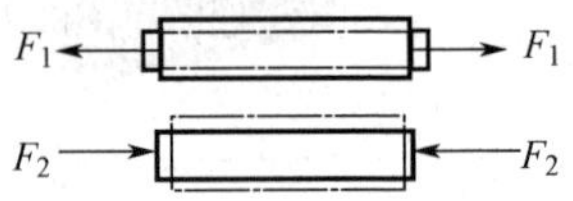	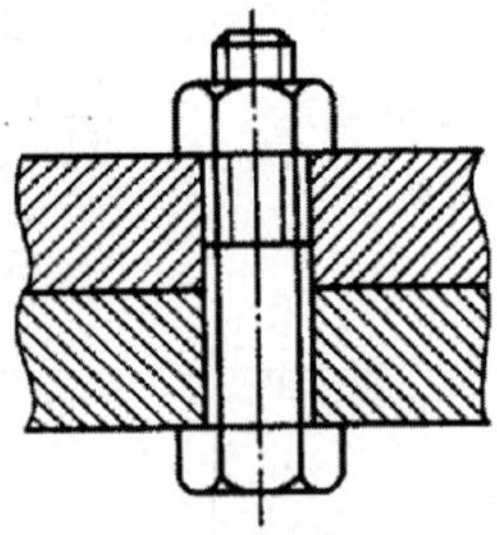 连接用螺栓
剪切	由大小相等、方向相反、作用线垂直于杆轴线并相距较近的一对外力引起杆件的横截面间发生相对错动	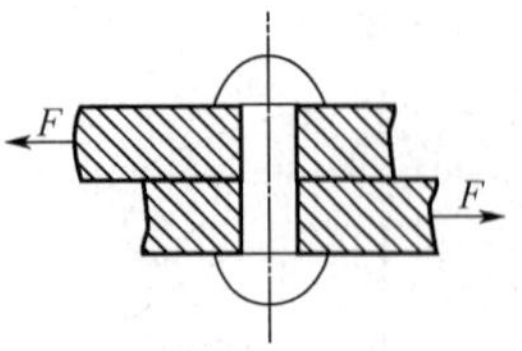	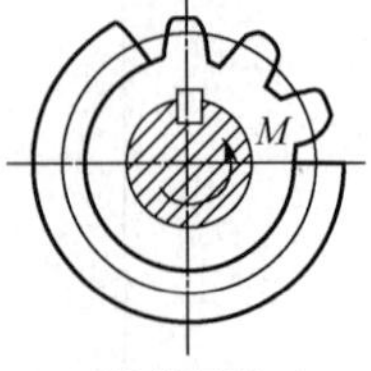 连接用链

续表

基本变形	特　点	图　示	工程实例
扭转	对大小相等、转向相反、作用面垂直于杆轴线的力偶引起杆件的横截面绕其轴线发生相对转动	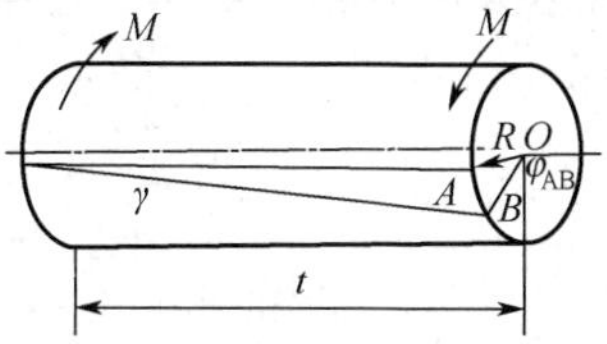	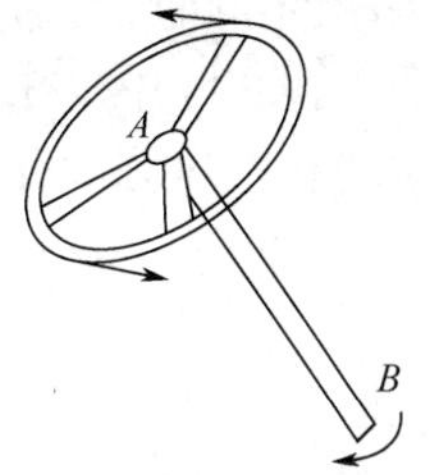 方向盘
弯曲	用于垂直于杠杆轴线的横向力作用引起原为直线的线变成曲线		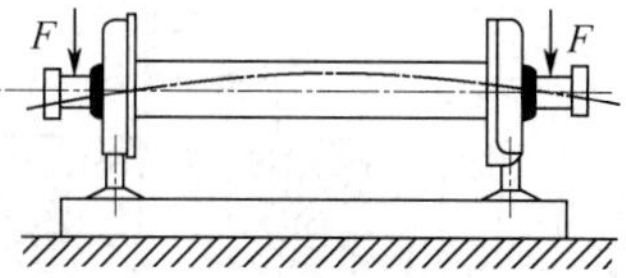 火车轮轴

2．拉伸和压缩时横截面上的应力

取一等直杆，在杆的表面画两条垂直于轴线的直线 *ab*、*cd*，如图 9-6（a）所示，然后在杆的两端施加拉力 F'。此时，可以观察到 *ab*、*cd* 分别平移至 *a'b'* 和 *c'd'*，且仍垂直于杆的轴线。根据表面的变形现象，可以进一步推断杆内的变形，并提出如下假设：变形前为平面的横截面，变形后仍为垂直于杆轴线的平面。这一假设称为平面假设。

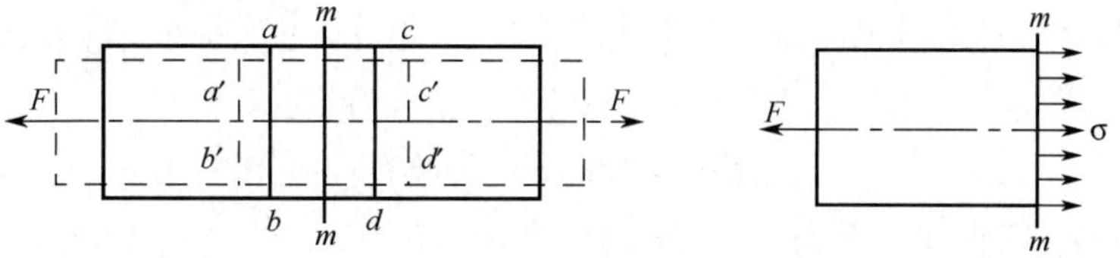

（a）　　　　（b）

图 9-6　平面假设

设想杆件是由许多纵向纤维组成的，根据平面假设，拉杆变形后所有纵向纤维的伸长量一定都相等。由于材料是均匀的，因此可以推断，横截面上的内力也是均匀分布的，即应力为常量，而且方向垂直于横截面，如图 9-6（b）所示。此时的应力称为正应力，以 σ 表示，其计算公式为

$$\sigma = \frac{F_N}{A}$$

式中　σ——横截面上的正应力；

F_N——横截面上的内力（轴力）；

A——横截面的面积。

正应力的符号规定与轴力相同。拉伸时正应力为正，压缩时正应力为负。

3．剪切和挤压横截面上的应力

（1）剪切和挤压的概念

机械中常用的一些连接件，如连接两钢板的铰制孔用螺栓，如图 9-7 所示，在外力的作用下，将沿着 m-n 截面发生剪切变形。在承受剪切作用的同时，在传力的接触面上，由于局部承受较大的压力，因此容易出现塑性变形，如图 9-8 所示的螺栓连接，钢板的圆孔可能挤压成长圆孔，或

者螺栓的侧表面被压溃。这种在接触面互相压紧而产生局部变形的现象，称为挤压。作用于接触面上的压力，称为挤压力，用 F_p 表示。挤压面上的压强称为挤压应力，用 σ_p 表示。挤压应力与压缩应力不同，挤压应力只分布于两构件相互接触的局部区域，而压缩应力是分布在整个构件内部的。在工程实际中，往往由于挤压破坏使连接松动而不能正常工作。因此，除了进行剪切计算外，还要进行挤压强度计算。

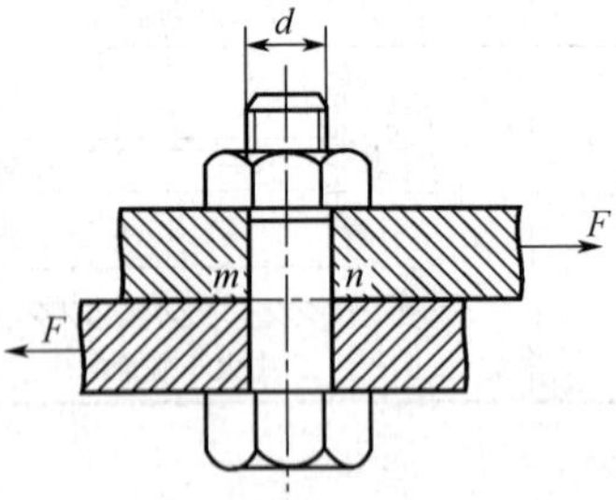

(a)　　(b)

图 9-7　螺栓连接

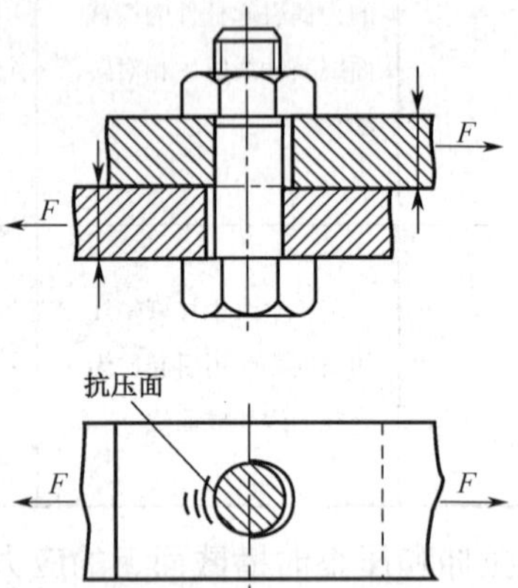

图 9-8　挤压

（2）剪切和挤压的实用计算

为了对构件进行剪切强度计算，必须先计算剪切面上的内力。现以图 9-7 所示的连接螺栓为例，进行受力分析。运用截面法，假想将螺栓沿剪切面 m-n 分成上下两部分，如图 9-9（a）所示，任取其中一部分为研究对象。根据平衡条件 $\Sigma F_{ix}=0$ 可知，剪切面上内力的合力 F_Q 必然与外力平衡，有

$$\Sigma F_{ix}=0\text{，}\ F-F_Q=0$$

得 $F=F_Q$，力 F_Q 切于剪切面 $m-n$，称为剪力。

剪切面上有切应力 τ 存在，如图 9-9（b）所示。切应力在剪切面上的分布情况比较复杂，在工程中通常采用以实验、经验为基础的“实用计算法”来计算。“实用计算法”是以构件剪切面上的平均应力来建立强度条件的。设剪切面的面积为 A，则构件剪切面上的平均应力 τ 的计算公式为

$$\tau=\frac{F_Q}{A}$$

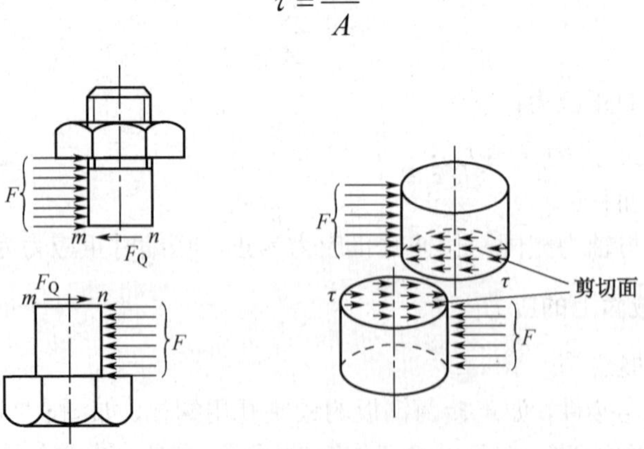

(a)　　(b)

图 9-9　剪切应力

剪切强度条件为

$$\tau = \frac{F_Q}{A} \leqslant [\tau]$$

式中，$[\tau]$为材料的许用剪切应力，其大小等于材料的剪切极限应力除以安全因数。

挤压应力在挤压面上的分布也很复杂，与剪切一样，也采用“实用计算法”来建立挤压强度条件，即

$$\sigma_P = \frac{F_P}{A_P} \leqslant [\tau_{ba}]$$

其中，A_p为挤压面积，其计算方法要根据接触面的具体情况而定。如图 9-10 所示的连接齿轴的键，其接触面为平面，则接触面的面积就是其挤压面积$A_p = h/2$，（图 9-10（a）中带斜线部分的面积）。螺栓、销钉等圆柱形连接件，其接触面近似为半圆柱面。根据理论分析，在半圆柱面上挤压应力的分布大致如图 9-10（b）所示，中点的挤压应力值最大。若以圆柱面的正投影面作为挤压面积（图 9-10（c）中带阴影线部分的面积），则计算而得的挤压应力，与圆柱接触面上的实际最大工作应力大致相等。所以，在挤压实用计算中，对于螺栓、销钉等圆柱形连接件，挤压面积的计算公式为$A_p = dt$（d 为螺栓直径，t 为钢板厚度）。

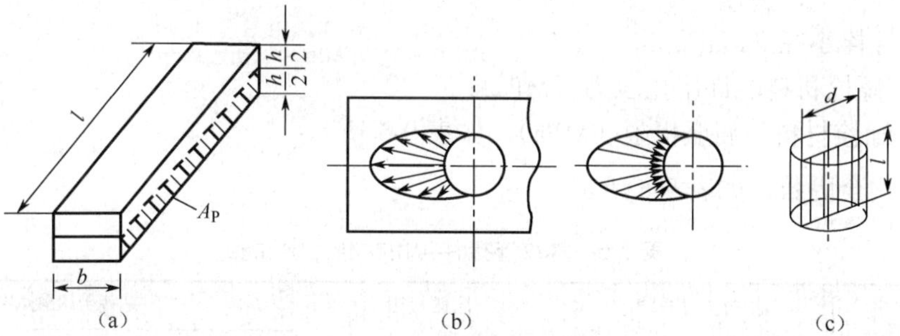

图 9-10　挤压应力

9.1.6　螺栓连接的强度计算

螺栓连接的强度计算，主要是确定螺栓的直径或校核螺栓危险截面的强度：其他尺寸及螺纹连接件是按照等强度理论的设计来确定的，不需要进行强度计算。

1. 普通螺栓连接的强度计算

在轴向静载荷的作用下，普通螺栓连接的失效形式一般为螺栓螺纹部分的塑形变形或断裂，因此对普通螺栓连接要进行拉伸强度计算。

（1）松螺栓连接的强度计算

松螺栓连接装配时，螺母不需拧紧，如图 9-11 所示。松螺栓连接工作时只承受轴向工作载荷F，其强度校核公式为

$$\sigma = \frac{F}{\pi d_1^2/4} \leqslant [\sigma]$$

螺栓的设计计算公式为

$$d_1 \geqslant \sqrt{\frac{4F}{\pi[\sigma]}}$$

$$[\sigma]=\frac{\sigma_S}{S}$$

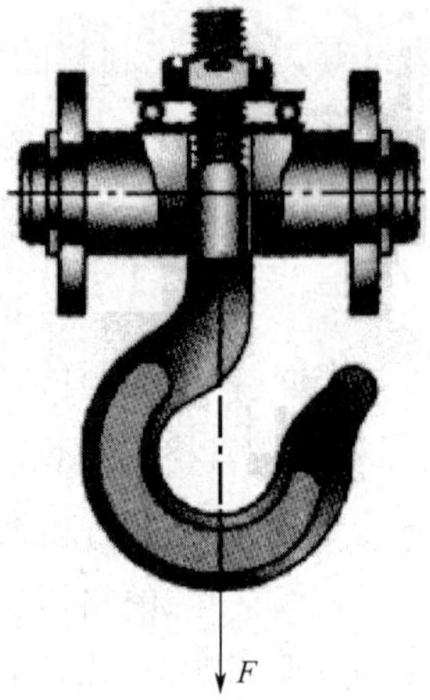

图 9-11　螺栓连接实例

式中　F——轴向工作载荷（N）；

d_1——螺栓小径（mm）；

$[\sigma]$——螺栓材料的许用拉应力（MPa）；

σ_s——螺栓材料的屈服极限（MPa），如表 9-5 所示；

S——安全因数，如表 9-6 所示。

表 9-5　螺纹连接件常用材料力学性能

钢　号	抗拉强度极限 σ_B/MPa	屈服极限 σ_s/MPa	疲劳极限/MPa	
			弯曲 σ_{-1}	抗拉 σ_{-1r}
Q215	340～420	220		
Q235	410～470	240	170～220	120～160
35	540	320	220～300	170～220
45	610	360	250～340	190～250
40Cr	750～1000	650～900	320～440	240～340

表 9-6　受拉紧螺栓连接的安全因数 S

控制预紧力		1.2～1.5				
不控制预紧力	材料	静载荷			动载荷	
		M6	M16～M30	M30～M60	M6～M16	M16～M30
	碳钢	4～3	3～2	2～1.3	10～6.5	6.5
	合金钢	5～4	4～2.5	2.5	7.5～5	5

（2）紧螺栓连接的强度计算

紧螺栓连接需拧紧螺母，螺栓受预紧力 F' 作用。紧螺栓连接，按所受工作载荷的方向分为以下两种情况。

① 受横向工作载荷的紧螺栓连接：如图 9-12 所示，在横向工作载荷 F_S 作用下，被连接件接合面间有相对滑移趋势，为防止滑移，由预紧力 F' 所产生的摩擦力应大于或等于横向工作载荷

F_S，即 $F'fm \geqslant F$。

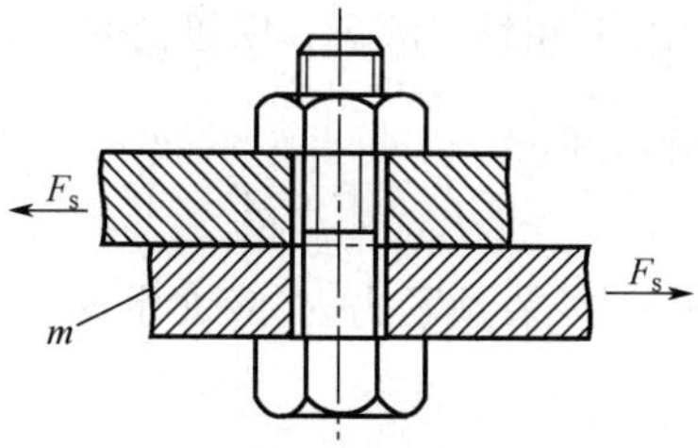

图 9-12　受横向工作载荷的紧螺栓连接

引入可靠性系数 C，整理得

$$F' = \frac{CF_S}{fm}$$

式中　F'——螺栓所受轴向预紧力（N）；

C——可靠性系数，取 C=1.1～1.3；

F_S——螺栓连接所受横向工作载荷（N）；

f——接合面间的摩擦系数，对于干燥的钢铁件表面，取 f=0.1～0.16；

m——接合面的数目。

螺栓除受预紧力 F' 引起的拉应力 σ 作用外，还受螺旋副中摩擦力矩 T 引起的切应力 τ 作用。对于 M10～M68 的普通钢制螺栓，$\tau \approx 0.5\sigma$，根据第四强度理论，可知相当应力 $\sigma_e = \sqrt{\sigma^2 + 3\tau^2} = \sqrt{\sigma^2 + 3(0.5\sigma)^2} = 1.3\sigma$。所以，螺栓的强度校核公式为

$$\sigma_e = \frac{1.3F'}{\pi d_1^2/4} \leqslant [\sigma]$$

螺栓的设计计算公式为

$$d_1 \geqslant \sqrt{\frac{5.2F'}{\pi[\sigma]}}$$

当 f=0.15、C=1.2、m=1 时，由上式计算得 $F_0 \geqslant 8F$。可见所需预紧力应为横向载荷的 8 倍，所以这种靠摩擦力抵抗横向工作载荷的紧螺栓连接，其尺寸是较大的。

为了避免上述缺陷，可用键、套筒或销等零件来承受横向工作载荷（图 9-13）。这时的连接强度计算，可按装置中的这些减载零件受剪切和受挤压进行强度计算，螺栓只起连接作用，不再承受工作载荷，故预紧力不必很大。

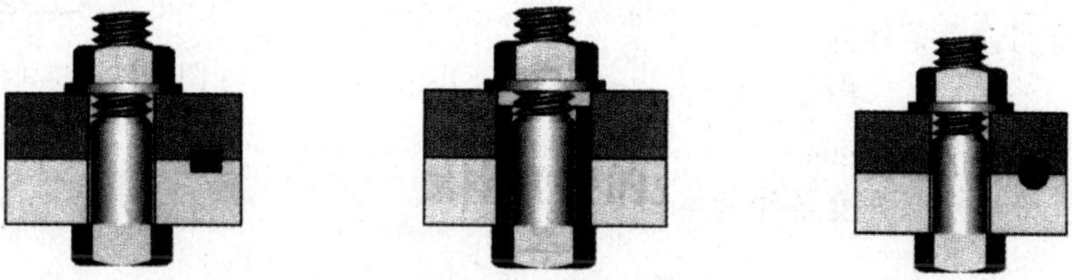

（a）减载键　　（b）减载套筒　　（c）减载销

图 9-13　承受横向载荷的减载装置

② 受轴向工作载荷的紧螺栓连接：常见于对紧密性要求较高的压力容器中，如粘胶自动筛滤机中的上盖与机体之间。工作载荷作用前，螺栓只受预紧力 F'，接合面受压力，如图 9-14（a）

所示；工作载荷作用后，在轴向工作载荷 F 作用下，接合面有分离趋势，该处压力由 F' 减为 F''，F'' 称为残余预紧力，F'' 同时也作用于螺栓。因此，所受总拉力 F_Q 应为轴向工作载荷 F 与残余预紧力 F'' 之和，如图 9-14（b）所示，即

$$F_Q = F + F''$$

为保证连接的紧固性与紧密性，残余预紧力 F'' 应大于零。

螺栓的强度校核公式为

$$\sigma_e = \frac{1.3F_Q}{\pi d_1^2/4} \leqslant [\sigma]$$

螺栓的设计计算公式为

$$d_1 \geqslant \sqrt{\frac{5.2F_Q}{\pi[\sigma]}}$$

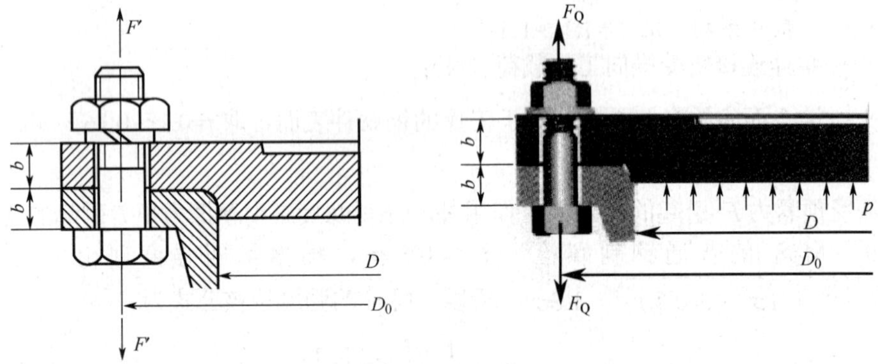

（a）工作载荷作用前　　（b）工作载荷作用后

图 9-14　受横向工作载荷的紧螺栓连接

压力容器中的螺栓连接，除满足强度要求外，还要有适当的螺栓间距 t_0，t_0 影响连接的紧密性，通常 $3d \leqslant t_0 \leqslant 7d$。

2．铰制孔用螺栓连接的强度计算

铰制孔用螺栓连接主要承受横向载荷，如图 9-15 所示。铰制孔用螺栓连接的失效形式，一般为螺栓杆被剪断，螺栓杆或孔壁被压溃。因此，铰制孔用螺栓连接须进行剪切强度和挤压强度计算。

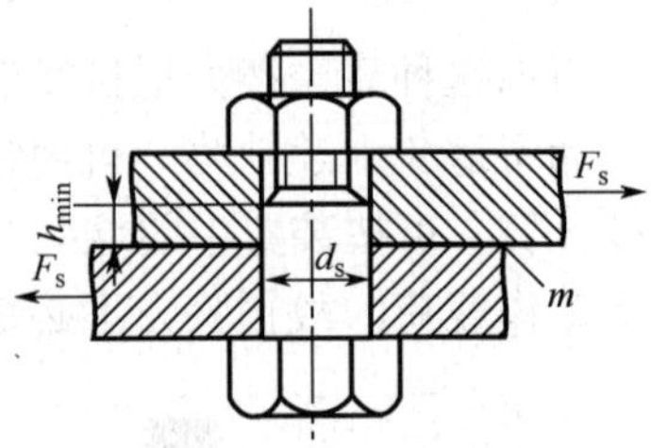

图 9-15　铰制孔用螺栓连接

螺栓杆的剪切强度条件为

$$\tau = \frac{4F_S}{\pi d_S^2} \leqslant [\tau]$$

螺栓杆与孔壁的挤压强度条件为

$$\sigma_p = \frac{F_S}{d_s h_{min}} \leqslant [\sigma_p]$$

式中　F_s——单个铰制孔用螺栓所受的横向载荷（N）；

d_s——铰制孔用螺栓剪切面直径（mm）；

h_{min}——螺栓杆与孔壁挤压面的最小高度（mm）；

$[\tau]$——螺栓许用切应力，如表 9-7（MPa）所示；

$[\sigma_p]$——螺栓或被连接件的许用挤压应力，如表 9-7 所示（Mpa）；

表 9-7　铰制孔用螺栓的许用应力

	被连接件材料	剪切		挤压	
		许用应力	S_s	许用应力	S_p
静载荷	钢	$[\tau]=\sigma_s/S_s$	2.5	$[\sigma_p]=\sigma_s/S_p$	1.25
	铸铁			$[\sigma_p]=\sigma_B/S_p$	2～2.5
动载荷	钢、铸铁	$[\tau]=\sigma_s/S_s$	3.5～5	$[\sigma_p]$按静载荷取值的 70%～80%计	

实训 10　设计粘胶自动筛滤机连接螺栓

如图 9-16 所示，粘胶自动筛滤机是化纤生产中的一种过滤设备，主要由空心轴 1、机体 2、回转反洗臂 7、滤网 8 组成过滤装置，空心轴 1 通过联轴器 4 与减速器 6、电动机 5 相连接。具有一定压力的粘胶通过滤网 8 时，会滤出粘胶所含的杂质，回转反洗臂 7 及时反洗滤网上的杂质，保证过滤工作的连续性。其中，机体 2 与上盖 3 之间采用螺栓连接，减速器 6 与空心轴 1 之间采用联轴器连接，连接器 4 与空心轴 1 之间采用平键连接。

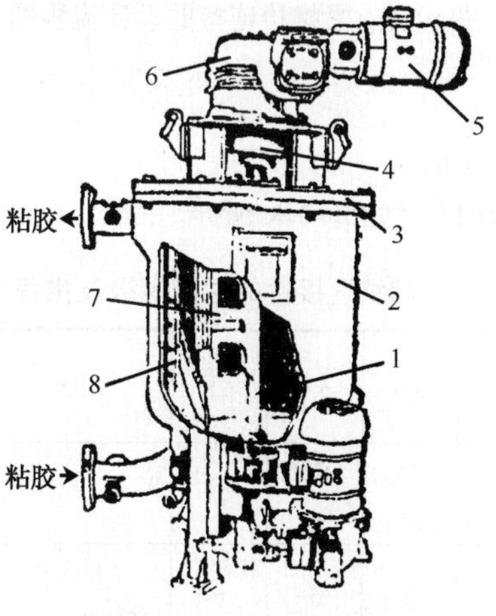

图 9-16　粘胶自动筛滤机

1—空心轴；2—机体；3—上盖；4—联轴器；5—电动机；6—减速器；7—回转反洗臂；8—滤网

承受预紧力 F' 和工作拉力 F 的紧螺栓连接的设计流程如图 9-17 所示。

1．设计要求与数据

如图 9-16 所示，粘胶自动筛滤机上盖与机体的凸缘厚度均为 b =30mm，采用普通螺栓连接。已知气体的压强 p =1.5MPa，气缸内径 D =250mm，螺栓分布圆直径 D_0 =350mm，采用指针式力矩扳手装配。

2．设计内容

设计内容包括：选择螺栓的材料和强度级别，确定螺栓的数量和直径。

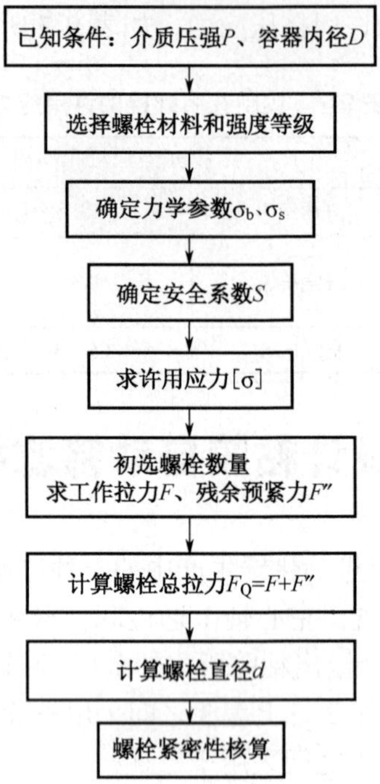

图 9-17　紧螺栓连接的设计流程图

3．设计步骤、结果及说明

（1）选择螺栓的材料和强度级别

螺栓连接件的性能等级及推荐材料如表 9-8 所示。

表 9-8　螺纹连接件的性能等级及推荐材料

螺栓 双头螺柱 螺钉	性能等级	3.6	4.6	4.8	5.6	5.8	6.8	8.8	9.8	10.9	12.9
	推荐材料	Q215 10	Q235 15	Q235 15	25 35	Q235 35	45	45	35 45	40Cr 15MnVB	30CrMnSi 15MnVB
相配螺母	性能等级	4（d>M16） 5（d≤M16）			5	5	6	8 或 9 M16<d≤M39	9 （d≤M16）	10	12 （d≤M39）
	推荐材料	Q215 10	Q215 10	Q215 10	Q215 10	Q215 10	Q235 10	35	35	40Cr 15MnVB	30CrMnSi 15MnVB

注：1．螺栓、双头螺柱、螺钉的性能等级代号中，点前数字为 $\sigma_{Blim}/100$，点前后数相乘的 10 倍为 σ_{Slim}。如“5.8”表示 σ_{Blim}=500MPa。螺母性能等级代号为 $\sigma_{Blim}/100$。

2．同一材料通过工艺措施可制成不同等级的连接件。

3．大于 8.8 级的连接件材料要经淬火并回火。

该连接属受轴向工作载荷的紧螺栓连接，由表 9-8 选 45 钢、6.8 级，其 $\sigma_{\rm Blim}=6\times100=600$（MPa），$\sigma_{\rm slim}=8\times6\times100=480$（MPa）。

由表 9-6 查得 $[S]$=2，则 $[\sigma]=\sigma_{\rm S}/2=480/2=240$（MPa）。

（2）计算螺栓所受的总拉力

每个螺栓所受的总拉力为 $F_Q=F+F''$。

提示：

螺栓数量选择为 3、4、6、8、12、16 等 4 的倍数。

初选螺栓数量 z =8，每个螺栓所受工作载荷为

$$F=\frac{p\pi D^2}{4z}=\frac{1.5\times 3.14\times 250^2}{4\times 8}=9199.22\ (\text{N})$$

表 9-9 列出了 F'' 的推荐值。

表 9-9　残余预紧力 F''的推荐值

连接性质		残余预紧力 F''的推荐值
紧固连接	F 无变化	（0.2～0.6）F
	F 有变化	（0.6～1.0）F
紧密连接		（1.5～1.8）F
地脚螺栓连接		$\geqslant F$

由表 9-9 查得 F'' =（1.5～1.8）F，这里取 F'' =1.6F。

则每个螺栓所受的总拉力为

$$F_Q=F+F''=F+1.6F=23918\ (\text{N})$$

（3）计算所需螺栓直径和数量

由表查得$[S]$=2，则$[\sigma]=\sigma_S/2=480/2=240$（MPa）。

$$d_1\geqslant\sqrt{\frac{5.2F_Q}{\pi[\sigma]}}=\sqrt{\frac{5.2\times 23918}{3.14\times 240}}=12.85\ (\text{mm})$$

查国家标准，选取 M16 的螺栓。

（4）校验螺栓分布间距

螺栓连接不但要有足够的强度，而且还要有保证紧密性要求的螺栓间距 t_0，如表 9-10 所示。

表 9-10　有紧密性要求的螺栓间距 t_0

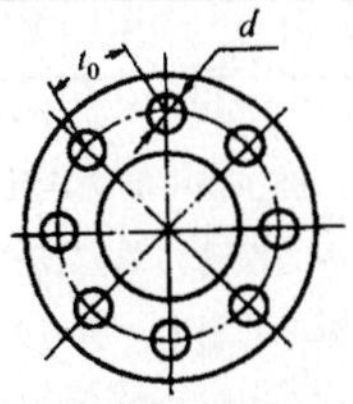	工作压力/MPa					
	≤1.6	1.6~4	4~10	10~16	16~20	20~30
	t_0/mm					
	7d	4.5d	4.5d	4d	3.5d	3d

注：d 为螺栓公称直径。

查表 9-10 得 $t_{0\max}$ =7，d =112mm，$t_0=\pi d/z=\pi\times 350/8=137$ mm＞$t_{0\max}$。为了保证连接的紧密性，螺栓数 z 取为 12，t_0 =92mm，可满足间距要求，且强度更好。所以，选用 12 个 M16 螺栓。

9.2　轴毂连接

轴毂连接是指安装在轴上的齿轮、带轮、链轮等传动零件，其轮毂与轴的连接。轴毂连接的主要类型有键连接、花键连接、销连接、过盈配合连接及型面连接等。

9.2.1 键连接

键连接主要用来实现轴和轮毂（如齿轮、带轮等）之间的周向固定，并用来传递运动和转矩，有些还可以实现轴上零件的轴向固定或轴向移动（导向）。

按照结构特点和工作原理，键连接的类型如表 9-11 所示。

表 9-11　键连接的类型

键连接的类型		图　示	工 作 面	特　点
平键连接	普通平键	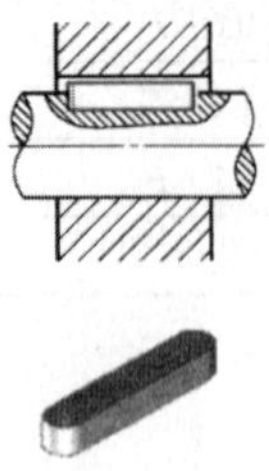 圆头（A 型）指状铣刀 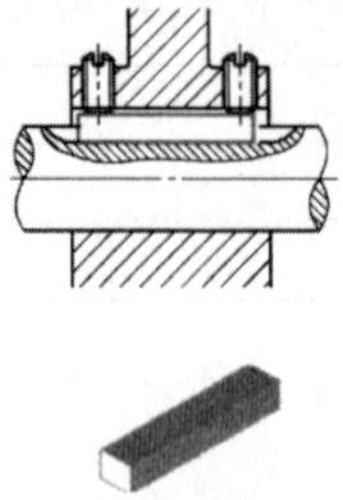 平头（B 型）盘状铣刀 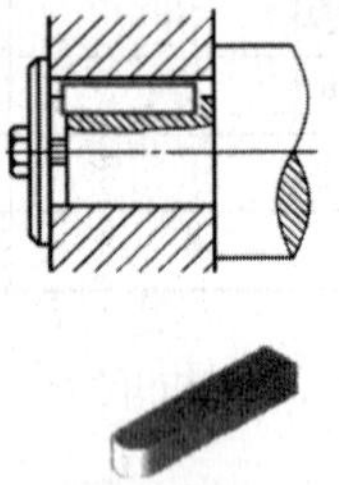 单圆头（C 型）指状铣刀	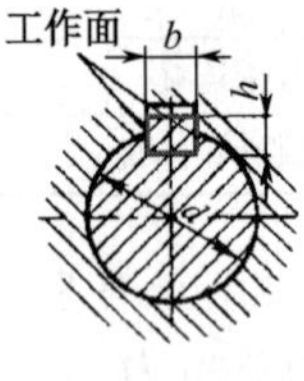 键的两侧面	A 型键轴向定位好，应用广泛，但键槽部位应力集中较大。 B 型键应力集中较小，但键在键槽中固定不好
	导向平键连接 滑键连接	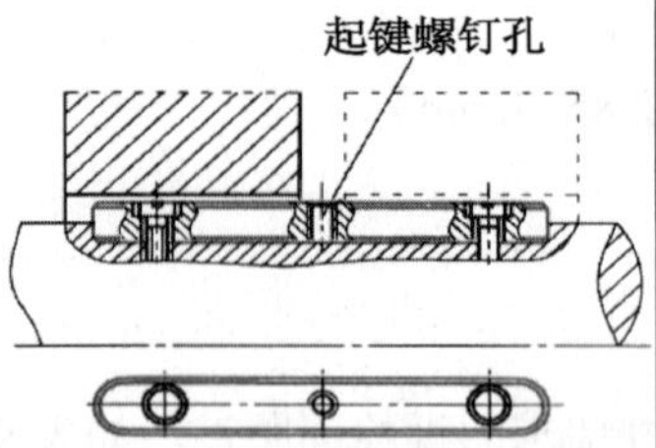 导向平键连接 用螺钉固定在轴上键槽中 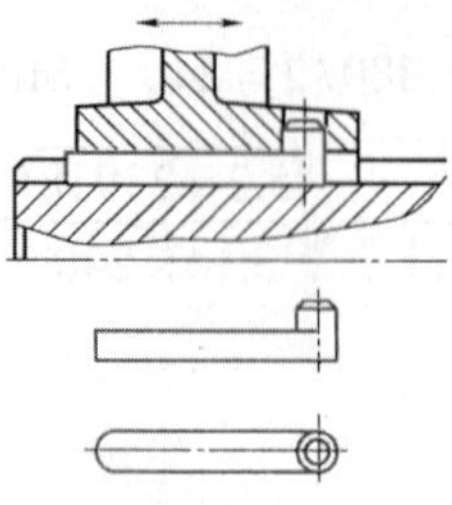 滑键连接 固定在轮毂上，轮毂带动的滑键在轴上的键槽中做轴向运动	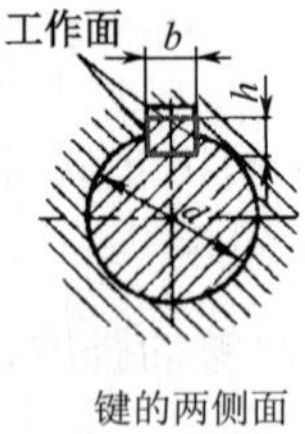 键的两侧面	导向平键用于轴上零件沿轴向移动不大的场合 滑键用于零件滑移距离较大的场合
半圆键连接		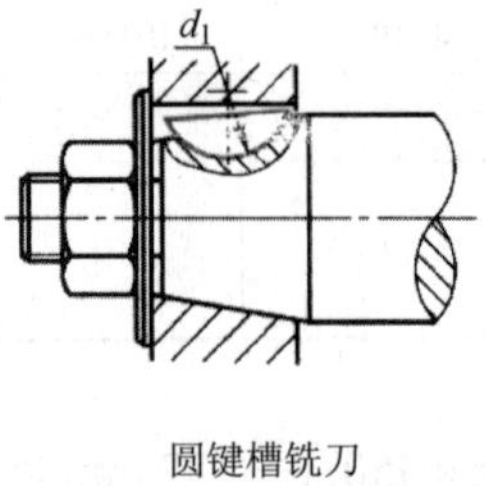 圆键槽铣刀	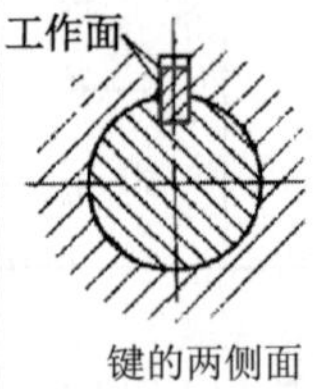 键的两侧面	键在槽中能绕其几何中心摆动，以适应轮毂中键槽的斜度，加工工艺好，装配方便，但对轴强度削弱较大
楔键连接		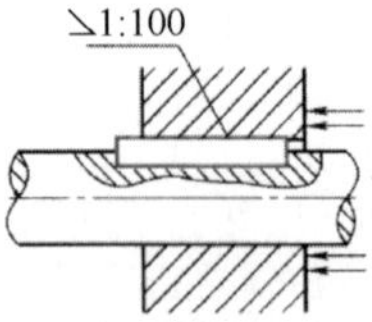 A 型普通楔键 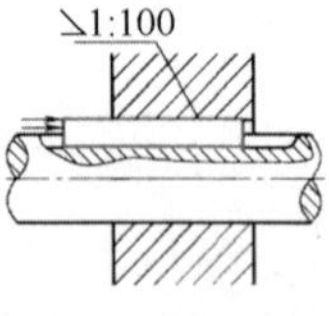 B 型普通楔键 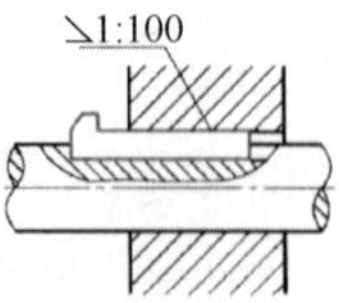 钩头楔键	 键的上下表面	A 型普通楔键现将键放入键槽，然后打紧轮毂。B 型普通楔键和钩头楔键，先将轮毂装到适当位置，再将键盘打紧，适用于不要求准确定心、低速运转的场合

实训 11　设计粘胶自动筛滤机的键

键连接的设计流程如图 9-18 所示。

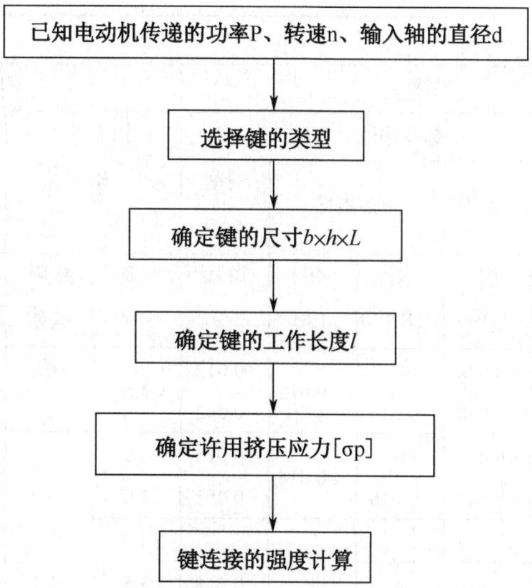

图 9-18　键连接的设计流程图

1．设计要求与数据

已知电动机轴传递的功率 P=5.1kW，转速 n=37.7r/min，输入轴的直径 d=60mm，轴与联轴器采用平键连接，联轴器轮毂的宽度为 112mm，粘胶自动筛滤机短时间间歇工作。

2．设计内容

设计粘胶自动筛滤机输入轴的键。

3．设计步骤、结果及说明

（1）选择键的类型

键的类型应考虑的因素：对中性的要求，传递转矩的大小，轮毂是否需要沿轴向滑移及滑移的距离大小，键在轴上的位置相等。

（2）确定键的尺寸

键的尺寸选择如表 9-12 所示。

根据轴的直径可查出键的截面尺寸 $b \times h$，键的长度 L 根据轮毂的宽度 L_1 确定，静连接取 $L = L_1 - (5\sim10)$ mm；对于动连接，还应考虑移动的距离。键长 L 应符合标准长度系列。

轴与联轴器采用的平键连接，当 d=60mm 查得键的尺寸为 $b \times h$=18mm×11mm，键的长度为 L=112−10=102mm，标准长度为 100mm，标记为键 18×100GBT/1095-1990。

（3）键连接的强度校核

用于静连接的普通平键连接，其主要失效形式是键、轴、轮毂三者中最弱的工作面被压溃，用于动连接的导向平键和滑键连接，其主要失效形式是工作面的过渡磨损，除非有严重过载，否则一般不会出现键的剪断，因此应按照挤压应力 σ_p 或压强 p 进行条件性的强度计算，校核公式为

$$\sigma_P = \frac{4T}{dhl} \leqslant [\sigma_P]$$

$$p = \frac{4T}{dhl} \leqslant [p]$$

表 9-12　平键连接尺寸（摘自 GB1096—1979）　　（单元：mm）

轴	键	键槽											
		宽度 *b*						深度				半径 r	
		公称尺寸 *b*	极限偏差					轴 *t*		毂 t_1			
公称尺寸 *d*	公称尺寸 *b*×*h*		较松连接		一般连接		较紧连接						
			轴 H9	毂 D10	轴 N9	毂 JS9	轴毂 P9	公称尺寸	极限偏差	公称尺寸	极限偏差	最小	最大
＞17～22	6×6	6	+0.030 0	+0.078 +0.030	0 −0.030	±0.015	−0.012 −0.042	3.5	+0.1 0	2.8	+0.1 0	0.16	0.25
＞22～30	8×7	8	+0.036 0	+0.098 +0.040	0 −0.036	±0.018	−0.015 −0.051	4.0	+0.2 0	3.3	+0.2 0		
＞30～38	10×8	10						5.0		3.3		0.25	0.40
＞38～44	12×8	12	+0.043 0	+0.120 +0.050	0 −0.043	±0.0215	−0.018 −0.061	5.0		3.3			
＞44～50	14×9	14						5.5		3.8			
＞50～58	16×10	16						6.0		4.3			
＞58～65	18×11	18						7.0		4.4			
＞65～75	20×12	20	+0.052 0	+0.149 +0.065	0 −0.052	±0.026	−0.022 −0.074	7.5		4.9		0.40	0.40
＞75～85	22×14	22						9.0		5.4			
键的长度系列	6,8,10,12,14,16,18,20,22,25,28,32,36,40,45,50,56,63,70,80,90,100,110,125,140,160,180, 200,220,250,280,320,360												

注：① 在工绘图中，轴槽深用 t 或 $d-t$ 标注，轮毂槽深用 $d+t_1$ 标注；

② $d-t$ 和 $d+t_1$ 两组组合尺寸的极限偏差按相应的 t 和 t_1 的极限偏差选取，但 $d-t$ 的极限偏差应取负值。

式中　T——传递的转矩（N • mm）；

d——轴的直径（mm）；

h——键高（mm）；

l——键的工作长度（mm），圆头平键 $l=L-b$，平头平键 $l=L$，单圆头平键 $l=L-\frac{b}{2}$；

$[\sigma_P]$（或 $[p]$）——键连接的许用挤压应力（或许用压强 $[p]$），如表 9-13 所示，计算时应取连接中较弱材料的值（MPa）。

选择键连接载荷性质为轻微冲击，$[\sigma_P]$=100MPa

$$\sigma_P = \frac{4T}{dhl} = \frac{4\times1.29\times10^6}{60\times18\times(100-18)} = 58.26\ \text{MPa} \leqslant [\sigma_P]$$

所选用的键满足强度要求。

如果强度不足则可以采取下列措施。

① 在结构允许时可以适当增加轮毂的长度和键长。

② 间隔 180°布置两个键，考虑载荷分布的不均匀性，双键连接按 1.5 个键进行强度校核。

表 9-13　键连接材料的许用挤压应力（压强）　　　（单位：MPa）

项　目	连 接 性 质	键或轴、毂材料	载 荷 性 质		
			静 载 荷	轻 微 冲 击	冲　击
$[\sigma_p]$	静连接	钢	120～150	100～120	60～90
		铸铁	70～80	50～60	30～45
$[p]$	动连接	钢	50	40	30

9.2.2　花键连接

花键连接由轴上加工出的外花键和轮毂孔内加工出的内花键组成，如图 9-19 所示，工作时靠键齿的侧面互相挤压来传递转矩。

（a）外花键　　（b）内花键　　（c）齿轮花键孔

图 9-19　花键连接

花键连接的优点是，键齿数多，承载能力强，键槽较浅，应力集中小，对轴和毂的强度削弱也小，键齿均布，受力均匀，轴上零件与轴的对中性好，导向性好。花键连接的缺点是加工成本较高，因此，花键连接用定心精度要求较高和传递载荷较大的场合。

花键连接已标准化。按齿形不同，花键分矩形花键和渐开线花键两种，如表 9-14 所示。

表 9-14　花键的类型

类　型	齿 廓 形 状	定 心 方 式	图　示	特　点
矩形花键	直线	小径定心	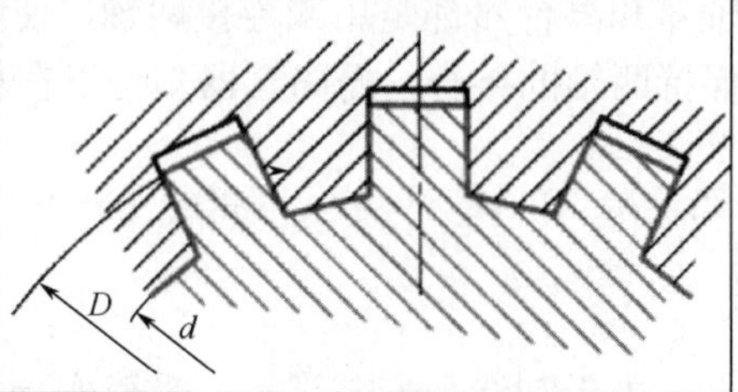	采用热处理后内花键孔的工艺提高定心精度，并在单件生产或花键孔直径较大时避免使用拉力，以降低制造成本
渐开线花键	渐开线	齿侧自动定心	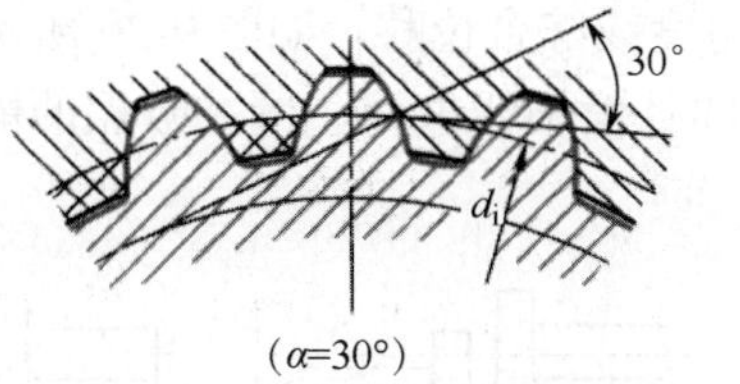 (α=30°)	工作时各齿均匀承载，强度高。可以使用轮齿加工设备制造。工艺性好，加工精度高，互换性好。常用于传递载荷较大、轴颈较大、大批量生产等重要场合

9.2.3　销连接

销连接通常用于固定零、部件之间的相对位置，即定位销，也用于轴毂间或其他零件间的连接，即连接销，还可充当过载剪断元件，即安全销，销连接的类型如表 9-15 所示。

表 9-15 销连接的类型

类型		用途	图示	特点
按作用	定位销	固定零部件之间的相对位置	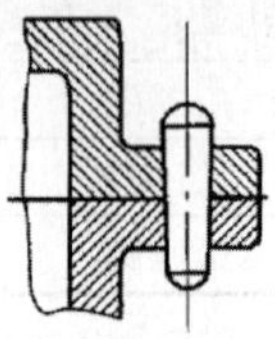	一般不受载荷或只受很小的载荷，其直径按结构确定，数目不少于两个
	连接销	轴毂间或其他零件的连接	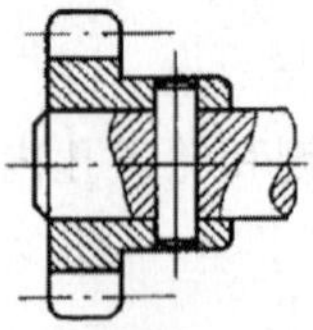	能传递较小的载荷，其直径也按结构及经验确定，必要时校核其挤压和剪切强度
	安全销	充当过载剪断元件	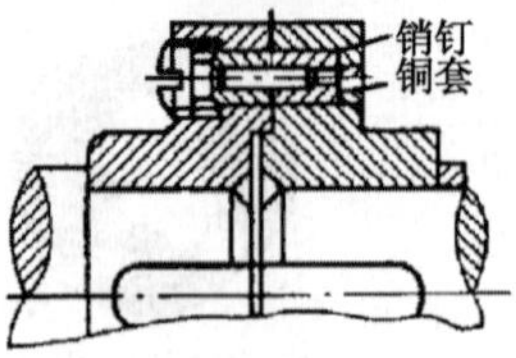	直径应按销的剪切强度计算，当过载 20%~30%时即应被剪断
按形状	圆柱销	连接和定位		为保证定位精度和连接的坚固性，不宜经常装拆
	圆锥销	连接和定位		小端直径为标准值，自锁性能好，定位精度高
	异型销	固定螺纹连接件		工作可靠，拆卸方便，常与槽型螺母合用

9.3 轴间连接

在机械连接中，联轴器和离合器都是用来连接两轴，使两轴一起转动并传递转矩的装置，所不同的是，联轴器只能保持两轴的接合，而离合器却可以在机器的工作中随时完成两轴的接合和分离。

9.3.1 联轴器

联轴器所连接的两轴，由于制造和安装误差、受载变形、温度变化和机座下沉等原因，可能产生轴线的径向、轴向、角度或综合位移，如图 9-20 所示，因此要求联轴器在传递运动和转矩的同时，还应具有一定范围的补偿轴线位移，缓冲吸振的能力，联轴器的类型如表 9-16 所示。

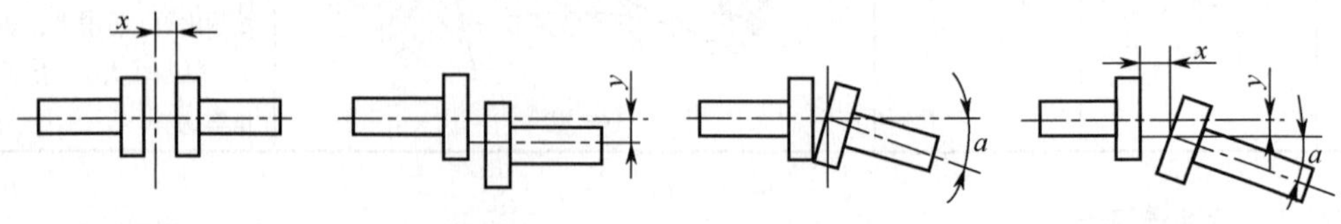

(a) 轴向位移 x　(b) 径向位移 y　(c) 角度位移 α　(d) 综合位移 x、y、α

图 9-20 联轴器所连接两轴的位移形式

表 9-16　联轴器的类型

类　　型		结　　构	图　　示	特　　点
刚性联轴器	凸缘联轴器	具有凸槽和凹槽的两个半联轴器的相互嵌合来对中，半联轴器之间采用普通螺栓连接	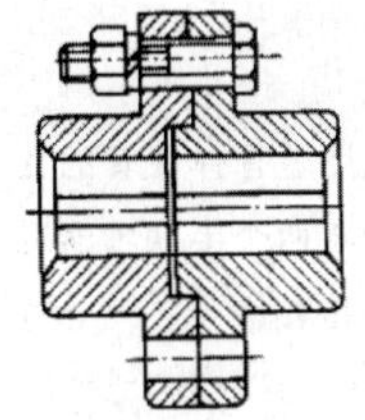	结构简单，成本低，传递的转矩较大，但要求两轴的同轴度要好，适用于刚性大、振动冲击小和低速大转矩的连接场合
		通过铰制孔用螺栓与孔的紧配合对中	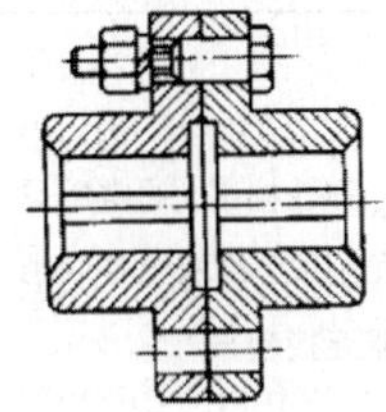	
	套筒联轴器	利用套筒和键将两轴连接起来	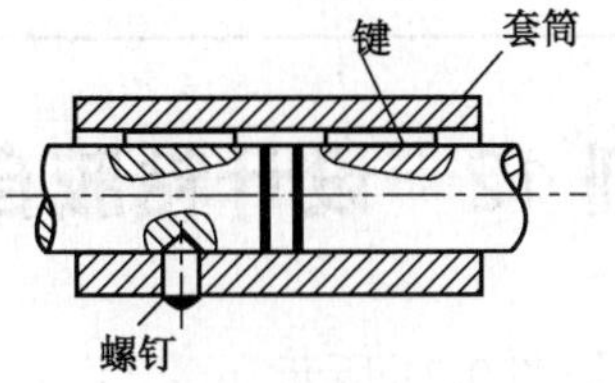	结构简单，径向尺寸小，容易制造。适用于载荷不大、工作平稳，两轴严格对中、频繁启动、轴上转动惯量要求小的场合
		利用套筒和销将两轴连接起来	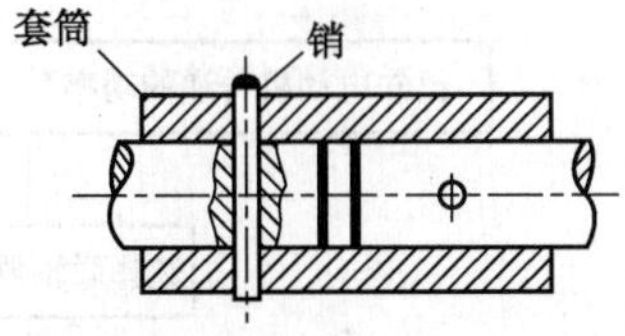	
无弹性元件的可位移联轴器	十字滑块联轴器	利用一个两端面均带有凸牙的中间盘把两个在端面上开有凹槽的半联轴器连接起来	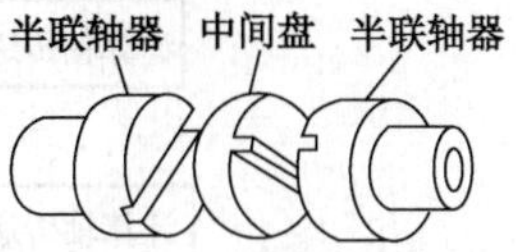	径向尺寸小，承载能力大，对两轴的径向位移补偿量大，主要用于转矩大、无冲击、低转速、难以对中的传动系统
	万向联轴器	利用十字轴把分别装在两轴端的叉形接头连接起来	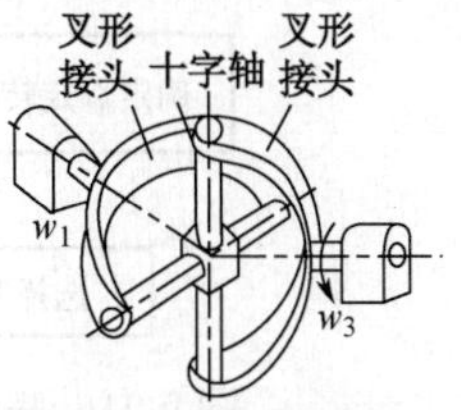	结构紧凑，耐磨性高，可适用两轴间较大的综合位移，且维护方便，因而在汽车、多头钻床中得到广泛应用
	齿式联轴器	利用螺栓把两个外齿轮轴套连接起来	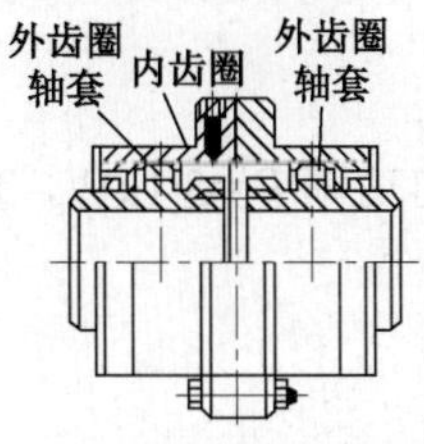	结构紧凑，承载能力大，适用速度范围广，但制造困难，适用于重载、高速的水平轴连接

续表

类　型		结　构	图　示	特　点
弹性联轴器	弹性套柱销联轴器	用套有弹性套的柱销将两个半联轴器连接起来	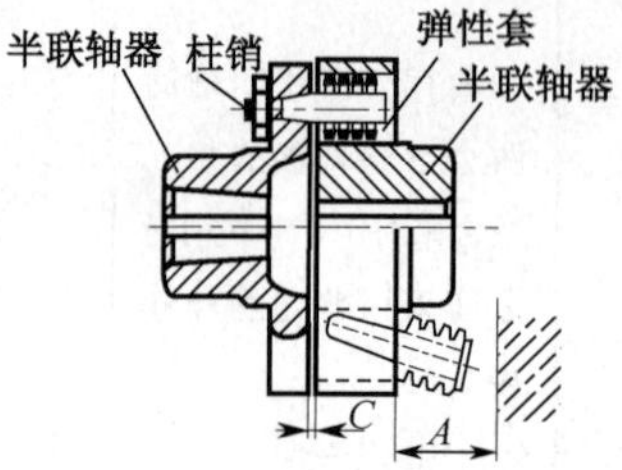	质量轻、结构简单，但弹性套易磨损，寿命较短，用于冲击载荷小、启动频繁的中小功率传动
	弹性柱销联轴器	弹性柱销（通常用尼龙制成）将两个半联轴器连接起来	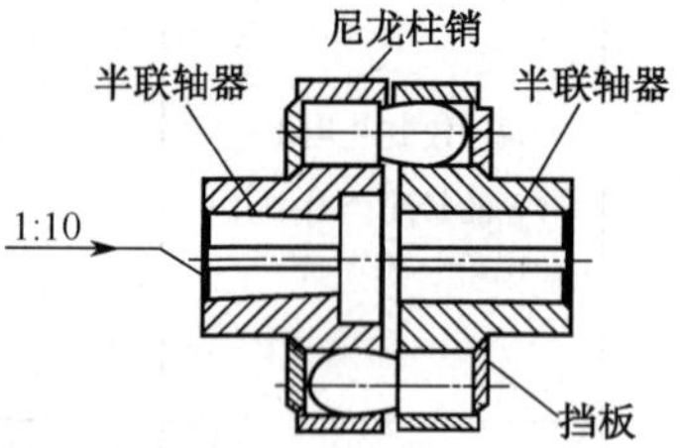	传递转矩的能力更大，结构更简单，耐用性好，用于轴向窜动较大，正反转或启动频繁的场合

实训 12　设计粘胶自动筛滤机的联轴器

联轴器的设计流程如图 9-21 所示。

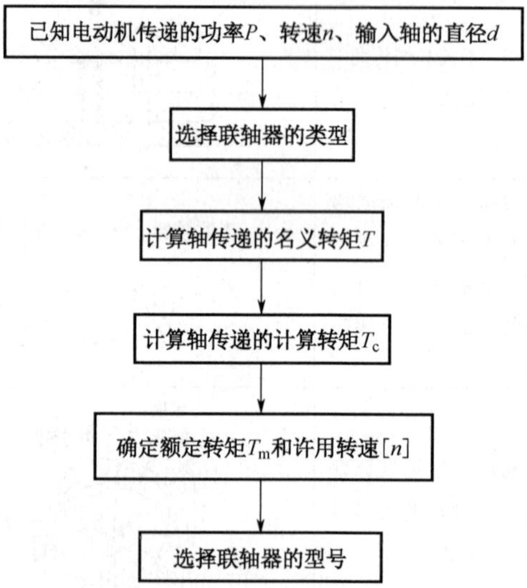

图 9-21　联轴器的设计流程图

1. 设计要求与数据

已知：电动机轴传递的功率 P =5.1kW，转速 n =37.7r/min，输入轴的直径 d =60mm，粘胶自动筛滤机短时间间歇工作。

2. 设计内容

设计粘胶自动筛滤机输入轴的联轴器。

3．设计步骤、结果及说明

（1）选择联轴器

在选择联轴器时，首先应根据工作条件和使用要求确定联轴器的类型，然后再根据联轴器所传递的转矩、转速和被连接轴的直径选择联轴器的型号，必要时应校核其薄弱件的承载能力。

因为该轴转速较低，传递转矩较大，且轴的跨度大，刚性较差，所以选择承载能力较大、允许轴有一定偏移的尼龙柱销联轴器。

（2）计算轴传递的名义转矩 T

$$T = 9.55\times10^6 \frac{P}{n} = 9.55\times10^6 \times \frac{5.1}{37.7} = 1.29\times10^6 \text{（N·mm）}$$

考虑工作机启动、制动、变速时的惯性力和冲击载荷等因素，应按计算转矩 T_c 选择联轴器。联轴器的计算转矩 T_c 可按下式计算：

$$T_c = KT$$

式中　T——名义转矩（N·m）；

T_c——计算转矩（N·m）；

K——工作情况系数，由表 9-17 查取。

表 9-17　联轴器和离合器的工作情况系数 K

原　动　机	工　作　机	K
电动机	皮带运输机、鼓风机、连续运转的金属切削机床	1.25～1.5
	链式运输机、刮板运输机、螺旋运输机、离心泵、木工机床	1.5～2.0
	往复运动的金属切削机床	1.5～2.5
	往复式泵、往复式压缩机、球磨机、破碎机、冲剪机	2.0～3.0
	锤、起重机、升降机、轧钢机	3.0～4.0
汽轮机	发电机、离心泵、鼓风机	1.2～1.5
往复式发动机	发电机	1.5～2.0
	离心泵	3～4
	往复式工作机（如压缩机、泵）	4～5

注：1．刚性联轴器选用较大的 K 值，弹性联轴器选用较小的 K 值。

2．牙嵌离合器 K =2～3，摩擦离合器 K =1.2～1.5。

3．从动件的转动惯量小、载荷平衡时 K 取较小值。

工作情况系数 K_A=1.5，则计算转矩

$$T_c = K_A T = 1.5\times1.29\times10^6 = 1.94\times10^6 \text{ T=1.5-1.29}\times10^6\text{=1.94}\times10^6 \text{（N·mm）}$$

所选择型号联轴器应同时满足下列两式：

$$\left.\begin{array}{l} T_c \leqslant T_m \\ n \leqslant [n] \end{array}\right\}$$

式中，T_m、$[n]$ 分别为联轴器的额定转矩（N·m）和许用转速（r/min），可在相关手册中查出。

联轴器与轴一般采用键连接，对联轴器孔和键槽的形式、代号规定如下。

① 长圆柱形轴孔—Y 型，有沉孔的短圆柱形轴孔—J 型，无沉孔的短圆柱形轴孔—J_1 型，有沉孔的圆锥形轴孔—Z 型，无沉孔的圆锥形轴孔—Z 型。

② 平键单键槽—A 型，120°、180°布置的平键双键槽 T_c—B、B_1 型，圆锥形孔平键单键槽—

C 型。

根据转速 $n=37.7\text{r/min}$，轴径 $d=60\text{mm}$，减速器输出端轴径 $d=55\text{mm}$ 及计算转矩 $T_c=1.94\times10^6$（N·mm），选用 HL5 弹性柱销联轴器，其额定转矩 $[T_c]=2\times10^6\text{N·mm}$，许用转速 $[n]=3550\text{r/min}$，满足 $\leqslant[T_c]$，$n\leqslant[n]$。

主要尺寸：主动轴端 $d_1=55\text{mm}$，J 型轴孔，$L=107\text{mm}$，A 型键槽；从动轴端 $d_2=60\text{mm}$，J 型轴孔，$L=112\text{mm}$，A 型键槽。其标记为

$$\text{HL5 联轴器}\ \frac{\text{JA55}\times107}{\text{JA60}\times112}\ \text{GB/T 5014—1985}$$

9.3.2 离合器

用离合器连接的两轴可在机器运转过程中随时进行接合或分离。离合器按其工作原理可分为牙嵌式、摩擦式和电磁式三类；按控制方式可分为操纵式和自动式两类。操纵式离合器需要借助于人力或动力（如液压、气压、电磁等）进行操纵；自动式离合器不需要外来操纵，可在一定条件下实现自动分离和接合。

离合器的类型，如表 9-18 所示。

表 9-18　离合器的类型

类型	结　构	图　示	特　点
牙嵌式离合器	由两个端面带牙的半离合器 1、3 组成。从动半离合器 3 用导向平键或花键与轴连接，另一半离合器 1 用平键与轴连接，对中环 2 用来使用两周对中，滑环 4 可操纵离合器的分离或结合	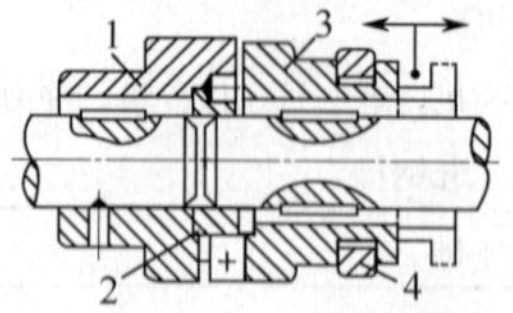 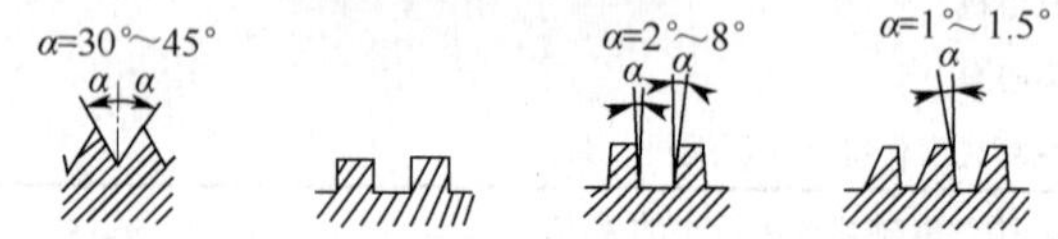 三角形：-15~60　矩形：-3~5　梯形：-5~11　锯齿形：-3~15 常用牙型	常用牙型有三角形、矩形、梯形和锯齿形等。矩形齿结合、分离困难，牙的强度低，磨损后无法补偿，仅用于静止状态的手动接合；梯形齿牙根强度高，接合容易，且能自动补偿牙的磨损与间隙，因此应用较广；锯齿形牙根强度高，可传递较大转矩，但只能单向工作。为减少齿间冲击、延长齿的寿命，牙嵌式离合器应在两轴静止或转速差很小时接合或分离
摩擦式离合器	有两组摩擦片，主动轴 1 与外壳 2 相连接，外壳内装有一组外摩擦片 4，与外壳一起转动，其内孔不与任何零件接触。从动轴 10 与套筒 9 相连接，套筒上装有一组内摩擦片 5，随从动轴一起转动。滑环 7 由操纵机构控制	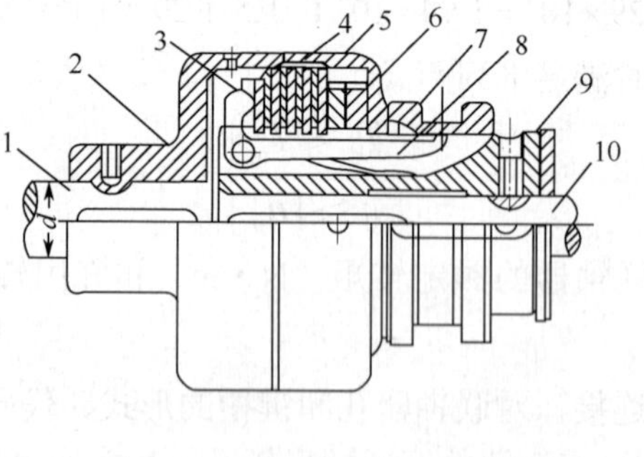	当滑环 7 向左移动时，杠杆 8 绕支点顺时针转动，通过压板 3 将两组摩擦片压紧，实现接合。若滑环 7 向右移动，则实现离合器分离，摩擦片间的压力由螺母 6 调节 多片式摩擦离合器由于摩擦片增多，故传递转矩的能力提高，但结构较为复杂

续表

类型	结　构	图　示	特　点
安全离合器	端面带牙的离合器左半 2 和右半 3 靠弹簧 1 嵌合压紧以传递转矩。当从动轴 4 上的载荷过大时，牙面 5 上产生的轴向分力将超过弹簧的压力，而迫使离合器发生跳跃式的滑动，使从动轴 4 自动停转。调节螺母 6 可改变弹簧压力，从而改变离合器传递转矩的大小	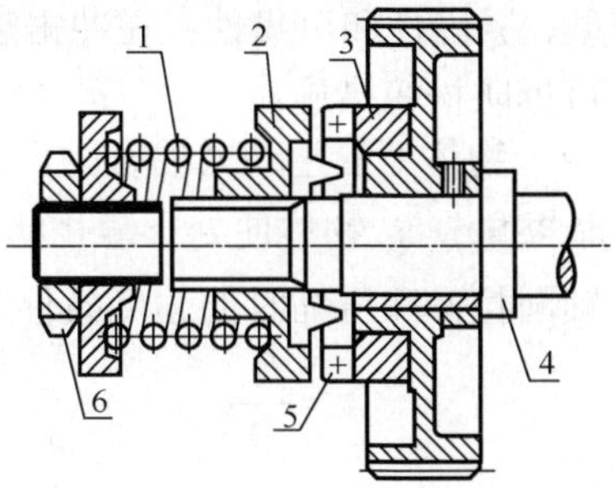	
超越离合器	星轮 1 与主动轴相连，顺时针回转，滚柱 3 受摩擦力作用滚向狭窄部位被楔紧，带动外环 2 随星轮 1 同向回转，离合器结合。星轮 1 逆时针回转时，滚柱 3 滚向宽敞部位，外环 2 不与星轮 1 同转，离合器自动分离。滚柱一般为 3~8 个。弹簧 4 起均载作用	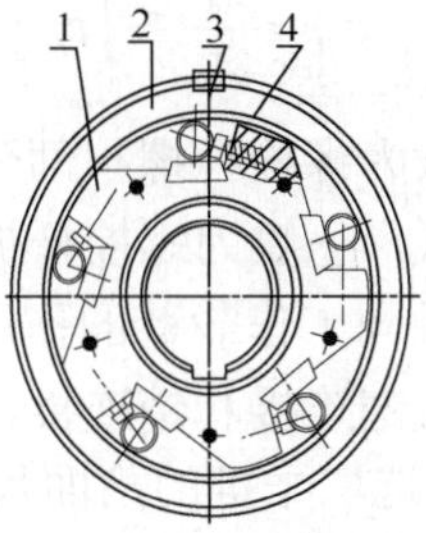	若外环和星轮做顺时针同向回转，则当外圈转速大于星轮转速时，离合器为分离状态（超越）。当外圈转速小于星轮转速时，离合器为结合状态。超越离合器只能传递单向转矩，结构尺寸小，结合、分离平稳，可用于高速转动

9.3.3　制动器

制动器的主要作用是降低机械运转速度或迫使机械停止转动。制动器的类型，如表 9-19 所示。

表 9-19　制动器的类型

类　型	结　构	图　示	特　点
带式制动器	当杠杆受 F_Q 作用时，挠性带收紧而抱住制动轮，靠带与轮之间的摩擦力来制动	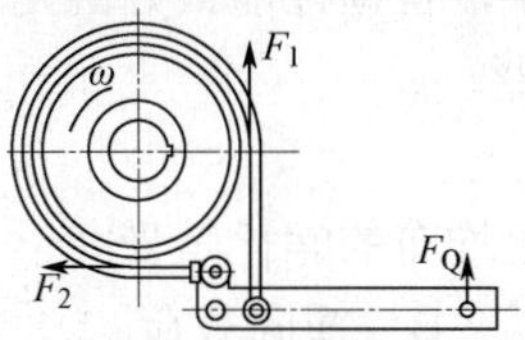	带式制动器一般用于集中驱动的起重设备及绞车上，有时也安装在低速轴或卷筒上，作为安全制动器用
内涨蹄式制动器	制动蹄 1 上装有摩擦材料，通过销轴 2 与机架固联，制动轮 3 与所要制动的轴固联。制动时，压力油进入液压缸 4，推动两活塞左右移动，在活塞推力作用下两制动蹄绕销轴向外摆动，并压紧在制动轮内侧，实现制动。油路回油后，制动蹄在弹簧 5 的作用下与制动轮分离	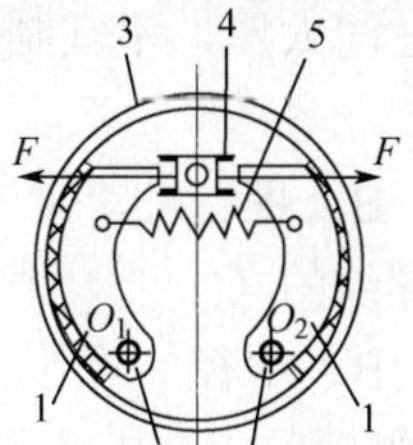	内涨蹄式制动器结构紧凑，散热条件、密封性和刚性均好，广泛用于各种车辆及结构尺寸受限制的机械上

知识梳理与总结

通过对本章的学习，学会了螺纹连接的强度计算方法，也学会了选择键、联轴器的方法，

（1）螺纹连接包括螺栓（普通螺栓，铰制孔螺栓）连接，双头螺柱连接，螺钉连接及紧定螺钉连接；预紧可提高连接的紧密型、紧固性和可靠性；在冲击震动和变载荷作用下的螺纹连接必须采取摩擦防松、机械防松、不可拆防松等措施。

（2）自锁条件 $\lambda \leqslant \rho_v$ 表示作用于物体上的主动力的合力，不论其大小如何只要其作用线与接触面法线间的夹角 λ 小于或等于摩擦角 ρ_v，物体便处于静止状态。

（3）杆件的受力分析：杆在轴向拉伸和压缩时的强度条件为

$$\tau = \frac{F_Q}{A}$$

杆在剪切时的强度条件为

$$\tau = \frac{F_Q}{A} \leqslant [\tau]$$

杆在挤压时的强度条件为

$$\sigma_P = \frac{F_P}{A_P} \leqslant [\tau_{ba}]$$

（4）普通螺栓连接的失效形式一般为螺栓杆螺纹部分的塑性变形或断裂，故应当进行抗拉强度计算，铰制孔用螺栓连接的失效形式，一般为螺栓杆被剪断螺栓杆或孔壁被压溃，故应当进行剪切强度和挤压强度计算，在横向或轴向工作载荷的作用下，螺栓的受力状况有所区别。

（5）轴毂连接主要包括键连接、花键连接和销连接，根据工作的条件，选择适当的键连接的类型；按照轴的公称直径 d，从标准中选取平键的剖面尺寸 $b \times h$，根据轮毂长度 L_1 选择键长 L，对于静连接取 $L = L_1 -$（5~10）mm，并应符合标准长度系列，键连接的主要失效是压溃（静连接）或过渡磨损（动连接），故分别按照挤压应力 σ_p 或 p 进行条件性的强度计算。

自测题 9

1. 选择题

（1）连接螺纹多用（　　）螺纹。

A. 梯形　　B. 三角形　　C. 锯齿形

（2）下列四种螺纹中，自锁性能最好的是（　　）。

A. 粗牙普通螺纹　　B. 细牙普通螺纹

C. 梯形螺纹　　D. 锯齿形螺纹

（3）压力容器端盖上均布的螺栓是受（　　）的连接螺纹。

A. 轴向载荷　　B. 横向载荷

（4）当两个被连接件之间太厚，不宜制成通孔，且连接需要经常拆装时，适宜采用（　　）连接。

A. 螺栓　　B. 螺钉　　C. 双头螺柱

（5）螺栓的强度是以螺纹的（　　）来计算的。

A. 小径　　B. 中径　　C. 大径

（6）在螺纹连接常用的防松方法中，当承受冲击或振动载荷时，无效的方法是（　　）。

A．采用开口销与六角开槽螺母　　B．采用胶接或焊接方法
C．设计时使螺纹连接具有自锁性

（7）紧连接螺栓按拉伸强度计算时，考虑到拉伸和扭转的联合作用，应将拉伸载荷增至（　）。

A．3/10　　B．1.3 倍　　C．1.7 倍

（8）受轴向载荷的松螺栓所受的载荷是（　）。

A．工作载荷　　B．预紧力　　C．工作载荷和预紧力

（9）采用凸台或沉头座孔作螺栓和螺母的支承面，是为了（　）。

A．避免螺栓受弯曲应力　　B．便于放置垫圈
C．降低成本

（10）在同一螺栓组中，螺栓的材料、直径、长度均应相同，是为了（　）。

A．造型美观　　B．受力均匀和便于装配
C．弯曲作用

（11）承受横向载荷和旋转力矩的紧螺栓连接，其螺栓受（　）。

A．剪切作用　　B．拉伸作用
C．剪切或拉伸作用　　D．可能是剪切作用，也可能是拉伸作用

（12）被连接件之间受横向载荷作用时，若采用一组普通螺栓连接，则载荷靠（　）传递。

A．接合面间的摩擦力　　B．螺栓的剪切力
C．螺栓的挤压力　　D．螺栓的剪切力和挤压力

（13）平键连接中的平键截面尺寸 $b\times h$ 是按（　）选定的。

A．转矩 T　　B．功率 P　　C．轴径 d

（14）一个平键不能满足强度要求时，可在轴上安装一对平键，它们沿周向间隔（　）。

A．90°　　B．120°　　C．135°　　D．180°

（15）普通平键连接常发生的失效形式是（　）。

A．工作面压溃　　B．键剪断

（16）当尺寸 $b\times h\times l$ 相同时，（　）型普通平键承受挤压面积最小。

A．A　　B．B　　C．C

（17）普通平键连接在选定尺寸后，主要是验算其（　）。

A．挤压强度　　B．剪切强度　　C．弯曲强度　　D．耐磨性

（18）（　）连接对中性较差，可承受不大的单向轴向力。

A．平键　　B．半圆键　　C．导向键　　D．楔键

（19）根据平键的（　）不同，分为 A、B、C 型。

A．截面形状　　B．尺寸大小　　C．头部形状

（20）键的长度尺寸确定的方法是，（　）确定。

A．按轮毂长度　　B．按轮毂长度和标准系列
C．经强度校核后再按标准系列

（21）普通平键有三种形式，其中（　）平键多用在轴的端部。

A．圆头　　B．平头　　C．单圆头

（22）凸缘联轴器和弹性圈柱销联轴器的型号是按（　）确定的。

A．许用应力　　B．计算转矩　　C．许用功率

（23）选择或校核联轴器时，应以计算转矩为依据而不采用名义转矩 T，因为考虑到（　）。

A．旋转时产生的离心载荷　　B．启动和制动时惯性力和工作中的过载
C．联轴器的制造误差　　D．联轴器材料的机械性能有偏差

（24）（　　）能够在不停车的情况下，使两轴或两个轴上的零件结合或分离。
A．联轴器　　B．离合器　　C．制动器

（25）（　　）对被连接的两轴有对中性严格的要求。
A．凸缘式联轴器 B．齿式联轴器　　C．万向联轴器

（26）电动机的转轴与变速箱的输入轴连接时，应当使用（　　）来连接。
A．联轴器　　B．离合器　　C．制动器

（27）使用（　　）能把机器上的两轴固联在一起。
A．联轴器　　B．离合器　　C．制动器

（28）在下列四种类型的联轴器中，能补偿两轴相对位移并可缓和冲击，吸收振动的是（　　）。
A．凸缘联轴器　B．齿式联轴器　C．万向联轴器　D．弹性柱销联轴器

（29）用来连接两轴，并可在转动中随时接合和分离的连接件是（　　）。
A．联轴器　　B．离合器　　C．制动器

（30）具有补偿两轴间相对位移的有（　　）联轴器。
A．刚性固定式　B．无弹性元件　C．弹性联轴器

2．判断题

（1）双头螺栓柱连接的使用特点是用于较薄的连接件。（　　）
（2）机械静连接一定不可拆卸。（　　）
（3）螺纹连接属于机械静连接。（　　）
（4）在螺纹连接中，为了增加连接处的刚性和自锁性能，需要拧紧螺母。（　　）
（5）弹性垫圈和双螺母都属于机械防松。（　　）
（6）在铰制孔用螺栓连接中，螺栓杆与通孔的配合多为过渡配合。（　　）
（7）连接螺纹大多数是多线的梯形螺纹。（　　）
（8）M24×1.5 表示公称直径为 24mm、螺距为 1.5mm 的粗牙普通螺纹。（　　）
（9）弹簧垫圈和对顶螺母都属于机械防松法。（　　）
（10）当计算螺纹强度时，总是先按螺纹的内径计算其拉伸应力，然后与其材料的许用应力进行比较。（　　）
（11）键连接主要用于对轴上零件实现周向固定而传递运动或传递转矩。（　　）
（12）平键连接的主要失效形式，是互相楔紧的工作面受剪切而破坏。（　　）
（13）对中性较好的键连接都是松键连接。（　　）
（14）平键的三个尺寸都是按轴的直径在标准中选定的。（　　）
（15）对中性差的紧键连接只能适用于在低速传动。（　　）
（16）松键连接依靠键的抗剪作用而传递转矩。（　　）
（17）楔键连接对轴上零件不能轴向固定。（　　）
（18）导向平键属于移动副连接。（　　）
（19）松键连接所用的键是没有斜度的，安装时必须打紧。（　　）
（20）若平键连接挤压强度不够，则可适当增加键高和轮毂槽深来补偿。（　　）
（21）离合器可以代替联轴器。（　　）
（22）若机器过载或承受冲击载荷时，联轴器就会自动断开，起到过载保护的作用。（　　）

（23）为了能够连接交叉的两根轴，万向联轴器必须成对使用。（　　）

（24）两轴的轴向、径向和偏角的位移是不可避免的。（　　）

（25）弹性柱销联轴器允许两轴有较大的角度位移。（　　）

（26）十字滑块联轴器，对轴与轴承产生附加载荷。（　　）

（27）多片式摩擦离合器的片数越多，传递的转矩就越大。（　　）

（28）若两轴刚性较好，且安装时能精确对中，则可选用刚性凸缘联轴器。（　　）

（29）制动器是靠摩擦来制动运动的装置。（　　）

3. 简答题

（1）仔细观察自行车，写出下列各处采用什么连接：①车架各部分；②脚踏轴与曲拐；③曲拐与链轮；④曲拐与中轴；⑤车轮轴与车架。

（2）在实际应用中，绝大多数螺纹连接都要预紧，预紧的目的是什么？

（3）某 M12 螺栓的材料为 45 钢，强度级别为 9.8 级，试问其 σ_b、σ_s 各为多少？与之相配的螺母应选哪一强度级别、何种材料？螺母与螺栓是否需经热处理？

（4）如图 9-22 所示，某圆柱形压力容器的端盖采用 8 个 M20 的螺栓连接。已知工作压力 P=3MPa，螺栓位于 D_0=280mm 的圆周上，试问该连接的紧密性是否满足要求？若不满足要求则应怎样解决？图中螺栓的拧紧顺序（用图中数字表示）是否合理？如不正确则应如何改正？

（5）如果普通平键连接校核强度不够，则可采用哪些措施来解决？

（6）圆头、平头及单圆头普通平键分别用于什么场合？各自的键槽是怎样加工的？

（7）联轴器和离合器的作用是什么？它们的功用有什么不同？

4. 计算题

（1）在如图 9-23 所示的螺栓连接中，采用 M20 的螺栓 2 个（35 钢、5.6 级），被连接件接合面间的摩擦因数 f =0.2，可靠性系数 C=1.2，采用定力矩扳手装配。试计算该连接允许传递的静载荷 F_s。

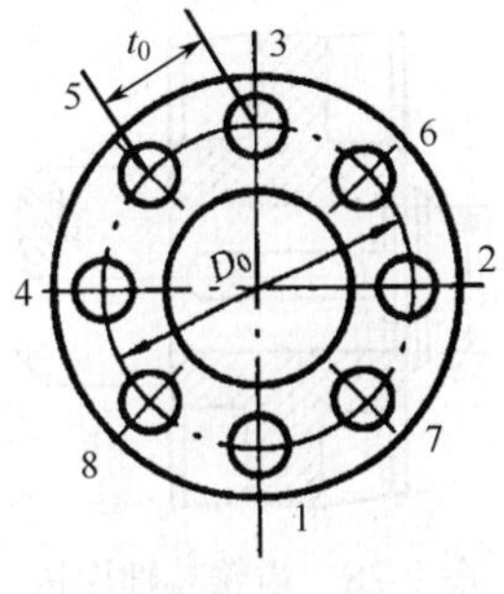

图 9-22　端盖

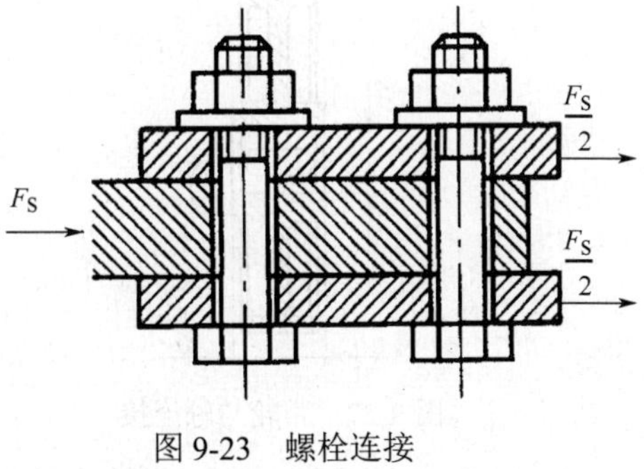

图 9-23　螺栓连接

（2）图 9-24 所示为一刚性联轴器，由铸铁 HT200 制成，传递的转矩 T=800N · m，用 8 个普通螺栓连接，均布在直径 D_1=180mm 的圆周上，螺栓材料为 Q235，凸缘厚度 δ=23mm，摩擦因数取 0.15。计算螺纹直径并选定螺栓、螺母。

（3）如图 9-25 所示，为轴承端盖与箱体用 4 个螺钉连接，轴承端盖受均布的轴向力 F_a=4500N，螺钉的材料为 Q235，保证总载荷 F=2.5F_a，轴承盖端厚度 δ=2.5mm。计算螺纹直径并确定螺钉型号。

（4）如图 9-26 所示，气缸直径 D=500mm，蒸汽压强 P=1.2MPa，螺栓分布圆直径 D_0=640mm，采用测力矩扳手装配，螺栓材料为 35 钢（5.8 级）。试求螺栓的公称直径和数量。若凸缘厚 b=25mm，试选配螺母和垫圈，并确定螺栓规格。

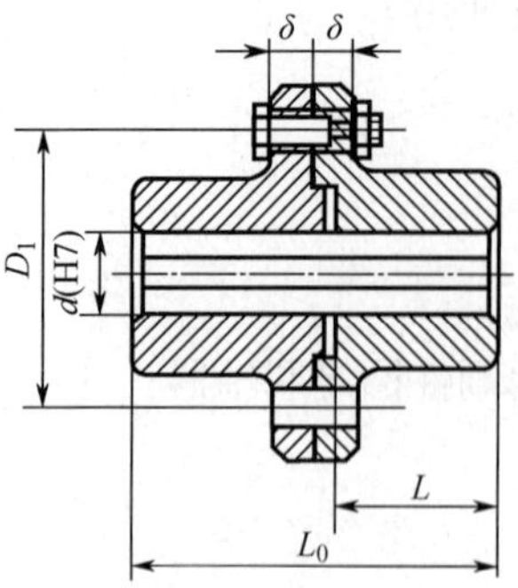

图 9-24 刚性联轴器

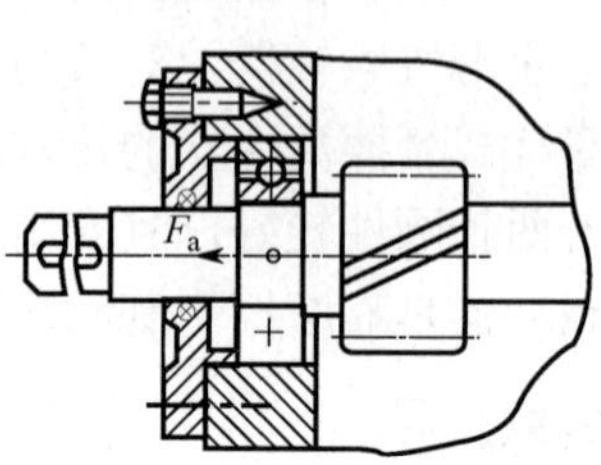

图 9-25 端盖与箱体连接

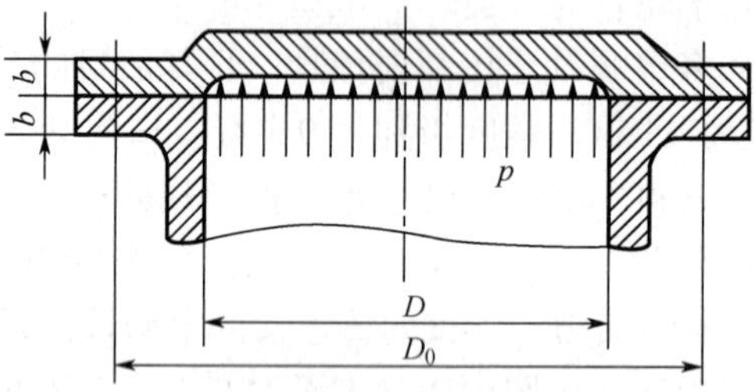

图 9-26 气缸

（5）如图 9-27 所示，平带轮与轴可采用哪几种键连接？试选择某种键的 *b*、*h*、*l* 。

（6）一铸铁 V 带轮与钢轴用 A 型普通平键连接。已知轴径 d=50mm，带轮轮毂长 100mm，传递转矩 T=450N · m。试选择键连接（键的尺寸、代号标注、强度校核）、绘图并标出键槽尺寸和极限偏差。

（7）如图 9-28 所示，直径 d=80mm 的轴端安装一钢制直齿圆柱齿轮，轮毂长 L=1.5d，工作时有轻微冲击，试确定平键连接尺寸，并计算其传递的最大扭矩。

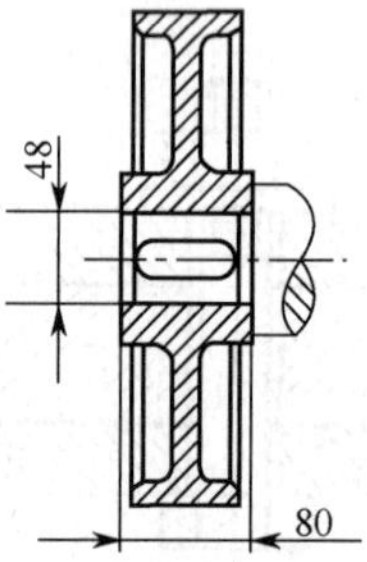

图 9-27 带轮与轴连接

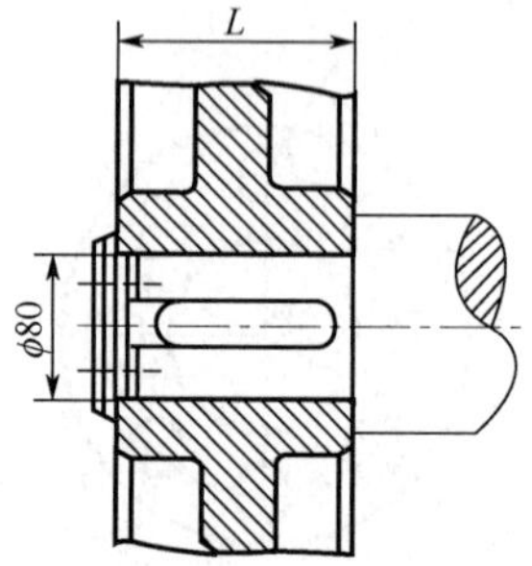

图 9-28 齿轮与轴连接

（8）电动机与油泵之间用弹性套柱销联轴器相连，传递功率 P=14kW，转速 n=960r/min，两轴直径均为 35mm，试确定联轴器型号。

（9）电动机经减速器驱动水泥搅拌机工作，已知电动机的功率 P=14kW，转速 n=970r/min，电动机轴的直径和减速器输入轴的直径均为 42mm。试选择电动机与减速器之间的联轴器。

第 10 章　轴

本章知识导读

【知识目标】

- 了解轴的类型及轴的材料。
- 掌握轴的结构设计及轴上零件的固定方法。
- 掌握轴的强度计算及受力分析。

【能力目标】

- 能结合实际判断轴的类型。
- 能正确选择轴的材料。
- 能正确进行轴的结构设计及强度计算。

【教学重点与难点】

- 轴的结构设计。
- 轴的工作能力验算。

轴是重要的零件之一，应用范围很广，例如汽车传动轴，它把汽车发动机产生的运动和动力传递给后轮，从而驱动汽车前进，如图 10-1 所示。

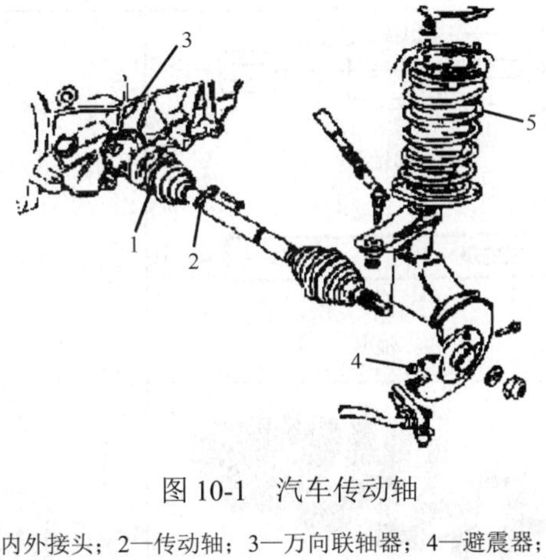

图 10-1　汽车传动轴

1—传动轴内外接头；2—传动轴；3—万向联轴器；4—避震器；5—减震弹簧

10.1　轴的结构设计

10.1.1　轴的作用及类型

做回转运动的传动零件，都是安装在轴上，并通过轴实现传动的。因此，轴的主要作用就是支承零件并传递运动和动力。

轴可根据不同的条件加以分类，其类型如表 10-1 所示。

表 10-1　轴的类型

分类方法	名　称	图　示	受力图	特点及应用实例
按受载情况分	转轴	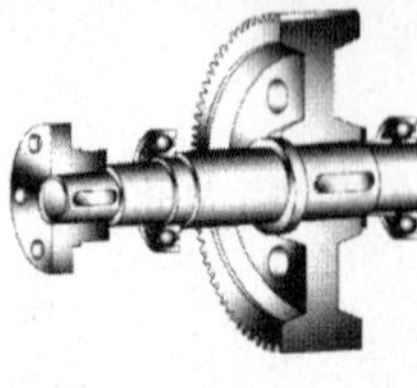	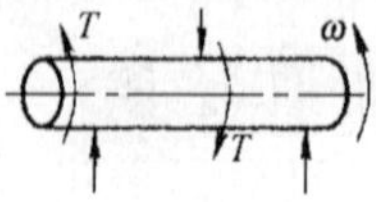	既承受弯矩，又承受转矩，如蜗杆轴、齿轮轴及安装齿轮的轴
	传动轴	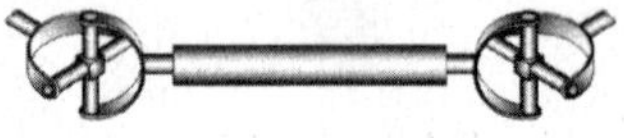	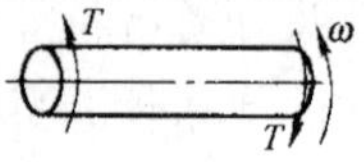	只承受转矩，不承受弯矩，如汽车的传动轴
	心轴	 转动心轴	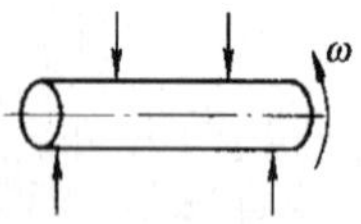	只承受弯矩，不承受转矩，如火车车厢的车轮轴、滑轮轴
		 固定心轴	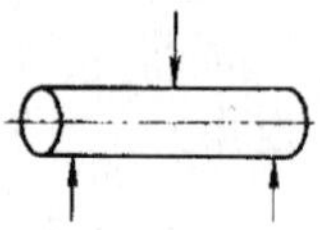	
按结构形状分	直轴	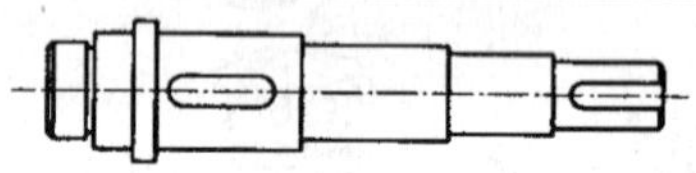 阶梯轴 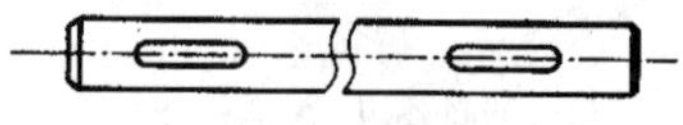 光 轴		阶梯轴便于轴上零件的拆装和定位，在机械中应用广泛 光轴形状简单、加工方便，轴上零件的拆装和定位不便
	曲轴			曲轴是内燃机、柴油机等机器中用于旋转运动和往复直线运动转换的专用零件
	挠性轴	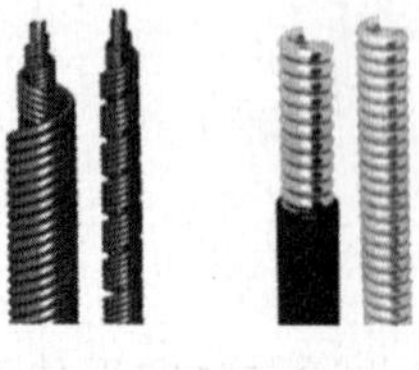		挠性轴用于两传动轴线不在同一直线或工作时彼此有相对运动的空间传动

10.1.2　轴的材料

轴的常用材料及其主要机械性能，如表 10-2 所示。

表 10-2　轴的常用材料及其主要机械性能

材料及热处理	毛坯直径 (mm)	硬度 (HBS)	抗拉强度极限 σ_B/(MPa)	屈服强度极限 σ_s/(MPa)	许用弯曲应力 $[\sigma_{-1}]$/(MPa)	许用剪切应力 $[\tau]$/(MPa)	常数 A	应用说明
Q235	≤100		400～420	225	40	12～20	160～135	用于不重要及受载荷不大的轴
	＞100～250		375～390	215				
35 正火	≤300	143～187	520	270	45	20～30	135～118	用于一般轴
45 正火	≤100	170～217	600	300	55	30～40	118～107	用于较重的轴，应用最广泛
45 调质	≤200	217～255	650	360	55			
40Cr 调质	≤100	241～286	750	550	60	40～52	107～98	用于载荷较大，而无很大冲击的重要的轴
40MnB 调质	≤200	241～286	750	500	70	40～52	107～98	性能接近于 40Cr，用于重要的轴
35CrMo 调质	≤100	207～269	750	550	70	40～52	107～98	用于重载荷的轴
35SiMn 调质	≤100	229～286	800	520	70	40～52	107～98	可代替 40Cr，用于中、小型轴
42SiMn 调质	≤100	229～286	800	520	70	40～52	107～98	与 35SiMn 相同，但专供表面淬火用

（1）碳素钢：工程中广泛采用 35、45、50 等优质碳素钢。其价格低廉，对应力集中敏感性较小，可以通过调质或正火处理以保证其机械性能，通过表面淬火或低温回火以保证其耐磨性。对于轻载和不重要的轴，也可采用 Q235、Q275 等普通碳素钢。

（2）合金钢：常用于高温、高速、重载及结构要求紧凑的轴，有较高的力学性能，但价格较贵，对应力集中敏感，所以在结构设计时必须尽量减少应力集中。

（3）球墨铸铁：耐磨，价格低，但可靠性较差，一般用于形状复杂的轴，如曲轴。但应注意对其品质的控制，因为这种材料的可靠性差。

10.1.3　轴的结构

轴的结构设计主要取决于轴在箱体上的安装位置及形式，轴上零件的固定方法、受力情况和加工工艺要求等。因此轴的结构设计是轴设计中的重要内容。

1. 轴的结构及各部分名称

为便于轴上零件的装拆与固定，且接近等强度，通常将轴设计成阶梯轴。图 10-2 所示为一减速器中的阶梯轴。在轴的结构中，轴与轴承配合的部分称为轴颈，如③和⑦；轴与传动件轮毂配合的部分称为轴头，如①和④；其余连接轴颈和轴头的部分称为轴身；直径大、用于定位的短轴段称为轴环；截面尺寸变化的台阶处称为轴肩相邻两段轴径间的阶梯称为轴肩，轴肩又分为定位轴肩和过渡轴肩。此外，还有轴肩的过渡圆角、轴端的倒角、与键连接处的键槽等结构。

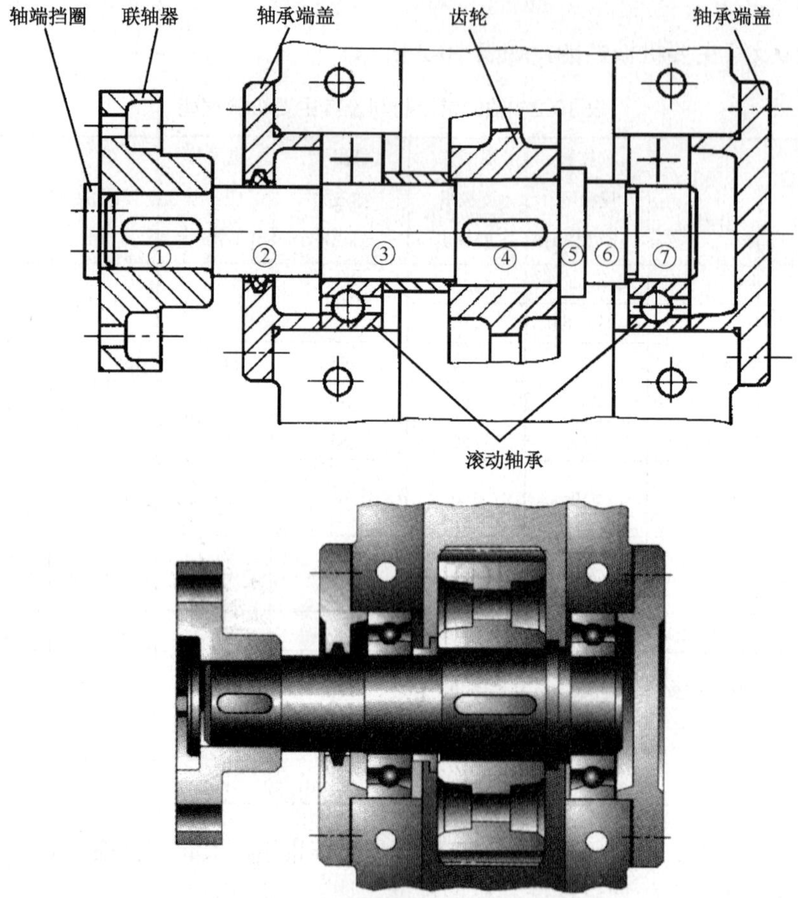

图 10-2 轴的结构

2．轴的结构设计中重点解决的问题

（1）轴上的零件的轴向定位和周向定位

轴上零件的轴向定位主要靠轴肩和轴环来完成。为了保证轴上零件靠紧定位面，轴肩处的圆角 R 必须小于零件内孔的圆角 R_1 或倒角 C_1 。为了有足够的强度来承受轴向力，轴肩高度一般取 $h=(0.07\sim0.1)d$ ，轴环宽度 $b\approx1.4h$ 。轴和轴上零件的圆角 R 、倒角 C_1 和轴肩高度 h 的推荐值，如表 10-3 所示。

表 10-3 圆角 R、倒角 C_1 和轴肩高度 h 的推荐值 （单位：mm）

轴径 d	>10～18	>18～30	>30～50	>50～80	>80～100
r	0.8	1.0	1.6	2.0	2.5
C_1 或 R	1.6	2.0	3.0	4.0	5.0
h_{min}	2.0	2.5	3.5	4.5	5.5

轴上零件的轴向定位方法，如表 10-4 所示。

表 10-4　轴上零件的轴向定位

定　　位	名　　称	图　　示	结 构 特 点
轴向定位	轴肩和轴环	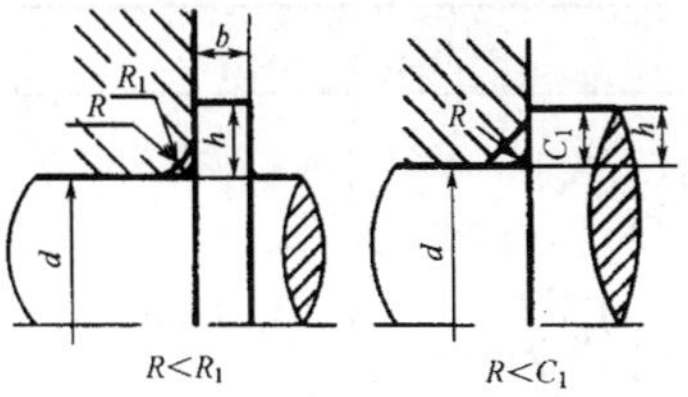	结构简单，能承受较大的轴向载荷，但会使轴径增加，阶梯处产生应力集中
	套筒	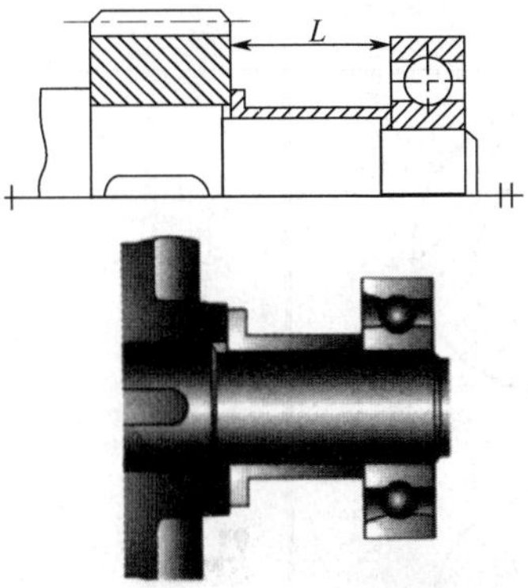	结构简单，定位可靠，轴上不需开槽。钻孔和切制螺纹，可简化轴的结构，减小应力集中，适用于轴上两相距较近的零件定位。由于套筒与轴配合较松，因此套筒不宜过长
	圆螺母	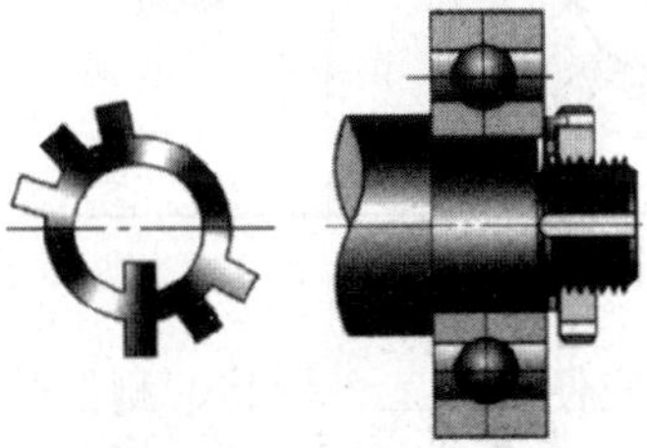	定位固定可靠，装拆方便，能够承受较大的轴向力，适用于轴上相邻零件，间距较大，且允许在轴上车制螺纹，为了减小对轴的强度的削弱和应力集中，选用细牙螺纹，结构上采用双螺母或圆螺母加止动垫圈的方式防止松动
	轴端挡圈	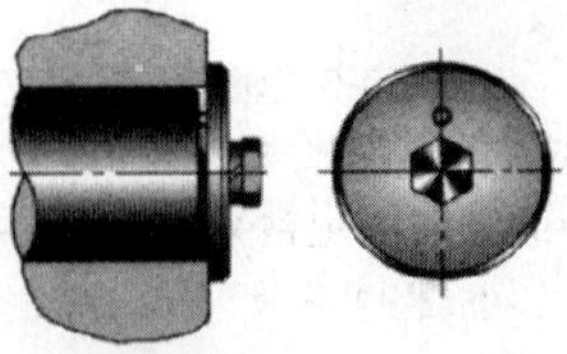	定位简单可靠，装拆方便，可承受较大的轴向力，适用于轴端零件的定位
	弹性挡圈	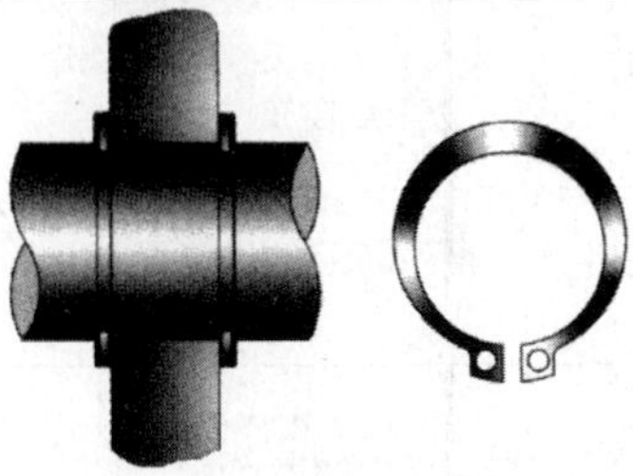	定位工艺性好，拆装方便，但对轴强度削弱较大，适用于轴上零件受轴向力较小的情况
	紧定螺钉	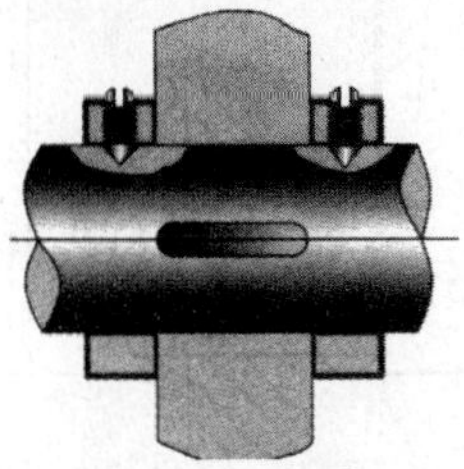	定位结构简单，拆装方便，紧定螺钉还可兼做周向固定，但只能承受较小的载荷，而且不适用于高速转动的轴，适用于光轴上零件的定位

轴上零件周向定位方法，如表 10-5 所示。

表 10-5　轴上零件的周向定位方法

名　称	图　示	名　称	图　示
键连接	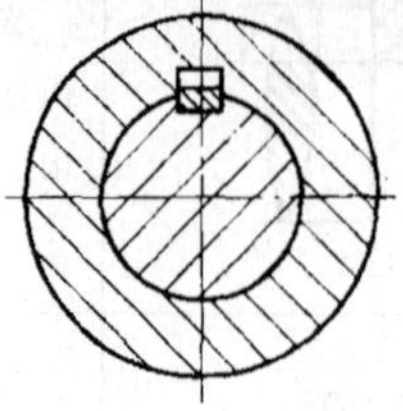	花键连接	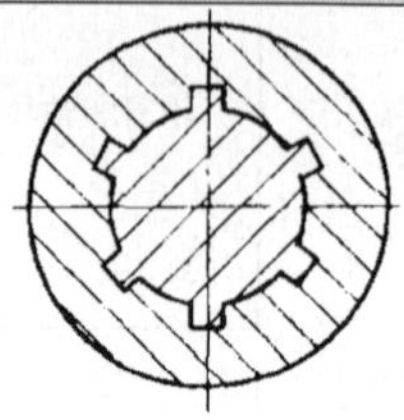
型面连接	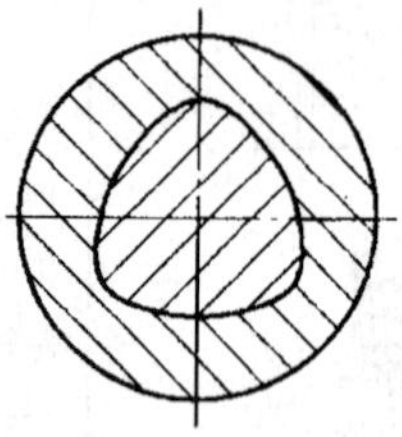	弹性环连接	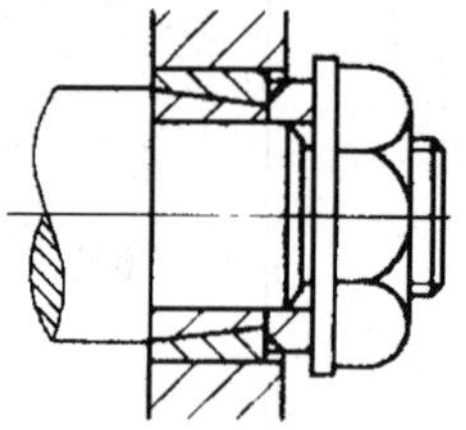
销连接	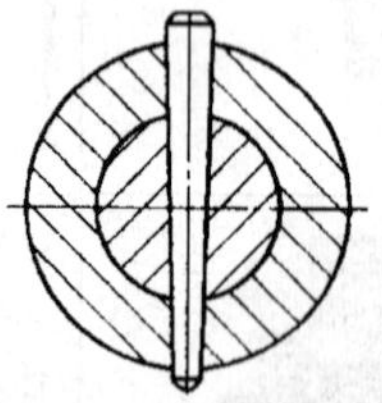	过盈连接	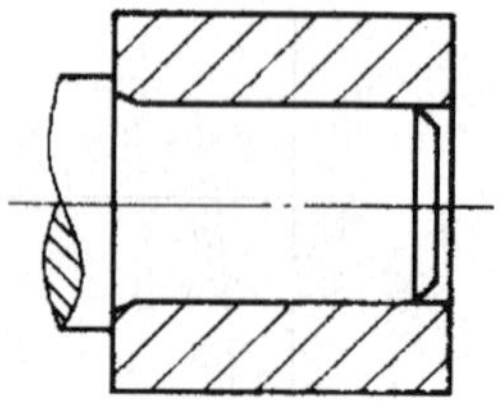

（2）轴的结构工艺性

轴的结构工艺性是指轴的结构应便于加工、拆装、测量等，提高生产率，减少刀具的种类。轴的结构工艺性如表 10-6 所示。

表 10-6　轴的结构工艺

名　称	图　示	名　称	图　示
砂轮越程槽	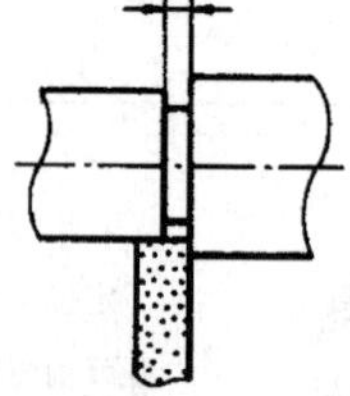 需要磨削的轴段	45°倒角	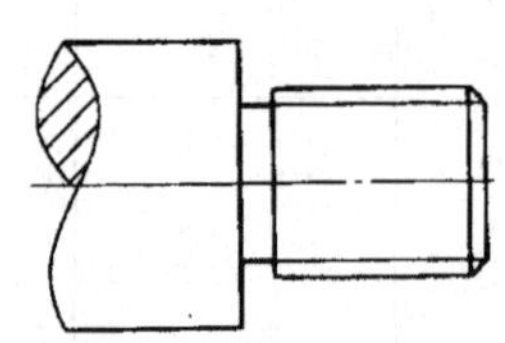 便于轴上零件的装配并去毛刺的轴段
螺纹退刀槽	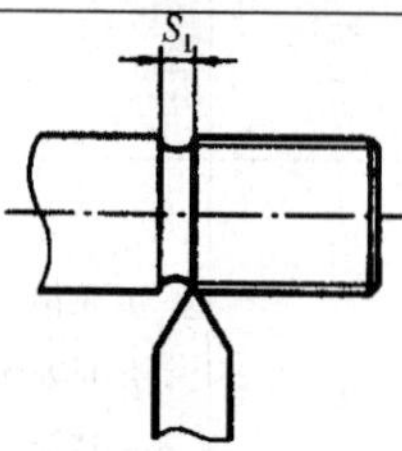 需要车制螺纹的轴段	轴肩高度	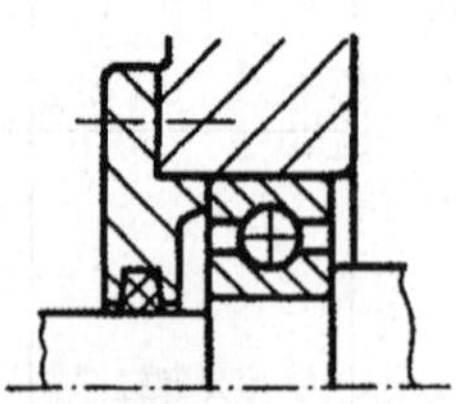 与滚动轴承配合，轴肩高度小于轴承内圈厚度

续表

名　称	图　示	名　称	图　示
键槽	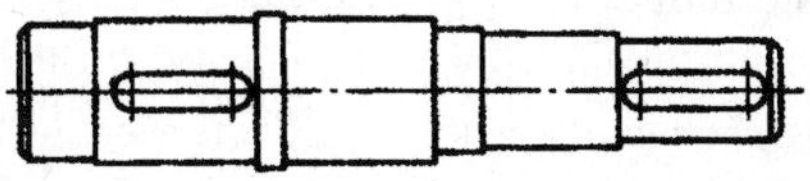 合理 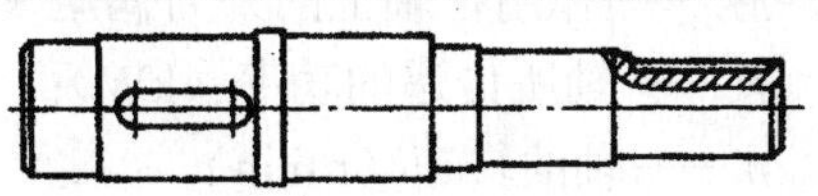 不合理 同一轴上有两个以上的键槽时，键槽应位于轴线的同一条母线上。轴端键槽应尽量靠近轴的端面，键宽应尽可能统一		

（3）标准尺寸要求

轴上的零件多数都是标准零件，如滚动轴承、联轴器、圆螺母等，因此与标准零件配合处的轴段尺寸必须符合标准零件的标准尺寸系列。

（4）提高轴的疲劳强度

① 改进轴的结构以减小应力集中。

a. 减小轴肩高度和尽量使轴径变化处过渡平缓，宜采用较大的过渡圆角。例如，相配合零件内孔倒角或圆角很小时，可采用凹切圆角（图 10-3（a））或过渡肩环（图 10-3（b））。

b. 键槽端部与阶梯处距离不宜过小（图 10-4），以免损伤过渡圆角，且可以减少多种应力集中源重合的机会。

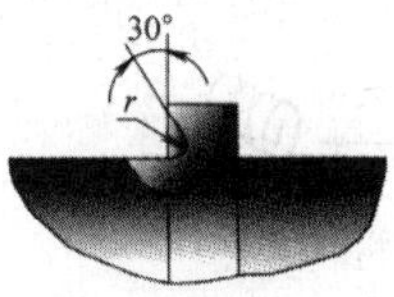

（a）凹切圆角

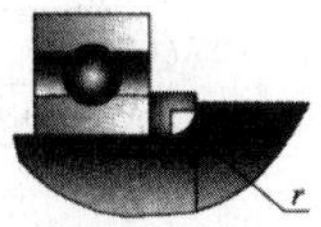

（b）过渡肩环

图 10-3　减小截面变化处应力集中的措施

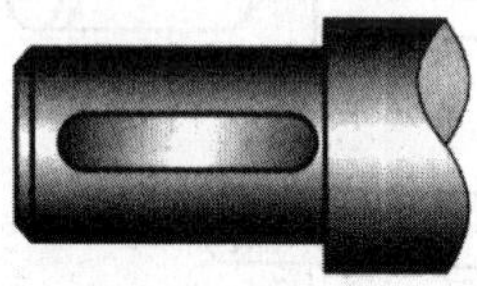

图 10-4　键槽不合理位置

② 改进轴的表面质量以提高轴的疲劳强度。

实践证明，采用滚压、喷丸或渗碳、液体碳氮共渗、渗氮、高频感应淬火等表面强化处理方法，可以大大提高轴的承载能力。

10.2　传动轴的强度计算

10.2.1　扭转时横截面上的扭矩和扭矩图

1. 外力偶矩的计算

轴的两端受到一对大小相等、转向相反、作用面与轴线垂直的力偶作用时，横截面绕轴线产生相对转动，使轴产生扭转变形。相对转动形成的角位移称为扭转角，以符号 φ 表示，如图 10-5 所示。

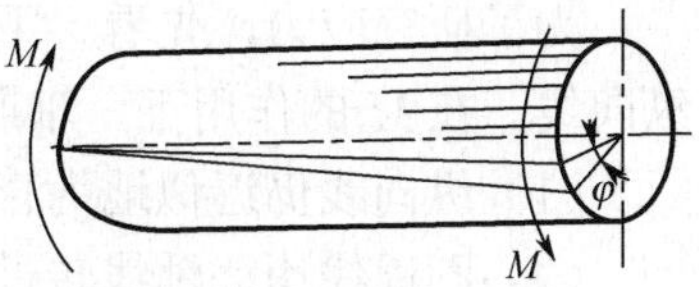

图 10-5　受力偶矩作用的轴

在工程实际中，通常无法直接知道外力偶矩的大小，而是给出轴所传递的功率 P 和轴的转速 n，利用下式计算：

$$M = 9.55 \times 10^{6} \frac{P}{n}$$

式中　M——作用在轴上的外力偶矩（N·mm）；

P——轴所传递的功率（kW）；

n——轴的转速（r/min）。

2. 传动轴横截面上的内力——扭矩

如图 10-6（a）所示，轴在外力偶矩的作用下，横截面上会产生抵抗变形和破坏的内力。可用截面法求出内力。现用假想平面 $m-m$ 将轴截开，取左段为研究对象，如图 10-6（b）所示。由平衡关系可知，横截面上的内力合成为内力偶矩，这个内力偶矩称为扭矩或转矩，用 T 表示。平衡条件

$$\Sigma M = 0$$

$$T - M = 0$$

所以

$$T = M$$

也可取右段为研究对象（如图 10-6（c）所示）来求 T。为了使取左段或右段所求得的扭矩在符号上一致，采用右手螺旋法则来规定扭矩的正负。如图 10-7 所示，以右手四指弯曲表示扭矩的转向，则拇指指向离开截面时扭矩为正，反之为负。

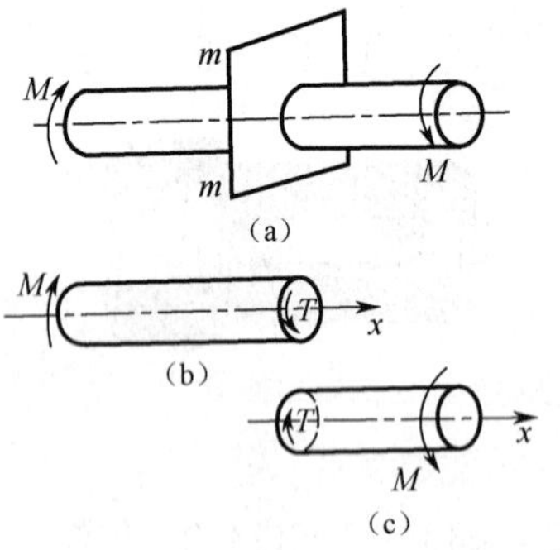

图 10-6　扭矩 T

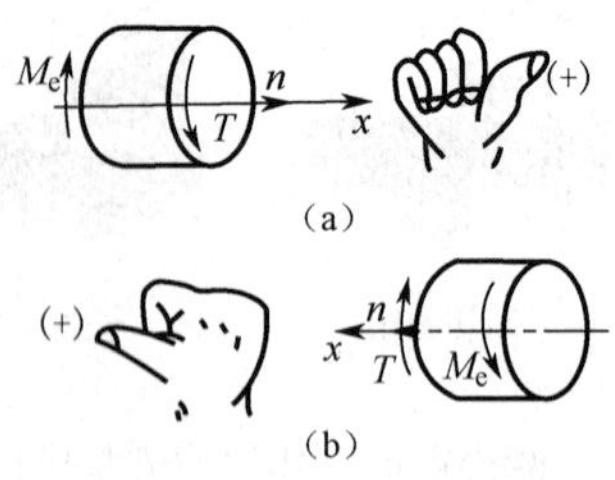

图 10-7　扭矩正负的判断

当轴上作用多个外力偶矩时，任一截面上的扭矩等于该截面左段（或右段）所有外力偶矩的代数和。

3. 扭矩图

工程上，为了形象地表示各截面扭矩的大小和正负，以便分析危险截面，常需画出各截面扭矩随截面位置变化的分析图，称为扭矩图。其画法为：以平行于轴线的横坐标 x 表示各截面位置，垂直于轴线的纵坐标表示相应截面上的扭矩 T，正扭矩画在 x 轴上方，负扭矩画在 x 轴下方。

10.2.2　扭转时横截面上的应力

为了研究应力，先看一下扭转实验的现象。如图 10-8 所示的圆轴，在其表面画出圆周线和纵向线。在 M 的作用下，轴产生变形，可以观察到：

（1）纵向线仍近似地为直线，只是都倾斜了同一角度；

（2）圆周线均绕轴线转过一个角度，但圆周线的形状、大小及圆周线之间的距离均无变化。

由此可见，圆轴扭转时没有发生纵向变形，所以横截面上没有正应力。由于相邻截面相对地

转过一个角度，即各横截面之间发生了绕轴线的相对错动，因此横截面上有切应力，且与半径垂直。

切应力计算公式可由几何关系、力学知识等导出。

圆轴扭转时横截面上任意点处的切应力计算公式为

$$\tau_P = \frac{T \cdot \rho}{I_P}$$

式中　τ_P——横截面上任意点的切应力（MPa）；

T——横截面上的扭矩（N · m）；

ρ——截面任意点到圆心的距离（mm）；

I_P——截面的极惯性矩（mm^4），与截面的形状和尺寸有关。

由上式可见，截面上各点切应力的大小与该点到圆心的距离成正比，并沿半径方向呈线性分布，轴圆周边缘的切应力最大。切应力分布规律如图 10-9 所示。$\rho = R$ 时，切应力值最大，即

$$\tau = \tau_{max} = \frac{TR}{I_P}$$

令 $W_P = \frac{I_P}{R}$，则 $\tau_{max} = \frac{T}{W_P}$。

式中，W_P 为圆轴的抗扭截面模量，单位为 mm^3。

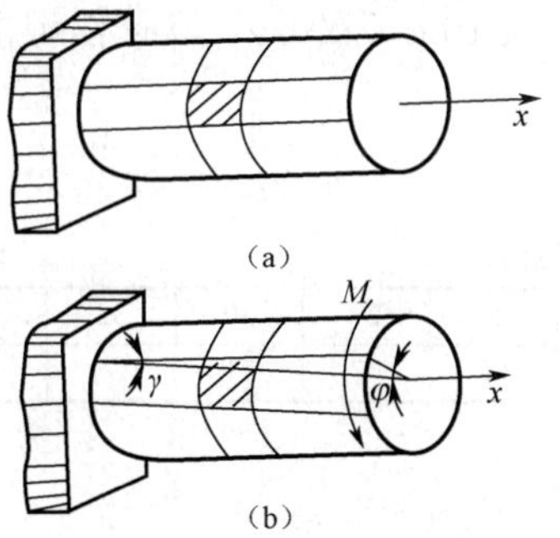

图 10-8　圆轴扭矩

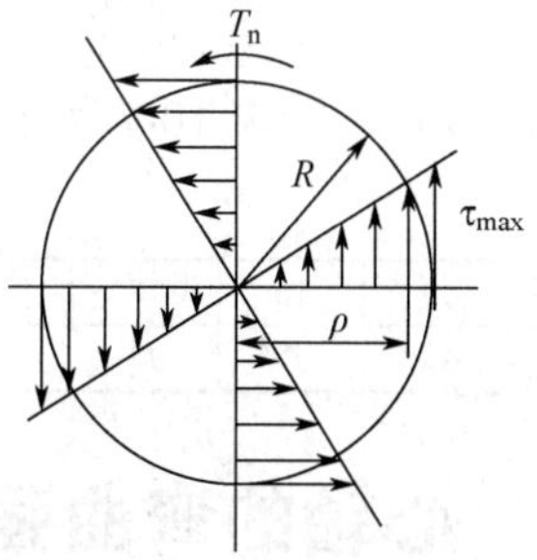

图 10-9　切应力分布规律

极惯性矩与抗扭截面模量的大小，与截面的形状和尺寸有关。工程上常用的实心圆轴与空心圆轴的极惯性矩与抗扭截面模量计算如下。

（1）实心圆轴：

$$I_P = \frac{\pi}{32} d^4 = 0.1 d^4$$

$$W_P = \frac{\pi}{16} d^3 = 0.2 d^3$$

式中，d 为轴径。

（2）空心圆轴：

$$I_P = \frac{\pi}{32} D_1^4 (1 - \alpha^4) \approx 0.1 D_1^4 (1 - \alpha^4)$$

$$W_P = \frac{\pi}{16} D_1^4 (1 - \alpha^4) \approx 0.2 D_1^4 (1 - \alpha^4)$$

式中，D_1 为空心圆轴的外径；$\alpha = d_1 / D_1$（d_1 为内径）。

10.2.3　传动轴扭转时的强度计算

圆轴扭转时，为了保证轴能正常工作，应限制轴上危险截面的最大切应力不超过材料的许用切应力，即

$$\tau_{max}=\frac{T}{W_P}=\frac{9.55\times10^6}{0.2d^3}\frac{P}{n}\leqslant[\tau]$$

式中　τ_{max}——危险截面的最大切应力（MPa）；

$[\tau]$——材料的许用切应力（MPa），如表 10-2 所示；

T——轴所承受的转矩（N · mm）；

Wp——轴危险截面的抗扭截面模量（mm^3）；

P——轴的传递功率（kW）；

n——轴的转速（r/min）；

d——轴危险截面的直径（mm）。

上式也可写成如下形式：

$$d\geqslant\sqrt[3]{\frac{9.55\times10^6 P}{0.2[\tau]n}}=A\sqrt[3]{\frac{P}{n}}$$

式中，A 是由轴的材料和承载情况确定的常数，如表 10-2 所示。

若在计算截面处有键槽，则应将直径加大 5%（单键）或 10%（双键），以补偿键槽对轴强度削弱的影响。

轴的标准直径，如表 10-7 所示。

表 10-7　轴的标准直径　　（单位：mm）

10	12	14	16	18	20	22	24	25	26	28	30	32	34	36
38	40	42	45	48	50	53	56	60	63	67	71	75	80	85

10.3　心轴的弯曲强度计算

心轴的弯曲变形的特点是：作用在轴上的外力垂直于轴的轴线，使轴产生弯曲变形，如火车轮轴和承受弯曲变形的齿轮轴。

10.3.1　轴的计算简图

在心轴的分析计算中，以直线表示轴，轴承简化为铰链支座。火车轮轴和齿轮轴的计算简图分别如图 10-10 和图 10-11 所示。

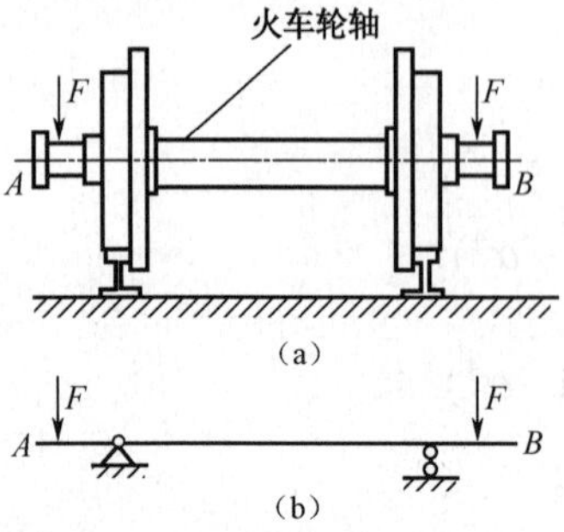

图 10-10　火车轮轴

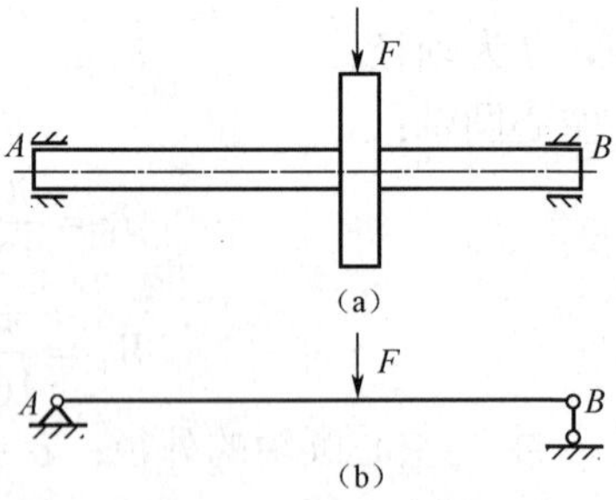

图 10-11　齿轮轴

10.3.2 心轴横截面上的内力——剪力和弯矩

心轴横截面上的内力仍可由截面法求出。设 AB 轴的跨度为 l，如图 10-12（a）所示。在 C 点处作用一集中力 F，由静力平衡方程求出支座反力为

$$F_A = \frac{Fb}{l} \quad F_B = \frac{Fa}{l}$$

为了分析某一截面上的内力，用截面 m-m 将轴分为左、右两段。由于整个轴是平衡的，因此它的任一部分也是平衡的，现取左段为研究对象。左段上的内力与外力应保持平衡。由于外力 F_A 有使左段上移和顺时针转动的作用，因此截面 m-m 上必有垂直向下的内力 F_Q 和逆时针转动的内力偶矩 M 与之平衡，如图 10-12（b）所示。

$$\Sigma F_y = 0 \quad F_A - F_Q = 0 \quad F_A = F_Q$$

$$\Sigma F_m = 0 \quad M - F_A x = 0$$

$$M = F_A x = \frac{Fb}{l} x$$

由上述分析可知，轴 AB 段发生弯曲变形时，横截面上的内力由两部分组成：作用线切于截面并通过截面形心的内力 F_Q 和位于纵向对称面内的力偶 M。它们分别称为剪力和弯矩。剪力 F_Q 的单位是 N，弯矩 M 的单位是 N • m。

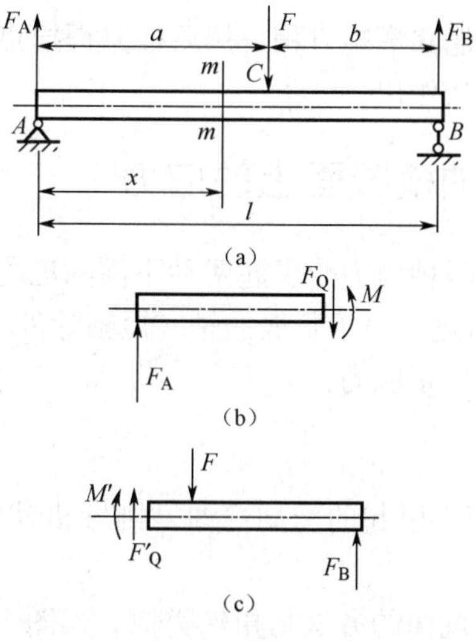

图 10-12 心轴横截面上的内力

当然，也可取右段为研究对象来求截面 m-m 上的剪力和弯矩。它们与取左段为研究对象时求得的剪力和弯矩分别大小相等、方向（转向）相反，如图 10-12（c）所示。

工程上，对于一般的轴（轴的跨度 l 与横截面直径 d 之比小于 5 的短轴除外），弯矩起着主要作用，而剪力则是次要因素，在强度计算中可以忽略。所以下面仅讨论有关弯矩的一些问题。

为使取左段或取右段得到的同一截面两边的弯矩在正负符号上统一起来，根据轴的变形情况，对弯矩的符号做如下规定：截面处的弯曲变形凹面向上时，弯矩为正，如图 10-13（a）所示；反之，若凹面向下，则弯矩为负，如图 10-13（b）所示。

在具体计算时，弯矩的大小和正负号有以下规律：若取轴的左段为研究对象，横截面上弯矩的大小等于此截面左段轴上所有外力（包括力偶）对截面形心力矩的代数和，则此合力矩为顺时针时，截面上的弯矩为正，反之为负；若取轴的右段为研究对象，横截面上弯矩的大小等于此截

面右段轴上所有外力（包括力偶）对截面形心力矩的代数和，则此合力矩为逆时针时，截面上的弯矩为正，反之为负。

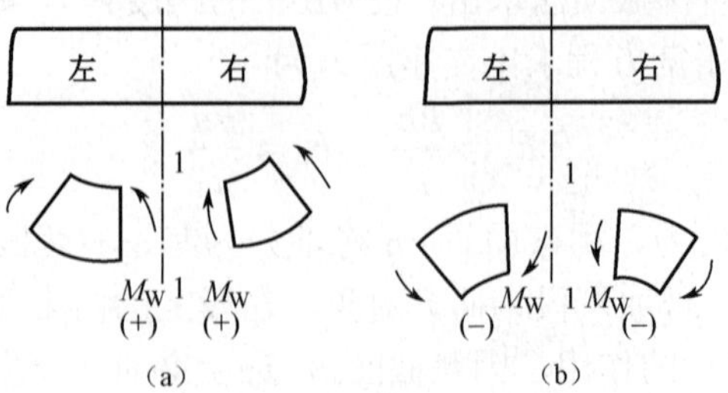

图 10-13　轴弯曲时的弯矩符号

在实际计算时，可以直接利用上述规律求出轴上任意截面的弯矩，而不必用假想截面将轴截开，再列平衡方程求解，这样就给计算带来了方便。

10.3.3　弯矩图

轴上任意截面的弯矩大小、方向随截面位置的变化而变化，若 x 表示截面的位置，则弯矩可以表示为 x 的函数。弯矩方程的一般表达式为

$$M = M(x)$$

作弯矩图的基本方法是：先建立弯矩方程，然后按方程描点绘图。实际作弯矩图时，可找出几个特殊点，再根据弯矩图的形状作出。

10.3.4　平面弯曲时轴横截面上的应力

平面弯曲时，轴横截面上的两种内力会引起两种不同的应力：剪力 F 引起弯曲切应力 τ，弯矩 M 引起弯曲正应力 σ。如前所述，对于一般的轴（短轴除外），弯曲正应力 σ 是影响其弯曲强度的主要因素，故这里只讨论弯曲正应力。

1. 弯曲正应力的分布规律

轴弯曲变形时，如果忽略剪力引起的剪切弯曲，则轴横截面上只有弯矩而无剪力，称为纯弯曲。

分析轴横截面上正应力分布规律的方法与扭转类似。如图 10-14（a）所示，在一矩形截面构件的表面画上横向线 1-1、2-2 和纵向线 ab、cd。然后在其纵向对称面内施加一对大小相等、方向相反的力偶 M，使轴产生纯弯曲变形，如图 10-14（b）所示。这时可观察到下列变形现象。

（1）横向线 1-1 和 2-2 仍为直线，且仍与轴线正交。但两线不再平行，相对倾斜角度为 θ。

（2）纵向线变为弧线，轴线以上的纵向线缩短（如 ab），轴线以下的纵向线伸长（如 cd）。

（3）在纵向线的缩短区，轴的宽度增大；在纵向线的伸长区，轴的宽度减小。这与轴向拉伸、压缩时的变形相似。

根据以上分析可以认为：构件平面弯曲时，其横截面保持为平面，但产生了相对转动，构件的一部分纵向纤维伸长，另一部分纵向纤维缩短。

由伸长区到缩短区必存在一层即不伸长也不缩短的纤维，称为中性层。中性层与横截面的交线称为中性轴。如图 10-14（c）所示，中性层是构件上伸长区和缩短区的分界面。伸长区截面上各点受拉应力，缩短区截面上各点受压应力。

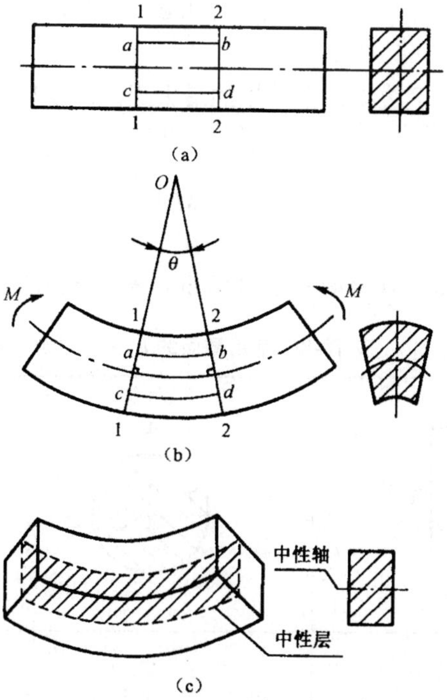

图 10-14　轴的弯曲实验

根据变形分析可知，距中性层越远的纵向纤维，其伸长量（或缩短量）越大。由胡克定律可知，横截面上拉、压应力的变化规律与纵向纤维变形的变化规律相同，如图 10-15 所示。因此，横截面上距中性轴距离相等的各点，正应力相同；中性轴上各点（y=0）处正应力为零。

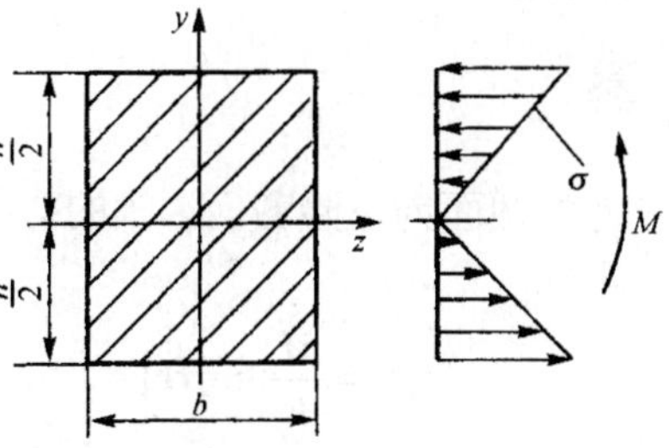

图 10-15　正应力分布图

2．弯曲正应力的计算

当轴横截面上的弯矩为 M 时，截面上距中性轴 z 的距离为 y 的点的正应力σ的计算公式为

$$\sigma = \frac{My}{I_z}$$

式中　σ——横截面上任意点处的正应力（MPa）；
M——横截面上的弯矩（N · m）；
I_z——横截面对中性轴 z 的惯性矩（mm^4）；
Y——横截面上该点到中性轴的距离（mm）。

当 $y = y_{max}$ 时，弯曲正应力达到最大值，为

$$\sigma = \frac{My_{max}}{I_z}$$

式中，y_{max} 为横截面上、下边缘距中性轴的最大距离。令 $W_z = \frac{I_z}{y_{max}}$（$W_z$ 称为抗弯截面模量，单位为 mm^3），上式可写成

$$\sigma = \frac{M}{W_z}$$

I_z、W_z 是只与横截面形状、尺寸有关的几何量。常用截面的 I_z、W_z 计算公式如表 10-8 所示。

表 10-8　常用截面的 I_z、W_z 计算公式

截面形状	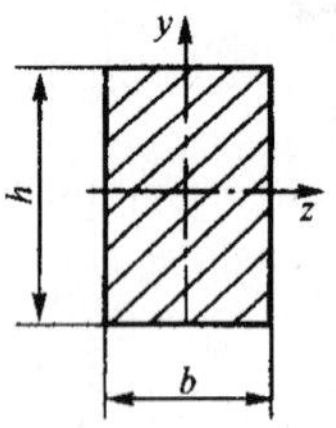	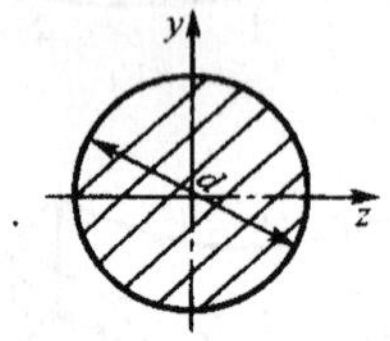	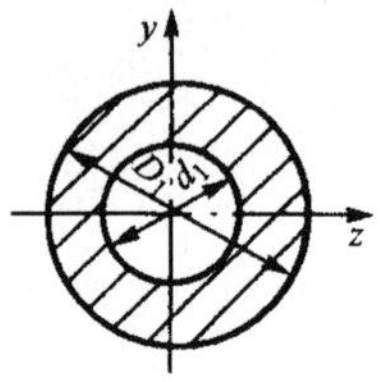
惯性矩	$I_x = \frac{bh^3}{12}$ $I_y = \frac{hb^3}{12}$	$I_x = I_y = \frac{\pi d^4}{64} = 0.05d^4$	$I_x = I_y = \frac{\pi}{64}(D_1^4 - d_1^4)$ $\approx 0.05D_1^4(1-\alpha^4)$ 式中 $\alpha = \frac{d_1}{D_1}$
抗弯截面模量	$W_x = \frac{bh^2}{6}$ $W_y = \frac{hb^2}{6}$	$W_x = W_y = \frac{\pi d^3}{64} = 0.1d^3$	$W_x = W_y = \frac{\pi d}{32}(D_1^3 - d_1^3)$ $\approx 0.05D_1^3(1-\alpha^4)$ 式中 $\alpha = \frac{d_1}{D_1}$

10.3.5　弯曲强度计算

轴弯曲变形时，产生最大应力的截面为危险截面。轴的弯曲强度条件：最大弯曲正应力不超过轴材料的许用应力，即

$$\sigma_{max} = \frac{M}{W_z} \leqslant [\sigma]$$

式中　M——危险截面上的弯矩（N·m）；
W_z——危险截面的抗弯截面模量（mm^3）；
$[\sigma]$——轴材料的许用应力（MPa）；

此式可以解决三个问题：强度校核、设计截面尺寸和计算许用载荷。

10.4　转轴的弯扭组合变形强度计算

10.4.1　转轴受力分析

转轴同时承受弯矩和扭矩，产生弯曲和扭转的组合变形。下面以电动机轴为例，讨论转轴弯曲和扭转组合变形时的强度计算。

电动机轴的外伸端装有带轮，转矩由电动机输入，由带传动输出。

1．外力分析

设带轮受到的带的拉力为 F 和 $2F$，带轮直径为 D。按力平移定理，将力平移到轴心，得一合力 F'（$F'=3F$）和附加力偶 M_B（$M_B=\dfrac{FD}{2}$），如图 10-16（a）、（b）所示。

垂直于轴线的力 F'，使轴产生弯曲，附加力偶 M_B 使轴产生扭转，则电动机轴产生弯曲和扭转的组合变形。弯矩图和扭矩图分别如图 10-16（c）和图 10-16（d）所示。

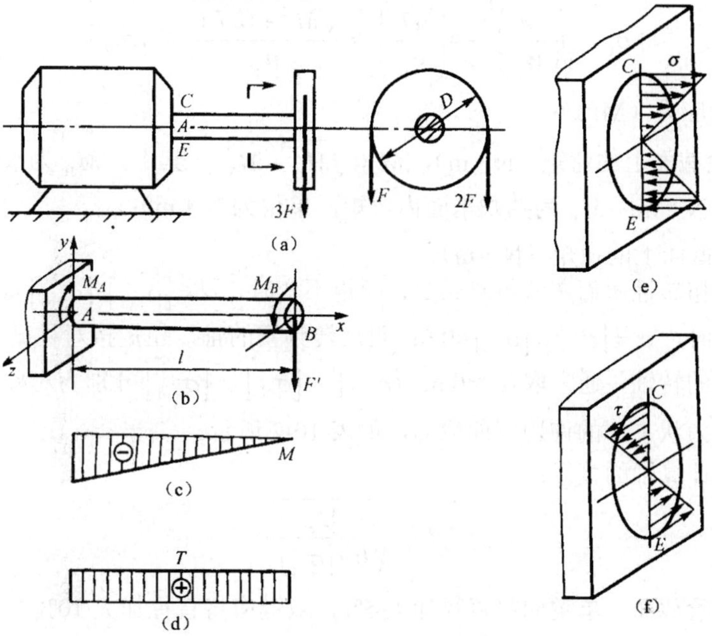

图 10-16　弯曲和扭转组合变形的圆轴

2．内力及危险截面分析

由弯矩图和扭矩图可知，固定端为危险截面。危险截面上的弯矩和扭矩如下。

弯矩：

$$M = F'l$$

扭矩：

$$T = \frac{FD}{2}$$

10.4.2　转轴的强度计算

危险截面处最大弯曲正应力 σ 在轴直径两端。AB 段切应力均相同，最大切应力 τ 在轴的圆周边。σ 和 τ 分别计算如下。

弯曲正应力为

$$\sigma = \frac{M}{W_z}$$

扭转切应力为：

$$\tau = \frac{T}{W_p}$$

式中　W_z——抗弯截面模量（mm^3），实心圆轴 $W_z \approx 0.1d^3$；

W_p——抗扭截面模量（mm^3），实心圆轴 $W_p \approx 0.2d^3$。

根据第三强度理论，弯曲和扭转组合变形的转轴强度条件为

$$\sigma_e = \sqrt{\sigma^2 + 4\tau^2} \leqslant [\sigma]$$

对实心圆轴，$W_p = 2W_Z$。一般转轴的弯曲正应力为对称循环交变应力。而扭转切应力一般情况下可以是不变的静应力，但实际上由于机器运转的不均匀性，一般假设扭转切应力按脉动循环变化，从对轴的强度影响来看，它没有对称循环的影响大。考虑两者不同循环特性的影响，将扭转切应力的变化特性转换成为弯曲正应力相同的变化特性，将上式中的扭矩 T 乘以折算系数，即得危险截面处的强度条件，为

$$\sigma_e = \sqrt{\left(\frac{M}{W_z}\right)^2 + 4\left(\frac{\alpha T}{W_p}\right)^2} = \frac{\sqrt{M^2 + (\alpha T)^2}}{W_z} \leqslant [\sigma_{-1b}]$$

式中　σ_e——当量应力（MPa）；

M——危险截面上的弯矩（N・m），$M = \sqrt{M_H^2 + M_V^2}$（其中，M_H 为水平平面内弯矩，单位为 N・m；M_V 为熟知平面内弯矩，单位为 N・m）；

T——危险截面上的扭矩（N・m）；

α——根据扭转性质而定的折算系数，扭矩不变时，$\alpha = [\sigma_{-1b}]/[\sigma_{+1b}] \approx 0.3$；扭矩脉动循环变化时，$\alpha = [\sigma_{-1b}]/[\sigma_{0b}] \approx 0.6$；正反转频繁的轴，扭矩按对称循环变化，$\alpha = 1$。对一般的转轴，通常取 $\alpha \approx 0.6$。$[\sigma_{-1b}]$、$[\sigma_{0b}]$、$[\sigma_{+1b}]$ 分别为对称循环、动脉循环和静应力状态下的许用弯曲应力，如表 10-2 所示。

上式可改写成计算轴的直径：

$$d \geqslant \sqrt[3]{\frac{M_e}{0.1[\sigma_{-1}]}}$$

对有键槽的危险截面，单键应将直径加大 5%，双键应将直径加大 10%。

实训 13　设计二级斜齿圆柱齿轮减速器输出轴

图 10-17 所示为二级斜齿圆柱齿轮减速器示意图。二级斜齿圆柱齿轮减速器输出轴，即转轴的设计流程如图 10-18 所示。

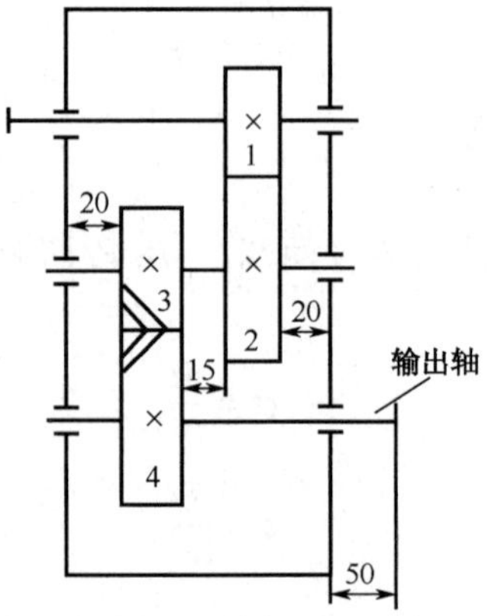

图 10-17　二级斜齿圆柱齿轮减速器示意图

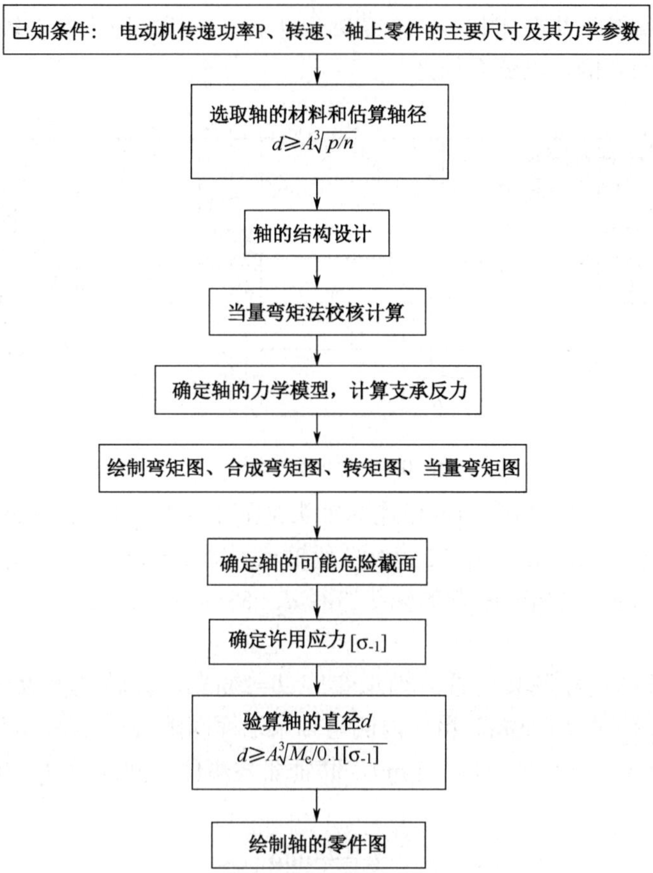

图 10-18　转轴的设计流程图

1. 设计要求与数据

已知输出轴功率 P=9.8kW，转速 n=260r/min，齿轮 4 的分度圆直径 d_4=238mm，所受的作用力分别为圆周力 F_t=6065N、径向力 F_r=2260N、轴向力 F_a=1315N。各齿轮的宽度均为 80mm。齿轮、箱体、联轴器之间的距离如图中所示。

2. 设计内容

设计内容：设计减速器的输出轴的结构、轴强度校核计算。

3. 设计步骤、结果及说明

（1）选择轴材料

因无特殊要求，故选 45 钢，正火，查表 10-2 得 $[\sigma_{-1}]$=55MPa，取 A=115。

（2）估算轴的最小直径

$$d \geqslant \sqrt[3]{\frac{9.55\times10^6 p}{0.2[\sigma]n}} = 115\sqrt[3]{\frac{9.8}{260}} = 38.56 \text{（mm）}$$

因最小直径与联轴器配合，故有一键槽，可将轴径加大 5%，即 d=38.56×105%=40.485（mm）。选凸缘联轴器，取其标准内孔直径 d=42mm。

（3）轴的结构设计

如图 10-19 所示，齿轮由轴环，套筒固定，左端轴承采用端盖和套筒、右端轴承采用轴肩和端盖固定。齿轮和左端轴承从左侧装拆，右端轴承从右侧装拆。因为右端轴承与齿轮距离较远，所以轴环布置在齿轮的右侧，以免套筒过长。

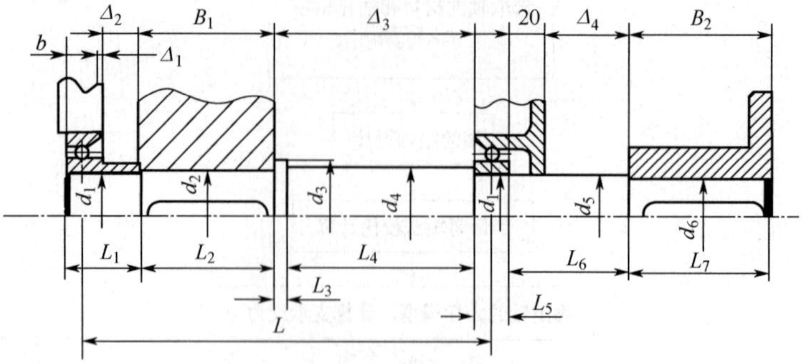

图 10-19　轴的结构设计

① 轴的各段直径的确定。与联轴器相连的轴头是最小直径，取 d_6 =42mm；联轴器定位轴肩的高度取 h =3mm,，则 d_s =48mm，选 7210 A C 型轴承，则 d_1 =50mm；右端轴承定位轴肩高度取 h =3.5mm，则 d_4 =57mm；与齿轮配合的轴头直径 d_2 =53mm；齿轮的定位轴肩高度取 h =5mm，则 d_3 =63mm。

② 轴上零件的轴向尺寸及其位置。轴承宽度 b=20mm，齿轮宽度 B_1 =80mm，联轴器宽度 B_2 =84mm，轴承端盖宽度为 20mm。箱体内侧与轴承端面间隙 Δ_1 =2mm，齿轮与箱体内侧的距离分别为 Δ_2 =20mm， Δ_3=15+80+20=115（mm），联轴器与箱体之间间隙 Δ_4 =50mm。则与之对应，轴各段长度分别为

$$L_1 = 44\text{mm}$$

$$L_2 = 78\text{mm}$$

轴环取

$$L_3 = 8\text{mm}$$

$$L_4 = 109\text{mm}$$

轴承的支承跨度为

$$L = L_1 + L_2 + L_3 + L_4 = 239\text{（mm）}$$

（4）校核轴的疲劳强度

① 画输出轴的受力简图，如图 10-20（a）所示。

② 画水平平面的弯矩图，如图 10-20（b）所示。通过列水平平面的受力平衡方程，可求得

$$F_{AH} = 4238\text{ N} \qquad F_{BH} = 1827\text{ N}$$

则

$$M_{CH} = 72F_{AH} = 72 \times 4238 = 305136\text{（N·mm）}$$

③ 画竖直平面的弯矩图，如图 10-20（c）所示。通过列竖直平面受力平衡方程，可求得

$$F_{AV} = 924\ \text{N} \qquad F_{BV} = 1336\text{ N}$$

则

$$M_{CV1} = 72F_{AV} = 72 \times 924 = 66528\text{（N·mm）}$$

$$M_{CV2} = 16F_{BV} = 167 \times 1336 = 223112\text{（N·mm）}$$

④ 画合成弯矩图，如图 10-20（d）所示。

$$M_{C1} = \sqrt{M_{CH}^2 + M_{CV1}^2} = \sqrt{305136^2 + 66528^2} = 312304\text{（N·mm）}$$

$$M_{C2} = \sqrt{M_{CH}^2 + M_{CV2}^2} = \sqrt{305136^2 + 223112^2} = 378004\text{（N·mm）}$$

⑤ 画转矩图，如图 10-20（e）所示。

$$T = 9.55\times10^6 \frac{P}{n} = 9.55\times10^6 \times \frac{9.8}{260} = 359926 \text{（N·mm）}$$

⑥ 画当量弯矩图，如图 10-20（f）所示。转矩按脉动循环，则取 α =0.6。

$$\alpha T = 0.6\times359926 = 215977 \text{（N·mm）}$$

$$M_{eC1} = \sqrt{M_{C1}^2 + (\alpha T)^2} = \sqrt{312304^2 + 215977^2} = 379710 \text{（N·mm）}$$

$$M_{eC2} = \sqrt{M_{C2}^2 + (\alpha T)^2} = \sqrt{378004^2 + 215977^2} = 435354 \text{（N·mm）}$$

由当量弯矩图可知，C 截面为危险截面，当量弯矩最大值 M_{eC} =435354N·mm。

⑦ 验算轴的直径。

$$d \geqslant \sqrt[3]{\frac{M_e}{0.1[\sigma_{-1}]}} = \sqrt[3]{\frac{435354}{0.1\times55}} = 42.94 \text{（mm）}$$

因为 C 截面有一键槽，所以需要将直径加大 5%，则 d =42.94×105%=45.1（mm），而 C 截面的设计直径为 53mm，所以强度足够。

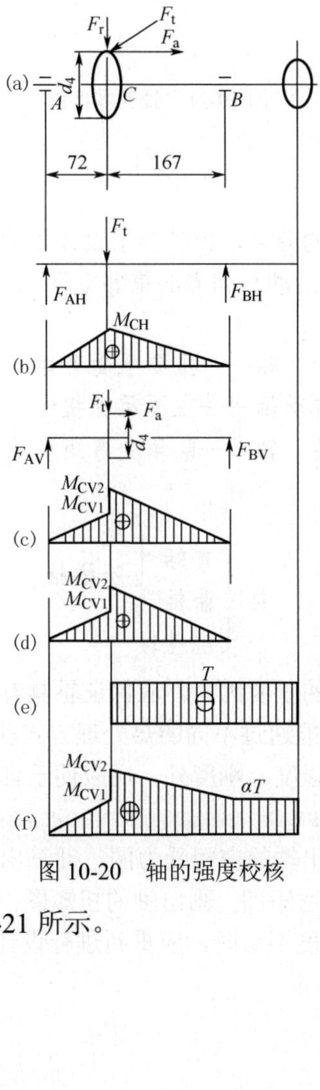

图 10-20　轴的强度校核

⑧ 绘制轴的零件图，如图 10-21 所示。

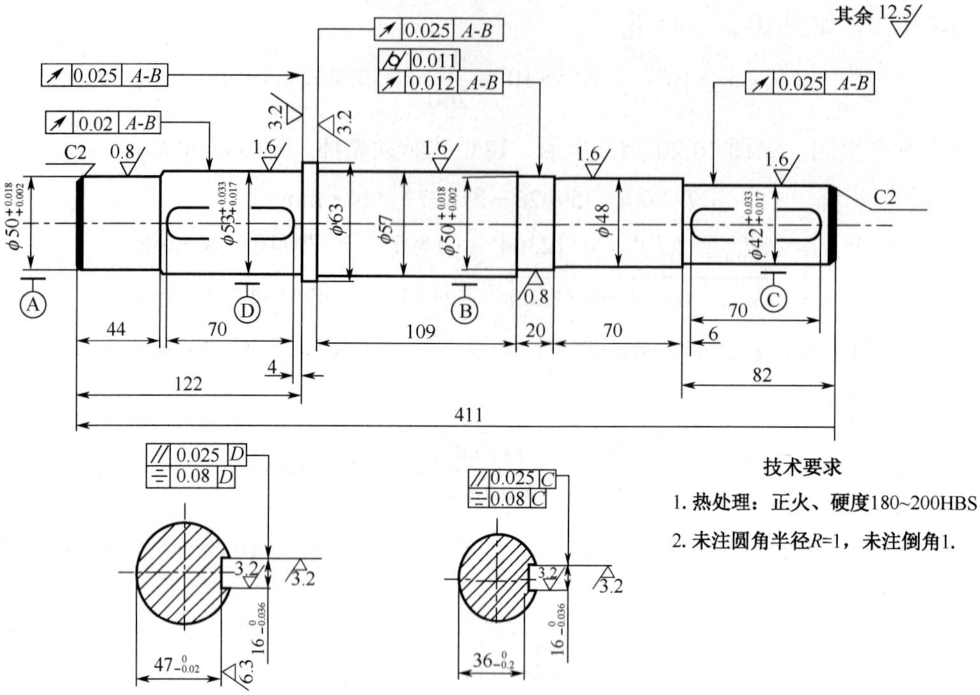

图 10-21　轴的零件图

知识梳理与总结

通过对本章的学习，学会了轴的分类，也学会了设计轴的结构和计算轴的工作能力的方法。

（1）轴是支承传动零件及传递运动和动力的重要零件。

按所受载荷分类：

轴：
- 心　轴——主要承受弯矩
- 传动轴——主要承受扭矩
- 转　轴——既承受弯矩又承受扭矩

按结构形状分类：

轴：
- 直轴
  - 光　轴
  - 阶梯轴
- 曲轴
- 挠性轴

（2）轴的材料是决定承载能力的重要因素。应保证轴具有足够的强度、塑性和冲击韧性，同时具有良好的工艺性和经济性，并能通过不同的热处理方式获得较高的疲劳强度。

（3）轴的结构设计除应保证的强度，刚度外，还应便于轴上零件的安装和定位，利于减小应力集中，并具有良好的加工工艺性。

（4）轴的强度计算步骤为：画出轴的空间受力图，计算出水平面和铅垂面的支反力；画出水平面和铅垂面的弯矩图；作出合成弯矩图；画出轴的扭矩图；计算危险截面的当量弯矩；进行危险截面的强度核算。当校核轴的强度不够时，应重新进行设计。

自测题 10

1. 选择题

（1）工作时既传送扭矩又承受弯矩的轴，称为（　　）。

A．传动轴　　B．转轴　　C．心轴

（2）工作时只承受弯矩的轴，称为（　　）。

A．传动轴　　B．转轴　　C．心轴

（3）工作时只传递扭矩的轴称为（　　）。

A．转轴　　B．心轴　　C．传动轴

（4）与滚动轴承配合的轴段直径，必须符合滚动轴承的（　　）。

A．内径　　B．外径　　C．宽度

（5）轴工作时主要承受弯矩和转矩，其主要的失效形式为（　　）。

A．塑性形变　　B．折断

C．疲劳破坏　　D．过度磨损

（6）轴与轴承相配合的部分称为（　　）。

A．轴颈　　B．轴头　　C．轴肩

（7）轴与传动件轮毂配合的部分称为（　　）。

A．轴颈　　B．轴头　　C．轴肩

（8）为使零件轴向定位可靠，轴上的倒角或倒圆半径应（　　）轮毂的倒角或倒圆半径。

A．>　　B．=　　C．<

（9）利用轴端挡圈，当套筒或圆螺母对轮毂作轴向固定时，必须把安装轴上零件的轴段长度尺寸与轮毂的长度取得（　　），以保证轮毂能得到可靠的轴向固定。

A．长一些　　B．一样长　　C．短一些

（10）齿轮、带轮必须在轴上固定可靠并传递转矩，广泛采用（　　）做周向固定。

A．销链接　　B．键连接　　C．过盈配合

（11）在轴的两处安装键时，合理的布置是（　　）。

A．相隔 90°　　B．在同一母线上

C．相隔 180°　　D．相隔 120°

（12）增大轴在剖面过渡处的圆角半径，其优点是（　　）。

A．使零件的轴向定位比较可靠

B．使轴的加工方便

C．使零件的轴向固定比较可靠

D．降低应力集中，提高轴的疲劳强度

（13）对于传动轴的强度计算，应按（　　）计算。

A．弯矩　　B．扭矩

C．弯矩、扭矩合成的当量弯矩

（14）对于转轴的强度计算，应按（　　）计算。

A．弯矩　　B．扭矩

C．弯矩、扭矩合成的当量弯矩

（15）按弯扭合成计算轴的强度时，当量弯矩中的 α 是为了考虑扭矩 T 与弯矩 M 产生的应力（　　）。

A．方向不同　　　　　　　　　　B．循环特性可能不同
C．类型不同　　　　　　　　　　D．位置不同

2．判断题

（1）把大尺寸布置在一端的阶梯轴结构最合理。（　）
（2）心轴在工作中只承受弯曲作用。（　）
（3）计算得到的轴颈尺寸，必须按标准系列圆整。（　）
（4）轴上零件在轴颈尺寸，必须作轴向固定和周向固定。（　）
（5）为了保证轮毂在阶梯轴上的轴向固定可靠，轴头的长度必须大于轮毂的长度。（　）
（6）轴头的直径尺寸必须符合轴承内孔的直径标准系列。（　）
（7）阶梯轴便于安装和拆卸轴上零件。（　）
（8）提高轴的表面质量有利于提高轴的疲劳强度。（　）
（9）用简易计算正确的轴颈是阶梯轴的最大直径。（　）
（10）根据直径的形状不同，可分为转轴、心轴和传动轴。（　）
（11）转轴在工作中是转动的，而传动轴是不转动的。（　）
（12）心轴在工作中只承受扭转作用。（　）
（13）为降低应力集中，轴上应制出退刀槽、越程槽等工艺结构。（　）
（14）采用力学性能好的合金钢材料，可以提高轴的刚度。（　）
（15）弹性挡圈与紧定螺钉连接，仅能用于轴向力较小的场合。（　）

3．简答题

（1）拆装减速器的齿轮轴，指出轴结构的各部分名称及作用，并说明轴上零件是如何安装、定位和固定的。

（2）轴的设计中，为什么要估算轴的最小直径？

（3）轴的常用材料有哪些？说明它们的特点。

（4）轴的结构设计应考虑哪几方面的问题？

（5）提高轴的疲劳强度的主要措施有哪些？

4．设计题

（1）指出图 10-22 中轴的结构错误，说明原因并予以改正。

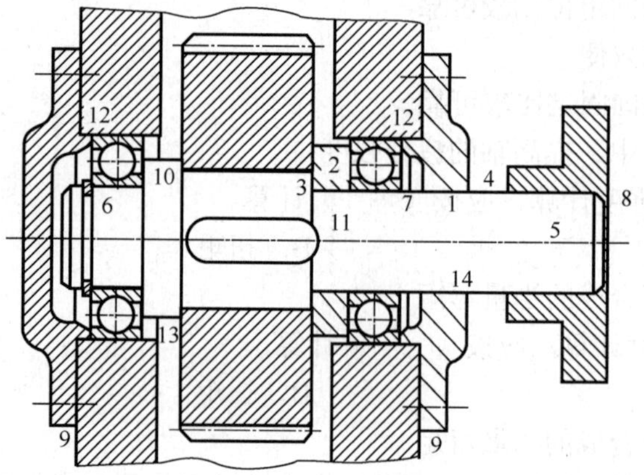

图 10-22　轴的结构

（2）指出图 10-23 中轴的结构错误，说明原因并予以改正。

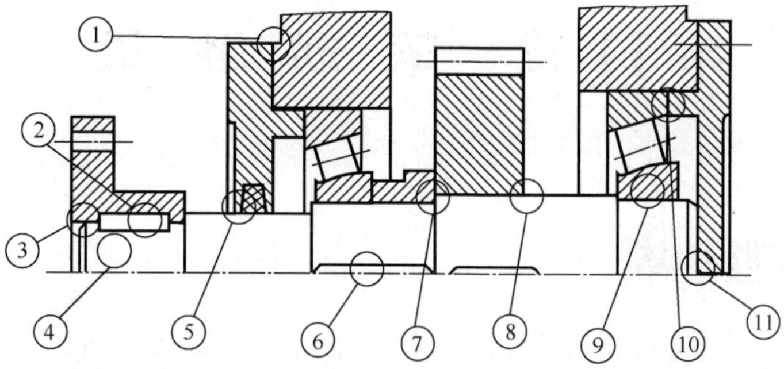

图 10-23　轴的结构

（3）完成图 10-24 中的轴承组成。

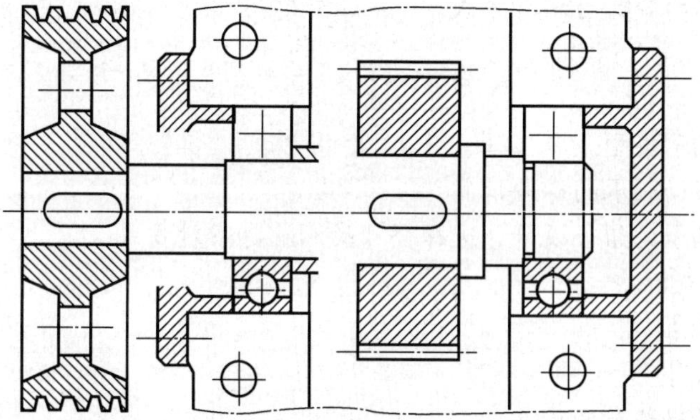

图 10-24　轴承

（4）齿轮轴的各零件的结构及位置如图 10-25 所示，试设计轴的外形。

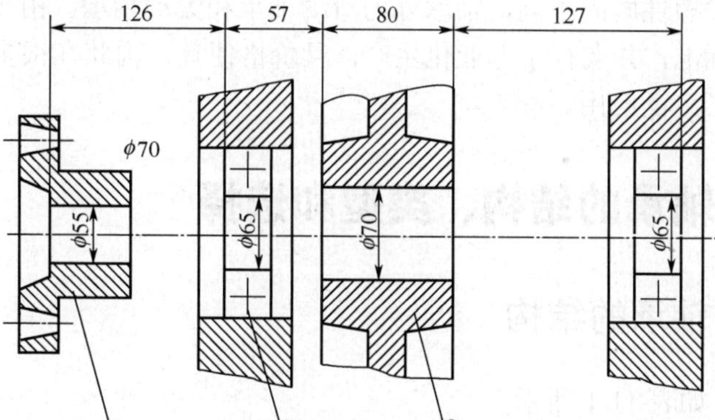

图 10-25　齿轮轴的各零件的结构及位置

第 11 章　滚动轴承

本章知识导读

【知识目标】

- 了解滚动轴承的类型、特点及应用。
- 理解滚动轴承的基本代号及选择要点。
- 掌握滚动轴承的寿命计算及组合设计。
- 了解滚动轴承的密封与润滑方式。

【能力目标】

- 能正确选择轴承类型。
- 能正确进行滚动轴承的寿命计算。
- 能合理进行轴承的组合设计，选择合理的润滑、密封方式。

【教学重点与难点】

- 滚动轴承的代号。
- 滚动轴承当量动载荷的计算。

轴承是用来支承轴或轴上回转零件的部件，以保证轴的旋转精度，减少轴与支承面间的摩擦和磨损。根据工作时摩擦性质的不同，轴承分为滑动轴承和滚动轴承。由于滚动轴承的类型、尺寸、公差等已有国家标准，并实行了专业化生产，且价格便宜，因此在很多场合滚动轴承逐渐取代了滑动轴承而得到了广泛应用。

11.1　滚动轴承的结构、类型和选择

11.1.1　滚动轴承的结构

滚动轴承的结构，如表 11-1 所示。

提示：

G 表示滚动轴承钢，含铬 1.5%。

表 11-1　滚动轴承的结构

滚动轴承的组成	图　示	作　用	材　料
内圈		内圈与轴颈相配合且随轴一起转动	GCr9、GCr15、GCr15SiMn
外圈		外圈装在机架的轴承座孔内固定不动	GCr9、GCr15、GCr15SiMn
滚动体	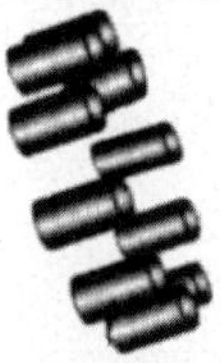	当内圈、外圈相对旋转时，滚动体在内、外圈的滚道上滚动	GCr9、GCr15、GCr15SiMn
保持架		保持架使滚动体均匀分布并避免相邻滚动体之间的接触和摩擦、磨损	低碳钢板经冲压而成，或用铜合金、塑料等

11.1.2　滚动轴承的基本特性和类型

滚动轴承的类型很多，下面介绍几种常见的分类方法。

（1）按滚动体的形状分，滚动轴承可分为球轴承和滚子轴承两大类。如图 11-1 所示，球轴承的滚动体是球形，承载能力和承受冲击能力小。滚子轴承的滚动体形状有圆柱滚子、圆锥滚子、鼓形滚子和滚针等，承载能力和承受冲击能力大，但极限转速低。

（2）按滚动体的列数，滚动轴承可分为单列、双列及多列滚动轴承。

（3）按工作时能否调心，滚动轴承可分为调心轴承和非调心轴承。调心轴承允许的偏位角大

（4）按承受载荷方向不同，滚动轴承可分为向心轴承和推力轴承两类。

向心轴承：主要承受径向载荷。其公称接触角 $\alpha=0^\circ$（公称接触角如图 11-2 所示）的轴承称为径向接触轴承；$0^\circ<\alpha\leqslant45^\circ$ 的轴承称为角接触向心轴承。接触角越大，承受轴向载荷的能力也越大。

图 11-1　常用的滚动体

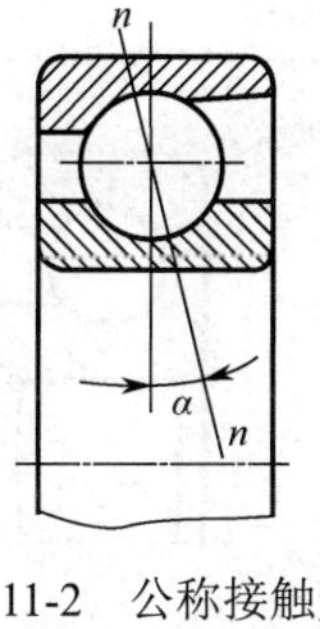

图 11-2　公称接触角

推力轴承：主要承受轴向载荷。其公称接触角 45°<α<90°的轴承称为角接触推力轴承，其中α=90°的轴承称为轴向接触轴承，也称推力轴承。接触角越大，承受径向载荷的能力越小，承受轴向载荷的能力越大。轴向推力轴承只能承受轴向载荷。

常用的各类滚动轴承的性能及特点如表 11-2 所示。

表 11-2　滚动轴承的主要类型和特性

轴承类型名称及代号	结构简图	基本额定动载荷比[*]	极限转速比[**]	允许偏位角	主要特性及应用
调心球轴承 10000	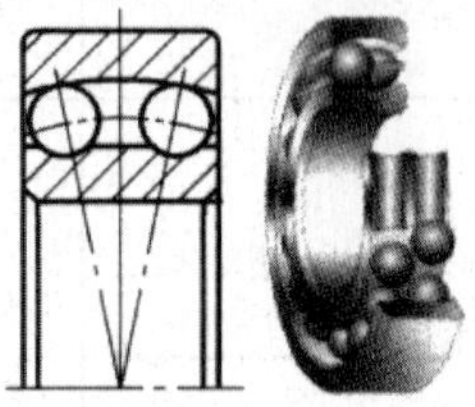	0.6～0.9	中	2°～3°	主要承受径向载荷,也能承受少量的轴向载荷。因为外圈滚道表面是以轴线中心为球心的球面，所以能自动调心
调心滚子轴承 20000	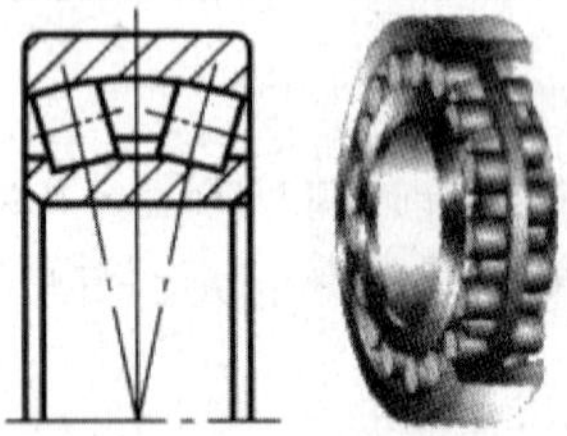	1.8～4	低	1°～2.5°	主要承受径向载荷，也可承受一些不大的轴向载荷，承载能力大，能自动调心
圆锥滚子轴承 30000	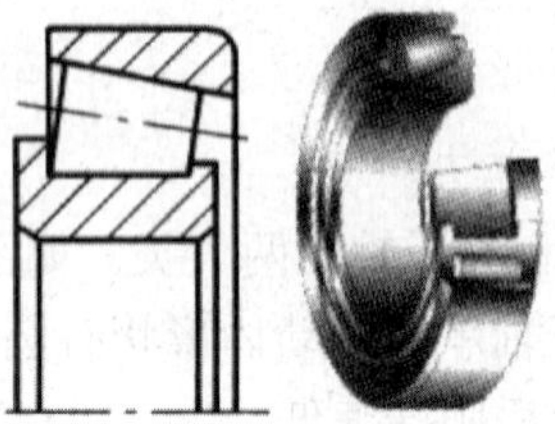	1.1～2.5	中	2′	能承受以径向载荷为主的径向、轴向联合载荷，当接触角 α大时，也可承受纯单向轴向联合载荷。因是线接触，承载能力大于 7 类轴承。内、外圈可以分离，装拆方便，一般成对使用
推力球轴承 50000		1	低	不允许	接触角α=90°，只能承受单向轴向载荷。而且载荷作用线必须与轴线重合，高速时钢球离心力大，磨损、发热严重，极限转速低。所以只用于轴向载荷大、转速不高之处
深沟球轴承 60000	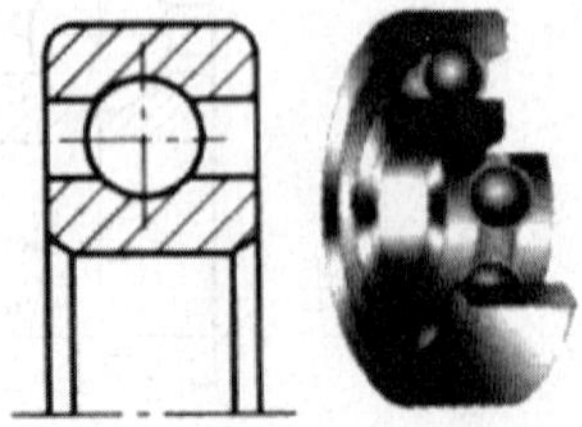	1	高	8′～16′	主要承受径向载荷，同时也能承受少量的轴向载荷。当转速很高而轴向载荷不太大时，可代替推力球轴承承受纯轴向载荷。生产量大，价格低

续表

轴承类型名称及代号	结 构 简 图	基本额定动载荷比*	极限转速比**	允许偏位角	主要特性及应用
角接触球轴承 70000	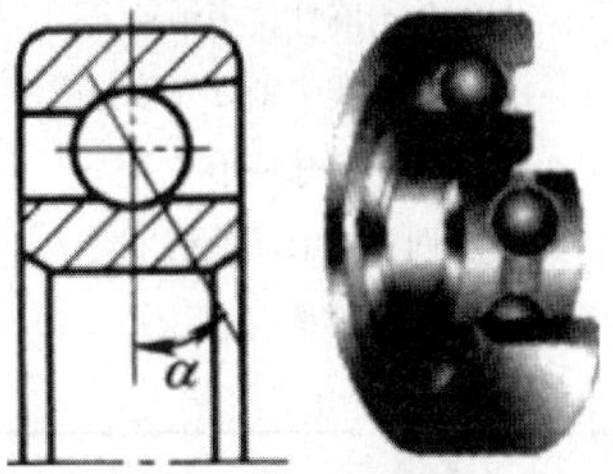	1.0～1.4	较高	2′～10′	能同时承受径向和轴向联合载荷，接触角α越大,承受轴向载荷的能力也越大。接触角α有 15°、2.5°和 40°三种。一般成对使用，可以分装于两个支点或同装于一个支点上
圆柱滚子轴承 N0000	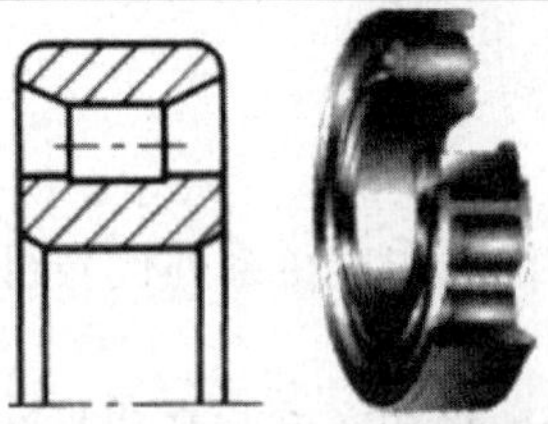	1.5～3	较高	2′～4′	外圈（或内圈）可以分离，故不能承受轴向载荷。由于是线接触，因此能承受较大的径向载荷
滚针轴承 NA0000	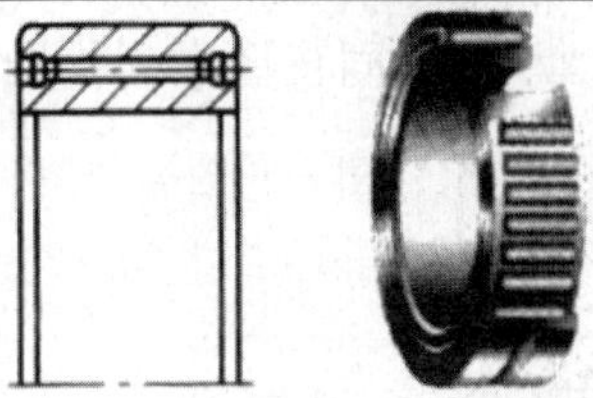	—	低	不允许	在同样内径条件下，与其他类型轴承相比，其外径最小，外圈（或内圈）可以分离，径向承载能力较大，一般无保持架，摩擦系数大

注：① 基本额定动载荷比：是指同一尺寸系列（直径及宽度）中各种类型和结构形式的轴承的基本额定动载荷与单列深沟球轴承的（推力轴承则与单向推力球轴承）基本额定动载荷之比。

② 极限转速比：是指同一尺寸系列 O 级公差的各类轴承脂润滑时的极限转速与单列深沟球轴承脂润滑时的极限转速之比。

③ 高、中、低的含义为：“高”为单列深沟球轴承极限转速的 90%～100%；“中”为单列深沟球轴承极限转速的 60%～90%；“低”为单列深沟球轴承极限转速的 60%以下。

11.1.3　滚动轴承的代号

滚动轴承的代号用字母和数字来表示。国家标准 GB/T272—1993 规定了滚动轴承的代号方法，其代号一般印（或刻）在轴承套圈的端面上。

滚动轴承的代号由基本代号、前置代号和后置代号组成，如表 11-3 所示。

表 11-3　滚动轴承代号的构成

<table>
<tr><th>前 置 代 号</th><th colspan="4">基 本 代 号</th><th>后 置 代 号</th></tr>
<tr><td rowspan="3">字母</td><td>类型代号</td><td colspan="2">尺寸系列代号</td><td>内径代号</td><td rowspan="3">字母（或加数字）</td></tr>
<tr><td rowspan="2">数字或字母</td><td>宽度系列代号</td><td>直径系列代号</td><td rowspan="2">两位数字</td></tr>
<tr><td>一位数字</td><td>一位数字</td></tr>
</table>

1. 基本代号（滚针轴承除外）

基本代号表示轴承的类型、结构和尺寸，是轴承代号的基础。基本代号由轴承类型代号、尺寸系列代号和内径代号三部分构成。

（1）类型代号

一般滚动轴承类型代号用数字或字母表示，如表 11-4 所示。

表 11-4　一般滚动轴承类型代号

代　号	轴 承 类 型	代　号	轴 承 类 型
0	双列角接触球轴承	7	角接触球轴承
1	调心球轴承	8	推力圆柱滚子轴承
2	调心滚子轴承和推力调心滚子轴承	N	圆柱滚子轴承（双列或多列用字母 NN 表示）
3	圆锥滚子轴承	U	外球面球轴承
4	双列深沟球轴承	QJ	四点接触球轴承
5	推力球轴承	NA	滚针轴承
6	深沟球轴承		

提示：

3、6、7、N 类型必须记住。

（2）尺寸系列代号

尺寸系列代号由轴承的宽（推力轴承指高）度系列代号和直径系列代号组成。各用一位数字表示。

轴承的直径系列代号指内径相同的轴承配有不同的外径和宽度。其代号 7、8、9、0、1、2、3、4、5，外径尺寸依次递增。图 11-3 所示为深沟球轴承的不同直径系列代号的对比。

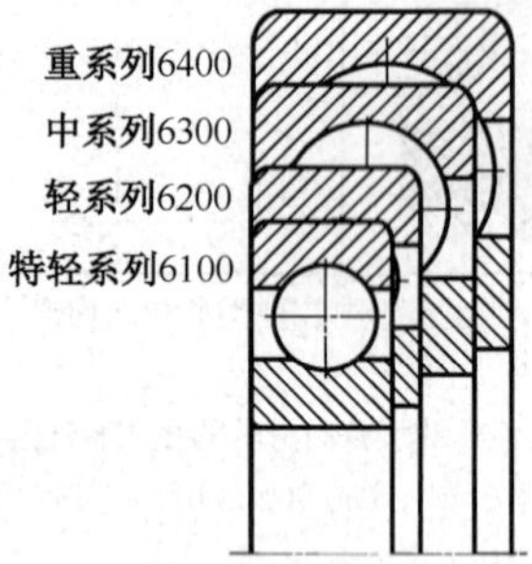

图 11-3　直径系列对比

轴承的宽度系列代号指内经、外径相同的轴承，对向心轴承，配有不同的宽度尺寸系列，如图 11-4 所示。轴承系列代号有 8、0、1、2、3、4、5、6。宽度尺寸依次递增。对推力轴承，配有不同的高度尺寸系列。代号有 7、9、1、2，高度尺寸依次递增。GB/T272—1993 规定宽度系列代号为 0 时可省略。

提示：

3 类轴承不能省略。

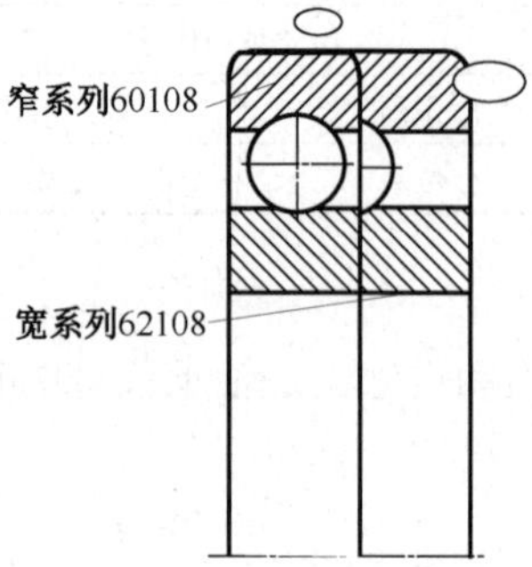

图 11-4　宽度系列对比

（3）内径代号

轴承内径代号用两位数表示，如表 11-5 所示。

表 11-5　一般滚动轴承类型代号

内径代号	00	01	02	03	04～99
轴承内径 *d*/mm	10	12	15	17	数字×5

2. 前置代号

轴承的前置代号用字母表示，是用来说明成套轴承部件特点的补充代号。例如，用 L 表示可分离轴承的可分离内圈或圈外，代号 LN207。

3. 后置代号

轴承的后置代号用字母（或加数字）等表示，用来说明轴承在结构、公差和材料等方面的特殊要求。后置代号的内容很多，下面介绍几种常用的后置代号。

（1）内部结构代号用字母表示，紧跟在基本代号后面。例如，接触角 α =15°、25°和 40°的角接触轴承分别用 C、AC 和 B 表示内部结构的不同，代号分别为 7210C、7210AC 和 710B。

（2）轴承的公差级别分为 2、4、5、6、6_x 和 0 级，共 6 个级别，精度依次减低。其代号分别为/P2、/P4、/P5、/P6、/P6_x 和/P0。在公差等级中，6_x 级仅适用于圆锥滚子轴承；0 级为普通级，在轴承代号中省略不表示，如 6230、6203/P6、30210/P6_x。

（3）轴承的游隙分为 1、2、0、3、4 和 5 组，共 6 个游隙组别，游隙依次由小到大。常用的游戏组别是 0 游隙组，在轴承代号中省略不表示，其余的游戏组别在轴承代号中分别用符号/C1、/C2、/C3、/C4、/C5 表示，如 6210、6210/C4。

代号举例如下。

30210 表示圆锥滚子轴承，宽度系列代号为 0，直径系列代号为 2，内径为 50mm，公差等级为 0 级，游隙为 0 组。

7212C/P4 表示圆锥滚子轴承，宽度系列代号为 7，直径系列代号为 2，内径为 60mm，接触角 α=15°，公差等级为 4 级，游隙为 0 组。

11.1.4　滚动轴承类型的选择

选用滚动轴承时，应考虑以下几个选用原则。

1. 载荷条件

轴承承受载荷的大小、方向和性质是选择轴承类型的主要依据。

（1）相同外形尺寸下，滚子轴承较球轴承承载能力大。

（2）当轴承承受纯径向载荷时，一般可选用向心类轴承。

（3）当轴承承受纯轴向载荷时，一般可选用推力轴承。

（4）当轴承承受纯径向载荷的同时，还有不大的轴向载荷时，可选用深沟球轴承、接触角不大的接触球轴承或圆锥子轴承。

（5）当轴承承受轴向力较径向力大时，可选用接触角较大的角接触轴承或圆锥子轴承，或者选用向心轴承和推力轴承组合在一起的结构，以分别承担径向载荷和轴向载荷。

（6）当载荷有冲击振动时，优先考虑滚子轴承。

2. 轴承的转速

（1）球轴承的极限转速比滚子轴承高，当转速较高且旋转精度要求较高时，应选用球轴承。

（2）对高速回转的轴承，宜选用同一直径系列中外径较小的轴承，外径较大的轴承宜用于低速重载的场合。

（3）推力轴承的极限转速低。当工作转速较高，而轴向载荷不大时，可采用角接触球轴承承受纯轴向力。

（4）若工作转速超过样本中规定的极限转速，则应考虑提高轴承的公差等级，或适当加大轴承的径向游隙等。

3. 轴承的刚性与调心性能

（1）滚子轴承的刚性比球轴承高，故对轴承刚性要求较高的场合宜选用滚子轴承。

（2）支点跨距大、轴的弯曲变形大或多支点轴，宜选用调心式轴承。

（3）圆柱滚子轴承用于刚性且能严格保证同心度的场合，一般只用来承受径向载荷。当需要承受一定的轴向载荷时，可选用内、外圈都有挡边的类型。

4. 轴承安装于拆卸

（1）在轴承座不剖分而且必须沿轴向安装和拆卸时，应选用内、外圈可分离轴承，如圆锥棍子轴承和圆柱滚子轴承。

（2）当在光轴上安装轴承时，为便于定位和拆卸，应选用内圈孔为圆锥孔的轴承。

5. 经济性

（1）一般情况下，球轴承的价格低于滚子轴承，应优先选用。

（2）同型号轴承的精度等级越高，其价格也越高。在同尺寸和同精度的轴承中，深沟球轴承的价格最低。

11.2 滚动轴承的工作能力计算

11.2.1 滚动轴承的失效和计算准则

1. 失效形式

滚动轴承的失效形式，如表 11-6 所示。

表 11-6 滚动轴承的失效形式

失 效 形 式	载 荷 条 件	失效发生位置	失效产生后果
疲劳点蚀	脉动循环接触应力作用下，当应力值或应力循环次数超过一定数值	滚动体和套圈滚道接触表面出现点蚀	使轴承在运转中产生振动和噪声，回转精度降低且工作温度升高，使轴承失去正常的工作能力
塑性变形	过大的静载荷或冲击载荷作用	套圈滚道出现凹坑或滚动体被压扁	运转精度降低，产生振动和噪声，导致轴承不能正常工作
磨损	润滑不良，密封不可靠及多尘	滚动体或套圈滚道易产生磨粒磨损，高速时会出现热胶合磨损	轴承过热，还将导致滚动体回火

2．计算准则

滚动轴承的计算准则，如表 11-7 所示。

表 11-7　滚动轴承的计算准则

工作条件	失效形式	计算准则
一般转速（$n_{\lim}>n>10$r/min）	疲劳点蚀	寿命计算
低速（$n\leqslant 10$r/min）重载或大冲击	塑性变形	静强度计算
高速	疲劳点蚀、胶合磨损	寿命计算 校验极限转速

11.2.2　滚动轴承的基本概念

1．轴承寿命

在一定载荷的作用下，滚动轴承运转到任一滚动体或套圈滚道上出现疲劳点蚀前，两套圈相对运转的总转速（圈数）或工作的小时数，称为轴承寿命。

2．基本额定寿命

在同一型号的一批滚动轴承，在同样的受力、转数等常规条件下运转，其中有 10%的轴承发生疲劳点蚀破坏，90%的轴承未出现点蚀破坏时的寿命，称为基本额定寿命，用符号 $L_{10}(10^6 r)$ 或 $L_{\mathrm{h}}(h)$ 表示。

3．基本额定动载荷

基本额定动载荷是指当基本额定寿命 $L_{10}=10^6 r$ 时，轴承所能承受的最大载荷，用字母 C 表示。基本额定动载荷越大，其承载能力也越大。基本额定动载荷对径向接触轴承是径向载荷，对向心角接触轴承是载荷的径向分量，对轴向接触轴承是中心轴向载荷。轴承的具体 C 值可查轴承样本或设计手册等资料。

11.2.3　滚动轴承的寿命计算

滚动轴承的基本额定寿命与承受的载荷有关，基本额定寿命 L_{10} 与载荷 P 的关系曲线如图 11-5 所示，该曲线也称为轴承的疲劳曲线。其他型号的轴承也存在类似的关系曲线。此曲线的方程为

$$L_{10}P^{\varepsilon}=\text{常数}$$

式中，ε 为轴承的寿命指数，对于球轴承 $\varepsilon=3$，对于滚子轴承 $\varepsilon=10/3$。

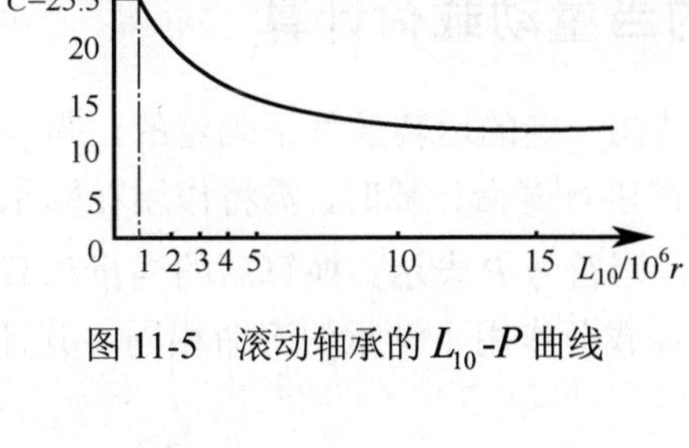

图 11-5　滚动轴承的 L_{10}-P 曲线

根据轴承基本额定动载荷的定义可知，当轴承的基本额定寿命 $L_{10}=1$（$10^6 r$）时，它所受的载荷 $P=C$，将其代入上式得

$$L_{10}P^{\varepsilon}=1\times C^{\varepsilon}=\text{常数}$$

$$L_{10}=\left(\frac{C}{P}\right)^{\varepsilon}(10^6 r)$$

实际计算中，常用小时数 L_h 表示轴承寿命。考虑到轴承工作温度的影响，则上式可改写为下面两个实用的轴承基本额定寿命的计算公式，由此可分别确定轴承的基本额定寿命或型号。

$$L_h=\frac{10^6}{60n}\left(\frac{f_T C}{P}\right)^{\varepsilon}\geqslant[L_h]$$

或

$$C\geqslant C'=\frac{P}{f_T}\left(\frac{60n[L_h]}{10^6}\right)^{\frac{1}{\varepsilon}}$$

式中　L_h ——轴承的基本额定寿命（h）；

n ——轴承转数（r / min）；

ε ——轴承寿命指数；

C ——基本额定动载荷（N）；

P ——当量动载荷（N）；

f_T ——温度系数，如表 11-8 所示，是考虑轴承工作温度对 C 的影响而引入的修正系数；

$[L_h]$ ——轴承的预期使用寿命（h），滚动轴承预期使用寿命的推荐值，如表 11-9 所示。

表 11-8　温度系数 f_T

轴承工作温度/℃	≤100	125	150	200	250	300
温度系数 f_T	1.00	0.95	0.90	0.80	0.70	0.60

表 11-9　滚动轴承预期使用寿命的推荐值

机 器 类 型	预期寿命/h
不经常使用的仪器和设备，如闸门开闭装置等	300～3000
短期或间断使用的机械，中断使用不致引起严重后果，如手动机械等	3000～8000
间断使用的机械，中断使用后果严重，如发动机辅助设备、流水作业线自动传动装置、升降机、车间吊车、不经常使用的机床等	8000～12000
每日 8h 工作的机械（利用率不高），如一般的齿轮传动、某些固定电动机等	12000～20000
每日 8h 工作的机械（利用率较高），如金属切削机床、连续使用的起重机、木材加工机械等	20000～30000
24h 连续工作的机械，如矿山升降机、泵、电动机等	40000～60000
24h 连续工作的机械，中断使用后果严重，如纤维生产或造纸设备、发电站主电机、矿井水泵、船舶螺旋桨等	100000～200000

11.2.4　滚动轴承的当量动载荷计算

轴承的基本额定动载荷 C 是在一定的运转条件下确定的，向心轴承仅承受纯径向载荷 F_r，推力轴承仅承受纯轴向载荷 F_a。在进行寿命计算时，需将作用在轴承上的实际载荷折算成与上述条件相当的载荷，即当量动载荷，用符号 P 表示。换算后的当量动载荷是一个假想的载荷，在该载荷的作用下，轴承的寿命与实际载荷作用下轴承的寿命相同。其计算公式为

$$P = f_{\mathrm{p}}(XF_{\mathrm{r}} + XF_{\mathrm{a}})$$

式中　f_{p}——载荷系数，是考虑工作中的冲击和振动会使轴承寿命降低而引入的系数，如表 11-10 所示。

F_{r}——轴承所受的径向载荷（N）；

提示：

F_{r}是轴上轴颈处所受的径向支反力。

F_{a}——轴承所受的轴向载荷（N）；

X、Y——径向载荷系数和轴向载荷系数，如表 11-11 所示。

提示：

在一个支点处有多个径向支反力时，F_{r}为它们的合力。

表 11-10　载荷系数 f_{p}

载 荷 性 质	无冲击或轻微冲击	中 等 冲 击	强 烈 冲 击
f_{P}	1.0～1.2	1.2～1.8	1.8～3.0

表 11-11　径向载荷系数 X 和轴向载荷系数 Y

轴 承 类 型		相对轴向载荷	判 断 系 数	$F_{\mathrm{a}}/F_{\mathrm{r}}>e$		$F_{\mathrm{a}}/F_{\mathrm{r}}\leqslant e$	
		F_{a}/C_0	e	X	Y	X	Y
深沟球轴承		0.014	0.19		2.30		
		0.028	0.22		1.99		
		0.056	0.26		1.71		
		0.084	0.28	0.56	1.55	1	0
		0.11	0.30		1.45		
		0.17	0.34		1.31		
		0.28	0.38		1.15		
角接触球轴承	α=15°	0.015	0.38		1.47		
		0.029	0.40		1.40		
		0.058	0.43		1.30		
		0.087	0.46		1.23		
		0.12	0.47	0.44	1.19	1	0
		0.17	0.50		1.12		
		0.29	0.55		1.02		
		0.44	0.56		1.00		
		0.58	0.56		1.00		
	α=25°	—	0.68	0.41	0.87	1	0
	α=40°	—	1.14	0.35	0.57	1	0
圆锥滚子轴承		—	1.5tanα	0.40	0.4cotα	1	0

注：1．表中均为单列轴承的系数值，双列轴承查《滚动轴承产品样本》。

2．C_0为轴承的基本额定静载荷，α为接触角。

3．e 是判断轴向载荷 F_{a} 对当量动载荷 P 影响程度的参数。查表时，可按 F_{a}/C_0 查得 e 值，在根据 $F_{\mathrm{a}}/F_{\mathrm{r}}>e$ 或 $F_{\mathrm{a}}/F_{\mathrm{r}}\leqslant e$ 来确定 X 、Y 值。

对于只承受径向载荷的轴承（如 N、NA 类轴承）：

$$P = f_p F_r$$

对于只承受轴向载荷的轴承（如 5 类轴承）：

$$P = f_p F_a$$

11.2.5 角接触轴承的轴向载荷

1. 角接触轴承的内部轴向力

如图 11-6 所示，角接触轴承在受到径向载荷 F_r 作用时，将产生使轴承内、外圈分离的附加的派生轴向力 F_s，也称为角接触轴承的内部轴向力，其大小与轴承的类型、接触角的大小、径向载荷的大小有关。

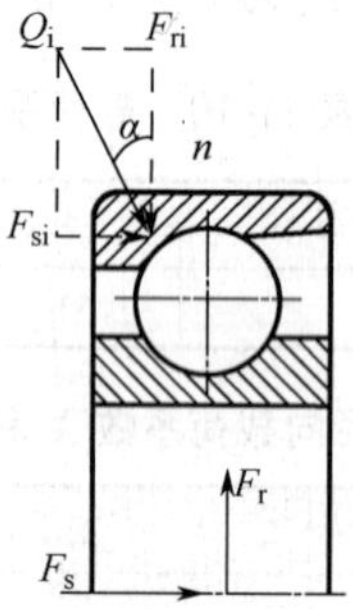

图 11-6　角接触轴承的内部轴向力

内部轴向力的计算方法，如表 11-12 所示，不能忽略其对轴承寿命的影响。内部轴向力的方向沿轴线由轴承外圈的宽边指向窄边。

表 11-12　角接触轴承的内部轴向力

圆锥滚子轴承	角接触球轴承		
	70000C（α=15°）	70000AC（α=25°）	70000B（α=40°）
$F_s=F_r/(2Y)$	$F_s=eF_r$	$F_s=0.68F_r$	$F_s=1.14F_r$

注：表中 e 值查表 11-11 确定。

2. 角接触轴承轴向力 F_a 的计算

为了使角接触轴承能正常工作，一般这种轴承都要成对使用，并将两个轴承对称安装。常见有两种安装方式：正装或面对面安装，为两外圈窄边相对安装，如图 11-7 所示；反装或背靠背安装，为两外圈宽边相对安装，如图 11-8 所示。图中，O_1、O_2 分别为轴承 1、2 的实际支承中心，即支持力的作用点，简化计算时可近似认为它在轴承宽度的中心处。

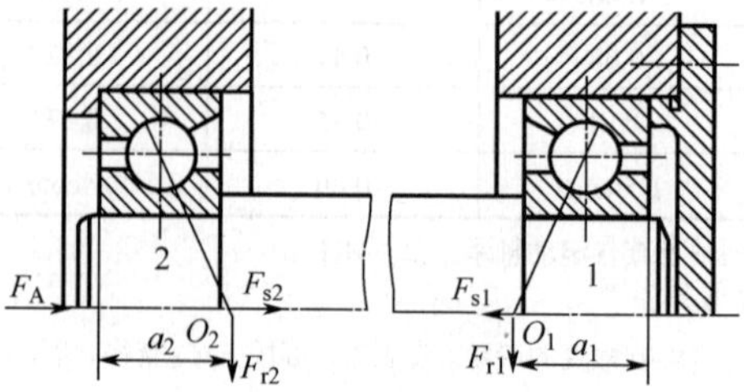

图 11-7　正装

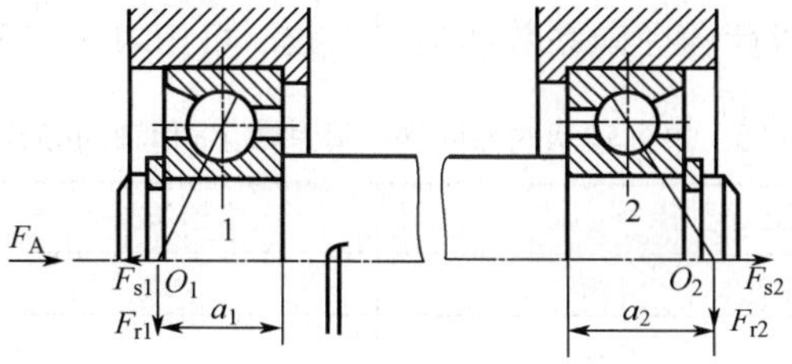

图 11-8　反装

下面以图 11-7 所示角接触轴承支承的轴系为例，分析其轴线方向的受力情况。

将图 11-7 抽象成为如图 11-9（a）所示的受力简图，F_{a1} 及 F_{a2} 为两个角接触轴承所受的轴向力，作用在轴承外圈宽边的端面上，方向沿轴线由宽边指向窄边。F_A 称为轴向外载荷（力），是轴上除 F_a 之外的轴向外力的合力。在轴线方向，轴系在 F_A、F_{a1} 及 F_{a2} 的作用下处于平衡状态。

求解角接触轴承轴向力 F_a 的方法如下。

（1）先计算出轴上的轴向外力（合力）F_A 的大小及两支点处轴承的内部轴向力 F_{s1}、F_{s2} 的大小和方向，并在计算简图 11-9（b）中绘出这三个力。

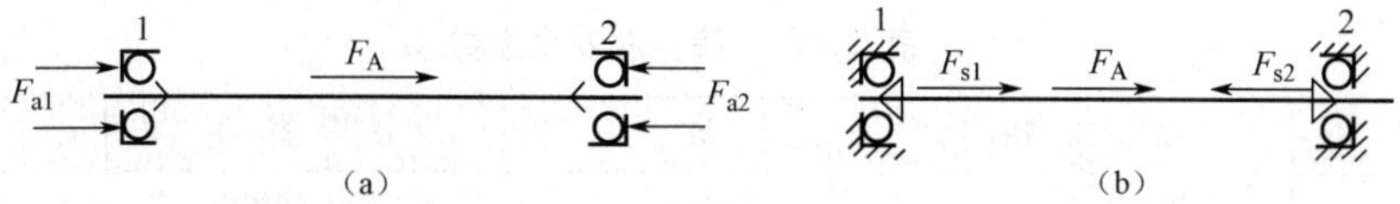

图 11-9　轴向力分析

（2）将轴向外力 F_A 及与之同向的内部轴向力相加，取和后与另一反向的内部轴向力比较大小。如图 11-9（b）所示，若 $F_{s1}+F_A \geqslant F_{s2}$，根据轴承及轴系的结构，外圈固定不动，轴与固结在一起的内圈有右移趋势，则轴承 2 被“压紧”，轴承 1 被“放松”。若 $F_{s1}+F_A<F_{s2}$，根据轴承及轴系的结构，外圈固定不动，轴与固结在一起的内圈有左移趋势，则轴承 1 被“压紧”，轴承 2 被“放松”。

（3）“放松端”轴承的轴向力等于它本身的内部轴向力。

（4）“压紧端”轴承的轴向力等于除本身内部轴向力外，其余各轴向力的代数和。

11.2.6　滚动轴承的静强度计算

对于缓慢摆动或低转速（$n \leqslant 10\text{r/min}$）的滚动轴承，其主要失效形式为塑性变形，应按静强度进行计算，以确定轴承尺寸。对于在重载荷或冲击载荷作用下转速较高的轴承，除按寿命计算外，为安全起见，还应再进行静强度验算。

1．基本额定静载荷 C_0

轴承两套圈间的相对转速为零。使受最大载荷滚动体与滚道接触中心处引起的接触应力达到一定值时的静载荷，称为滚动轴承的基本额定静载荷 C_0（向心轴承称为径向基本额定静载荷 C_{0r}，推力轴承称为轴向基本额定静载荷 C_{0a}）。各类轴承的 C_0 值可由轴承标准中查得。

2．当量静载荷 P_0

当量静载荷 P_0 是指承受最大载荷滚动体与滚道接触中心处，引起与实际载荷条件下相当的接触应力时的假想静载荷。其计算公式为

$$P_0 = X_0F_r + Y_0F_a$$

式中　X_0，Y_0——当量静载荷的径向系数和轴向系数，可由表 11-13 查取。

表 11-13　单列轴承的径向静载荷系数 X_0 和轴向静载荷系数 Y_0

轴承类型		X_0	Y_0
深沟球轴承		0.6	0.5
角接触球轴承	α=15°	0.5	0.46
	α=25°		0.38
	α=40°		0.26
圆锥滚子轴承		0.5	0.22cotα
推力球轴承		0	1

3．静强度计算

轴承的静强度计算公式为

$$C_0 \geqslant S_0 P_0$$

式中，S_0——静强度安全系数，其值可查表 11-14。

表 11-14　静强度安全系数 S_0

旋转条件	载荷条件	S_0	使用条件	S_0
连续旋转轴承	普通载荷	1～2	高精度旋转场合	1.5～2.5
	冲击载荷	2～3	振动冲击场合	1.2～2.5
不常旋转及做摆动运动的轴承	普通载荷	0.5	普通旋转精度场合	1.0～1.2
	冲击及不均匀载荷	1～1.5	允许有变形量	0.3～1.0

实训 14　设计蜗轮减速器中的蜗杆轴轴承

蜗轮减速器是一种具有较大传动比的减速装置，如图 11-10 所示，通过蜗杆 2 与蜗轮 3 的啮合将动力传递给蜗轮 3，完成减速功能；小圆锥齿轮 4 通过啮合作用再次将动力传递给大齿轮 5，完成方向的改变和减速功能。滚动轴承 6 装配在箱体 1 上，支撑齿轮及各轴。

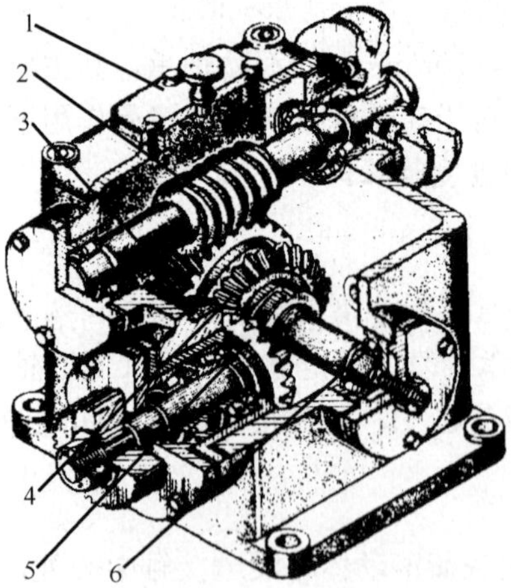

图 11-10　蜗轮减速器

1—箱体；2—蜗杆；3—蜗轮；4—小圆锥齿轮；5—大齿轮；6—滚动轴承

滚动轴承的设计流程如图 11-11 所示。

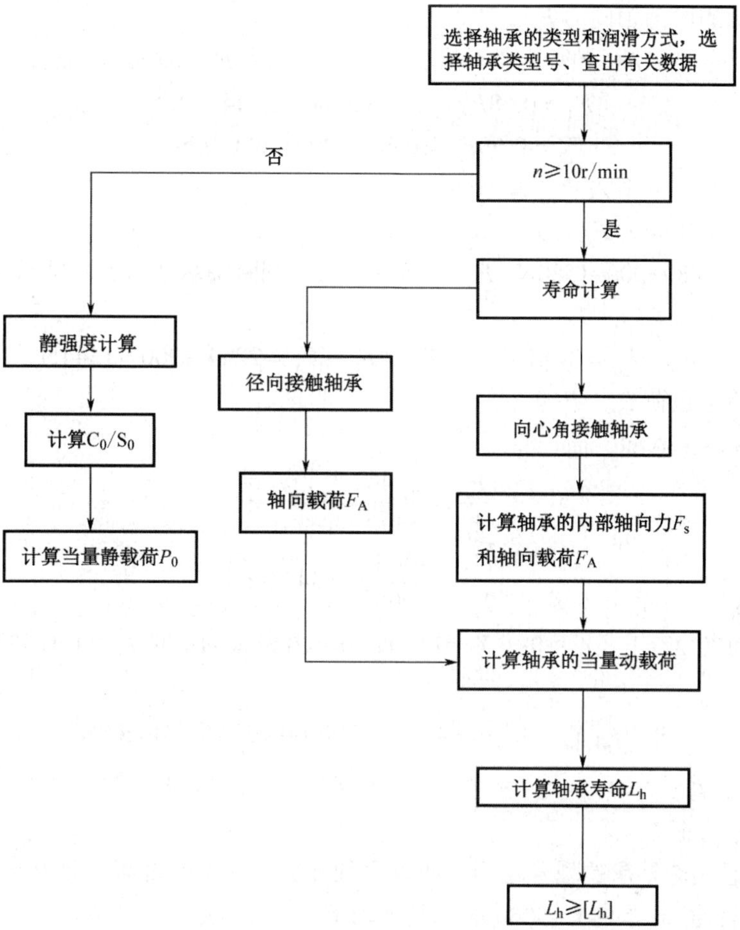

图 11-11　滚动轴承的设计流程

1. 设计要求与数据

如图 11-12 所示，为蜗轮减速器中的蜗杆轴，拟用一对角接触球轴承支承。初选轴承型号为 7211AC。已知轴的转速 n=1450r / min，两轴承所受的径向载荷分别为 F_{r1}=3300N，F_{r2}=1000N，轴向载荷 F_A=900N，轴承在常温下工作，运转时有中等冲击，要求轴承预期寿命为 12000h。

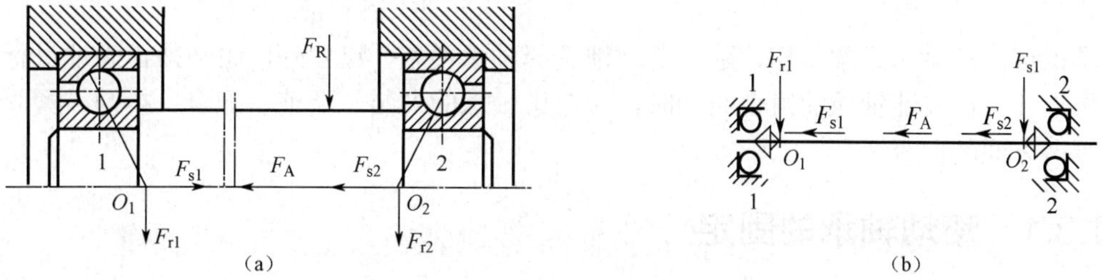

图 11-12　轴承受力分析

2. 设计内容

设计内容：计算轴承的轴向力、当量动载荷和轴承寿命。

3．设计步骤、结果及说明

（1）计算轴承的内部轴向力 F_{s1}、F_{s2}

由表 11-12 查得 7211AC 轴承内部轴向力的计算公式为 $F_s = 0.68F_r$，故有

$$F_{s1} = 0.68F_{r1} = 0.68 \times 3300 = 2244 \text{ (N)}$$

$$F_{s2} = 0.68F_{r2} = 0.68 \times 1000 = 680 \text{ (N)}$$

绘出如图 11-12（b）所示的计算简图。

（2）计算轴承的轴向力 F_{a1}、F_{a2}

因为 $F_{s1} + F_A$ =680+900=1580N< F_{s1} =2244N，故可判断轴承 2 压紧，轴承 1 被放松。两轴承的轴向力分别为

$$F_{a1} = F_{s1} = 2244\text{N} \qquad F_{a2} = F_{s1} - F_A = 2244 - 900 = 1344\text{N}$$

（3）计算当量动载荷 P_1、P_2

由表 11-10 查得 e=0.68，而

$$\frac{F_{a1}}{F_{r1}} = \frac{2244}{3300} = 0.68 = e$$

$$\frac{F_{a2}}{F_{r2}} = \frac{1344}{1000} = 0.344 > e$$

查表 11-10 可得 X_1=1，Y_1 =0；X_2=1，Y_2=0。由表 11-10 取 f_p =1.4，则轴承的当量动载荷为

$$P_1 = f_p(X_{r1} + Y_{a1}) = 1.4 \times (1 \times 3300 + 0 \times 2244) = 4620\text{(N)}$$

$$P_2 = f_p(X_{r2} + Y_{a2}) = 1.4 \times (0.41 \times 1000 + 0.87 \times 1344) = 2211\text{(N)}$$

（4）计算轴承寿命 L_h

因 $P_1 > P_2$，且两个轴承的型号相同，所以只须计算轴承 1 的寿命，取 $P = P_1$。

查手册得 7211AC 轴承的 C=50500N。又球轴承 ε =3，取 f_T =1，则：

$$L_h = \frac{10^6}{60n}\left(\frac{f_T C}{P}\right)^{\varepsilon} = \frac{10^6}{60 \times 1450}\left(\frac{1 \times 50500}{4620}\right)^3 = 15012\text{ h} > [L_h] = 12000\text{h}$$

由此可见，轴承的寿命大于预期寿命，所以该对轴承合适。

11.3　滚动轴承的组合设计

为了保证滚动轴承正常工作，除了合理地选择轴承类型、尺寸外，还必须正确地进行轴承组合的结构设计。在设计轴承的组合结构时，应考虑轴承的安装、调整、配合、拆卸、紧固、润滑和密封等多方面的内容。

11.3.1　滚动轴承的固定

常用的滚动轴承轴系的轴向固定方式，如表 11-15 所示。

表 11-15　滚动轴承轴系的轴向固定方式

固 定 方 式	固 定 方 法	图　　示	结 构 特 点
两端单向固定	用轴肩顶住轴承内圈、轴承盖顶住轴承外圈，使每个支点都能限制轴的单方向轴向移动，两个支点合起来就限制了轴的双向移动	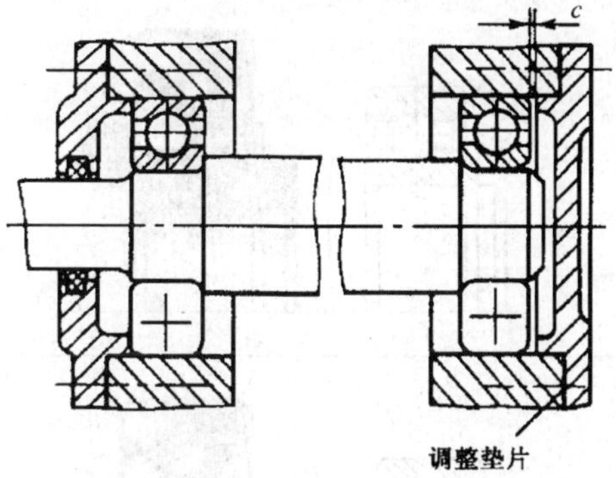	结构简单、便于安装，适于工作温度变化不大的短轴。考虑轴因受热而伸长，故安装轴承时，在深沟球轴承的外圈和端盖之间应留有c=0.2～0.4mm 的热补偿轴向间隙
一端双向固定 一端游动	左端轴承内为双向固定，用以承受双向的轴向载荷，右端为游动端，选用深沟球轴承时内圈作双向固定，外圈的两侧自由	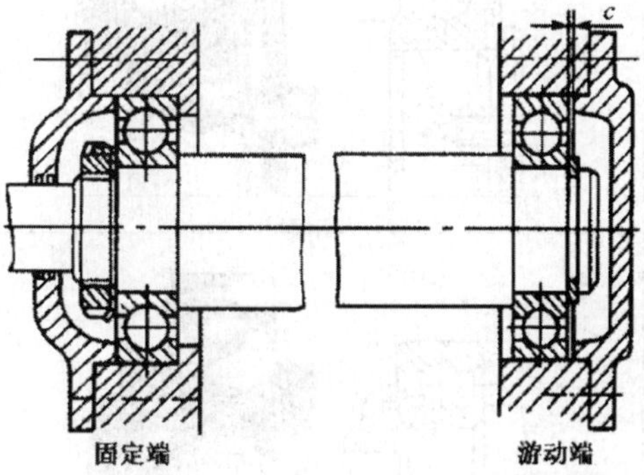	在轴承外圈与端盖之间留有适当的间隙，轴承可随轴颈沿轴向游动，适应轴的伸长和缩短的需要。当游动端选用圆柱滚子轴承时，该轴承的内、外圈均应双向固定。这种固游式结构适于工作温度变化较大的长轴
两端游动式	人字齿轮传动中的主动轴，考虑到轮齿两侧螺旋角的制造误差，为了使轮齿啮合时受力均匀，两端都采用圆柱滚子轴承支撑，轴与轴承内圈可沿轴向少量移动	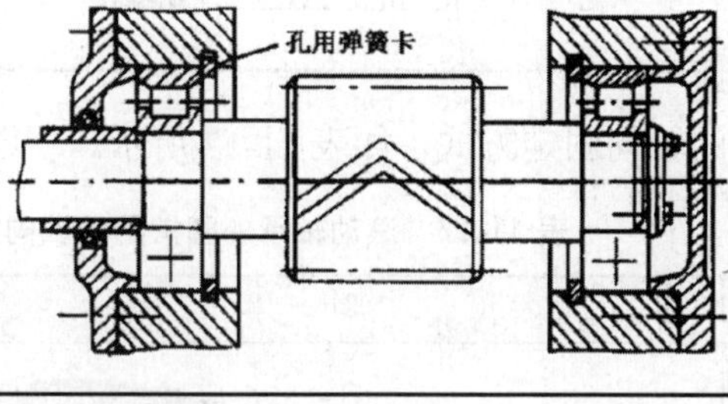	与其相啮合的从动轮轴系则必须用双固式或固游式结构。若主动轴的轴向位置也固定，则可能会发生干涉以致卡死现象。

滚动轴承内圈常用的轴向固定方式，如表 11-16 所示。

表 11-16　滚动轴承内圈常用的轴向固定方式

固 定 方 式	图　　示	说　　明
内圈靠轴肩定位，外圈用端盖紧固	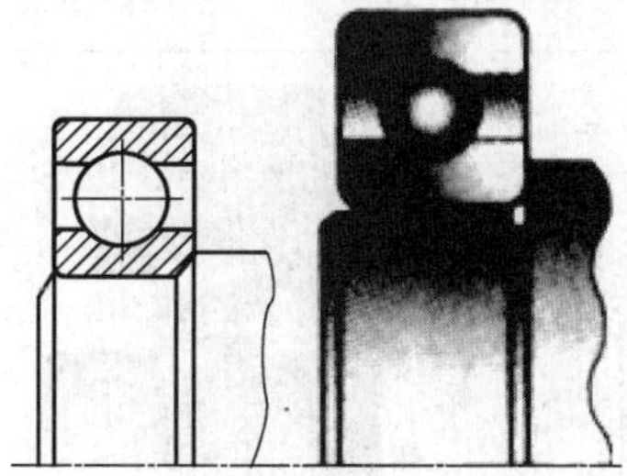	结构简单，装拆方便，占用空间小，可用于两端固定支承中

续表

固定方式	图示	说明
弹簧挡圈固定		结构简单，装拆方便，占用空间小，多用于深沟球轴承的固定
在轴端用压板和螺钉紧固，用弹簧垫片和铁丝防松	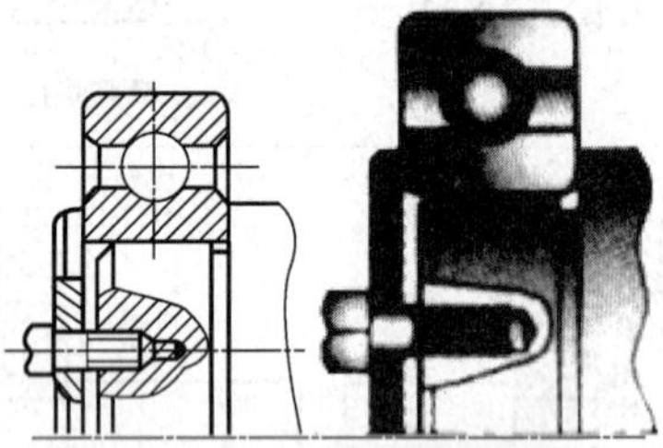	不能调整轴承游隙，多用于轴颈 d>70mm 场合，允许转速较高
内圈用螺母与止动垫圈紧固	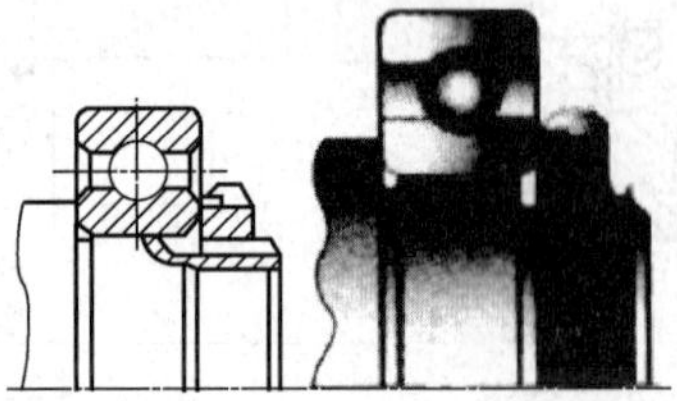	结构简单，装拆方便，紧固可靠

滚动轴承外圈常用的轴向固定方式，如表 11-17 所示。

表 11-17　滚动轴承外圈常用的轴向固定方式

固定方式	图示	说明
弹簧挡圈与内孔凸肩固定	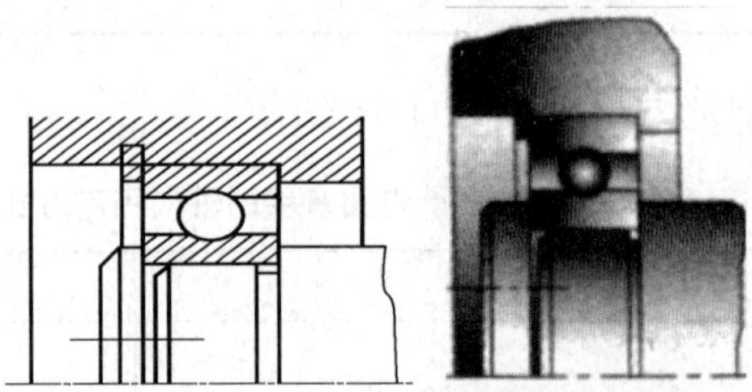	由嵌入外壳槽内的孔用弹簧挡圈固定，用于转速和轴向力较小且需减小尺寸的情况
套筒轴肩固定	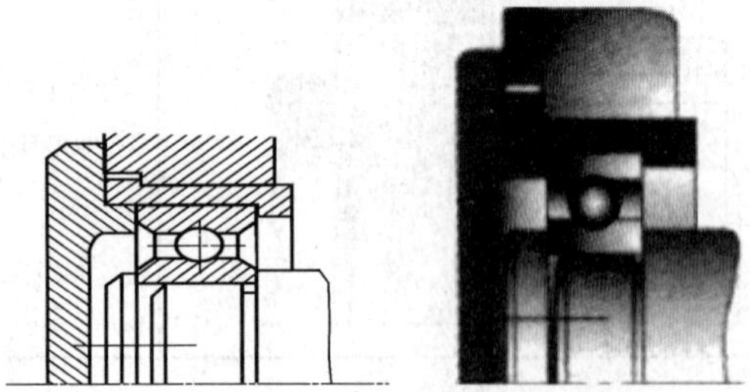	外圈由套筒上的轴肩定位再用端盖紧固

续表

固定方式	图　示	说　明
轴承端盖固定	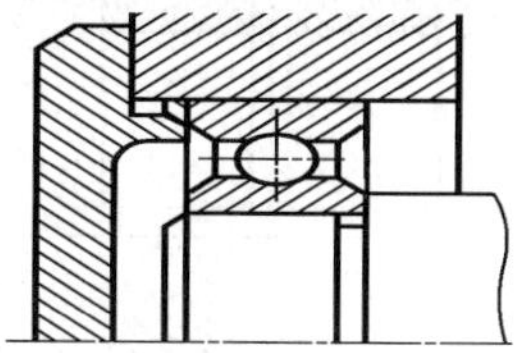 	用轴承端盖固定，适用于高速和轴向力很大的情况
外圈用螺钉调节紧固	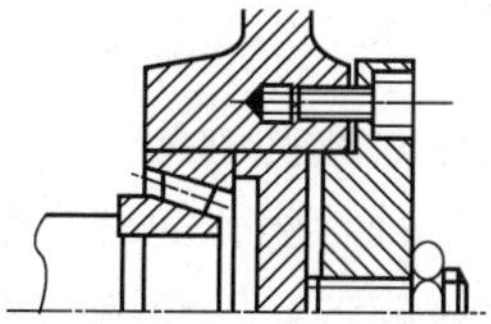 	用于转速高，轴向载荷大且不适合使用轴承端盖的情况

11.3.2　轴承组合的调整、配合和轴承装拆

1. 轴承组合的调整

滚动轴承组合的调整方法，如表 11-18 所示。

表 11-18　滚动轴承组合的调整方法

调整内容	调整方法	图　示
轴承间隙的调整	靠增减端盖与箱体结合面间垫片的厚度进行调整	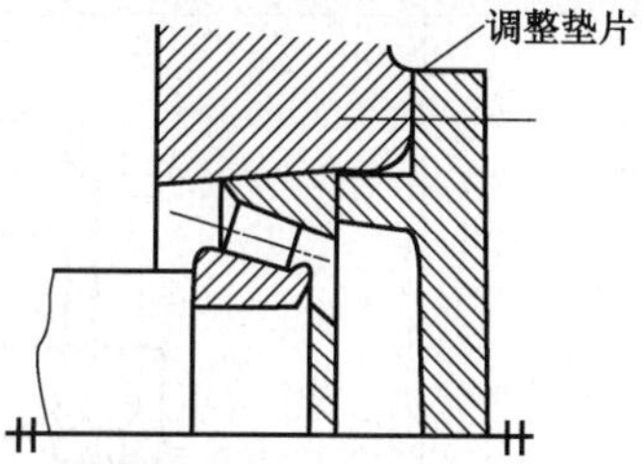
	利用端盖上的调节螺钉改变可调压盖及轴承外圈的轴向位置来实现调整，调整后用螺母锁紧防松	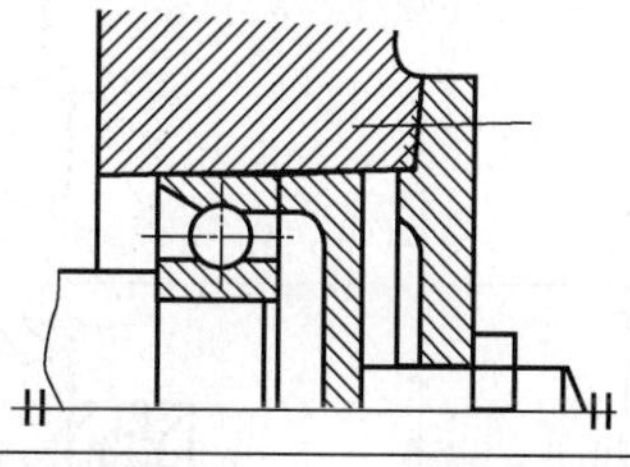
滚动轴承的预紧	套圈间加垫片并加预紧力	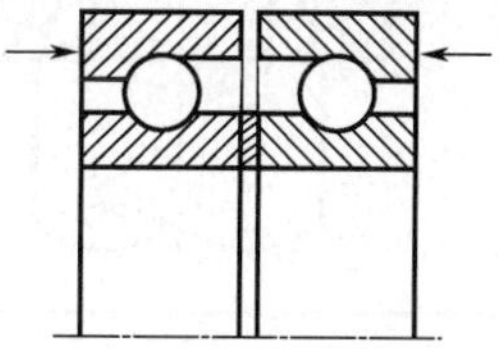 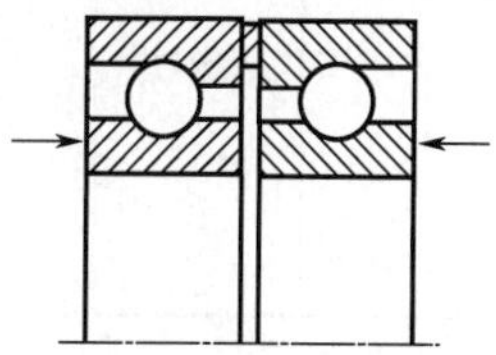

续表

调整内容	调整方法	图示
滚动轴承的预紧	磨窄套圈并加预紧力	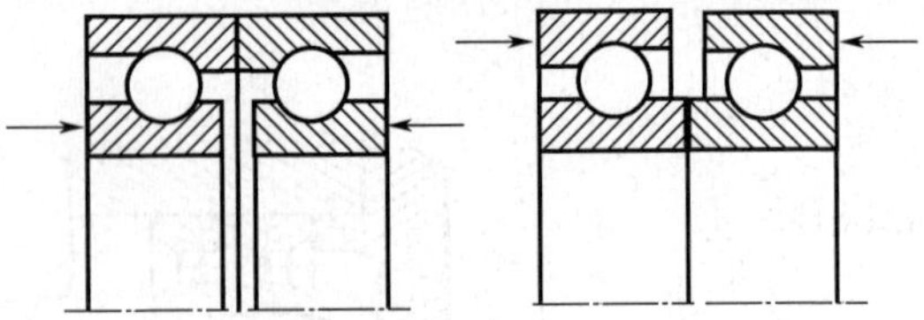
轴承组合位置的调整	套杯与机座之间的垫片 1 用来调整轴系的轴向位置，而垫片 2 则用来调整轴承间隙	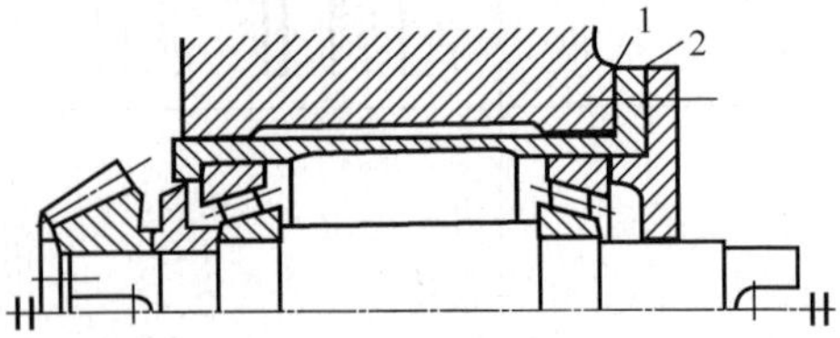

2．轴承的配合

滚动轴承的配合是指轴承内圈与轴颈、外圈与轴承座孔的配合。因为滚动轴承已经标准化，所以轴承内圈与轴颈的配合采用基孔制，轴承外圈与轴承座孔的配合采用基轴制。一般来说，转动圈（通常是内圈与轴一起转动）的转速越高，载荷越大，工作温度越高，则内圈与轴颈应采用越紧的配合；而外圈与轴承座孔间（特别是需要作轴向游动或经常装拆的场合）常采用较松的配合。轴颈公差带常取 n6、n16、k6 和 js6 等；座孔公差带常为 J7、J6、H7 和 G7 等，具体选择时可参考有关的机械设计手册。

3．轴承的装拆

轴承的装拆方法，如表 11-19 所示。

表 11-19　轴承的装拆方法

轴承的装拆方法		图示	说明
轴承的安装	冷压法	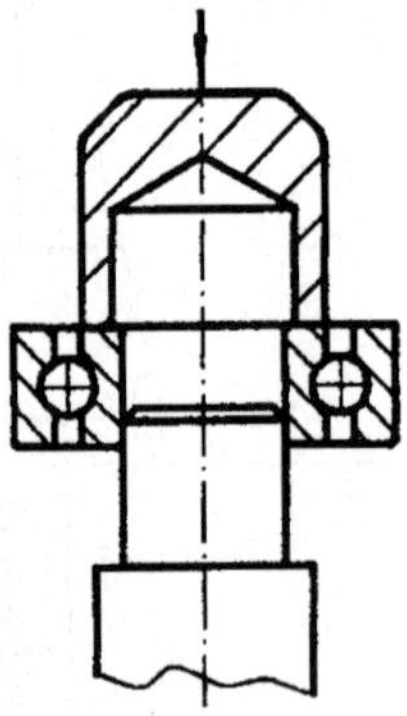	装配时，先加专用压套，再用压力机压入或用手锤轻轻打入
	热装法	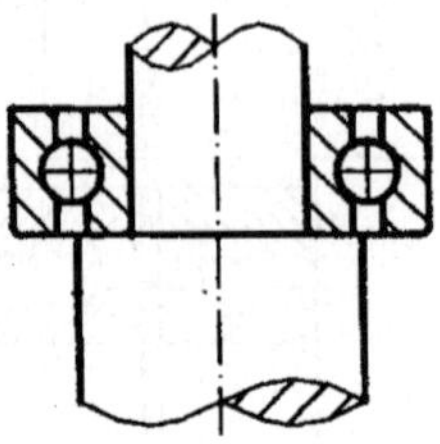	将轴承放入油池或加热炉中加热至 80～100℃，然后套装在轴上

续表

轴承的装拆方法	图　示	说　明
轴承的拆卸	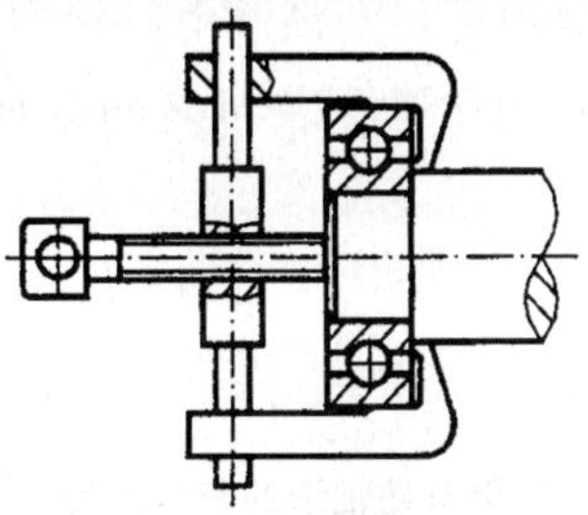	使用专门的拆卸工具拆卸轴承
	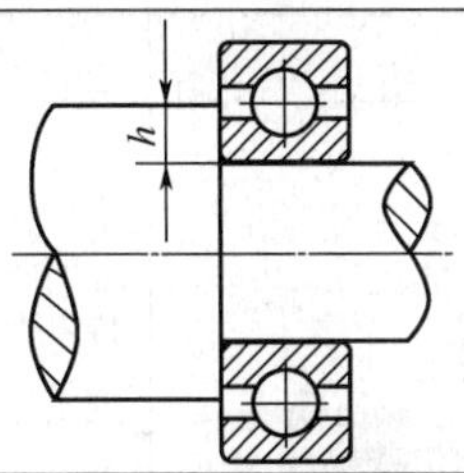	轴肩 h 过高，无法用拆卸工具拆卸轴承
结构设计错误示例	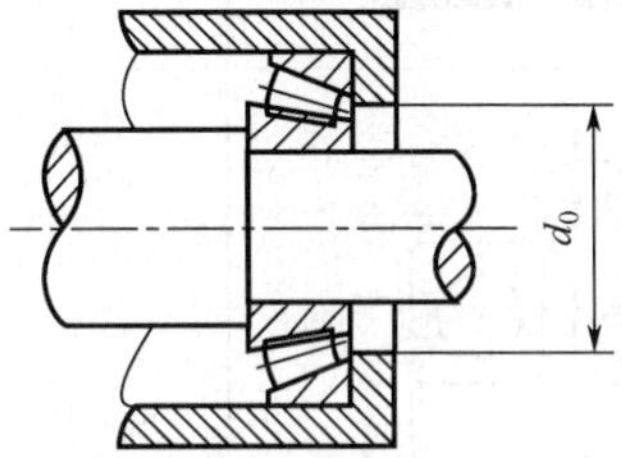	衬套孔直径 d_0 过小，无法拆卸轴承外圈

11.3.3　滚动轴承的润滑和密封

1. 滚动轴承的润滑

滚动轴承润滑的主要目的是减少摩擦与磨损，同时也有吸震、冷却、防锈和密封等作用。滚动轴承的润滑与滑动轴承类似，常用的润滑剂有润滑油和润滑脂两种，一般高速时采用油润滑，低速时用脂润滑，某些特殊情况下用固体润滑剂。

润滑方式可根据轴承的 dn 值来确定。这里，d 为轴承内径（mm），n 是轴承的转速（r / min）。dn 值间接表示了轴颈的圆周速度。适用于脂润滑和油润滑的 dn 值界限列于表 11-20 中，可作为选择润滑方式时的参考。

表 11-20　适用于脂润滑和油润滑的 dn 值界限（$\times 10^4$mm·r/min）

轴承类型	脂润滑	油润滑			
		油　谷	滴　油	循环油（喷油）	油　雾
深沟球轴承	16	25	40	60	>60
调心球轴承	16	25	40		
角接触球轴承	16	25	40	60	>60
圆柱滚子轴承	12	25	40	60	>60
圆锥滚子轴承	10	16	23	30	
调心滚子轴承	8	12		25	
推力球轴承	4	6	12	15	

脂润滑能承受较大的载荷，且润滑脂不易流失，结构简单，便于密封和维护。

油润滑的润滑和散热效果均较好，但润滑油易于流失，因此要保证在工作时有充足的供油。减速器常用的润滑方式有油浴润滑及飞溅润滑等。油浴润滑时油面不应高于最下方滚动体的中心，否则搅油能量损失较大，易使轴承过热。喷油润滑或油雾润滑兼有冷却作用，常用于高速的情况。

2．滚动轴承的密封

常用滚动轴承的密封装置，如表 11-21 所示。

表 11-21　常用滚动轴承的密封装置

密封类型	图示	适用范围	说明
接触式密封	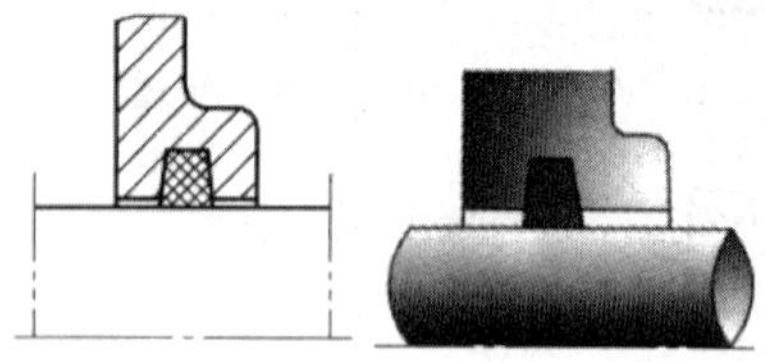	脂润滑，轴的圆周速度不大于 4m/s，工作温度不超过 90℃	毛毡圈嵌入轴承端盖上的梯形槽内，与转轴间摩擦接触，起到密封作用
	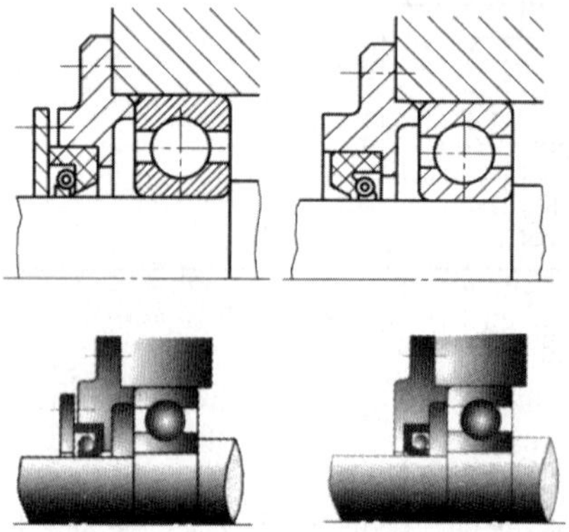	脂润滑或油润滑，轴的圆周速度小于 7m/s，工作温度为-40～100℃	密封圈的材料是具有弹性的皮革、塑料或耐油橡胶。右图密封唇向里，防止油渗出。左图密封唇向外，可防止外界灰尘、杂质进入
非接触式密封	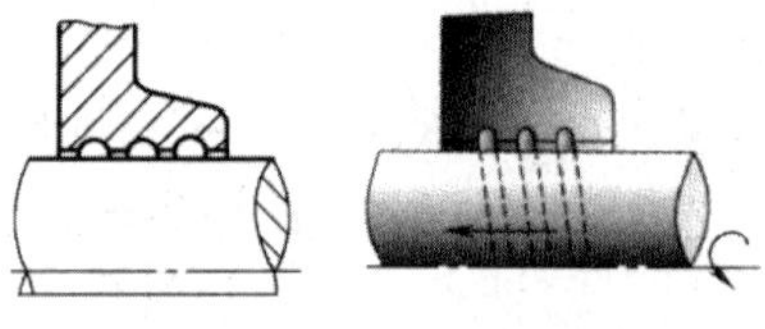	脂润滑，适用于干燥、清洁的环境	在轴与轴承盖间的细小环形槽内填充润滑脂来密封
	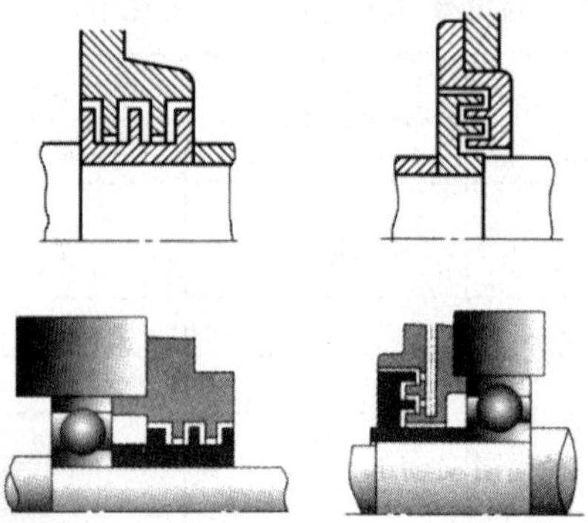	脂润滑或油润滑，工作温度不高于密封用脂的滴点	旋转件和静止件间做成迷宫形式，在曲路中填充润滑脂或润滑油

续表

密封类型	图示	适用范围	说明
组合密封	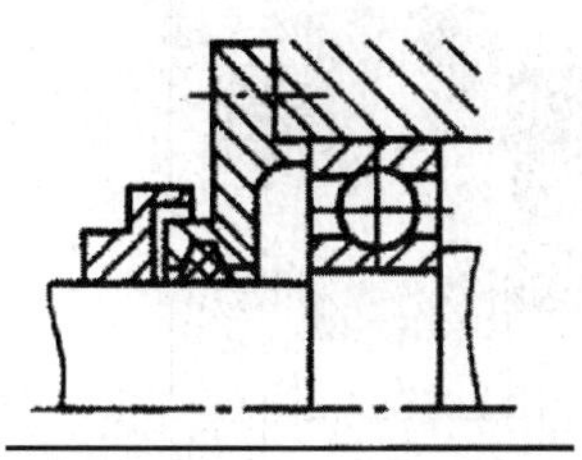	脂润滑或油润滑	毛毡圈和迷宫构成组合式密封，可增强密封效果

11.4 滑动轴承

工作时轴承和轴颈的支承面间形成直接或间接滑动摩擦的轴承，称为滑动轴承。滑动轴承的工作面间一般有润滑油膜且为面接触，具有承载能力大、噪声低、抗冲击、回转精度高和高速、性能好的优点。

11.4.1 滑动轴承的结构

滑动轴承的结构，如表 11-22 所示。

表 11-22 滑动轴承的结构

名称	结构	图示	特点	应用场合
整体式滑动轴承	在机器的机架上直接镗出孔，孔内镶入轴套	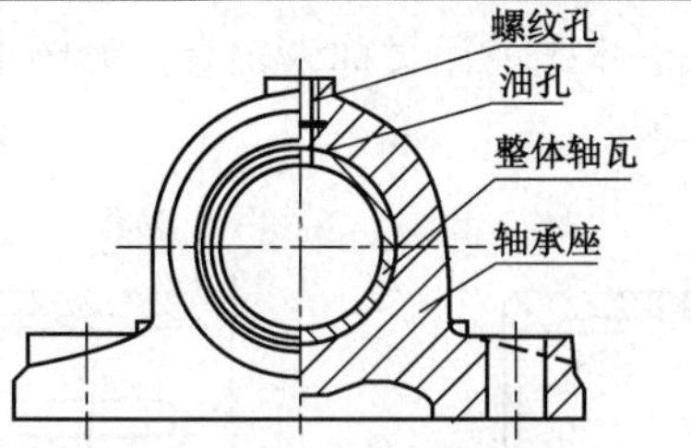	优点是结构简单、成本低； 缺点是轴颈只能从端部装入，安装和维修不便，不能调整间隙，只能更换轴套	所以只能用在轻载、低速及间歇性工作的机器上
剖分式滑动轴承	定位止口，便于安装时对心。调整垫片，以便安装或磨损时调整轴承间隙	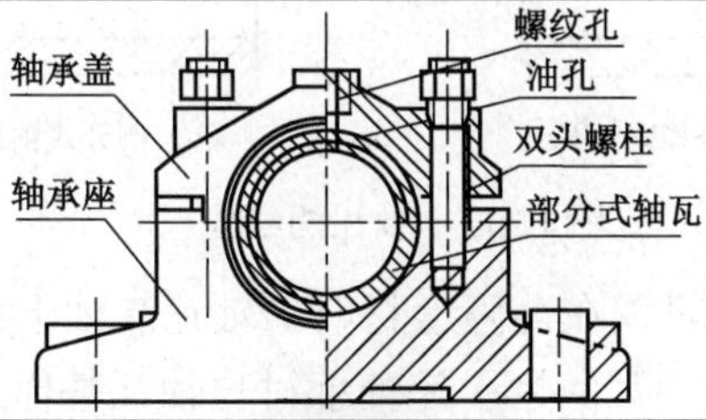	装拆方便，又能调整间隙，克服了整体式轴承的缺点	应用广泛
调心式滑动轴承	轴颈宽径比 B/d ＞1.5、变形较大或不能保证两轴孔轴线重合	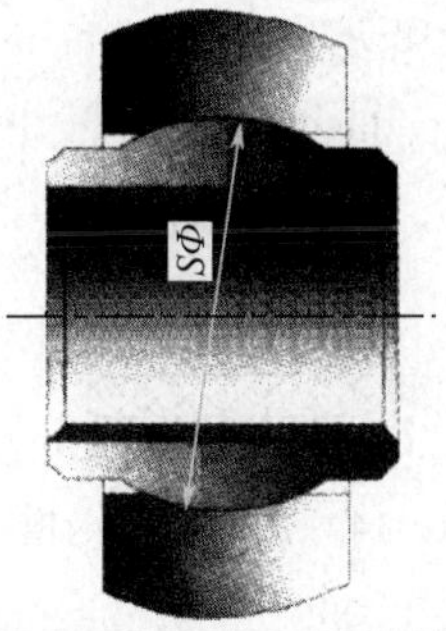	球面支承，自动调整轴套的位置，以适应轴的偏斜	用于两轴线不重合的场合

续表

名　称	结　构	图　示	特　点	应用场合
推力滑动轴承	空心端面单环轴颈	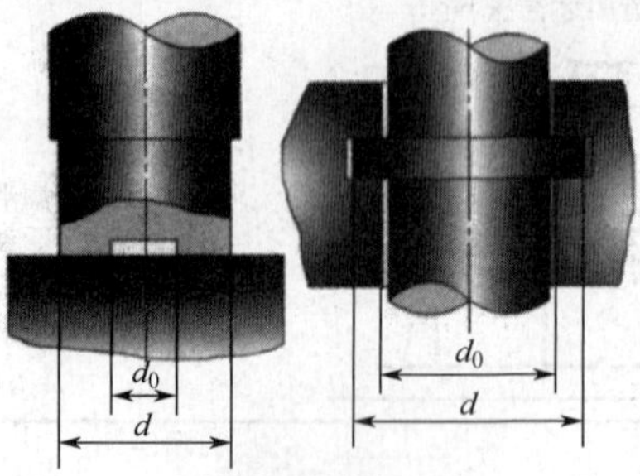	空心端面轴颈和环状轴颈工作情况较好。载荷较大时，可采用多环轴颈	用于承受轴向载荷的场合
	多环轴颈	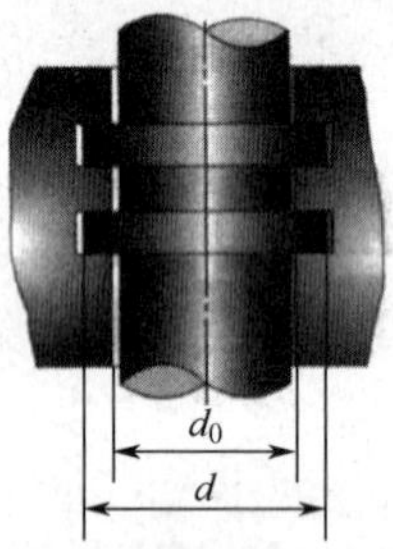		

11.4.2　轴瓦的结构和滑动轴承的材料

1. 轴瓦的结构

常用的轴瓦有整体式和剖分式两种结构。

整体式轴承采用整体式轴瓦，整体式轴瓦又称为轴套，如图 11-13（a）所示。剖分式轴承采用剖分式轴瓦，如图 11-13（b）所示。

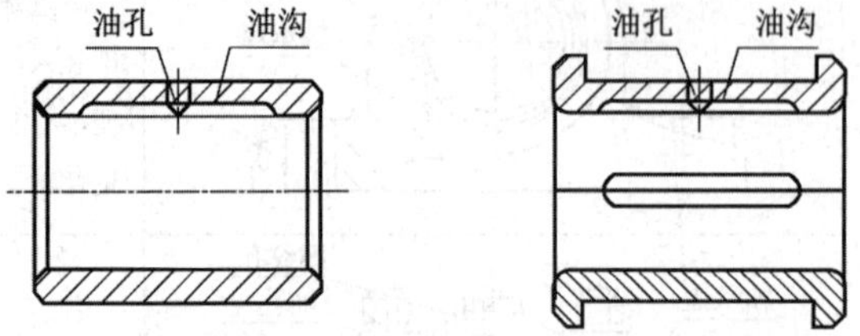

（a）整体式轴瓦　（b）剖分式轴瓦

图 11-13　轴瓦的结构

轴瓦可以由一种材料制成，也可以在高强度材料的轴瓦基体上浇注一层或两层轴承合金作为轴承衬，称为双金属轴瓦或三金属轴瓦。为了使轴承衬与轴瓦基体结合牢固，可在轴瓦基体内表面或侧面制出沟槽，如图 11-14 所示。

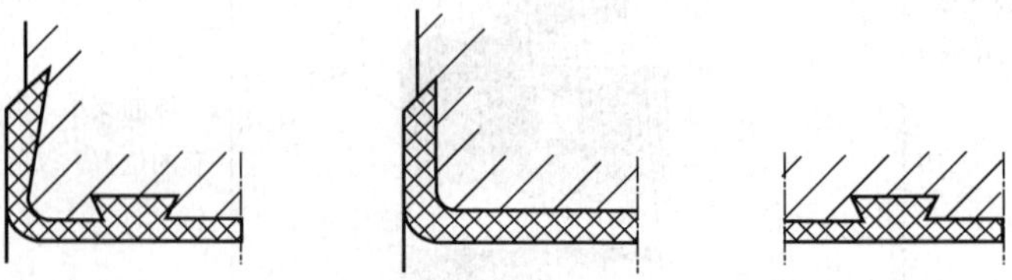

图 11-14　瓦背内壁沟槽

为了润滑轴承的工作表面，一般在轴瓦上要开出油孔和油沟（槽）。油孔用来供油，油沟用来输送和分布润滑油。油孔和油沟的开设原则如下：

（1）油沟的轴向长度应比轴瓦长度短，大约应为轴瓦长度的 80%，不能沿轴向完全开通，以免油从两端大量泄漏，影响承载能力；

（2）油孔和油沟应开在非承载区，以保证承载区油膜的连续性。

图 11-15 所示为几种常见的油沟形式。

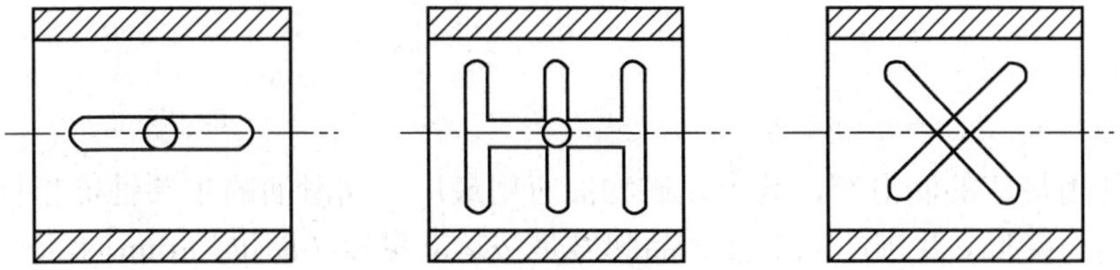

图 11-15　油沟形式（非承载区）

2．滑动轴承的材料

轴承材料是指与轴颈直接接触的轴瓦或轴承衬的材料。对其材料的主要要求如下。

（1）具有足够的抗压、抗疲劳和抗冲击能力。

（2）具有良好的减磨性、耐磨性和磨合性，抗黏着磨损和磨粒磨损性能较好。

（3）具有良好的顺应性和嵌藏性，具有补偿对中误差和其他几何误差及容纳硬屑粒的能力。

（4）具有良好的工艺性、导热性及抗腐蚀性能等。

但是，任何一种材料都不可能同时具备上述性能，因而设计时应根据具体工作条件，按主要性能来选择轴承材料。常用的轴瓦或轴承衬的材料及其性能如表 11-23 所示。

表 11-23　常用的金属轴瓦或轴承衬材料及其性能

轴瓦材料		最大许用值			最高工作温度（℃）	最小轴颈硬度（HBS）	性能比较				备注
		$[p]$/MPa	$[v_s]$/（m/s）	$[pv]$/（MPa • m/s）			抗胶合性	顺应性嵌藏性	耐蚀性	疲劳强度	
锡基轴承合金	ZSnSB11Cu6 ZSnSB8Cu4	平稳载荷			150	150	1	1	1	5	用于高速、重载下工作的重要轴承，变载荷下易疲劳，价高
		25	80	20							
		冲击载荷									
		20	60	15							
铅基轴承合金	ZPbSb16Sn16Cu2	15	12	10	150	150	1	1	3	5	用于中速、中等载荷的轴承，不宜受显著的冲击载荷。可作为锡锑轴承合金的代用品
	ZPbSb15Sn5Cu3	5	8	5							
锡青铜	ZCuSn10P1	15	10	15	280	200	3	5	1	1	用于中速、重载及受变载荷的轴承
	ZCuSn5Pb5Zn5	8	3	15							用于中速、中等载荷的轴承
铝青铜	ZCuAl10Fe3	15	4	12	280	200	5	5	5	2	用于润滑充分的低速、重载轴承

除了上述几种金属材料外，还可采用其他金属材料及非金属材料，如黄铜、铸铁、塑料、橡胶及粉末冶金等作为轴瓦材料。

11.4.3 滑动轴承的润滑

润滑对减少滑动轴承的摩擦、磨损，以及保证轴承正常工作具有重要意义。因此，设计和使用轴承时，必须合理地采取措施，对轴承进行润滑。

1．润滑剂

（1）润滑油

润滑油是使用最广的润滑剂，其中以矿物油应用最广。润滑油的主要性能指标是黏度。通常它随温度的升高而降低。我国的润滑油产品牌号是按运动黏度（单位为 mm^2/s，记为 cSt，读作厘斯）的中间值划分的。滑动轴承常用润滑油牌号的选择如表 11-24 所示。

表 11-24 滑动轴承常用润滑油牌号选择

轴颈圆周速度 v_s/（m/s）	轻载 p＜3MPa 工作温度 10～60℃		中载 p=3～7.5MPa 工作温度 10～60℃		重载 p＞7.5～30MPa 工作温度 20～80℃	
	运动黏度 v_{40}/cSt	适用油牌号	运动黏度 v_{40}/cSt	适用油牌号	运动黏度 v_{40}/cSt	适用油牌号
0.3～1.0	45～75	L—AN46，L—AN68	100～125	L—AN100	90～350	L—AN100，L—AN150 L—AN200，L—AN320
1.0～2.5	40～75	L—AN32，L—AN46，L—AN68	65～90	L—AN68 L—AN100		
2.5～5.0	40～55	L—AN32，L—AN46				
5.0～9.0	15～45	L—AN15，L—AN22，L—AN32，L—AN46				
＞9	5～23	L—AN7，L—AN10，L—AN15，L—AN22				

（2）润滑脂

润滑脂是由润滑油添加各种稠化剂和稳定剂而成膏状润滑剂。润滑脂主要应用在速度较低（轴颈圆周速度小于 2m/s）、载荷过大、不经常加油、使用要求不高的场合。滑动轴承润滑脂选择如表 11-25 所示。

表 11-25 滑动轴承润滑脂选择

轴承压强 p/MPa	轴颈圆周速度 v_s/（m/s）	最高工作温度 t_s/℃	润滑脂牌号
＜1.0	≤1.0	75	3 号钙基脂
1.0～6.5	0.5～5.0	55	2 号钙基脂
1.0～6.5	≤1.0	-50～100	2 号锂基脂
≤6.5	0.5～5.0	120	2 号钠基脂
＞6.5	≤0.5	75	3 号钙基脂
＞6.5	≤0.5	110	1 号钙钠基脂

2．润滑方法

在选用润滑剂之后，还要选用合适的润滑方法。滑动轴承的润滑方法可按下式求得的 k 值选用：

$$k = \sqrt{pv^3}$$

式中　p——轴颈的平均压强（MPa）；

　　v——轴颈的圆轴速度（m/s）；

滑动轴承的润滑方法，如表 11-26 所示。

表 11-26　滑动轴承的润滑方法

k 值	润 滑 装 置	k 值	润 滑 装 置
$k \leqslant 2$ 脂润滑	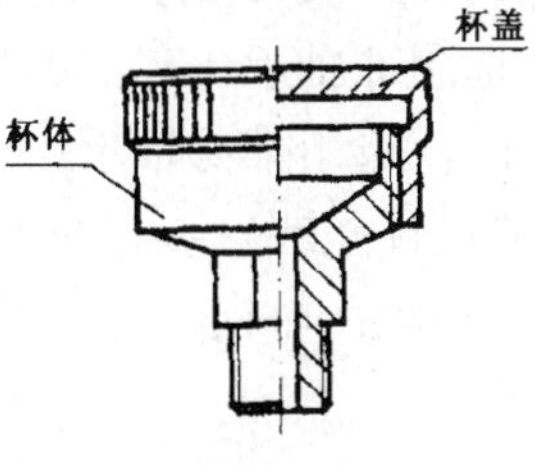 旋盖式油杯 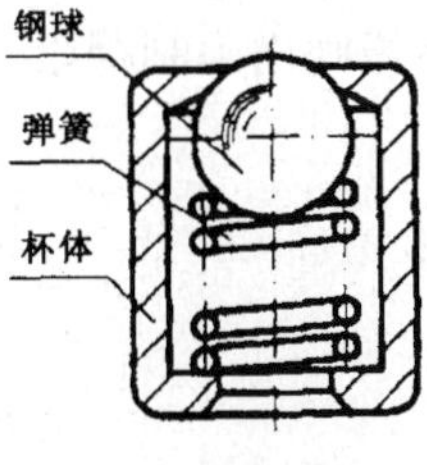 压配式压注油杯 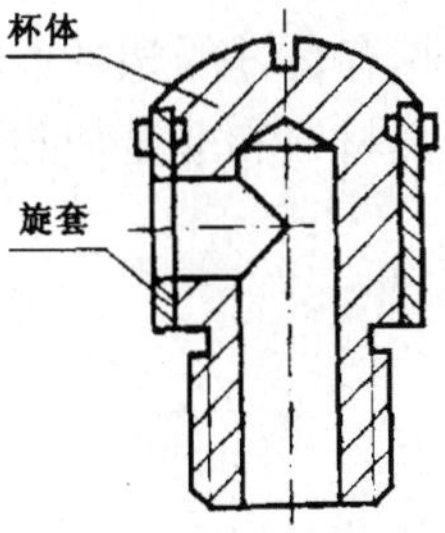 旋套式油杯	k>2～16 油润滑	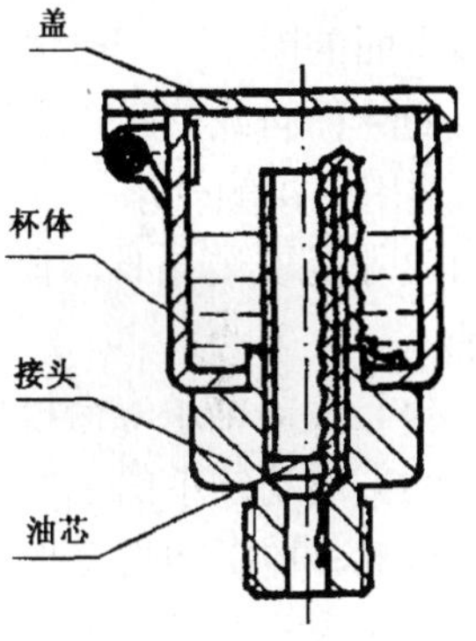 油芯式油杯 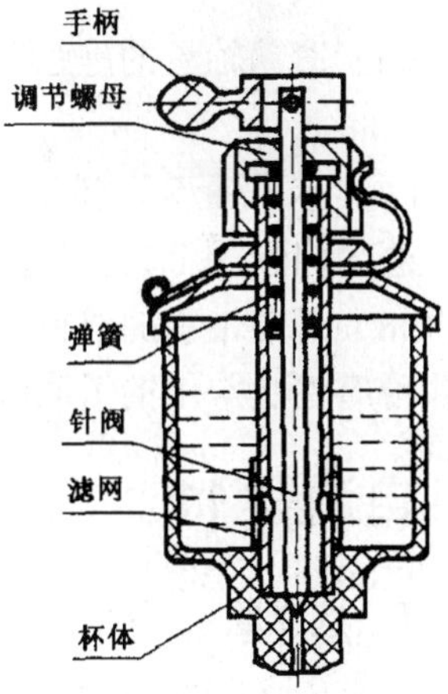 针阀式注油杯
K>16～32 油润滑	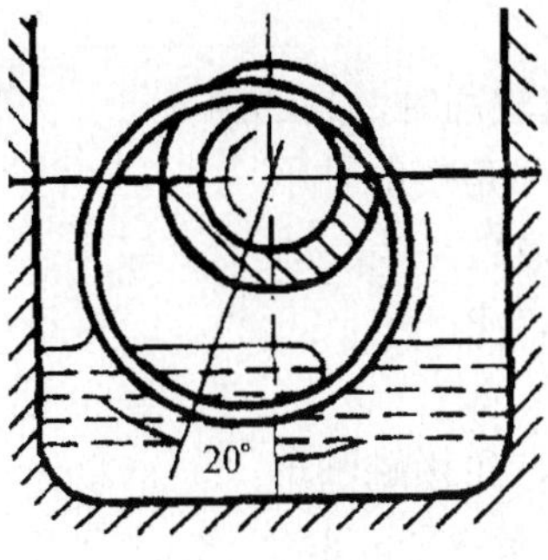 	k>32 油润滑	压力喷油润滑

知识梳理与总结

通过对本章的学习，学会了滚动轴承的分类和代号，也学会了设计滚动轴承组合结构的方法。

（1）轴承是机器中用来支承轴及轴上零件的重要零部件，它能保证轴的回转精度，减少回转轴与支承间的摩擦和磨损。

（2）滚动轴承一般由内、外圈，滚动体和保持架组成。滚动轴承种类繁多，按承载方向、滚动体的形状及内外径的不同可作多种分类。设计时根据具体工作条件选用合适的轴承并进行强度（寿命）核算和组合设计。

（3）滚动轴承的代号由前置代号、基本代号和后置代号组成，其中基本代号表示轴承的类型、内径、宽度和外径等重要参数。

滚动轴承类型的选择要考虑轴承受载的大小、方向和性质，轴承转速条件及轴承的安装空间等多方面的因素。一般情况下，载荷较小且平稳时，选用球轴承；有冲击和振动时，选用滚子轴承；受纯径向载荷时，选用向心轴承；受纯轴向载荷时，选用推力轴承；同时受径向、轴向载荷时，选用角接触轴承；高速运转时，选用球轴承；轴的刚性差或安装存在误差时，选用调心轴承；径向尺寸受安装条件限制时，选用轻系列轴承或滚针轴承；轴向尺寸受到限制时，选用窄系列轴承。

（4）滚动轴承寿命校核中有 3 个重要概念，分别为寿命、基本额定寿命和基本额定动载荷。

（5）滚动轴承的主要失效形式有疲劳点蚀、塑性变形和磨损。针对疲劳点蚀，应对轴承进行寿命核算，控制塑性变形由静强度校核完成，而减少磨损则由限制极限转速来实现。计算出的轴承寿命应大于轴承的预期寿命：

$$L_{\mathrm{h}} \geqslant [L_{\mathrm{h}}]$$

（6）滚动轴承的静强度校核应满足：

$$C_0 \geqslant S_0 P_0$$

（7）滚动轴承的组合设计主要是解决轴承的固定、调整、预紧、配合、装拆以及润滑和密封等方面的问题。

（8）滑动轴承的材料具有足够的抗疲劳强度，同时具有良好的塑性、顺应性、跑合性、减磨性和耐磨性。常用的滑动轴承材料有轴承合金、粉末冶金材料和非金属材料（塑料）等。

自测题 11

1．选择题

（1）在正常条件下，滚动轴承的主要失效形式是（　　）。

A．工作表面疲劳点蚀　　B．滚动体碎裂

C．滚道磨损

（2）直齿圆柱齿轮减速器，当载荷平稳、转速较高时，易选用（　　）轴承。

A．深沟球轴承　B．推力球轴承　C．角接触轴承

（3）下列滚动轴承公差等级中，（　　）精度最高。

A．$/P_0$　B．$/P_2$　C．$/P_4$

（4）（　　）滚动轴承的极限速度最高。

A．深沟球轴承　B．推力球轴承　C．角接触轴承

（5）同时承受轴向载荷和径向载荷的滚动轴承是（　　）。

A．角接触球轴承　　B．推力球轴承

C．圆柱滚子轴承

（6）一根转轴采用一对滚动轴承支承，其承受载荷为径向力和较大的轴向力，并且有冲击，振动较大。因此宜选择（　）。

A．深沟球轴承　　B．角接触球轴承

C．圆锥滚子轴承

（7）从经济性考虑，在同时满足使用要求时，应优先选用（　　）。

A．圆柱滚子轴承　　B．圆锥滚子轴承

C．深沟球轴承

（8）推力轴承所承受轴向载荷的能力取决于（　　）。

A．公称接触角的大小　　B．轴承的宽度

C．轴承的精度　　D．滚动体的数目

（9）滚动轴承的基本代号从左向右分别表示（　　）。

A．尺寸系列、轴承类型和轴承内径

B．轴承类型、尺寸系列和轴承内径

C．轴承内径、尺寸系列和轴承类型

（10）在相同的外廓尺寸条件下，滚子轴承的承载能力和抗冲击能力（　　）球轴承的能力。

A．大于　　B．等于　　C．小于

（11）对于一般运转的滚动轴承，其主要失效形式是（　　），设计时要进行轴承的寿命计算。

A．磨损　　B．表面点蚀　　C．塑性变形

（12）对于转速很低（$n \leqslant 10$r/min）的轴承，为了防止（　　），以静强度计算为依据，进行轴承的强度计算。

A．塑性变形　　B．磨损　　C．疲劳点蚀

（13）（　　）极限转速高。

A．深沟球轴承　　B．圆锥滚子轴承　　C．推力球轴承

（14）（　　）属于非接触式密封。

A．迷宫　　B．毛毡　　C．皮碗

（15）对于工作温度变化较大的长轴，轴承组应采用（　　）。

A．一端固定、一端游动　　B．两端游动

C．两端固定

2．判断题

（1）滚动轴承的外圈与轴承座孔的配合采用基孔制。（　　）

（2）滚动轴承的内圈与轴颈的配合采用基轴制。（　　）

（3）轴系的两端固定支承，使结构简单，便于安装，易于调整，故适用于工作温度变化不大的短轴。（　　）

（4）一端固定、一端游动的支承结构比较复杂，但工作稳定性好，适用于工作温度变化较大的长轴。（　　）

（5）安装滚动轴承时，只需对外圈作轴向固定，而对内圈作周向固定。（　　）

（6）滚动轴承的内圈和滑动轴承的轴瓦的作用是一样的。（　　）

（7）滚动轴承的内圈与轴径、外圈与座孔之间均采用基孔制配合。（　　）

（8）载荷大而受冲击时，宜采用滚子轴承。（　　）

（9）滑动轴承必须润滑，滚动轴承摩擦阻力小，无须润滑。（　　）

（10）球轴承的寿命指数为 10/3。（　　）

（11）一般轴承端盖与箱体轴承座孔之间装有垫片的作用是防止轴承端盖处漏油。（　　）

（12）滚动轴承适用于转速较低的轴。（　　）

（13）向心滚动轴承只能承受径向载荷。（　　）

（14）推力滚动轴承能够同时承受径向力和轴向力。（　　）

（15）润滑油的黏度随温度的升高而降低。（　　）

3．简答题

（1）滚动轴承分为哪几类？各有什么特点？

（2）试述下列轴承代号的含义：

6201　6410　5130　7730　8C　30312/$P6_x$　N2ll/P5

（3）选择滚动轴承时，应考虑哪些因素？

（4）装拆滚动轴承时，应注意哪些问题？

（5）滚动轴承的主要失效形式有哪些？

4．计算题

（1）某轴上的 6208 轴承，所承受的径向载荷 F_r＝3000N，轴向载荷 F_a＝1270N。试求其当量动载荷 P。

（2）某轴拟用一对 6307 深沟球轴承支承。已知：转速 n=800r/min，每个轴承受径向载荷 F_r=2100N，载荷平稳，预期寿命[L_h]＝8000h。试求轴承的基本额定寿命。

（3）某水泵的轴颈直径 d=30mm，转速 n=1450r/min，径向载荷 F_r＝1320N，轴向载荷 F_a=600N。要求寿命[L_h]=5000h，载荷平稳，试选择轴承型号。

（4）如图 11-16 所示，轴用一对 7310AC 轴承支承，轴向外载荷 F_A＝1800N，轴承 1 所受的径向载荷 F_{r1}＝945N，轴承 2 所受径向载荷 F_{r2}=5445N，轴的转速 n＝960r/min，载荷系数 f_p=1.2，常温下工作，预期寿命[L_h]=1000h。试求：① 轴承所受的轴向力 F_{a1}、F_{a2}；② 该轴承的寿命 L_h。

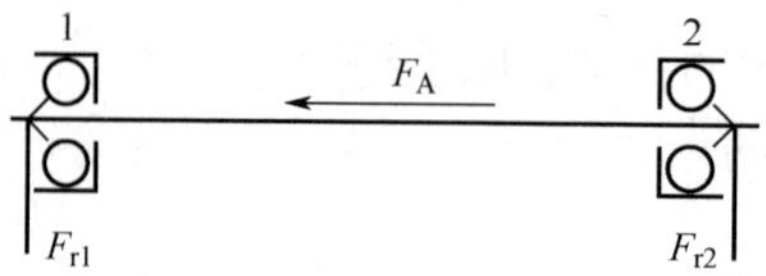

图 11-16　轴承受力图